高等学校计算机基础教育教材

# 微型计算机原理与接口技术

侯彦利 主编
郭威 赵永华 马爱民 刘通 杨卉 编著

清华大学出版社
北京

本书第1、2章由郭威编写，第3、4、7章由侯彦利、杨卉编写，第5章由赵永华编写，第6章由刘通、侯彦利编写，第8、9章由马爱民编写，全书由侯彦利统稿。在本书的写作过程中还得到了计算机教学与研究中心秦贵和教授和张欣主任的热情关怀和支持，吉林大学计算机学院赵宏伟教授提出了很多宝贵意见，在此，作者谨向他们表示衷心的感谢！

由于作者水平有限，书中难免有错误和不当之处，恳请读者和同行专家批评指正。

编　者

2016年8月8日于吉林大学

## 内容简介

本书是为高等院校非计算机专业学生编写的计算机技术基础课教材。作者根据微型计算机技术发展现状，考虑非计算机专业学生的数字技术基础薄弱，结合工科院校学生对计算机应用的偏好，以8086/8088 CPU为背景，介绍微型计算机的基础知识、CPU功能结构和工作原理、指令系统与汇编语言程序设计基础、C/C++与汇编语言混合编程、存储器设计基础、接口技术基础及应用。通过微处理器与存储系统、输入输出系统的连接结构，以及在这个结构下汇编语言指令和程序的执行过程的理解，使读者建立微型计算机系统的整体概念，深入全面地理解计算机的工作过程，形成对微型计算机控制系统设计及应用的能力。本书注重基础，力求理论与实践相结合，以学以致用为原则。

本书可作为普通高等院校本科生"微型计算机原理与接口技术"课程的教材，也可作为成人高等教育的培训教材及广大科技工作者的自学参考书。



**图书在版编目(CIP)数据**

微型计算机原理与接口技术/侯彦利主编. —北京：清华大学出版社，2017 (2023.8重印)
(高等学校计算机基础教育规划教材)
ISBN 978-7-302-45258-4

Ⅰ. ①微… Ⅱ. ①侯… Ⅲ. ①微型计算机－理论－高等学校－教材 ②微型计算机－接口技术－高等学校－教材 Ⅳ. ①TP36

中国版本图书馆CIP数据核字(2016)第248319号

**责任编辑**：袁勤勇
**封面设计**：常雪影
**责任校对**：梁　毅
**责任印制**：沈　露

**出版发行**：清华大学出版社
**网　　址**：http://www.tup.com.cn，http://www.wqbook.com
**地　　址**：北京清华大学学研大厦A座　**邮　　编**：100084
**社 总 机**：010-83470000　**邮　　购**：010-62786544
**投稿与读者服务**：010-62776969，c-service@tup.tsinghua.edu.cn
**质 量 反 馈**：010-62772015，zhiliang@tup.tsinghua.edu.cn
**课 件 下 载**：http://www.tup.com.cn，010-83470236
**印 装 者**：三河市龙大印装有限公司
**经　　销**：全国新华书店
**开　　本**：185mm×260mm　**印　　张**：19.25　**字　　数**：457千字
**版　　次**：2017年3月第1版　**印　　次**：2023年8月第8次印刷
**定　　价**：56.00元

产品编号：055258-03

# 前

本书是高等院校非计算机专业学生学习“微型计算机原理与接口技术”课程的
材，主要以 8086/8088 CPU 系统为背景，介绍微型计算机的基础知识、CPU 功能
工作原理、指令系统、存储系统、基本输入输出接口和中断技术，对微机接口芯片的
构、编程方法，进行理论剖析和实践应用。

本书共 9 章。第 1 章主要讲述微型计算机基础知识，包括整数运算、浮点数运
算溢出判断、逻辑运算和基本逻辑门电路。

第 2 章主要介绍 Intel 8086/8088 的功能特征、引脚信号、基本时序、系统构成和
结构。

第 3 章讲述 8086/8088 指令格式、寻址方式和指令系统。

第 4 章讲述汇编语言程序格式、伪指令和汇编语言上机过程、简单分支程序设计、多分支程序设计、循环程序设计、子程序的结构、子程序的参数传递方法、子程序的嵌套与递归和子程序设计举例。

第 5 章讲述半导体存储器的分类及性能指标、ROM 及 RAM 存储芯片应用、高速缓冲存储器。

第 6 章介绍基本输入/输出接口电路、CPU 与外设之间数据传送的控制方式(无条件传送方式、程序查询传送方式、中断方式、DMA 传送方式)、中断的基本概念、中断处理过程和可编程中断控制器 8259A。

第 7 章讲述可编程并行输入/输出接口芯片 8255A、8255A 各种工作方式的应用、可编程计数器/定时器 8253 及其在计数和定时的应用、可编程串行通信接口芯片 8251A、串行通信系统实例。

第 8 章主要讲述数/模转换器及应用、模/数转换器及应用。

第 9 章主要讲述总线的概念及分类、ISA 总线、PCI 总线。

为便于多媒体教学，本教材配有电子教案，并录制了 80 多个理论及实验教学视频，读者可以以慕课的形式学习。

# 目录


**第 1 章　微型计算机基础知识** …… 1

1.1　微型计算机简介 …… 1
1.2　计算机中的数制 …… 5
1.2.1　数制 …… 5
1.2.2　各种数制之间的转换 …… 7
1.3　二进制整数的算术运算 …… 9
1.3.1　二进制数的算术运算规则 …… 9
1.3.2　无符号整数的算术运算 …… 10
1.3.3　带符号整数的表示方法 …… 11
1.3.4　带符号整数的算术运算 …… 13
1.3.5　补码运算的溢出判断 …… 14
1.4　浮点数 …… 15
1.5　基本逻辑运算及常用逻辑部件 …… 16
1.5.1　基本逻辑运算 …… 17
1.5.2　基本逻辑门 …… 18
1.6　编码 …… 21
1.6.1　字符编码 …… 21
1.6.2　Unicode 码 …… 22
1.6.3　BCD 码 …… 22
练习题 …… 23

**第 2 章　8086/8088 微处理器** …… 25

2.1　8086/8088 微处理器的功能结构 …… 25
2.1.1　执行单元 …… 25
2.1.2　总线接口单元 …… 26
2.2　8088 CPU 的引脚及功能 …… 27
2.2.1　引脚定义 …… 27
2.2.2　8088 CPU 的总线时序 …… 31

2.2.3 8088 CPU 在两种模式下的系统总线形成 …… 33
2.3 8088 CPU 的存储器组织 …… 37
2.3.1 存储器分段管理 …… 37
2.3.2 8088 CPU 的编程结构 …… 38
练习题 …… 40

**第 3 章 8086/8088 指令系统** …… 42

3.1 概述 …… 42
3.1.1 机器语言与汇编语言 …… 42
3.1.2 指令的基本构成 …… 43
3.2 8086 CPU 寻址方式 …… 44
3.2.1 立即寻址 …… 45
3.2.2 直接寻址 …… 45
3.2.3 寄存器寻址 …… 47
3.2.4 寄存器间接寻址 …… 47
3.2.5 寄存器相对寻址 …… 47
3.2.6 基址变址寻址 …… 48
3.2.7 基址变址相对寻址 …… 49
3.2.8 隐含寻址 …… 49
3.3 8086 CPU 指令系统 …… 49
3.3.1 数据传送指令 …… 50
3.3.2 算术运算指令 …… 56
3.3.3 逻辑运算与移位指令 …… 63
3.3.4 串操作指令 …… 69
3.3.5 程序控制指令 …… 74
3.3.6 处理器控制指令 …… 81
练习题 …… 82

**第 4 章 汇编语言程序设计** …… 85

4.1 汇编语言源程序 …… 85
4.1.1 汇编语言源程序结构 …… 85
4.1.2 汇编语言源程序的处理过程 …… 87
4.1.3 汇编语言中的操作数 …… 87
4.2 伪指令 …… 90
4.2.1 段定义伪指令 …… 90
4.2.2 数据定义伪指令 …… 92
4.2.3 符号定义伪指令 …… 94
4.2.4 过程定义伪指令 …… 95

4.2.5 程序结束伪指令 …… 96
4.2.6 其他较常见伪指令简介 …… 96
4.3 DOS系统功能调用 …… 97
4.3.1 输入单个字符 …… 97
4.3.2 输入字符串 …… 97
4.3.3 显示单个字符 …… 98
4.3.4 显示字符串 …… 99
4.3.5 返回操作系统 …… 99
4.4 汇编语言程序设计基础 …… 99
4.4.1 汇编语言程序设计步骤 …… 99
4.4.2 顺序程序设计 …… 100
4.4.3 分支程序设计 …… 101
4.4.4 循环程序设计 …… 104
4.4.5 过程设计 …… 106
4.4.6 汇编语言程序的开发过程 …… 110
4.5 在C/C++内使用汇编语言 …… 111
4.5.1 为什么要在C/C++中使用汇编语言 …… 112
4.5.2 嵌入汇编语言基本规则 …… 112
4.5.3 嵌入汇编程序 …… 114
4.5.4 VC++ 6.0中编译调试汇编程序 …… 115
练习题 …… 116

**第5章 存储器** …… 118

5.1 存储器概述 …… 118
5.1.1 内存储器分类 …… 118
5.1.2 存储器件 …… 119
5.1.3 存储器件的性能指标 …… 120
5.2 随机存储器 …… 121
5.2.1 静态随机存储器 …… 121
5.2.2 静态RAM芯片应用 …… 124
5.2.3 动态随机存储器 …… 133
5.2.4 动态随机存储器应用 …… 137
5.3 只读存储器 …… 140
5.3.1 只读存储器简介 …… 140
5.3.2 EPROM应用 …… 142
5.4 高速缓冲存储器 …… 145
练习题 …… 146

**第6章　输入/输出与中断技术** ………………………………………… 147

6.1　I/O接口概述 ………………………………………………………… 147
　6.1.1　I/O接口功能 ……………………………………………………… 147
　6.1.2　I/O端口 …………………………………………………………… 148
　6.1.3　I/O端口编址方式 ………………………………………………… 149
　6.1.4　基本输入/输出接口 ……………………………………………… 151
6.2　数据传送控制方式 ………………………………………………… 157
　6.2.1　无条件传送方式 ………………………………………………… 157
　6.2.2　程序查询方式 …………………………………………………… 157
　6.2.3　中断传送方式 …………………………………………………… 159
　6.2.4　DMA方式 ………………………………………………………… 160
6.3　键盘和显示接口 …………………………………………………… 160
　6.3.1　键盘接口 ………………………………………………………… 161
　6.3.2　LED数码管显示接口 …………………………………………… 166
　6.3.3　16×16 LED点阵显示接口 ……………………………………… 169
6.4　中断 ………………………………………………………………… 173
　6.4.1　中断的基本概念 ………………………………………………… 174
　6.4.2　中断处理的基本过程 …………………………………………… 174
6.5　8086/8088中断系统 ……………………………………………… 178
　6.5.1　中断向量和中断向量表 ………………………………………… 178
　6.5.2　硬件中断 ………………………………………………………… 180
　6.5.3　中断处理流程 …………………………………………………… 181
6.6　可编程中断控制器8259A ………………………………………… 182
　6.6.1　8259A的内部结构 ……………………………………………… 182
　6.6.2　8259A的引脚功能 ……………………………………………… 183
　6.6.3　8259A与微处理器连接 ………………………………………… 184
　6.6.4　8259A编程 ……………………………………………………… 185
　6.6.5　8259A的工作方式 ……………………………………………… 190
　6.6.6　8259A的应用举例 ……………………………………………… 193
练习题 …………………………………………………………………… 195

**第7章　可编程接口芯片** ……………………………………………… 197

7.1　可编程外围设备接口 ……………………………………………… 197
　7.1.1　8255A的功能结构 ……………………………………………… 197
　7.1.2　8255A的工作方式 ……………………………………………… 199
　7.1.3　8255A的控制字 ………………………………………………… 203
　7.1.4　8255A与微处理器的连接 ……………………………………… 206

7.1.5 方式 0 操作举例 …… 207
7.1.6 方式 1 选通输入操作 …… 218
7.1.7 方式 1 选通输出操作 …… 220
7.2 可编程定时器/计数器 8253 …… 223
7.2.1 8253 的功能结构 …… 224
7.2.2 8253 的外部引脚 …… 225
7.2.3 8253 的控制字 …… 226
7.2.4 8253 的工作方式 …… 227
7.2.5 8253 的应用 …… 231
7.3 串行通信接口 …… 236
7.3.1 串行通信基本概念 …… 236
7.3.2 可编程串行接口芯片 8251A …… 239
练习题 …… 248

**第 8 章 数/模转换及模/数转换技术** …… 251

8.1 数/模转换器 …… 252
8.1.1 数/模转换原理 …… 252
8.1.2 D/A 转换器的性能参数 …… 253
8.1.3 DAC 0832 及其接口电路 …… 254
8.1.4 实例 …… 259
8.2 模/数转换器 …… 260
8.2.1 A/D 转换原理 …… 260
8.2.2 A/D 转换器性能参数 …… 260
8.2.3 ADC 0809 …… 261
练习题 …… 266

**第 9 章 总线技术** …… 267

9.1 总线规范 …… 267
9.2 总线的分类及其优点 …… 267
9.2.1 按总线的功能分类 …… 267
9.2.2 按总线的层次结构分类 …… 268
9.2.3 总线设计优点 …… 269
9.3 总线的性能指标和数据传输及仲裁 …… 269
9.3.1 总线的性能指标 …… 269
9.3.2 总线的数据传输过程 …… 269
9.3.3 总线数据传送 …… 270
9.3.4 总线的仲裁 …… 272
9.4 典型总线 …… 275

9.4.1 PC/XT 总线 …… 275
9.4.2 ISA 总线 …… 275
9.4.3 EISA 总线 …… 276
9.4.4 PCI 总线 …… 276
9.4.5 AGP 总线 …… 277
9.4.6 MCA 总线 …… 278
9.4.7 IEEE 488 总线 …… 279
9.4.8 CAN 总线 …… 279
练习题 …… 280

**附录 A 8086/8088 CPU 指令表** …… 282

**附录 B DOS 功能调用** …… 290

**附录 C IBM PC/XT 机中断矢量号配置** …… 295

**参考文献** …… 296

# 第1章

# 微型计算机基础知识

计算机是20世纪最重要的科技发明之一。计算机技术以强大的生命力飞速发展,并且衍生出工业控制技术、网络技术、通信技术、机器人技术,带动了全球范围的技术进步,它的应用已经从最初的军事科研扩展到人类生活的各个领域,对人类的生产活动和社会活动产生了颠覆性的影响,引发了深刻的社会变革。微型计算机是计算机种类中应用最广泛的一种,从系统结构和工作原理的角度分析,微型计算机与其他类别的计算机没有本质区别,都是由运算器、控制器、存储器、输入/输出设备组成。运算器和控制器集成在一起称为中央处理单元,也称微处理器。微处理器、存储器、输入/输出设备通过总线连接成一个微型计算机整体。

## 1.1 微型计算机简介

微型计算机是基于微处理器的计算机系统。微型计算机系统的构成包括微处理器、存储器、输入/输出和总线,如图1-1所示。

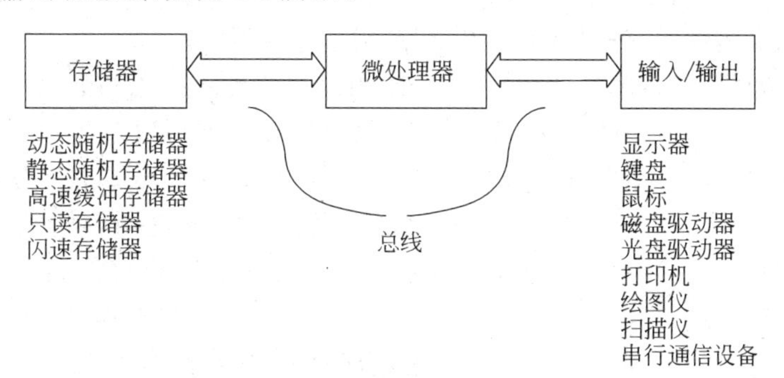


图1-1 微型计算机系统结构框图

### 1. 微处理器(中央处理器,CPU)

微处理器是微型计算机系统的核心部件,也常称为CPU(Central Processing Unit)。微处理器通过总线与存储器或输入/输出设备进行数据交换,并且通过总线控制存储器或输入/输出操作。

微处理器是微型计算机系统的运算和控制部件。微处理器的功能主要有三个方面：①在微处理器与存储器之间、微处理器和输入/输出设备之间传送数据；②简单的算术和逻辑运算；③通过简单的判定控制程序的流向。

微处理器可以进行加、减、乘、除算术运算，可以进行 AND、OR、NOT、NEG 等逻辑运算，还可以对数据进行移位和循环，如表 1-1 所示，这些运算都是基本运算，微处理器就是通过这些简单的动作一步步地解决复杂的问题。微处理器能够每秒执行上亿条指令，所以计算机真正的威力在于它的高速运转。

微处理器可以处理字节(8 位)、字(16 位)、双字(32 位)甚至四字(64 位)的二进制整数，还可以通过浮点数实现实数运算。

微处理器可以以实际数值为依据进行简单的判定。例如它可以判断出一个数是否为 0，是正数还是负数，是奇数还是偶数等，微处理器可以根据判定结果改变程序的流向，这就好像人经过思考以后决定下一步要走哪条路一样。

**表 1-1　算术运算和逻辑运算**

| 操　　作 | 说　　明 | 操　　作 | 说　　明 |
|---|---|---|---|
| 加 | | OR | 或运算 |
| 减 | | NOT | 非运算 |
| 乘 | | NEG | 算术取反 |
| 除 | | 移位 | |
| AND | 与运算 | 循环 | |

## 2. 存储器

存储器用来存放指令和数据。微型计算机中常用的存储器包括动态随机存储器、静态随机存储器、高速缓冲存储器、只读存储器、闪速存储器等。

存储器是微型计算机的存储和记忆部件，用以存放程序指令和数据。存储器由一系列的存储单元构成，每个存储单元可以存放一个 8 位的二进制数，如图 1-2 所示。微处理器为每个存储单元分配一个存储地址，并通过地址总线把存储器地址传送给存储器，以此选择存储单元。微处理器通过控制总线将读或写控制信号传送给存储器，驱动存储单元送出数据或者接收数据，实现读操作或写操作。微处理器通过数据总线接收存储器送出的数据，或者将数据传送到存储单元。

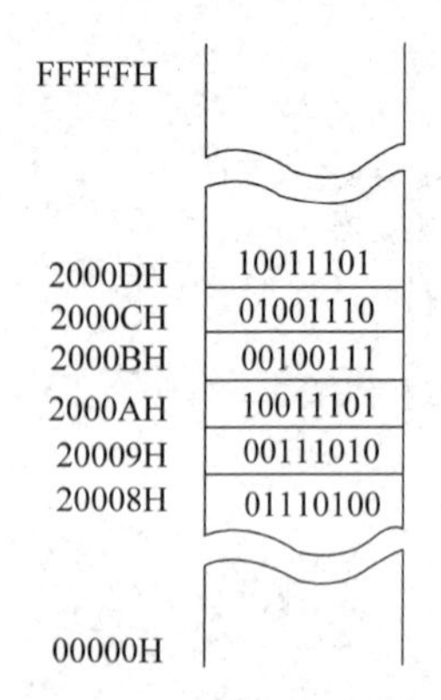

图 1-2　存储单元与地址

指令和数据都是以二进制数的形式存储在存储器中。微处理器通过总线从存储器中读取指令和数据，并将指令执行结果存放在存储器中。微型计算机的存储器也常称为内存储器、主存储器或内存、主存。内存储器普遍采用半导体材料制成，故也称为半导体存储器。

图 1-2 中，存储单元的地址用十六进制数表示，存储单元的内容是二进制数。存储单

元 2000AH 存储的数据是 10011101B。

微处理器对内存的操作有两种：读操作和写操作。读操作是复制存储单元的内容到CPU 内部，存储单元的数据保持不变。写操作是 CPU 将数据存入内存单元中，内存单元原来的数据被覆盖。CPU 执行读操作的过程是：CPU 首先把存储单元的地址通过地址总线传送到存储器，选中要访问的存储单元。接着 CPU 送出读控制信号，存储单元的内容送出到数据总线，CPU 从数据总线接收数据并保存到内部寄存器中。CPU 执行写操作的过程与执行读操作的过程类似。

存储器中存储单元的数量称为存储容量。微型计算机的存储容量由微处理器决定。表 1-2 介绍了典型的 Intel 系列微处理器的数据总线宽度、地址总线宽度和存储容量。

**表 1-2　Intel 系列微处理器的数据与地址总线宽度和存储器容量**

| 微处理器 | 数据总线宽度 | 地址总线宽度 | 存储容量 |
| --- | --- | --- | --- |
| 8086 | 16 | 20 | 1MB |
| 8088 | 8 | 20 | 1MB |
| 80286 | 16 | 24 | 16MB |
| 80386DX | 32 | 32 | 4GB |
| 80386EX | 16 | 26 | 64MB |
| 80486 | 32 | 32 | 4GB |
| Pentium | 64 | 32 | 4GB |
| Pentium pro～core | 64 | 32(36、40) | 4GB(64GB、1TB) |
| Itanium | 128 | 40 | 1TB |

基于 8086/8088 微处理器的微型计算机系统，存储容量为 1MB。存储器采用分段寻址方式，每段的长度最大为 64KB，存储单元的物理地址由段基址：段内偏移量说明。8086/8088 微处理器的这种工作方式称为实模式。通常把这个 1MB 的存储区称为实模式存储器(real memory)、常规内存(conventional memory)或 DOS 存储器系统。

为了使为 8086/8088 微处理器设计的软件不作修改就能够在 80286 或更高级的微处理器上运行，80286 至 Pentium 4 系列微处理器保留存储器的起始 1MB 的存储空间可以按照实模式方式寻址。为了使用更大的存储空间以及支持多任务工作环境，Intel 设计了保护模式，80286 至 Pentium 4 微处理器都可以工作在保护模式。保护模式下微处理器可以访问起始的 1MB 及 1MB 以上的存储区，一个应用程序理论上最大可以访问 64TB 的存储器。存储器寻址仍然使用段寄存器和偏移地址，但是一个应用程序最多可以使用 16384 个存储段，每个段最大可以为 4GB。Windows 操作系统工作在保护模式。

### 3. 输入/输出

输入/输出包括输入/输出接口和输入/输出设备。输入/输出设备常见的有显示器、键盘、鼠标、磁盘驱动器、光盘驱动器、打印机、绘图仪、扫描仪和各种串行通信设备。输入设备用来将现实世界的各种信息输入并转换为计算机能够识别的二进制信息，输出设备负责将计算机的处理结果输出为现实世界中人类可以接收的各种信息形式。

由于输入/输出(I/O)设备的工作速度、信号类型、信号格式等与主机不同，输入/输出设备一般不能直接和主机进行连接，通常需要在微处理器与输入/输出设备之间设置输入/输出接口。输入/输出接口提供信号格式转换、时序匹配、数据缓冲等功能，作为主机与外设之间通信的桥梁。

输入/输出接口包括 DMA 控制器、中断控制器、定时器、IDE 通道、软磁盘控制器、显示器接口、键盘接口、标准游戏口、串行通信口、打印接口、PCI 总线等，这些接口位于微型计算机系统主板上或者适配卡上，如图 1-3 所示。

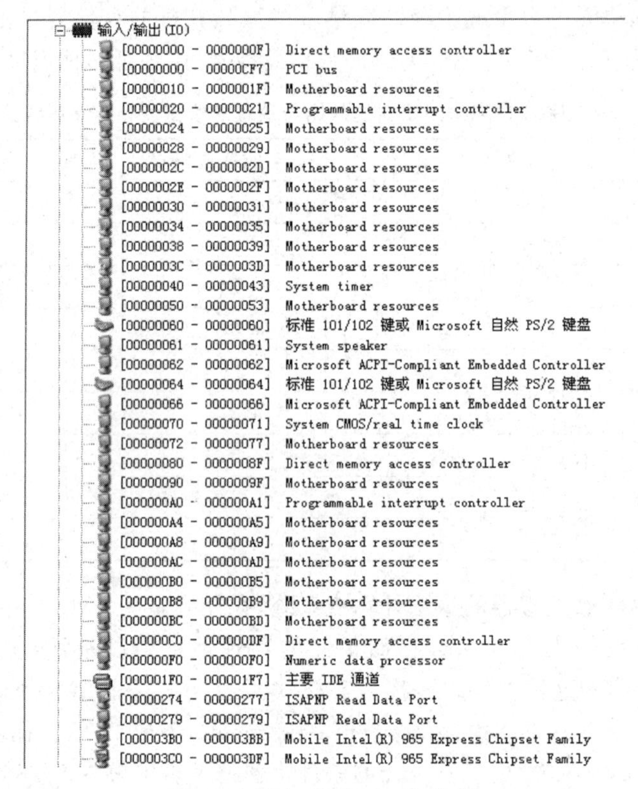


图 1-3 输入/输出接口与设备

### 4. 总线

总线是计算机系统中互连各部件的一组公用信号线，负责在微处理器与存储器或 I/O 设备之间传送地址、数据和控制信息，分别称为地址总线、数据总线和控制总线。如图 1-4 所示，微处理器通过总线与存储器、I/O 设备连接成一个整体。

(1) 地址总线(Address Bus)

地址总线由微处理器产生，用来向存储器或输入/输出接口传送地址信息，是单向总线。

(2) 数据总线(Data Bus)

数据总线用来传送数据，是双向总线。通过数据总线，微处理器既可以从内存或输入设备输入数据，又可以将数据传送至内存或输出设备。

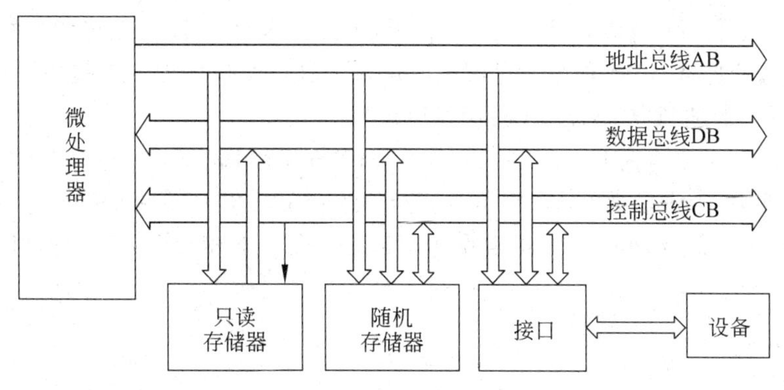


图 1-4 微型计算机总线结构框图

(3) 控制总线(Control Bus)

控制总线传送控制信号、时序信号和状态信号。其中有些是微处理器发出的控制存储器或I/O操作的信号,有些是存储器或I/O接口向微处理器发出的状态信息。所以,控制总线的每一根信号都是单向的,但从整体来看,控制总线是双向的。

# 1.2 计算机中的数制

在日常生活中,人们习惯使用十进制。在数字逻辑电路中,只有高电平与低电平两个稳定状态。如果用高电平表示1、用低电平表示0,数字逻辑电路就可以表示为二进制数。计算机由数字逻辑电路组成,所以计算机采用二进制。二进制数不容易书写和记忆,在学习和使用计算机的过程中,通常将二进制数转换为十六进制数。

## 1.2.1 数制

二进制、十进制和十六进制都是进位计数制。进位计数制使用位置表示法,都有数码、位权和基数三个要素。

### 1. 十进制

十进制有十个数码:0、1、2、3、4、5、6、7、8、9,基数为10,逢十进一。

十进制数的位权: $\cdots\ 10^3\quad 10^2\quad 10^1\quad 10^0.\quad 10^{-1}\quad 10^{-2}\quad 10^{-3}\quad \cdots$

即 $\cdots\quad 1000\quad 100\quad 10\quad 1\ .\quad 0.1\quad 0.01\quad 0.001\quad \cdots$

十进制数8347.25可以表示为

$$8\times10^3+3\times10^2+4\times10^1+7\times10^0+2\times10^{-1}+5\times10^{-2}$$

一般地,一个十进制数 $N$ 可以表示为

$$N=K_{n-1}\times10^{n-1}+K_{n-2}\times10^{n-2}+\cdots+K_1\times10^1+K_0\times10^0+K_{-1}\times10^{-1}$$

$$+K_{-2}\times10^{-2}+\cdots+K_{-m}\times10^{-m}=\sum_{i=-m}^{n-1}K_i\times10^i \tag{1.2.1}$$

式中 $K_i$ 是 $N$ 的第 $i$ 位数码，$n$ 和 $m$ 为正整数，$n$ 表示 $N$ 中小数点左边的位数，$m$ 表示 $N$ 中小数点右边的位数。$10^i$ 称为十进制数的位权，式(1.2.1)称为十进制数的权表达式。

**【例 1-1】** 十进制数 8347.25 的权表达式为

$$(8347.25)_{10} = 8 \times 10^3 + 3 \times 10^2 + 4 \times 10^1 + 7 \times 10^0 + 2 \times 10^{-1} + 5 \times 10^{-2}$$

在计算机中，十进制数 8347.25 可以表示为：$(8347.25)_{10}$ 或者 $(8347.25)_D$，也可用后缀 D(Decimal)表示：8347.25D，更常见的写法是不加任何表示字符，计算机默认为十进制数。

### 2. 二进制

二进制有 2 个数码：0、1，基数为 2，逢二进一。

二进制数的位权：… $2^5$ $2^4$ $2^3$ $2^2$ $2^1$ $2^0$. $2^{-1}$ $2^{-2}$ $2^{-3}$…

即 … 32 16 8 4 2 1 . 0.5 0.25 0.125…

一个二进制数可用其权表达式表示为

$$N = K_{n-1} \times 2^{n-1} + K_{n-2} \times 2^{n-2} + \cdots + K_1 \times 2^1 + K_0 \times 2^0 + K_{-1} \times 2^{-1} + K_{-2} \times 2^{-2} + \cdots + K_{-m} \times 2^{-m} = \sum_{i=-m}^{n-1} K_i \times 2^i \qquad (1.2.2)$$

式中 $K_i$ 是 $N$ 的第 $i$ 位数码，$n$ 和 $m$ 为正整数，$n$ 表示 $N$ 中小数点左边的位数，$m$ 表示 $N$ 中小数点右边的位数。$2^i$ 称为二进制数的位权，式(1.2.2)称为二进制数的权表达式。

**【例 1-2】** 二进制数 1010.01 的权表达式为

$$(1010.01)_2 = 1 \times 2^3 + 0 \times 2^2 + 1 \times 2^1 + 0 \times 2^0 + 0 \times 2^{-1} + 1 \times 2^{-2} = 2^3 + 2^1 + 2^{-2}$$

在计算机中，一个二进制数可以用下标 2 表示，也可以用后缀 B(Binary)表示，如 $(1010.01)_2$、1010.01B。

### 3. 十六进制

十六进制有 16 个数码：0～9 及 A～F，基数为 16，逢十六进一。

十六进制数的位权：… $16^4$ $16^3$ $16^2$ $16^1$ $16^0$. $16^{-1}$ $16^{-2}$…

即 … 65536 4096 256 16 1 . 0.0625 0.00390625 …

一个十六进制数 $N$ 可用其权表达式表示为

$$N = K_{n-1} \times 16^{n-1} + K_{n-2} \times 16^{n-2} + \cdots + K_1 \times 16^1 + K_0 \times 16^0 + K_{-1} \times 16^{-1} + K_{-2} \times 16^{-2} + \cdots + K_{-m} \times 16^{-m} = \sum_{i=-m}^{n-1} K_i \times 16^i \qquad (1.2.3)$$

式中 $K_i$ 是 $N$ 的第 $i$ 位数码，取值在 0～F 的范围内。$n$ 和 $m$ 为正整数，$n$ 表示 $N$ 中小数点左边的位数，$m$ 表示 $N$ 中小数点右边的位数。$16^i$ 称为十六进制数的位权，式(1.2.3)称为十六进制数的权表达式。

**【例 1-3】** 十六进制数 3FC.6 的权表达式为

$$(3FC.6)_{16} = 3 \times 16^2 + 15 \times 16^1 + 12 \times 16^0 + 6 \times 16^{-1}$$

一个十六进制数可以用下标 16 表示，也可以用后缀 H(Hexadecimal)表示，例如：

3FC.6H。

#### 4. 其他进制数

从以上介绍可见，各种进制数具有以下共同特点：

- 每种进制数都有一个确定的基数 $R$，每位数码 $K$ 有 $R$ 种可能的取值。
- 遵循"逢 $R$ 进一"原则。

一个 $R$ 进制数 $N$ 可用其权表达式表示为

$$N = K_{n-1} \times R^{n-1} + K_{n-2} \times R^{n-2} + \cdots + K_1 \times R^1 + K_0 \times R^0 + K_{-1} \times R^{-1} + K_{-2} \times R^{-2} + \cdots + K_{-m} \times R^{-m} = \sum_{i=-m}^{n-1} K_i \times R^i \qquad (1.2.4)$$

式中，$K_i$ 是 $R$ 进制数 $N$ 的第 $i$ 位的数码，取值在 $0 \sim R-1$ 的范围内，$n$ 和 $m$ 为正整数，$n$ 表示 $N$ 中小数点左边的位数，$m$ 表示 $N$ 中小数点右边的位数，$R$ 为基数，$R^i$ 称为 $R$ 进制数的位权。

### 1.2.2 各种数制之间的转换

#### 1. 非十进制数到十进制数的转换

任何一个非十进制数，按其权表达式展开后，按照十进制规则计算所得结果即为十进制数。

**【例 1-4】** 将二进制数 1010.01 转换为十进制数。

**解**：根据二进制数的权表达式，有

$$(1010.01)_2 = 1 \times 2^3 + 1 \times 2^1 + 1 \times 2^{-2} = 10.25$$

**【例 1-5】** 将十六进制数 3FC.6H 转换为十进制数。

**解**：根据十六进制数的权表达式，有

$$\begin{aligned}(3FC.6)_{16} &= 3 \times 16^2 + 15 \times 16^1 + 12 \times 16^0 + 6 \times 16^{-1} \\ &= 1020.375\end{aligned}$$

#### 2. 十进制数到非十进制数的转换

(1) 十进制数转换为二进制数

十进制数转换为二进制数时，需要把整数部分和小数部分分别进行转换，之后拼接起来。

整数部分的转换方法是"除 2 取余"，即把整数部分连续除以 2，同时记录余数，直至商为 0，所得余数从低位到高位依次排列即得到转换后二进制数的整数部分。对小数部分，采用"乘 2 取整"的方法，即对小数部分连续乘以 2，同时记录所得乘积的整数部分，直到乘积为 0 或达到所要求的精度为止，最先得到的整数作为小数点右边第一位，其他位依次向右排列。

**【例 1-6】** 将十进制数 115.75 转换为二进制数。

**解：**

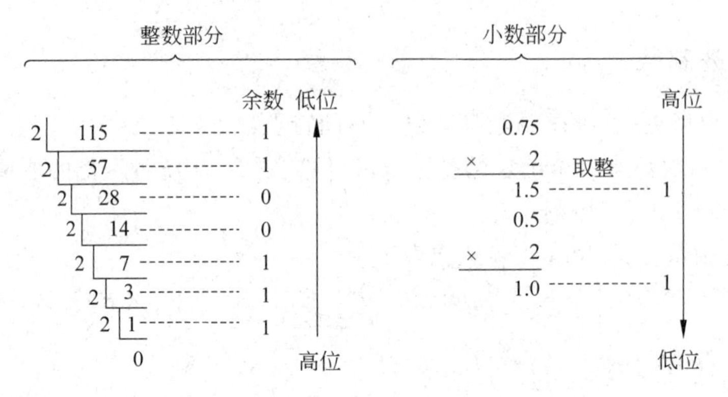


从而得到转换结果$(115.75)_{10}=(1110011.11)_2$。

(2) 十进制数转换为十六进制数

十进制数转换为十六进制数也可以采用类似的方法，整数部分用"除 16 取余"，小数部分则"乘 16 取整"。也可以先把十进制数转换为二进制数，再把二进制数转换为十六进制数。

### 3. 二进制数与十六进制数之间的转换

从表 1-3 可以看出，四位二进制数可以表示一位十六进制数，利用这个特性将二进制数转换为十六进制数。转换的方法为将二进制数从小数点开始分别向左、右两边分组，每四位一组，若不够四位则补零构成四位，之后用十六进制数替换每组二进制数，就将二进制数转换成了十六进制数。

**表 1-3 数制对照表**

| 十进制数 | 二进制数 | 十六进制数 | 十进制数 | 二进制数 | 十六进制数 |
|---|---|---|---|---|---|
| 0 | 0000 | 0 | 8 | 1000 | 8 |
| 1 | 0001 | 1 | 9 | 1001 | 9 |
| 2 | 0010 | 2 | 10 | 1010 | A |
| 3 | 0011 | 3 | 11 | 1011 | B |
| 4 | 0100 | 4 | 12 | 1100 | C |
| 5 | 0101 | 5 | 13 | 1101 | D |
| 6 | 0110 | 6 | 14 | 1110 | E |
| 7 | 0111 | 7 | 15 | 1111 | F |

**【例 1-7】** 将二进制数 1010110110.101001011 转换为十六进制数。

**解：**

| 二进制数 | 0010 | 1011 | 0110. | 1010 | 0101 | 1000 |
|---|---|---|---|---|---|---|
| | ↓ | ↓ | ↓ | ↓ | ↓ | ↓ |
| 十六进制数 | 2 | B | 6. | A | 5 | 8 |

即 1010110110.101001011B=2B6.A58H。

十六进制数转换为二进制数的方法与上述过程相反，即用四位二进制代码取代对应的一位十六进制数。

**【例 1-8】** 将十六进制数 3BE7.5CH 转换为二进制数。

**解：**

| 十六进制数 | 3 | B | E | 7. | 5 | C |
| --- | --- | --- | --- | --- | --- | --- |
| | ↓ | ↓ | ↓ | ↓ | ↓ | ↓ |
| 二进制数 | 0011 | 1011 | 1110 | 0111. | 0101 | 1100 |

即 $3BE7.5CH=(0011\ 1011\ 1110\ 0111.0101\ 1100)_2$。

十进制数转换为十六进制数可以先把十进制数转换为二进制数，之后再把二进制数转换为十六进制数。

# 1.3 二进制整数的算术运算

微型计算机中使用的数据通常以无符号整数、有符号整数、浮点数（实数）、ASCII 码、Unicode 码、BCD 码的形式出现。无符号整数和有符号整数以字节、字、双字的形式存储。本节以字节为例，介绍整数运算的处理过程。

## 1.3.1 二进制数的算术运算规则

同十进制数一样，二进制数也可以进行加、减、乘、除四则运算。

### 1. 加法运算

加法运算遵循以下法则：

0+0=0　　0+1=1　　1+0=1　　1+1=0（有进位）

**【例 1-9】** 计算 01101010B+10110101B=( )B。

**解：**

```
   0 1 1 0 1 0 1 0
+  1 0 1 1 0 1 0 1
-------------------
 1 0 0 0 1 1 1 1 1
```

### 2. 减法运算

减法运算遵循以下法则：

0−0=0　　1−0=1　　1−1=0　　0−1=1（有借位）

**【例 1-10】** 计算 10010101B−01101010B=( )B。

**解：**

```
   1 0 0 1 0 1 0 1
-  0 1 1 0 1 0 1 0
-------------------
   0 0 1 0 1 0 1 1
```

### 3. 乘法运算

乘法运算遵循以下法则：

0×0=0　　1×0=0　　0×1=0　　1×1=1

**【例 1-11】** 计算 1010B×1001B=()B。

```
          1010      被乘数
  ×       1001      乘数
  ------------
          1010      部分积
         0000
        0000
       1010
  ------------
       1011010      乘积
```

即 1010B×1001B=1011010B。

计算机实现乘法运算有多种方法，下面是计算机采用移位加的方法模仿笔算乘法实现乘法运算的过程，通过左移被加数保证位权正确。

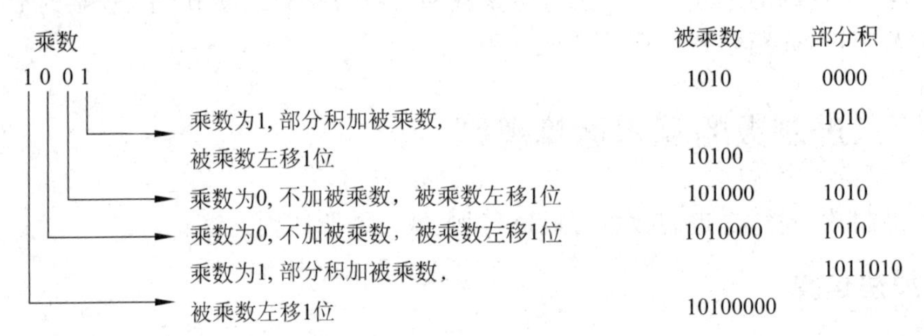


即 1010B×1001B=1011010B。

可以看出计算结果与笔算乘法相同。由此可见，无符号数的乘法运算可以转换为加法和左移位的运算。一个二进制数，每左移一位，相当于乘以 2，左移 $n$ 位就相当于乘以 $2^n$。

### 4. 除法运算

除法运算遵循以下法则：

1÷1=1　　0÷1=0

除法运算中除数不能为 0，否则将引起除法错中断。

除法运算是乘法运算的逆运算，无符号数的除法运算可以转换为减法和右移位运算。算法的具体实现过程比较复杂，此处不做介绍，可参阅其他书籍。

## 1.3.2 无符号整数的算术运算

无符号二进制数的每一位都是数值位。一个 $n$ 位无符号二进制数 $X$，表示数的范围为

$$0 \leqslant X \leqslant 2^n - 1$$

例如，一个 8 位无符号二进制数，即 $n=8$，表示范围为 $0 \sim 2^8-1$，即 00H～FFH(0～

255)。一个 16 位无符号二进制数，表示范围为 $0\sim2^{16}-1$，即 0000H～FFFFH(0～65 535)。

**【例 1-12】** 计算 10101011B+01011010B=()B。

**解：**

```
     10101011        171
  +  01011010         90
  ------------
   1 00000101        261
```

微处理器的算术运算单元只能进行有限位的二进制数运算。两个 8 位的二进制数进行加减运算，运算结果只保留 8 位，超出的部分被丢弃。16 位、32 位的二进制数也是如此。如例 1-12 那样，两个 8 位的二进制数相加，结果为 100000101B 是 9 位，则最高位被丢弃，使得运算结果为 00000101，这是个错误的结果。

运算结果如果超出了 8 位二进制数的取值范围(0～255)，则最高位被丢弃，这导致运算结果错误，计算机中将这种情况称为溢出。两个 16 位二进制数相加，结果有可能超出 16 位二进制数的取值范围，导致最高位被丢弃，运算结果溢出。32 位、64 位的二进制数加法运算都有可能溢出。

由此可见，在无符号数的加减运算中，如果最高位向前有进位(加法)或借位(减法)，则运算结果产生溢出。

微型计算机中，如果加减运算中最高位向前有进位或借位，将使微处理器标志寄存器中的 CF 位置 1。利用 CF 位，通过编程可以矫正运算结果，还可以在 8 位的微处理器上实现 16 位、32 位或者 64 位甚至更多位的二进制数加减运算。

无符号二进制数的乘法运算一般不会产生溢出，因为两个 8 位数相乘，乘积不会超出 16 位二进制数；两个 16 位数相乘，乘积不会超出 32 位。微处理器为乘积准备了足够的存储空间。

无符号二进制数的除法运算有可能产生溢出，当除数较小时，运算结果可能超出微处理器为除法运算结果准备的存储空间，从而溢出。除法溢出时微处理器会产生溢出中断，提醒程序员程序出错。有关中断的内容将在第 3 章介绍。

### 1.3.3 带符号整数的表示方法

与无符号数对应，带正负号的数称为带符号数。在计算机中，通常带符号数的最高位作为符号位，最高位为 0，表示正数；最高位为 1，表示负数，其余为数值位。这里说的最高位，字节类型的数据指的是 $D_7$，字类型的数据指的是 $D_{15}$，双字类型的数据指的是 $D_{31}$。

带符号数在计算机中有三种表示方法：原码、反码和补码。

#### 1. 原码

$X$ 的原码记为$[X]_{原}$。最高位为符号位，其余位为数值位。

**【例 1-13】** 已知真值 $X=+33$，$Y=-33$，求$[X]_{原}$和$[Y]_{原}$。

**解：**

$$(+33)_{10}=+100001\text{B},\quad [+33]_{原}=0010\ 0001\text{B}$$

$$(-33)_{10} = -100001B, \quad [-33]_{原} = 1010\ 0001B$$

原码的几个特点：

- 0 有 2 种表示方法，则 $00000000=[+0]_{原}$，$10000000=[-0]_{原}$。
- 原码简单，与真值转换方便，但符号不能直接参与运算，而且减法不能转换为加法运算。

8 位二进制原码的表示范围为

11111111～10000000，00000000～01111111，即－127～＋127。

一个 $n$ 位二进制数 $X$，其原码表示的严格定义为

$$[X]_{原} = \begin{cases} X & 0 \leqslant X < 2^{n-1} \\ 2^{n-1} - X = 2^{n-1} + |X| & -2^{n-1} \leqslant X < 0 \end{cases}$$

### 2. 反码

正数的反码与原码相同，负数的反码是将其原码的符号位保持不变，其余各位按位取反。

**【例 1-14】** 已知 $X=+0$　$Y=+43$，求 $[X]_{反}$ 和 $[Y]_{反}$。

**解：**

$$[X]_{原}=0000\ 0000 \quad [X]_{反}=0000\ 0000$$
$$[Y]_{原}=0010\ 1011 \quad [Y]_{反}=0010\ 1011$$

**【例 1-15】** 已知 $X=-0$，$Y=-43$，求 $[X]_{反}$ 和 $[Y]_{反}$。

**解：**

$$[X]_{原} = 1000\ 0000 \quad [X]_{反} = 1111\ 1111$$
$$[Y]_{原} = 1010\ 1011 \quad [Y]_{反} = 1101\ 0100$$

反码具有如下特点：

- 0 有 2 种表示方法，$[+0]_{反}=00000000$，$[-0]_{反}=11111111$。
- 符号位可以直接参与运算，减法可以变为加法运算。

8 位二进制反码所能表示的数值范围为

1000 0000～1111 1111，0000 0000～0111 1111，即－127～＋127。

一个 $n$ 位二进制数 $X$，其反码表示的严格定义为

$$[X]_{反} = \begin{cases} X & 0 \leqslant X < 2^{n-1} \\ (2^{n-1} - 1) + X & -2^{n-1} \leqslant X < 0 \end{cases}$$

### 3. 补码

正数的补码与其原码相同，负数的补码是它的反码加 1。

**【例 1-16】** 已知真值 $X=+0$，$Y=+43$，求 $[X]_{补}$ 和 $[Y]_{补}$。

**解：** $[0]_{原}=[0]_{反}=[0]_{补}=00000000$，$[+43]_{原}=[+43]_{反}=[+43]_{补}=00101011$。

**【例 1-17】** 已知真值 $X=-0$，$Y=-43$，求 $[X]_{补}$ 和 $[Y]_{补}$。

**解：**

$$[-0]_{原} = 1000\ 0000 \quad [-0]_{反} = 1111\ 1111 \quad [-0]_{补} = 0000\ 0000$$

$[-43]_{原} = 1010\ 1011 \quad [-43]_{反} = 1101\ 0100 \quad [-43]_{补} = 1101\ 0101$

从以上例子可以归纳出补码的几个特点：

- 0 有唯一编码，$[+0]_{补}=[-0]_{补}=00000000$。
- 补码 1000 0000 表示−128。
- 8 位二进制补码表示的数值范围为−128～+127。
- 符号位可以直接参与运算，减法可以变为加法运算。

一个 $n$ 位二进制数 $X$，其补码表示的严格定义为

$$[X]_{补} = \begin{cases} X & 0 \leqslant X < 2^{n-1} \\ 2^n + X = 2^n - |X| & -2^{n-1} \leqslant X < 0 \end{cases}$$

## 1.3.4 带符号整数的算术运算

在计算机中，带符号整数一般都是用补码表示的。带符号数的运算都是补码运算。

### 1. 补码运算规则

补码加法规则：$[X+Y]_{补}=[X]_{补}+[Y]_{补}$

补码减法规则：$[X-Y]_{补}=[X]_{补}-[Y]_{补}=[X]_{补}+[-Y]_{补}$

$[-Y]_{补}$是通过对$[Y]_{补}$求变补得来的，即对$[Y]_{补}$的每一位包括符号位在内，按位取反并加 1。

例如：$[Y]_{补}=11001101 \quad [-Y]_{补}=00110011$

**【例 1-18】** 设 $X=+73$，$Y=-54$，求$[X+Y]_{补}$。

**解**：由补码运算规则可知：$[X+Y]_{补}=[X]_{补}+[Y]_{补}$。

先分别求出 $X$ 和 $Y$ 的补码：

$$X = +73 = 01001001\text{B} \quad [X]_{补} = 01001001\text{B}$$

$$Y = -54 = 10110110\text{B} \quad [Y]_{补} = 11001010\text{B}$$

```
    0 1 0 0 1 0 0 1
+   1 1 0 0 1 0 1 0
-------------------
  1 0 0 0 1 0 0 1 1
  ↑
自然丢失
```

所以：$[X+Y]_{补}=00010011\text{B}$。

**【例 1-19】** 设 $X=+23$，$Y=+54$，求$[X-Y]_{补}$。

**解**：由补码运算规则可知：$[X-Y]_{补}=[X]_{补}-[Y]_{补}=[X]_{补}+[-Y]_{补}$。

$$X = +23 = 00010111\text{B} \quad [X]_{补} = 00010111\text{B}$$

$$Y = +54 = 00110110\text{B} \quad [Y]_{补} = 00110110\text{B} \quad [-Y]_{补} = 11001010\text{B}$$

```
    0 0 0 1 0 1 1 1
+   1 1 0 0 1 0 1 0
-------------------
    1 1 1 0 0 0 0 1
```

所以：$[X-Y]_{补}=11100001B$。

从以上例子可以看出，运用补码的运算规则可以把减法运算转换为加法运算，这正是引入补码的原因。

**2. 补码与十进制数的转换**

补码运算的结果仍然是补码。要将补码转换为十进制数，应先将它转换为原码，再转换为十进制数。

- 正数补码转换为十进制数

由于正数的补码即是它的原码，所以把数值部分直接转换为十进制数即可。

**【例 1-20】** $[X]_{补}=00010011$，因为是正数，所以 $X=(+10011)_2=(+19)_{10}$。

- 负数补码转换为十进制数

将该补码再求一次补，得到它的原码，再将原码转换为十进制数。

**【例 1-21】** $[X]_{补}=11100001$，再次求补得到原码为 10011111，十进制数为 $-31$。

## 1.3.5 补码运算的溢出判断

8 位二进制补码所能表示的数值范围为 $-128\sim+127$。当补码运算结果超出这个表示范围时，便产生溢出。显然，只有在同符号数相加或者异符号数相减的情况下，才有可能产生溢出。那么有没有一个统一的方法判断是否产生溢出呢？先看几个例子。

**【例 1-22】**

```
                         C(n-1)
                         C(n-2)
    0 0 0 1 1 0 0 1       +25
  + 0 1 1 0 0 0 1 0       +98
  -----------------
    0 1 1 1 1 0 1 1       +123
```

此例运算结果正确，没有产生溢出。

两个 $n$ 位的补码相加，用 $C_{n-1}$ 表示最高位向前的进位，也就是符号位相加产生的进位。用 $C_{n-2}$ 表示次高位向最高位的进位，也就是数值部分向符号位产生的进位。此例中，$C_{n-1}$ 和 $C_{n-2}$ 都没有产生进位，表示为 $C_{n-1}=C_{n-2}=0$。

**【例 1-23】**

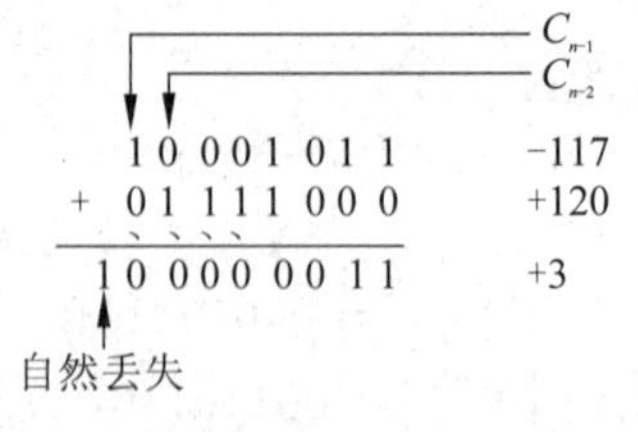


此例运算结果正确，没有溢出。

此例中，最高位向前有进位，次高位向最高位也有进位，$C_{n-1}=C_{n-2}=1$。

【例 1-24】

```
                 ┌──────────────── C_{n-1}
                 │ ┌────────────── C_{n-2}
                 ↓ ↓
                 0 1 1 1 1 1 0 1      +125
             +   0 0 0 0 0 1 1 0      +6
             ─────────────────────
                 1 0 0 0 0 0 1 1      -125
```

此例运算结果不正确,产生溢出。此例中,$C_{n-1}=0$,$C_{n-2}=1$,$C_{n-1}\neq C_{n-2}$。

【例 1-25】

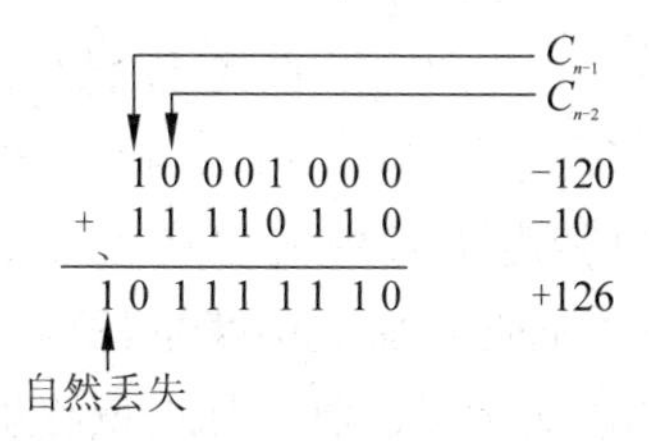


此例运算结果不正确,产生溢出。此例中,$C_{n-1}=1$,$C_{n-2}=0$,$C_{n-1}\neq C_{n-2}$。

从以上例子可以看出,如果 $C_{n-1}=C_{n-2}$,运算结果正确,没有产生溢出;如果 $C_{n-1}\neq C_{n-2}$,运算结果超出 $n$ 位补码的表示范围,产生了溢出,结果错误。

补码运算判断溢出的方法:对于一个 $n$ 位的补码,如果运算过程中,$C_{n-1}\oplus C_{n-2}=1$ 则运算结果产生溢出;如果 $C_{n-1}\oplus C_{n-2}=0$,则运算结果没有溢出。其中,$\oplus$表示异或运算。微型计算机中,如果运算结果溢出,将使微处理器标志寄存器中的 OF 位置 1。

## 1.4 浮 点 数

日常工作中经常遇到实数,计算机中实数也称为浮点数。浮点数的表示方法采用科学计数法,任何二进制数 $N$ 都可以表示为

$$N=\pm S\times 2^{\pm j}$$

其中 $j$ 称为 $N$ 的阶码,阶码有正负,是整数。阶码决定数的取值范围。$S$ 称为尾数,尾数是大于 1 且小于 2 的小数,尾数的位数决定数的精度。$S$ 前面的正负号称为数符,浮点数的正负由数符决定。

例如:实数 14.375 转换为二进制数是 1110.011,可以表示为

$$1110.011=1.110011\times 2^{3}$$

浮点数在计算机中采用标准化①形式,包括两部分:尾数和阶码。微型计算机系统的数字协处理器和几乎所有的高级程序设计语言中,浮点数有 4 字节和 8 字节两种类型。4 字节实数称为单精度实数,8 字节实数称为双精度实数,如图 1-5 所示。

单精度格式包括一个符号位、8 位阶码和 23 位尾数。其中第 31 位是符号位,表示实数的符号,正数用 0 表示,负数用 1 表示,与有符号数的表示方法一致。第 30~23 位存储

① IEEE-754 标准。

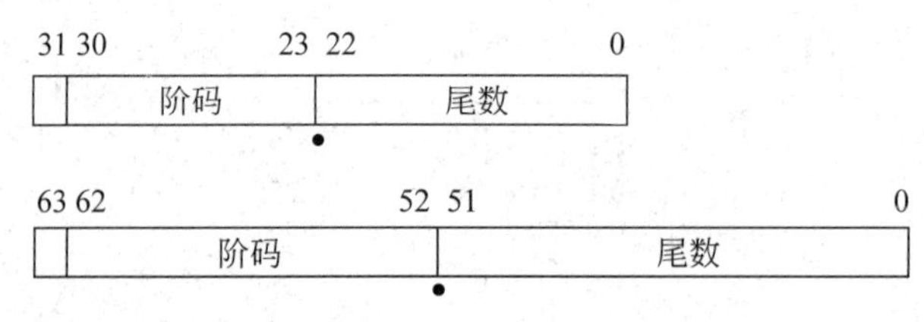


图 1-5 单精度格式与双精度格式

阶码，第 22～0 位存储尾数。

双精度格式包括一个符号位、11 位阶码和 52 位尾数。其中第 63 位是符号位，表示实数的符号。第 62～52 位存储阶码，第 51～0 位存储尾数。

阶码以移码的形式表示。单精度格式中偏移量为 127(7FH)，双精度格式中偏移量为 1023(3FFH)。存储阶码之前，阶码要加上偏移量，所以阶码也称为移码阶。

例如浮点数 $1.110011\times 2^3$ 的阶码为+3，将它加上偏移量 127，为 1000 0010，将其存放在第 30～23 位，这就是单精度浮点数中的阶码。双精度格式中，其阶码为 10000000010。

尾数中小数点左边的位必须为 1，所以它不出现在计算机中。尾数 1.110011，在单精度格式中只有小数点右边的数 110011 出现在第 22～0 位，不足 23 位，用 0 补齐。所以，二进制数 1110.011 在计算机中，以单精度格式表示为

0 10000010 1100110 00000000 00000000

表 1-4 是单精度实数的几个例子。浮点数规则有两个例外，数 0.0 存储为全 0。无限大数的阶码存储为全 1，尾数部分存储为全 0，符号位指示正无限大或负无限大。

**表 1-4 单精度实数的几个例子**

| 实 数 | 二进制数 | 阶 | 数符 | 移码阶 | 尾 数 |
|---|---|---|---|---|---|
| +33 | 10 0001 | 5 | 0 | 10000100 | 0000100 00000000 00000000 |
| −33 | −10 0001 | 5 | 1 | 10000100 | 0000100 00000000 00000000 |
| +0.1875 | 0.0011 | −3 | 0 | 01111100 | 1000000 00000000 00000000 |
| −100.5625 | −1100100.1001 | 6 | 1 | 10000101 | 1001001 00100000 00000000 |
| +1.0 | 1.0 | 0 | 0 | 01111111 | 0000000 00000000 00000000 |
| +0.0 | 0 | 0 | 0 | 00000000 | 0000000 00000000 00000000 |

# 1.5 基本逻辑运算及常用逻辑部件

计算机中的“逻辑”，指的是输入与输出之间的一种因果关系，用 0 和 1 表示，并依此进行推理运算，就是常说的逻辑代数或布尔代数。逻辑代数可以用 $Y=F(a,b,c,d)$ 这样的逻辑函数表示。变量可以有一个、两个或多个。变量的取值只有两个：0 或 1，它不代表大小，只代表事物的两个对立性质，如真假、有无、对错等。函数值也只有两个取值。在逻辑代数中有与、或、非三种基本的逻辑运算。

### 1.5.1 基本逻辑运算

#### 1. “与”运算

“与”运算实现两个逻辑量按位相“与”，用符号“∧”表示。其运算规则为

$$0 \wedge 0=0 \quad 0 \wedge 1=0 \quad 1 \wedge 0=0 \quad 1 \wedge 1=1$$

即只有参与“与”运算的两位都是1时，“与”的结果才为1，否则为0。

例如：

$$\begin{array}{r} 10010101 \\ \wedge \quad 01100110 \\ \hline 00000100 \end{array}$$

即 10010101B∧01100110B=00000100B。

#### 2. “或”运算

“或”运算实现两个逻辑量按位相“或”，用符号“∨”表示。其运算规则为

$$0 \vee 0=0 \quad 0 \vee 1=1 \quad 1 \vee 0=1 \quad 1 \vee 1=1$$

即只有参与“或”运算的两位都是0时，“或”的结果为0，否则为1。

例如：

$$\begin{array}{r} 10110110 \\ \vee \quad 01010100 \\ \hline 11110110 \end{array}$$

即 10110110B∧01010100B=11110110B。

#### 3. “非”运算

“非”运算实现一个逻辑量按位取反，用符号“-”表示。其运算规则为

$$\bar{0}=1 \qquad \bar{1}=0$$

例如：$\overline{10110110}$B=01001001B。

#### 4. “异或”运算

异或运算实际上是与、或、非运算的一种组合运算，因为用途广泛，所以也归类为基本运算。“异或”运算实现两个逻辑量按位相“异或”，用符号“⊕”表示。其运算规则为

$$0 \oplus 0=0 \quad 0 \oplus 1=1 \quad 1 \oplus 0=1 \quad 1 \oplus 1=0$$

即只有参与“异或”运算的两个逻辑值不同时，“异或”的结果为1，否则为0。

例如：

$$\begin{array}{r} 10110110 \\ \oplus \quad 01010100 \\ \hline 11100010 \end{array}$$

即 10110110B⊕01010100B=11100010B。

## 1.5.2 基本逻辑门

计算机硬件由数字逻辑电路组成。逻辑代数是分析和设计数字逻辑电路的数学工具。基本逻辑门电路是数字逻辑电路的基本构成单元。

### 1. 与门

与门是实现"与"运算的电路。若输入的逻辑变量为 $A$ 和 $B$，则通过与门输出的结果 $F$ 可表示为

$$F = A \wedge B$$

其真值表如表 1-5 所示。表中采用正逻辑，1 表示高电平，0 表示低电平。从表中可以看到，与门的功能特点是受低电平控制，只要将任一输入端接低电平时，该与门就被封锁，输出低电平。只有当输入端都为高电平时，输出才为高电平。与门的逻辑符号如图 1-6 所示，$A$、$B$ 为输入端，$F$ 为输出端。

表 1-5 与门真值表

| $A$ | $B$ | $F$ |
|---|---|---|
| 0 | 0 | 0 |
| 0 | 1 | 0 |
| 1 | 0 | 0 |
| 1 | 1 | 1 |

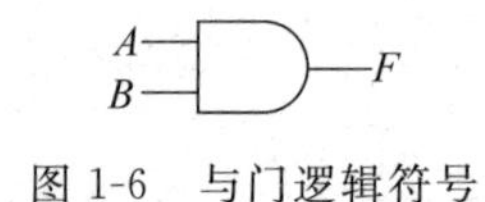


图 1-6 与门逻辑符号

### 2. 或门

或门是实现"或"运算的电路。若输入的逻辑变量为 $A$ 和 $B$，则通过或门输出的结果 $F$ 可表示为

$$F = A \vee B$$

其真值表如表 1-6 所示。从表中可以看到，或门的功能特点是受高电平控制，只要将任一输入端接高电平时，该或门就被封锁，输出高电平。只有当输入端都为低电平时，输出才为低电平。或门的逻辑符号如图 1-7 所示。

表 1-6 或门真值表

| $A$ | $B$ | $F$ |
|---|---|---|
| 0 | 0 | 0 |
| 0 | 1 | 1 |
| 1 | 0 | 1 |
| 1 | 1 | 1 |

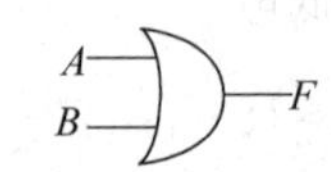


图 1-7 或门逻辑符号

### 3. 非门

非门是实现“非”运算的电路，又称反相器，它只有一个输入端和一个输出端。若输入的逻辑变量为 $A$，则通过非门输出的结果 $F$ 可表示为

$$F = \overline{A}$$

其真值表如表 1-7 所示。非门的逻辑符号如图 1-8 所示。

**表 1-7 非门真值表**

| $A$ | $F$ |
|---|---|
| 0 | 1 |
| 1 | 0 |

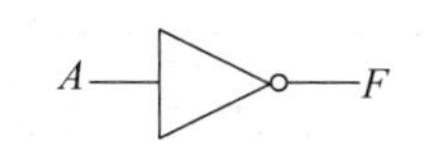


图 1-8 非门逻辑符号

### 4. 异或门

实现异或运算的门电路称为异或电路。它是由与、或、非门电路组合而成的电路，称为组合电路。计算机中还有与非门、或非门组合电路，因为用途广泛，也将它们称为基本逻辑门电路。

逻辑规则：输入相同时，输出为 0，输入不同时，输出为 1，如表 1-8 所示。

逻辑功能：$F=A \oplus B$，逻辑符号如图 1-9。

**表 1-8 异或门真值表**

| $A$ | $B$ | $F$ |
|---|---|---|
| 0 | 0 | 0 |
| 0 | 1 | 1 |
| 1 | 0 | 1 |
| 1 | 1 | 0 |

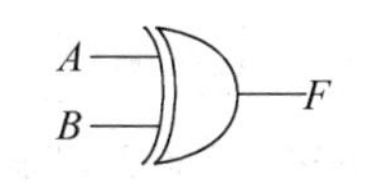


图 1-9 异或门逻辑符号

### 5. 与非门

与非门是先实现“与”运算再实现“非”运算的电路。若输入的逻辑变量为 $A$ 和 $B$，则通过与非门输出的结果 $F$ 可表示为

$$F = \overline{A \wedge B}$$

其真值表如表 1-9 所示。从表中可以看到，与非门的功能特点是只有输入端都接高电平时，输出端才为低电平，否则输出高电平。与非门的逻辑符号如图 1-10 所示。

### 6. 或非门

或非门是先实现“或”运算再实现“非”运算的电路。若输入的逻辑变量为 $A$ 和 $B$，则通过或非门输出的结果 $F$ 可表示为

$$F = \overline{A \vee B}$$

**表 1-9 与非门真值表**

| $A$ | $B$ | $F$ |
|---|---|---|
| 0 | 0 | 1 |
| 0 | 1 | 1 |
| 1 | 0 | 1 |
| 1 | 1 | 0 |

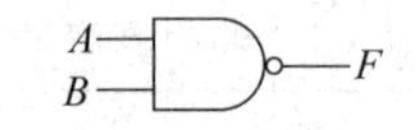

图 1-10 与非门逻辑符号

其真值表如表 1-10 所示。从表中可以看到，或非门的功能特点是只有输入端都接低电平时，输出端才为高电平，否则输出低电平。或非门的逻辑符号如图 1-11 所示。

**表 1-10 或非门真值表**

| $A$ | $B$ | $F$ |
|---|---|---|
| 0 | 0 | 1 |
| 0 | 1 | 0 |
| 1 | 0 | 0 |
| 1 | 1 | 0 |

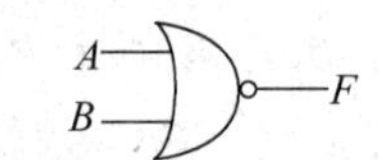

图 1-11 或非门逻辑符号

### 7. 三态门

三态门常用于微处理器的总线传输。三态门除了具有一般门电路的输出高、低电平外，还具有高输出阻抗的第三种状态，称为高阻态，又称禁止态。图 1-12 是低电平使能的三态门，其中 $A$ 是输入端，$F$ 是输出端，$EN$ 是使能端。逻辑功能见表 1-11。

**表 1-11 三态门真值表**

| $EN$ | $A$ | $F$ |
|---|---|---|
| 0 | 0 | 0 |
| 0 | 1 | 1 |
| 1 | $X$ | 高阻 |

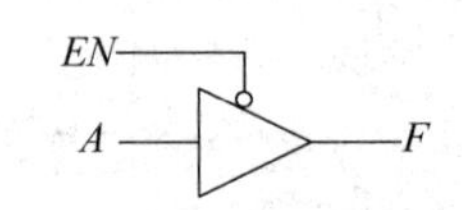

图 1-12 三态门逻辑符号

正确、稳定、安全可靠的数字电路设计需要全面了解逻辑器件的电气特性。生产逻辑门电路的厂家，通常都会为用户提供逻辑器件的数据手册(Datasheet)。手册中一般会给出门电路的电压传输特性、输入和输出的高低电平、噪声容限、传输延迟时间、功耗等特性说明。全面扎实地掌握数字逻辑电路基础知识，是学习本门课程必要的知识储备。

# 1.6 编　　码

计算机只能识别二进制数，将十进制数转换为二进制数，计算机就可以处理十进制数了。字母和符号也只有转换为二进制数才能在计算机上表示和处理。将人们常用的每一个字母或符号统一分配一个二进制数，这种形式的二进制数称为字符编码。ASCII 码、Unicode 码都是字符编码。使用英语的国家在计算机中使用 ASCII 码表示信息就足够了，在中国表示信息还需要中文编码。字符编码在计算机系统中主要用于信息的输入与输出，如键盘输入、显示字符、打印字符或者进行数据通信等。

## 1.6.1 字符编码

目前，使用最普遍的字符编码是 ASCII 码(American Standard Code for Information Interchange，ASCII)，美国信息交换标准码，简称标准 ASCII 码。ASCII 码采用 7 位二进制编码表示字符，可以表示 128 个字符。

表 1-12 就是标准 ASCII 码表，00～7FH 共 128 个编码，每个编码表示一个字符。该表分为 16 行，每行 8 个编码。行号是编码的低 4 位，列号是编码的高 3 位，如 NUL 的编码为 0，BEL(响铃)的编码为 07H，LF(换行)的编码为 0AH，CR(回车)的编码为 0DH，ESC 的编码是 1BH。

ASCII 码表中第 0～1FH 及第 7FH 编码是控制字符或通信专用字符编码，是不可打印字符编码。如控制符 LF(换行)、CR(回车)、FF(换页)、DEL(删除)等；通信专用字符如 SOH(文头)、EOT(文尾)、ACK(确认)等。20H～7EH(32～126)为可打印字符编码。

标准 ASCII 码表中的数字及字母都是按顺序编码的。数字 0～9 的 ASCII 码为 30H～39H，对应的十进制数为 48～57。

26 个英文大写字母 A～Z 的 ASCII 编码为 41H～5AH，对应的十进制数为 65～90。

26 个英文小写字母 a～z 的 ASCII 编码为 61H～7AH，对应的十进制数为 97～122。

大写字母的编码加上 20H，也就是加上十进制数 32，就是小写字母的编码。

**表 1-12　标准 ASCII 码表**

| 列／行 | | 0 | 1 | 2 | 3 | 4 | 5 | 6 | 7 |
|---|---|---|---|---|---|---|---|---|---|
| | | 000 | 001 | 010 | 011 | 100 | 101 | 110 | 111 |
| 0 | 0000 | NUL | DLE | SP | 0 | @ | P | ` | p |
| 1 | 0001 | SOH | DC1 | ! | 1 | A | Q | a | q |
| 2 | 0010 | STX | DC2 | “ | 2 | B | R | b | r |
| 3 | 0011 | ETX | DC3 | # | 3 | C | S | c | s |
| 4 | 0100 | EOT | DC4 | $ | 4 | D | T | d | t |

续表

| 行＼列 | | 0 | 1 | 2 | 3 | 4 | 5 | 6 | 7 |
|---|---|---|---|---|---|---|---|---|---|
| | | 000 | 001 | 010 | 011 | 100 | 101 | 110 | 111 |
| 5 | 0101 | ENQ | NAK | % | 5 | E | U | e | u |
| 6 | 0110 | ACK | SYN | & | 6 | F | V | f | v |
| 7 | 0111 | BEL | ETB | ‘ | 7 | G | W | g | w |
| 8 | 1000 | BS | CAN | ( | 8 | H | X | h | x |
| 9 | 1001 | HT | EM | ) | 9 | I | Y | i | y |
| A | 1010 | LF | SUB | * | : | J | Z | j | z |
| B | 1011 | VT | ESC | + | ; | K | [ | k | { |
| C | 1100 | FF | FS | ’ | < | L | \ | l | \| |
| D | 1101 | CR | GS | — | = | M | ] | m | } |
| E | 1110 | SO | RS | . | > | N | Ω | n | ～ |
| F | 1111 | SI | US | / | ? | O | — | o | DEL |

注：表中的 00H～1FH 以及 7FH 为控制符，不可显示；其余的为可显示字符。

ASCII 编码使用一个字节，一个字节可以有 256 种编码，标准 ASCII 码表只使用了其中的 0～127 之间的 128 个编码。其最高位早期的用法是用于保存 ASCII 编码的奇偶性，在数据通信中校验数据的正确性。在现代计算机中，最高位用于选择不同的字符集。最高位为 0 选择标准 ASCII 码，最高位为 1 时，选择扩展 ASCII 码字符集。

扩展 ASCII 码字符集的编码从 80H～FFH，对应十进制数为 128～255，包含非英文字母和标点、希腊字符、算术字符、图框及其他特殊字符。

### 1.6.2 Unicode 码

从 Windows 95 开始，许多基于 Windows 的应用都使用单一码制 Unicode 码。Unicode 码扩展自 ASCII 码，它使用两个字节共 16 位二进制数存放一个字符。在 Unicode 码中，编码 0000H～007FH 与标准 ASCII 码相同，编码 0080H～00FFH 与扩展的 ASCII 码相同，其余编码 0100H～FFFFH 用于存放世界范围内各种字符集。Unicode 码为世界范围内每种语言中的每个字符设定了统一并且唯一的二进制编码，可以满足跨语言、跨平台进行文本转换、文字处理的需求。

### 1.6.3 BCD 码

计算机使用二进制，而人们日常生活中习惯用十进制。为了方便二者之间的转换，引入了 BCD(Binary Coded Decimal)码。BCD 码也是一种编码，但它不是用来显示或打印的编码，它是对十进制数进行编码，是用二进制数表示十进制数。比如用4位二进制数表示1位十进制数，如表1-13所示。

**表1-13　十进制数与二进制编码**

| 十进制数 | 二进制编码 | 十进制数 | 二进制编码 |
|---|---|---|---|
| 0 | 0000 | 5 | 0101 |
| 1 | 0001 | 6 | 0110 |
| 2 | 0010 | 7 | 0111 |
| 3 | 0011 | 8 | 1000 |
| 4 | 0100 | 9 | 1001 |

BCD码有两种格式：压缩或者非压缩格式。压缩BCD码用一个字节存储两位十进制数，例如：$(1001\ 0111)_{BCD}=97$。非压缩BCD码用一个字节存储一位十进制数，这种方式只使用低四位存储十进制数，高4位为0，例如：$(0000\ 0010)_{BCD}=2$。

BCD码也称为8421码，因为4位二进制数的位权为8421。表1-14是BCD码举例。

**表1-14　BCD码举例**

| 十进制 | 压缩BCD码 | 非压缩BCD码 |
|---|---|---|
| 23 | 0010 0011 | 0000 0010　0000　0011 |
| 486 | 0000 0100　1000 0110 | 0000 0100　0000 1000　0000 0110 |
| 5917 | 0101 1001　0001 0111 | 0000 0101　0000 1001　0000 0001　0000 0111 |

BCD码与十进制数之间的转换很简单，只需根据表1-12中的对应关系把4位BCD码与1位十进制数相互转换即可。例如：

$$(0000\ 1001\ 0111\ 1000)_{BCD}=(0978)_{10}$$

$$(875)_{10}=(0000\ 1000\ 0111\ 0101)_{BCD}$$

BCD码与二进制数之间的转换，需要把十进制数作为中间桥梁进行转换。例如，将二进制数00110100转换为对应的BCD码：

$$(00110100)_2=(52)_{10}=(0101\ 0010)_{BCD}$$

将BCD码$(0001\ 0110.0010\ 0101)_{BCD}$转换为二进制数：

$$(0001\ 0110.0010\ 0101)_{BCD}=(16.25)_{10}=(10000.01)_2$$

## 练　习　题

1. 微型计算机包括几部分？

2. 完成下列数制的转换。

① 10101101B=(　　　　)D=(　　　　)H

② 0.11B=(　　　　)D

③ 211.25=(　　　　)B=(　　　　)H

④ 10111.0101B=(　　　　)H=(　　　　)BCD

3. 已知 $X=+1011010B$，$Y=-0011011B$，设机器数为 8 位，分别写出 $X$、$Y$ 的原码、反码和补码。

4. 已知 $X$ 的真值为 32，$Y$ 的真值为 −19，求 $[X+Y]_{补}$。

5. 已知 $X=51$，$Y=-86$，用补码完成下列运算，并判断是否产生溢出（设字长为 8 位）。

① $X+Y$　　　　② $X-Y$

③ $-X+Y$　　　　④ $-X-Y$

6. 若使与门的输出端输出高电平，则各输入端的状态是什么？

7. 若使与非门的输出端输出低电平，则各输入端的状态是什么？

# 第2章

# 8086/8088 微处理器

微处理器是微型计算机的核心，是理解计算机工作过程的关键。微处理器的引脚信号伸展到计算机的各个角落，引脚时序统一且规范各个部件的工作流程。总线是微处理器实施控制的信息通道。内部寄存器是 CPU 进行运算、做出判断的数据来源，是程序的执行现场。

## 2.1 8086/8088 微处理器的功能结构

8086 与 8088 同属于第三代 16 位的微处理器。这两款 CPU 的硬件结构没有太大的区别，都是 40 引脚双列直插式封装，都有最大和最小两种工作模式，并且支持完全相同的指令系统。二者的主要区别是在数据总线宽度，8086 的数据总线宽度为 16 位，而 8088 的数据总线宽度为 8 位。在微处理器内部，两款 CPU 都有指令队列，8086 的指令队列长度为 6B，8088 的指令队列长度为 4B。另外引脚有一点微小的区别，在最小模式下 8086 有一个 $M/\overline{IO}$引脚，8088 的对应引脚标识为 $IO/\overline{M}$。还有 8086 的 34 引脚定义为$\overline{BHE}/S7$，而 8088 定义为 SSO。本章以 8088 为主介绍微处理器的工作原理及微型计算机系统构成。

8088 CPU 的功能结构如图 2-1 所示。它包含两大功能部件，即执行单元（Execution Unit，EU）和总线接口单元（Bus Interface Unit，BIU）。

### 2.1.1 执行单元

执行单元（EU）的主要功能是译码分析指令、执行指令、暂存中间运算结果并保留结果特征。执行单元包括 EU 控制器、算术逻辑运算单元 ALU、通用寄存器组 AX、BX、CX、DX、SP、BP、DI、SI，状态标志寄存器等部件，这些部件的宽度都是 16 位。执行单元通过 EU 控制电路从指令队列中取出指令代码，并对指令进行译码形成各种操作控制信号，控制 ALU 完成算术或逻辑运算，并将运算结果的特征保存在标志寄存器 FLAGS 中，控制其他各部件完成指令所规定的操作。如果指令队列为空，EU 就等待。

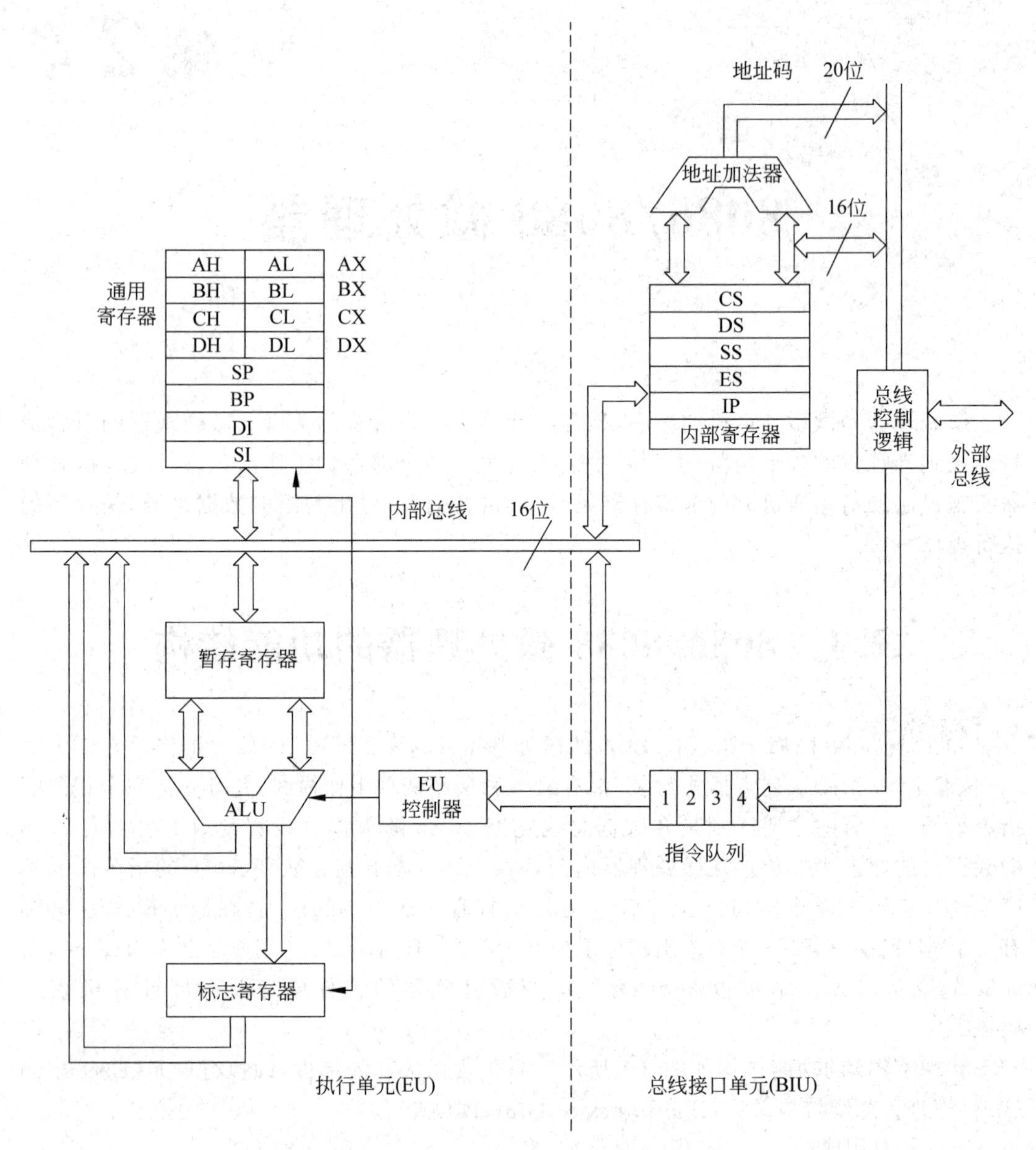


图 2-1　8088 CPU 的功能结构示意图

## 2.1.2　总线接口单元

总线接口单元(BIU)包括指令队列、地址加法器、段寄存器、指令指针寄存器和总线控制逻辑。总线接口单元负责 CPU 与内存或输入/输出接口的信息传送,包括取指令、取操作数、保存运算结果。当 EU 从指令队列中取走指令,指令队列出现两个或两个以上的字节空间,且 EU 未向 BIU 申请读/写存储器操作数时,BIU 就顺序地预取后续指令的代码,并填入指令队列中。在 EU 执行指令过程中,BIU 负责从指定的内存单元或外设读取 EU 需要的数据,并负责将 EU 运算结果存储到存储器。当 EU 执行跳转指令时,BIU 就使指令队列复位,并立即从新地址取出指令传送给 EU 去执行,然后再读取后续的指令序列填满指令队列。

8086/8088 CPU 以前的工作过程是:取指令→执行指令→取指令→执行指令。指令的读取和执行交替进行,CPU 以串行方式工作。取指令期间,CPU 内部 ALU 等部件必须等待;执行指令期间,取指令部件等待。

在 8086/8088 CPU 中,EU 和 BIU 两部分按流水线方式工作。EU 从 BIU 的指令队列中取指令并执行指令。在 EU 执行指令期间,BIU 可以取指令放在指令队列中。EU 执行指令和 BIU 取指令同时进行,节省了 CPU 访问内存的时间,加快了程序的运行速度。

8086/8088 CPU 的指令流水线操作方式在微处理器的发展史上具有重要意义。通过采用指令流水线技术,执行单元和总线接口单元与指令队列协同工作,实现指令的并行执行,提高了 CPU 的利用率,同时也降低了 CPU 对存储器存取速度的要求,如图 2-2 所示。

图 2-2 指令的二级流水线

# 2.2 8088 CPU 的引脚及功能

Intel 8088 CPU 使用+5.0V 电源,最大电源电流为 340mA。它有 40 个引脚,双列直插封装(Dual In_line Package,DIP),如图 2-3 所示。8088 有两种工作模式:最小模式和最大模式。在最小模式下,仅需少量外围设备辅助便可构成一个小型应用系统,称为单处理机模式。在最大模式下,它构成的微型机除了 8088 CPU 以外,还可以接一个协处理器 8087,从而构成多处理器系统。

## 2.2.1 引脚定义

$AD_7 \sim AD_0$:8088 CPU 地址/数据分时复用总线(address/data bus),双向工作,三态输出。当 ALE 有效(高电平)时,作为存储器的低 8 位地址或 I/O 端口地址;当 ALE 无效(低电平)时,作为数据总线。在“保持/响应”期间,这些引脚为高阻抗状态。

$A_{15} \sim A_8$:8 位地址信号,三态输出。在整个总线周期内提供存储器高 8 位地址。

$A_{19}/S_6 \sim A_{16}/S_3$:分时复用地址/状态总线(address/status bus),三态输出。提供地

址信号 $A_{19}$～$A_{16}$ 及状态位 $S_6$～$S_3$。状态位 $S_6$ 一直保持逻辑 0，$S_5$ 表示中断允许标志位(IF)的状态，$S_4$ 和 $S_3$ 指示当前总线周期内被访问的段。表 2-1 为 $S_4$ 和 $S_3$ 的功能表。

**表 2-1　$S_4$ 和 $S_3$ 的功能表**

| $S_4$ | $S_3$ | 功　能 | $S_4$ | $S_3$ | 功　能 |
|---|---|---|---|---|---|
| 0 | 0 | 附加段 | 1 | 0 | 代码段或不用 |
| 0 | 1 | 堆栈段 | 1 | 1 | 数据段 |

READY：就绪输入信号，输入，用于在微处理器时序中插入等待状态。若该引脚被置为低电平，则微处理器进入等待状态并保持空闲；若该引脚被置为高电平，则它对微处理器的操作不产生影响。

INTR：中断请求(interrupt request)信号，输入，用来申请一个硬件中断。当 IF＝1 时，若 INTR 保持高电平，则 8088 在当前指令执行完毕后就进入中断响应周期($\overline{\text{INTA}}$变为有效)。

$\overline{\text{TEST}}$：这是一个测试输入信号，由 WAIT 指令测试。若$\overline{\text{TEST}}$为低电平，则 WAIT 指令的功能相当于 NOP 空操作指令；若$\overline{\text{TEST}}$为高电平，则 WAIT 指令重复测试$\overline{\text{TEST}}$引脚，直到它变为低电平。该引脚大多与 8087 算术协处理器相连。

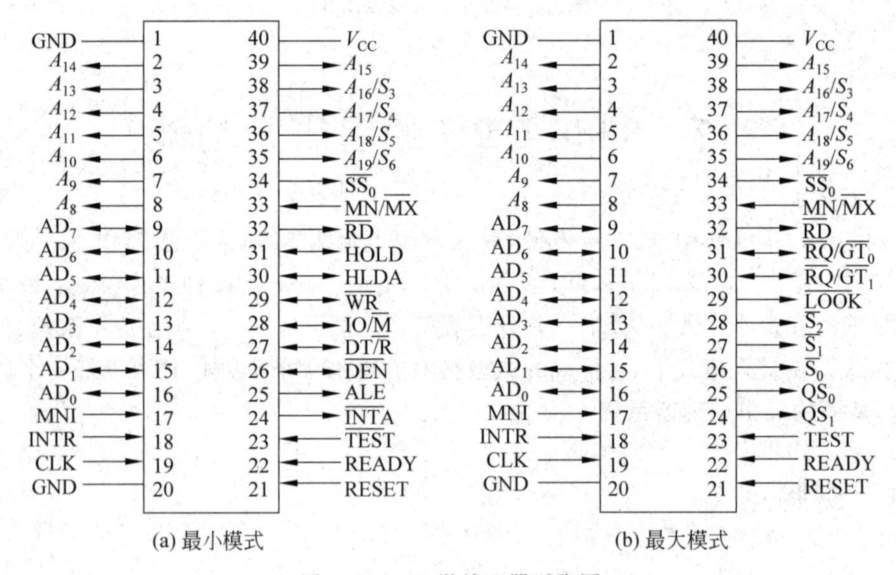


图 2-3　8088 微处理器引脚图

NMI：非屏蔽中断(Non-Maskable Interrupt)输入信号。与 INTR 信号类似，但 NMI 中断不必检查 IF 标志位是否为 1。若 NMI 被激活，则该中断输入使用中断向量 2。

RESET：复位输入信号。若该引脚保持 4 个时钟周期以上的高电平，则导致微处理器复位。一旦 8088 复位，其内部寄存器除 CS 置全 1 外，其他寄存器全部清零，如表 2-2 所示，所以 CPU 从存储单元 FFFF0H 开始执行指令，并使 IF 标志位清零，禁止中断。

**表 2-2 RESET 信号的作用**

| 内部寄存器 | 内　容 | 内部寄存器 | 内　容 |
|---|---|---|---|
| CS | FFFFH | IP | 0000H |
| DS | 0000H | FLAGS | 0000H |
| SS | 0000H | 其余寄存器 | 0000H |
| ES | 0000H | 指令队列 | 空 |

CLK：时钟(clock)引脚，为微处理器提供基本的定时信号。

$V_{CC}$：电源输入，为微处理器提供+5.0V 电压。

GND：接地(ground)引脚。注意，8086/8088 微处理器有两个引脚均标为 GND，为保持正常工作，二者必须都接地。

MN/$\overline{\text{MX}}$：最小/最大模式引脚，输入，设置微处理器以最小模式或最大模式方式工作。若选择最小模式，则该引脚必须直接接+5.0V 电压。

## 1. 最小模式引脚

当 MN/$\overline{\text{MX}}$引脚直接连至+5.0V 电压时，8086/8088 CPU 工作于最小模式。

IO/$\overline{\text{M}}$：三态输出。该引脚选择存储器或 I/O 端口，即微处理器地址总线是存储器地址还是 I/O 端口地址。

$\overline{\text{RD}}$：读控制信号，三态输出。当它为低电平时，CPU 通过数据总线接收来自存储器或 I/O 设备的数据。

$\overline{\text{WR}}$：写控制信号，三态输出。指示 8086/8088 正在输出数据给存储器或 I/O 设备。在$\overline{\text{WR}}$为低电平期间，数据总线包含给存储器或 I/O 设备的有效数据。

$\overline{\text{INTA}}$：中断响应(interrupt acknowledge)信号，输出。响应 INTR 输入。该引脚常用来选通中断向量码以响应中断请求。

ALE：地址锁存允许(address latch enable)，三态输出。表明 8086/8088 的地址/数据总线包含地址信息。该地址可以是存储器地址或 I/O 端口地址。

DT/$\overline{\text{R}}$：数据传送/接收(data transmit/receive)信号，三态输出。表明微处理器数据总线正在传送(DT/$\overline{\text{R}}$=1)或接收(DT/$\overline{\text{R}}$=0)数据。该信号用来允许外部数据总线缓冲器。

$\overline{\text{DEN}}$：数据总线允许(data bus enable)，三态输出。用来激活外部数据总线缓冲器。

HOLD：保持输入信号，用来请求直接存储器存取(DMA)。若 HOLD 信号为高电平，微处理器停止执行软件，并将其地址、数据、控制总线置成高阻抗状态。

若 HOLD 信号为低电平，微处理器正常执行软件。

HLDA：保持响应(hold acknowledge)信号，输出。指示 8086/8088 已进入保持状态。8086/8088 的引脚中，所有具有三态功能的引脚，在“保持/响应”期间，这些引脚都为高阻抗状态。

$\overline{SSO}$：$\overline{SSO}$状态线相当于微处理器最大模式下的$\overline{S_0}$引脚。该信号与 IO/$\overline{M}$ 及 DT/$\overline{R}$ 组合在一起，译码当前总线周期的不同功能(见表 2-3)。

**表 2-3　8088 CPU 使用$\overline{SSO}$的总线周期状态**

| IO/$\overline{M}$ | DT/$\overline{R}$ | $\overline{SSO}$ | 功　能 | IO/$\overline{M}$ | DT/$\overline{R}$ | $\overline{SSO}$ | 功　能 |
|---|---|---|---|---|---|---|---|
| 0 | 0 | 0 | 取操作码 | 1 | 0 | 0 | 中断响应 |
| 0 | 0 | 1 | 读存储器 | 1 | 0 | 1 | 读 I/O |
| 0 | 1 | 0 | 写存储器 | 1 | 1 | 0 | 写 I/O |
| 0 | 1 | 1 | 无效状态 | 1 | 1 | 1 | 暂停 |

## 2. 最大模式引脚

将 MN/$\overline{MX}$引脚接地，微处理器工作于最大模式，可以与协处理器 8087 一起工作，构成多处理器系统。

$\overline{S_2}$、$\overline{S_1}$和$\overline{S_0}$：这些状态位的组合指示当前总线周期的功能。它们通常由 8288 总线控制器译码。表 2-4 给出了这三个状态位在最大模式下的功能。

**表 2-4　$\overline{S_2}$、$\overline{S_1}$和$\overline{S_0}$的功能**

| $\overline{S_2}$ | $\overline{S_1}$ | $\overline{S_0}$ | 功　能 | $\overline{S_2}$ | $\overline{S_1}$ | $\overline{S_0}$ | 功　能 |
|---|---|---|---|---|---|---|---|
| 0 | 0 | 0 | 中断响应 | 1 | 0 | 0 | 取操作码 |
| 0 | 0 | 1 | 读 I/O | 1 | 0 | 1 | 读存储器 |
| 0 | 1 | 0 | 写 I/O | 1 | 1 | 0 | 写存储器 |
| 0 | 1 | 1 | 暂停 | 1 | 1 | 1 | 无效状态 |

$\overline{RQ}/\overline{GT_1}$和$\overline{RQ}/\overline{GT_0}$：请求/同意(request/grant)引脚，在最大模式下请求直接存储器存取(DMA)。这两个引脚都是双向的，既用于请求 DMA 操作，又用于同意 DMA 操作。

$\overline{LOCK}$：锁定输出(lock output)信号，用来锁定外围设备对系统总线的控制权。该引脚通过在指令前加前缀$\overline{LOCK}$激活。

$QS_1$ 和 $QS_0$：队列状态(queue status)位，表明内部指令队列的状态。这些引脚被算术协处理器(8087)访问，以监视微处理器内部指令队列的状态。参看表 2-5 所示的队列状态位的操作。

表 2-5　队列状态位功能

| $QS_1$ | $QS_0$ | 功　能 | $QS_1$ | $QS_0$ | 功　能 |
| --- | --- | --- | --- | --- | --- |
| 0 | 0 | 队列空闲 | 1 | 0 | 队列空 |
| 0 | 1 | 操作码的第一个字节 | 1 | 1 | 操作码的后续字节 |

## 2.2.2　8088 CPU 的总线时序

微处理器与存储器或 I/O 接口通过总线进行信息交换，了解微处理器的总线时序，有助于深入了解 CPU 的工作过程。微处理器各引脚在时间上的先后顺序关系称为时序。时序有两种不同的度量方法：时钟周期和总线周期。

在运行过程中，微处理器按照 CLK 端的时钟脉冲一步步地工作，时钟脉冲的脉冲周期是微处理器的时间基准。8088 CPU 的标准时钟信号是 5MHz，它的时钟脉冲周期是 200ns。CPU 通过总线进行一次读（或写）所需时间称为一个总线周期。8088 的一个标准总线周期由 4 个时钟周期组成，分别称为 $T_1$、$T_2$、$T_3$、$T_4$，如图 2-4 所示，所以 8088 的一个标准总线周期是 800ns。一般地，一条指令的执行需要若干个总线周期。

8088 CPU 有多种总线周期：读存储器、写存储器、读 I/O、写 I/O、取指令和中断响应周期。本节介绍 8088 在最小模式下读存储器和写存储器总线周期时序，这是 8088 的基本读/写时序。读 I/O、写 I/O 周期与存储器的读/写周期几乎相同，其他总线周期时序可以自行解读。在最大模式下，除有些控制信号是由 8288 总线控制器产生以外，其时序关系与最小模式大致相同。

所有微处理器读/写内存的过程都相似。如果 CPU 要想把数据写入内存，首先会送出存储单元的物理地址，然后送出数据，接着发出写控制信号，数据就写入存储单元了。图 2-4 是 8088 CPU 写内存的总线周期时序，从图中可以看出，在总线周期的第一个时钟周期 $T_1$ 内，CPU 送出 $IO/\overline{M}$ 信号和 20 位的存储单元物理地址 $A_{19}/S_6 \sim A_{16}/S_3$、$A_{15} \sim A_8$ 和 $AD_7 \sim AD_0$，同时 ALE 信号由低电平跳变为高电平，处于有效状态。$IO/\overline{M}$ 信号为低电平，指明地址总线包含的是存储器地址而不是 I/O 地址，CPU 将与存储器进行信息交换而不是 I/O 设备。存储器必须在 $IO/\overline{M}$ 有效期间接收并译码地址信号，完成读/写数据的操作。地址线 $A_{19}/S_6 \sim A_{16}/S_3$ 和 $AD_7 \sim AD_0$ 都是分时复用信号线，CPU 保持这些信号的时间不长，所以 CPU 要求外围部件应该在 ALE 的下降沿将 20 位物理地址锁存，使存储器收到的地址信号在整个存储器写周期之内保持不变，最大限度地保证能够将数据正确地写入指定的存储单元。在 $T_1$ 期间，还输出控制信号 $DT/\overline{R}$ 和 $\overline{DEN}$。$DT/\overline{R}$ 信号为高电平，表明 CPU 准备输出数据，这个信号将数据总线上数据的传输方向调整为存储器方向。$\overline{DEN}$ 信号使数据总线缓冲器允许 CPU 送出的数据到达存储器的 $D_7 \sim D_0$ 引脚。

在 $T_2$ 期间，$A_{19}/S_6 \sim A_{16}/S_3$ 结束地址信号，开始输出状态信号。$AD_7 \sim AD_0$ 结束地址信号，开始输出数据信号。同时，8088 发出 $\overline{WR}$ 控制信号，存储器开始接收数据，并在 $T_3$、$T_4$ 内完成。

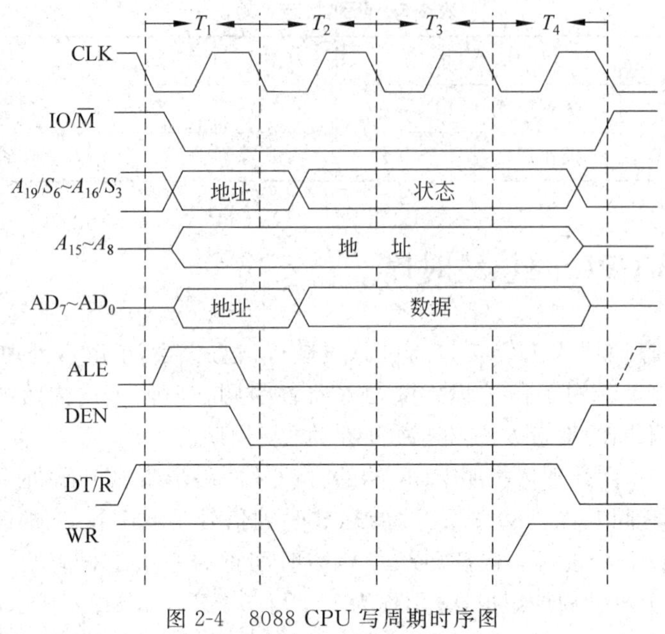


图 2-4 8088 CPU 写周期时序图

图 2-5 是存储器读周期总线时序简图。8088 CPU 首先送出存储单元的物理地址，然后送出$\overline{RD}$控制信号，在 $T_3$ 周期数据出现在数据总线上，CPU 在 $T_4$ 采样数据总线接收数据。

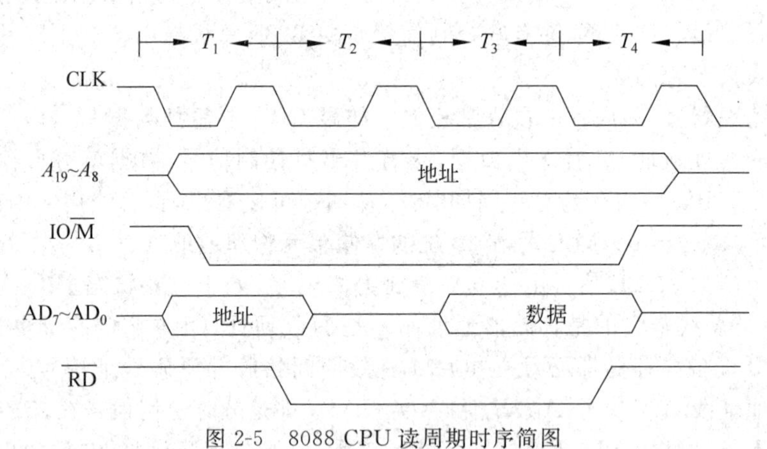


图 2-5 8088 CPU 读周期时序简图

在微处理器的基本总线周期中，微处理器允许存储器或 I/O 存取数据的时间是一定的。8088 CPU 允许存储器存取数据的时间是 460ns(5MHz 时钟)。如果存储器或 I/O 的存取时间超过 460ns，则需要在总线周期中插入 READY 信号。8088 的基本读/写时序中，在 $T_3$ 开始处，CPU 采样 READY 信号。若此时 READY 是低电平，则 $T_3$ 之后将会插入一个等待时钟周期($T_W$)，这一时钟周期使存储器存取数据的时间延长 200ns。在 $T_W$ 的开始时刻，CPU 还要检查 READY 信号的状态，如果仍为低电平，则再插入一个 $T_W$。此过程一直持续到某个 $T_W$ 开始时，READY 变成有效的高电平，这时再进入 $T_4$ 时钟周期。可见，利用 READY 信号，可以保证 CPU 与存储器或 I/O 进行有效的读或写操作，如图 2-6 所示。

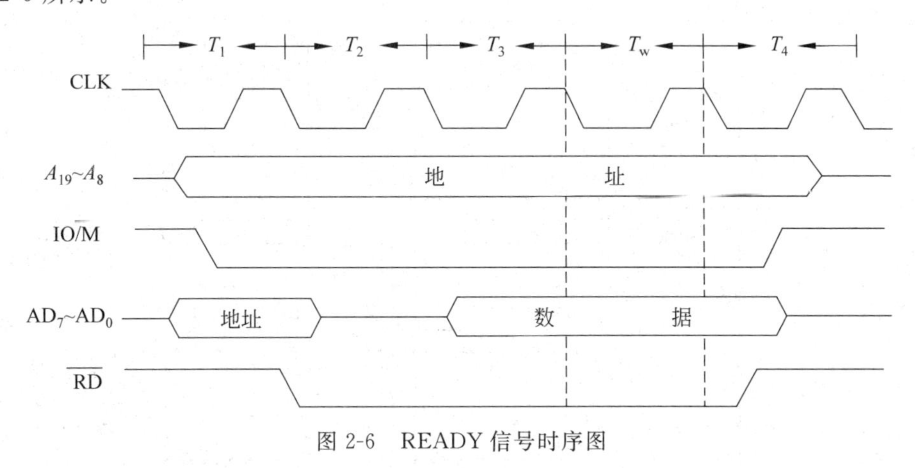


图 2-6　READY 信号时序图

在 $T_4$ 期间，所有总线信号变为无效，为下一个总线周期做准备。如果进行读操作，这个时间 8088 CPU 采样数据总线获取数据。如果进行的是写操作，存储器利用$\overline{WR}$信号的后沿传送数据给存储器或 I/O。即当$\overline{WR}$信号回到高电平时，存储器或 I/O 被激活，写入数据。

## 2.2.3　8088 CPU 在两种模式下的系统总线形成

8086/8088 微处理器有两种工作模式：最小模式和最大模式。当模式选择引脚 MN/$\overline{MX}$连到+5.0V 上时，选择最小模式；当该引脚接地时，CPU 工作在最大模式。这两种模式允许 8086/8088 微处理器有不同的控制结构。8088 工作在最小模式下时，仅需少量外围设备辅助便可构成一个小型应用系统，称为单处理机模式。在最大模式下，它构成的微型机除了 8088 CPU 以外，还可以接一个协处理器 8087，从而构成多处理器系统。

### 1. 总线缓冲与锁存

8088 微处理器的地址线 $A_{19}/S_6$～$A_{16}/S_3$ 和 $AD_7$～$AD_0$ 都是分时复用信号线，CPU 保持这些信号的时间不长。计算机的内存储器或 I/O 要求在整个读周期或写周期内地址必须保持有效和稳定，以防止因地址的改变而在错误的地址中存取信息，所以必须从分时复用的引脚中将地址、数据线分离，且必须对地址信息锁存以保持稳定。

8088 CPU 提供的地址锁存信号为 ALE，外围部件应该在 ALE 的下降沿将 20 位物理地址锁存。图 2-7 中使用了 3 片 8282 将地址线与数据线分离并锁存地址信息，产生独立的地址总线 $A_{19}$～$A_0$。8282 是带有三态输出的 8D 锁存器，有 8 个数据输入端和 8 个对应的数据输出端，还有两个控制端：选通输入 STB(Strobe)和输出使能$\overline{OE}$(Output Enable)。如图 2-8 所示。ALE 信号与 STB 连接，在 ALE 信号的下降沿，8282 将 8 个输入引脚的信息锁存在内部。因为输出使能$\overline{OE}$接地，所以 8282 内部锁存的信息立即出现在输出引脚上。常用的 8D 锁存器还有 74LS373，它的功能与 8282 完全一样。

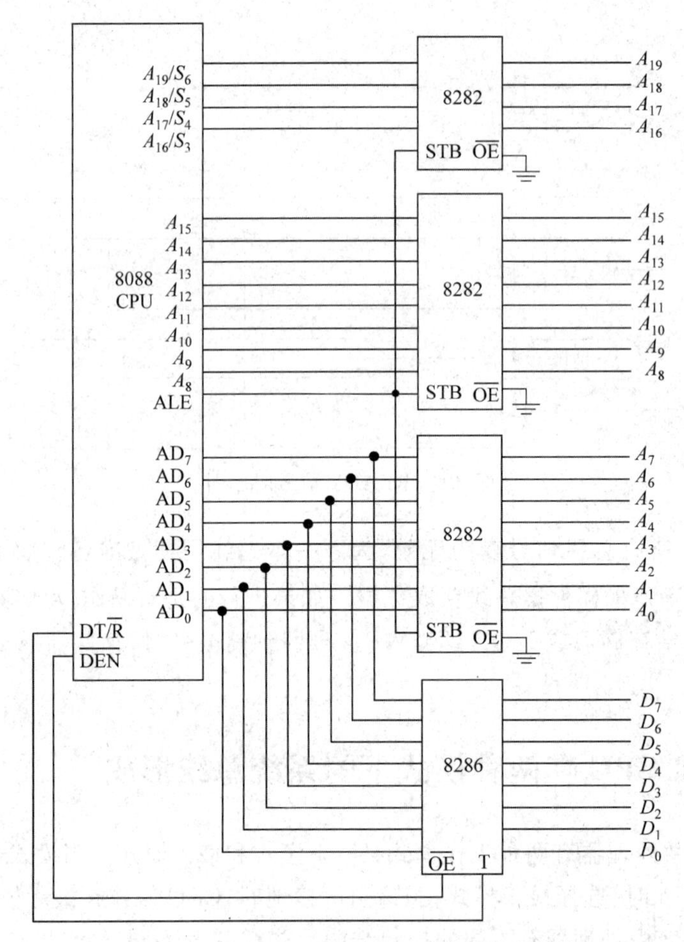

图 2-7　8088 CPU 地址/数据总线缓冲与锁存

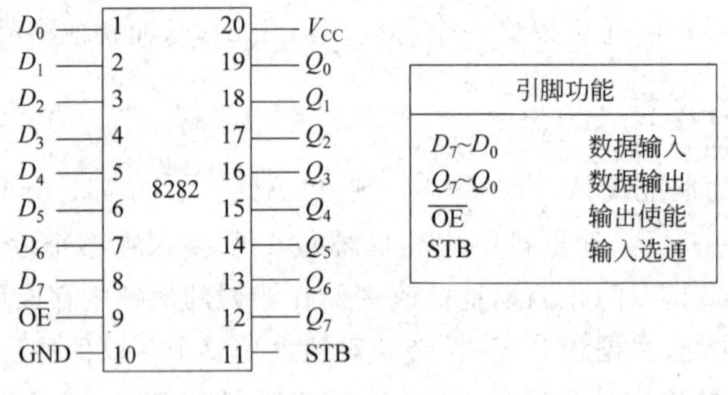

图 2-8　8282 CPU 引脚及功能

图 2-7 中使用一个 8286 数据总线收发器，将数据总线独立出来并增加驱动能力。$\mathrm{DT}/\overline{\mathrm{R}}$ 信号接 8286 的 $T$ 端，$\mathrm{DT}/\overline{\mathrm{R}}$ 信号为高电平，数据从 CPU 流向存储器；$\mathrm{DT}/\overline{\mathrm{R}}$ 信号为低电平，数据从存储器流向 CPU。$\overline{\mathrm{DEN}}$信号接$\overline{\mathrm{OE}}$端，使 8286 允许数据流动。8286 是典型的数据总线收发器，如图 2-9 所示，具有两组对称的双向数据引线 $A_7 \sim A_0$ 和 $B_7 \sim B_0$，它们既可做输入又可做输出。$T$(Transmit)为数据传送方向控制端，$T=1$，数据从 $A$ 端流向 $B$ 端；$T=$

0，数据从 $B$ 端流向 $A$ 端。$\overline{OE}$为输出使能。与 8286 功能完全相同的芯片是 74LS245。

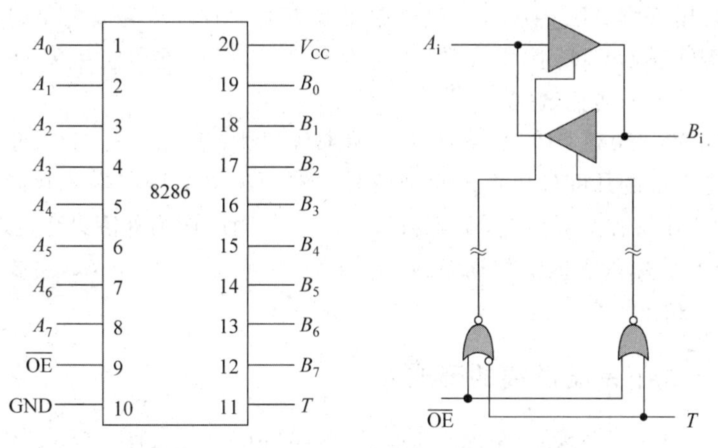


图 2-9　8286 CPU 双向数据总线收发器

### 2. 最小模式下系统总线的形成

8088 微处理器工作在最小模式下，系统所有控制信号由 CPU 自身产生。图 2-10 是最小模式下的 8088 系统。

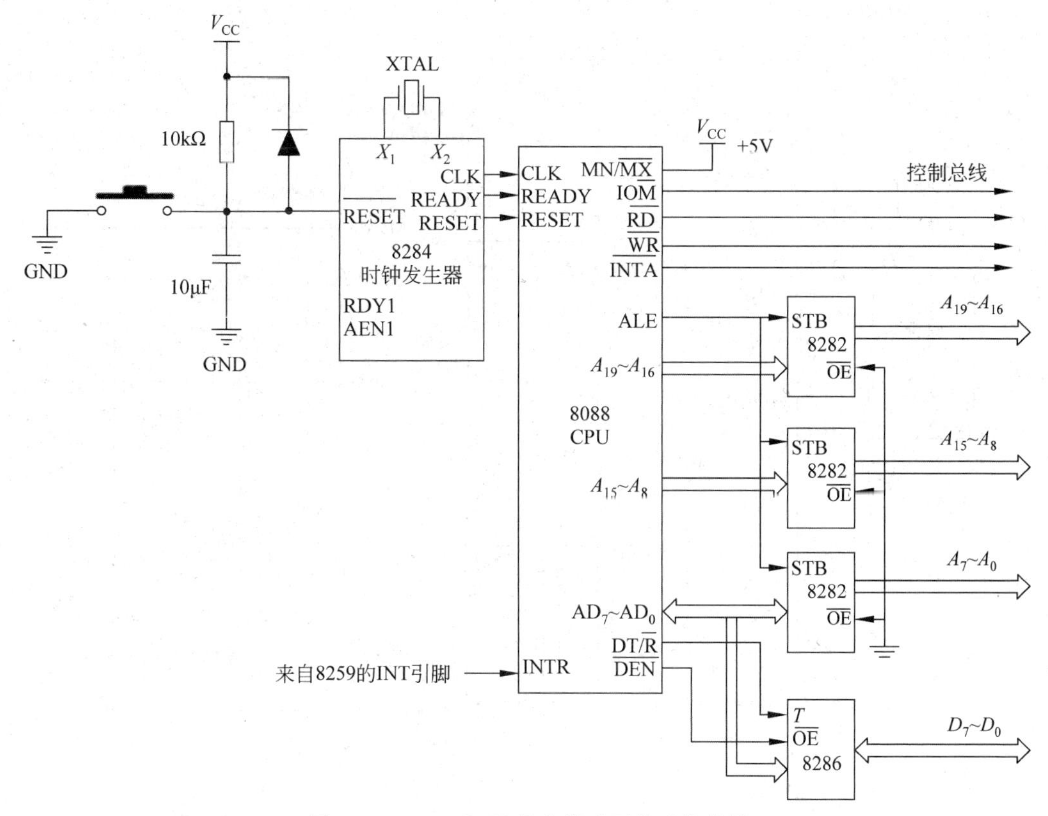


图 2-10　8088 CPU 最小模式下的系统总线

8088 CPU 工作在最小模式时，其$\overline{\text{DEN}}$管脚连至 8286 的$\overline{\text{OE}}$管脚，当$\overline{\text{DEN}}$有效时，表明地址/数据复用管脚 $AD_7 \sim AD_0$ 出现的是数据信号。DT/$\overline{\text{R}}$ 为高电平时，表示 CPU 向外发送数据；否则表示 CPU 接收数据。DT/$\overline{\text{R}}$ 作为 8286 的方向控制端 $T$ 的输入，可以保证 8286 按正确的方向传输数据。

8284A 为 8086/8088 CPU 和系统中其他部件提供时钟信号、RESET 信号、READY 同步信号，并为系统的外围设备提供时钟信号。8284A 将晶振产生的脉冲信号 3 分频后送到 8088 的 CLK 端作为系统主频，再将该信号 2 分频后作为外围设备的时钟信号。

最小模式下系统总线包括数据总线 $D_0 \sim D_7$、地址总线 $A_0 \sim A_{19}$，主要的控制信号有$\overline{\text{RD}}$、$\overline{\text{WR}}$、IO/$\overline{\text{M}}$ 和$\overline{\text{INTA}}$。

### 3. 最大模式下系统总线的形成

8088 CPU 工作在最大模式，系统的一些控制信号由总线控制器 8288 产生。地址总线和数据总线的生成与最小模式一样。最大模式仅仅用作系统包含 8087 算术协处理器的情况。

8288 CPU 总线控制器对 CPU 输出的$\overline{S_0}$、$\overline{S_1}$、$\overline{S_2}$状态信号译码，产生$\overline{\text{MEMR}}$、$\overline{\text{MEMW}}$、$\overline{\text{IOR}}$、$\overline{\text{IOW}}$、$\overline{\text{INTA}}$、$\overline{\text{DEN}}$、DT/$\overline{\text{R}}$ 和 ALE 等总线周期所需的全部控制信号。这些信号取代了最小模式的$\overline{\text{RD}}$、$\overline{\text{WR}}$、IO/$\overline{\text{M}}$、$\overline{\text{INTA}}$、DT/$\overline{\text{R}}$、ALE 和$\overline{\text{DEN}}$信号。与最小模式一样，8288 CPU 所产生的$\overline{\text{DEN}}$、DT/$\overline{\text{R}}$ 和 ALE 控制信号，用以实现 8088 CPU 的地址/数据复用信号的有效分离，如图 2-11 所示。

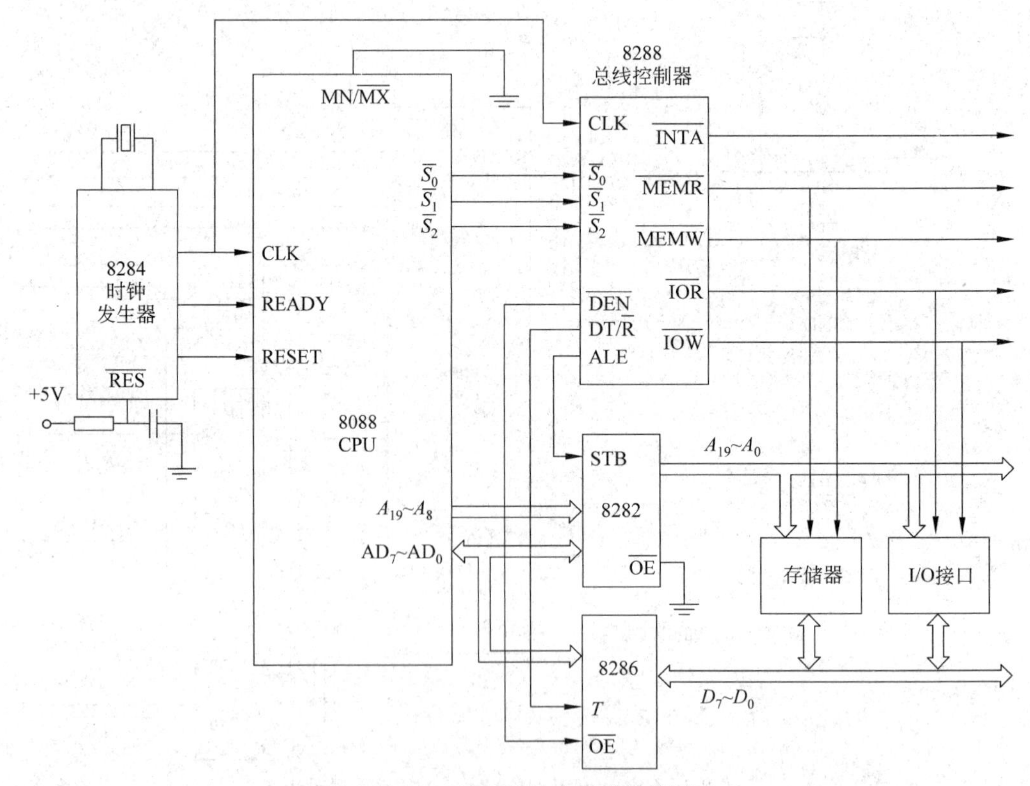


图 2-11　8088 CPU 最大模式总线形成

## 2.3 8088 CPU 的存储器组织

8088 CPU 有 20 根地址线，可寻址的最大内存空间为 $2^{20}$ = 1MB，地址范围为 00000H～FFFFFH。每个存储单元对应一个 20 位的地址，这个地址称为存储单元的物理地址。每个存储单元都有唯一的物理地址。

### 2.3.1 存储器分段管理

因为 8088 CPU 内部寄存器的宽度为 16 位，只能存放 16 位的二进制数据，可表示范围为 0000H～FFFFH(64KB)。这样就产生了一个矛盾，即 16 位的寄存器如何存放 20 位的存储单元物理地址。8088 解决这个问题的办法是对存储器采用分段式管理。

8088 CPU 将可直接寻址的 1MB 的内存空间划分成一些连续的区域，称为段。每段的长度最大为 64KB，并要求段的起始地址必须能被 16 整除，形式如 XXXX0H。这种形式的地址，最低 4 位二进制数为 0000B，所以，只要存储高 16 位就可以据此得到它的 20 位物理地址。8088 CPU 将 XXXXH 称为段基址，存储在段寄存器 CS、DS、SS、ES 中。段基址决定了该段在 1MB 内存空间中的位置。段内各存储单元地址相对于该段起始单元地址的位移量称为段内偏移量。段内偏移量从 0 开始，取值范围为 0000H～FFFFH。段基址和段内偏移量与物理地址之间的关系可以通过下面的公式说明：

物理地址＝段基址×10H＋段内偏移量

段基址乘以 10H 相当于把 16 位的段基址左移 4 位，然后再与段内偏移量相加就得到物理地址。

分段管理要求每个段都由连续的存储单元构成，并且能够独立寻址，而且段和段之间允许重叠。根据 8088 CPU 分段的原则，1MB 的存储空间中有 $2^{16}$ =64K 个地址符合要求，这使得理论上程序可以位于存储空间的任何位置。

图 2-12 中，假设数据段段基址为 2000H，则它的段起始地址为 20000H，段末地址为 2FFFFH。偏移地址为 100H 的内存单元，它的物理地址为 20100H。

程序中一般使用 4 个逻辑段，分别称为代码段、数据段、堆栈段、附加段。代码段用来存放程序代码；数据段用来存放程序中用到的数据及运算结果；堆栈段一般存放程序中需要暂时保存的数据及状态信息；附加段是一个扩展的数据段。系统中可能同时存在多个同一类型的段。当前使用的 4 个逻辑段的段基址分别放在代码段寄存器 CS、堆栈段寄存器 SS、数据段寄存器 DS 和附加段寄存器 ES 中。

程序中使用的存储器地址是由段基址和段内偏移地址组成，这种在程序中使用的地址称为逻辑地址。逻辑地址通常写成 XXXXH：YYYYH 的形式，其中 XXXXH 为段基址，YYYYH 为段内偏移地址。程序指令中一般只给出偏移地址信息，称为有效地址 EA，它对应的段基址存在段寄存器中。CPU 执行指令访问存储器时，在地址加法器中将段基址和偏移地址相加形成内存单元的物理地址，送到地址总线上。例如，逻辑地址

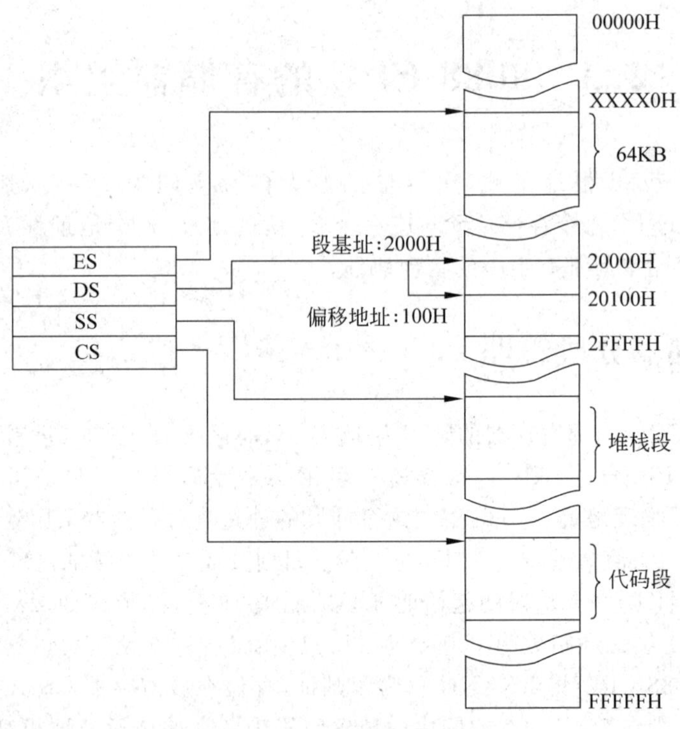


图 2-12　段基址与偏移地址

A562H：9236H 对应的物理地址是 AE856H。

$$A562H \times 10H = A5620H$$

$$A5620H + 9236H = AE856H$$

## 2.3.2　8088 CPU 的编程结构

8088 CPU 含有 14 个 16 位寄存器，按功能可以分为三类：通用寄存器、段寄存器和控制寄存器。

### 1. 通用寄存器

如图 2-13 所示，AX、BX、CX、DX、SP、BP、SI 和 DI 是 8 个 16 位的通用寄存器，这些寄存器都可以用来存放 16 位的二进制数。AX、BX、CX 和 DX 这 4 个寄存器每一个又可以分为 2 个 8 位的寄存器，它们可以单独使用以处理字节类型的数据。例如，可以把 AX 分为高 8 位寄存器 AH 和低 8 位寄存器 AL。通用寄存器一般用于存放参与运算的数据或保存运算结果。

SP(Stack Pointer)为堆栈指针寄存器，其内容为栈顶的偏移地址，与 SS 配对使用，用于堆栈中数据的压入或弹出。BP(Basis Pointer)为基址指针寄存器，常作为堆栈段中数组的基地址。SI 和 DI 都是变址指针寄存器。SI(Source Index)称为源变址指针寄存器。DI(Destination Index)称为目的变址指针寄存器。二者通常用来存放 DS 和 ES 段中操作数的偏移地址。

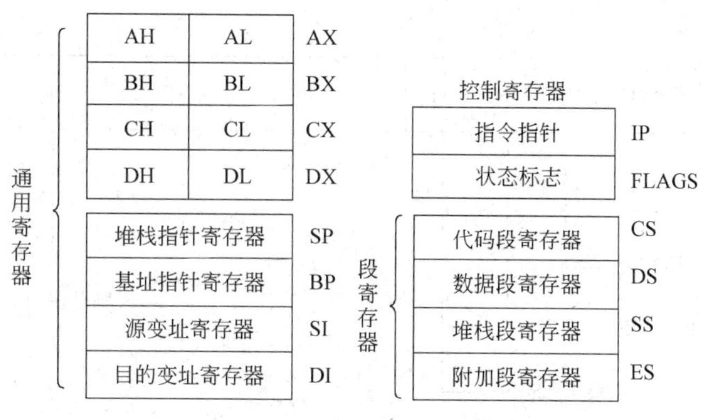


图 2-13　8088 CPU 的编程结构

### 2. 段寄存器

段寄存器 CS、DS、SS 和 ES，用来存放段基址，即段起始地址的高 16 位二进制数。

代码段寄存器 CS(Code Segment)：存放当前代码段段基址。程序必须存放在代码段中。BIU 取指令时，指令的段基址由 CS 提供，偏移地址由 IP 提供。如图 2-14 所示。

堆栈段寄存器 SS(Stack Segment)：存放堆栈段的段基址，栈顶指针由 SP 提供。

数据段寄存器 DS(Data Segment)：存放当前程序使用的数据段段基址，默认情况下，数据的偏移地址由 BX、SI、DI 提供。

附加段寄存器 ES(Extra Segment)：存放扩展数据段段基址，默认情况下，数据的偏移地址由 BX、SI、DI 提供。

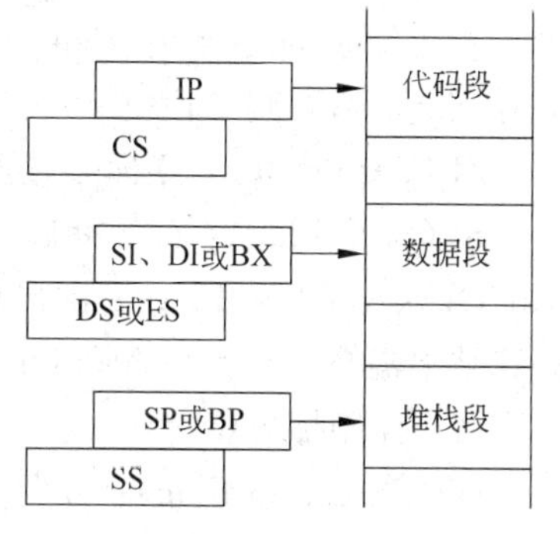


图 2-14　段基址与偏移地址

### 3. 控制寄存器

控制寄存器包括指令指针寄存器 IP 和状态标志寄存器 FLAGS。指令指针寄存器 IP(Instruction Pointer)又称为程序计数器(Program Counter，PC)，它存放 CPU 即将执行的下一条指令的偏移地址，指令的段基址由 CS 指明。BIU 总是根据 CS：IP 指明的指令地址取指令，然后由 EU 执行指令。当 CPU 取回指令代码的一个字节后，IP 自动加 1，指向指令代码的下一个字节。

FLAGS 称为标志寄存器或程序状态字(Program Status Word，PSW)。标志寄存器是一个 16 位的寄存器，8088 CPU 只使用了其中 9 位，如图 2-15 所示。这 9 个标志位分为两类：一类称为状态标志，反映指令执行结果的特征，共有 6 位；另一类是控制标志，用于控制微处理器的操作，共有 3 位。

(1) 状态标志位

CF(Carry Flag)：进位标志。当算术运算结果使最高位产生进位或借位时，则 CF=

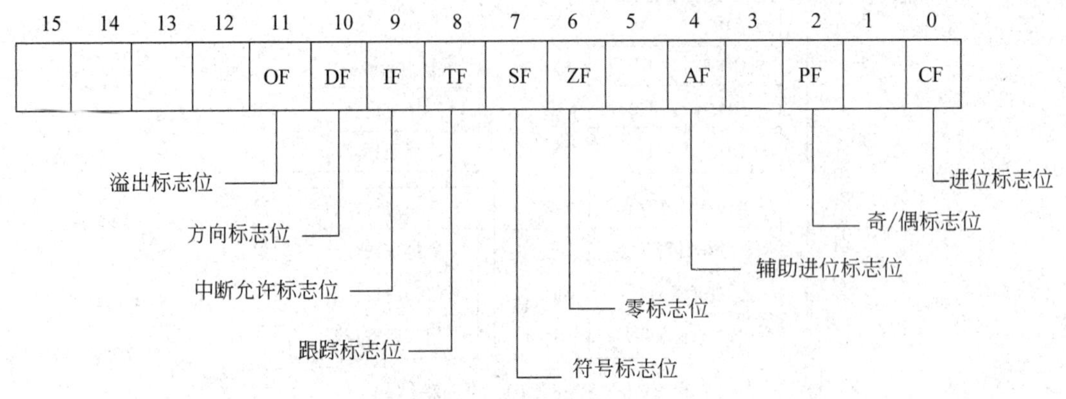

图 2-15 8086/8088 CPU 的标志寄存器

1;否则 CF=0。

PF(Parity Flag):奇偶标志。若运算结果中的低 8 位含有偶数个 1,则 PF=1;否则 PF=0。

AF(Auxiliary carry Flag):辅助进位标志。运算过程中若 $D_3$ 位向 $D_4$ 有进位或借位时,AF=1;否则 AF=0。

ZF(Zero Flag):零标志。若运算结果为 0,则 ZF=1;否则 ZF=0。

SF(Sign Flag):符号标志。若运算结果为负,则 SF=1;否则 SF=0。

OF(Overflow Flag):溢出标志。当运算结果超出了本条指令所允许的数据范围时,运算结果溢出,OF=1;否则 OF=0。

(2) 控制标志位

DF(Direction Flag):方向标志。串操作指令执行时,控制地址指针变化的方向。当 DF=0 时,串操作指令的地址指针按增量变化;当 DF=1 时,串操作指令的地址指针按减量变化。

IF(Interrupt Flag):中断允许标志。若 IF=1,允许微处理器响应可屏蔽中断请求。若 IF=0,禁止响应。

TF(Trap Flag):单步标志。TF=1 时,CPU 为单步方式,即每执行完一条指令就自动产生一个内部中断,此时用户可查看有关寄存器的内容、存储单元的内容以及标志寄存器的内容等。单步执行是调试程序的有效方法。

CPU 通过测试 FLAGS 标志位获取事件进展情况,进而做出判断并据此控制程序的流向,就好像人在思考之后决定要走哪条路一样。

## 练 习 题

1. 8086/8088 CPU 由哪两大功能部分组成?简述它们的主要功能。
2. 什么是指令流水线?指令流水线需要哪些硬件支持?
3. 逻辑地址如何转换成物理地址?已知逻辑地址为 2D1EH:35B8H,对应的物理地址是什么？

4. 8088 和 8086 的指令预取队列的长度分别是多少？

5. 简述 8086/8088 CPU 内部的各寄存器的作用。

6. 8086/8088 CPU 内部的状态标志寄存器共有几位标志位？各位的含义是什么？

7. 8086/8088 系统中存储器的分段原则是什么？

8. 当 ALE 有效时，8088 的地址/数据线上将出现什么信息？

9. READY 引脚的作用是什么？

10. 8088 工作在最大模式下包含哪些控制信号？

11. 8088 工作在最小模式下包含哪些控制信号？

12. 若 CS＝4000H，则当前代码段可寻址的存储空间范围是多少？

# 第3章

# 8086/8088 指令系统

指令系统是微处理器的基本功能描述，是各种程序设计语言的基础。8086/8088 指令系统是 Intel 80×86 系列微处理器的基本指令集，包括数据传送指令、算术运算指令、逻辑运算指令和移位指令、控制转移指令和处理器控制指令。这些指令是汇编语言程序设计的基础。

## 3.1 概　　述

程序是人操纵驾驭计算机的工具，程序设计语言是编制程序的工具。程序设计语言主要分为机器语言、汇编语言和高级语言。这些语言的使用环境不同，操纵计算机的方法不同，各有优缺点。

### 3.1.1 机器语言与汇编语言

机器语言能被计算机硬件直接识别并执行，它由二进制代码组成。机器语言中的每一条称为指令，计算机能够识别的所有指令的集合称为指令系统。指令是计算机能够执行的最小功能单位，机器语言程序就是由一条条的指令按一定顺序组织起来的指令序列。计算机的 CPU 不同，指令系统也不同。Intel 公司的 80×86 系列 CPU，因其硬件结构设计上的包容性，指令系统具有兼容性，用 8088/8086 CPU 的指令系统设计的程序可以在 80×86 系列的 CPU 上执行。8088/8086 CPU 的指令系统常被称为 80×86 系列 CPU 的基础指令。本章以 8086 CPU 为主，介绍常用计算机指令的格式、寻址方式和用法。

一条指令一般由操作码和操作数两部分组成。操作码详细地说明指令要执行的操作，操作数是指令执行时需要的数据。机器语言中操作码和操作数都是二进制代码，因而难以记忆、书写和输入，即使对于计算机的设计者也一样难以使用。因此，对指令中的操作码和操作数用便于记忆的符号代替，编程语言因而有了第一次发展，由机器语言进化到汇编语言。符号化的操作码称为指令助记符，操作数称为操作数助记符。

汇编语言是一种符号语言。用汇编语言编制的程序称为汇编语言源程序，计算机不能直接识别执行，必须翻译成机器语言程序。翻译的过程称为汇编，完成汇编工作的程序称为汇编程序。汇编程序属于系统程序，是汇编语言的命令处理程序。

汇编语言是一种面向机器的语言，它可以高效地控制计算机硬件，但计算机的 CPU 不同，汇编语言也不同，它的兼容性差。机器语言和汇编语言统称为低级语言。本章以 8086 CPU 为主，介绍常用的汇编语言指令格式、寻址方式和用法。

### 3.1.2 指令的基本构成

#### 1. 指令的一般格式

一条指令包含操作码和操作数两部分。任何指令都含有操作码，操作数可以有一个也可以有两个，还可以没有。只有一个操作数的指令常称为单操作数指令，有两个操作数的指令常称为双操作数指令。形式上无操作数的指令，通常操作数是隐含的。操作数有源操作数和目的操作数之分。

如图 3-1 所示，8086 CPU 指令由 1～6 个字节组成。操作码占 1～2 个字节，操作数占 2～4 个字节。操作码的长度取决于指令系统的规模大小。操作数的长度与指令的寻址方式有关。

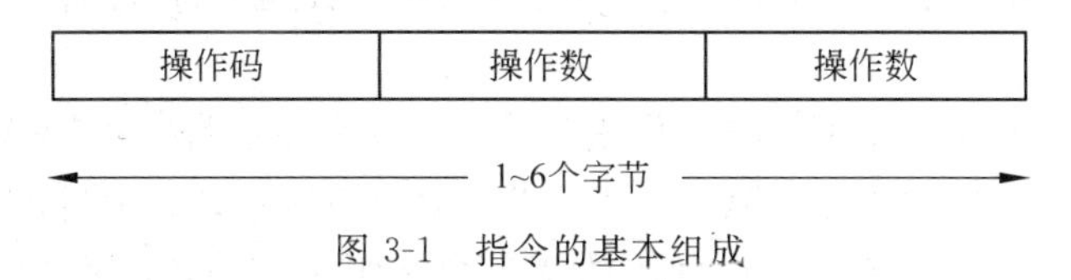


图 3-1 指令的基本组成

#### 2. 操作数类型

8086 CPU 指令的操作数有三种类型：立即数操作数、寄存器操作数和存储器操作数。

- 立即数操作数又称为常数，可以是数值型常数也可以是字符型常数。数值型常数可以是字节或字，也可以是无符号数或有符号数。立即数在指令中只能作为源操作数，不能作为目的操作数。
- 寄存器操作数。8086 CPU 的 8 个 16 位的通用数据寄存器 AX、BX、CX、DX、SP、BP、SI、DI 和 4 个段寄存器 CS、DS、SS、ES 可以作为 16 位寄存器操作数，AH、BH、CH、DH 和 AL、BL、CL、DL 可以作为 8 位寄存器操作数。控制寄存器 IP、FLAGS 只在特定指令中作为操作数。寄存器操作数在指令中可以作为源操作数也可以作为目的操作数，段寄存器 CS 除外，它只能作为源操作数。
- 存储器操作数就是用内存单元中的数据作为操作数，通常用内存单元地址标明。存储器操作数既可以作为源操作数也可以作为目的操作数，但多数指令要求源和目的操作数不能同时为存储器操作数。指令中的操作数如果是存储器操作数，通常指令指明存储单元的地址或用某种方式指明存储单元的地址，指令执行时需要根据这个地址从内存单元中取出操作数，操作数可以是 1 个字节或 2 个字节(字)甚至 4 个字节(双字)。

数据在内存中以“高高低低”的原则存放，低字节存于低地址内存中，高字节存于高地址内存中。存储器操作数如果是多字节，指令中指明的存储单元地址通常是它的低地址或称为首地址。如寄存器 AX 的内容为 6E53H，将它存入 20000H 中，结果如图 3-2 所示。

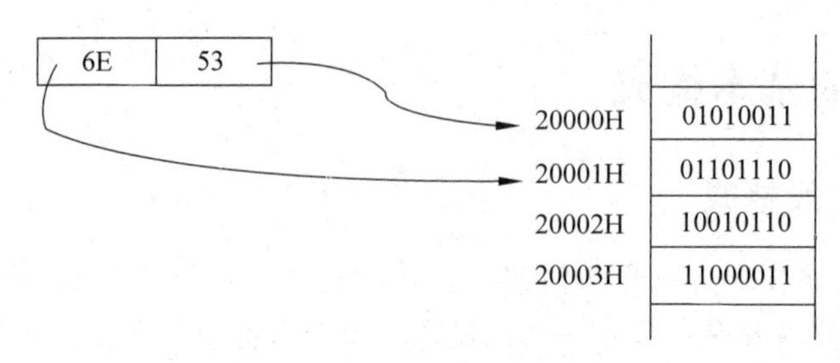


图 3-2 数据存放

### 3. 指令的书写格式

指令的书写格式如下：

标号：操作码助记符　目的操作数助记符，源操作数助记符；注释

例如：GOON:　　MOV　AX,BX　;数据传送

- 标号是字母数字组合的符号，代表指令，是指令的地址——用符号表示的地址。标号后跟冒号“:”作为间隔符。不是每条指令都有标号，标号由程序员根据编程需要设定。标号一般由字母开头的字母数字组成，长度不超过 31 个字符。不允许使用汇编语言中的保留字作标号。
- 操作码助记符与操作数助记符之间至少应有一个空格作为间隔符。如果指令有两个操作数，操作数之间以逗号“,”作为间隔符。紧挨操作码助记符的操作数为目的操作数，另一个为源操作数。
- 操作数助记符与注释之间用分号“;”作为间隔符。注释部分可有可无，可以跟在指令的后面也可以单独一行，若注释超过一行，则新行以分号“;”开头。简明扼要的注释可以增加程序的可读性，汇编语言程序的可读性很差，应尽量多写注释。
- 指令中的标点符号应为 ACSII 字符。

## 3.2 8086 CPU 寻址方式

编程时一般使用逻辑地址。8088/8086 CPU 对内存采用分段管理，内存单元地址由段基址和段内偏移地址组成，这种表示法称为内存单元的逻辑地址。寻址方式，即获得地址的方法，主要指获得段内偏移地址的方法，段基址常采用默认方式获得。8086 CPU 指令系统的寻址方式有两类：

- 获得指令中操作数地址的方法。指令的操作数有三种类型：立即数、寄存器操作数和存储器操作数。立即数作为指令的一部分出现在指令中，随着 CPU 取指令的动作进入 CPU 内，不需要再寻址；寄存器操作数本就在 CPU 内部，寄存器的符号就是地址；存储器操作数在内存中，指令只能给出内存单元的偏移地址，而且这个地址通常并不是指令需要的操作数有效地址，要通过某种计算方法才能得到操作数的最终地址。这个过程称为操作数寻址。操作数寻址通常在数据段、附加数据段或堆栈段，相应的段基址由段寄存器 DS、ES 或 SS 提供。指令采用什么样的方法求得有效地址，与指令的功能紧密相关。汇编语言的寻址方式主要指的是存储器操作数的寻址方式。

- 获得要执行的下一条指令的地址的方法。在多数情况下，每当 BIU 取完一条指令，程序计数器 IP 自动指向下一条，程序就按照指令的先后顺序执行。但当程序执行转移指令或子程序调用指令时，程序的执行顺序必须按照指令的要求改变，这时需要寻找下一条指令的地址。这类寻址发生在程序代码段内，由 CS 段寄存器提供段基址。这一类寻址方式只涉及转移指令和子程序调用指令，在介绍相关指令时再详细讲解。

本节主要介绍指令中操作数的寻址方式，共有 8 种。

### 3.2.1 立即寻址

操作数是立即数，可以是 8 位或 16 位的二进制数，也可以是字符常数。例如：

```
MOV  AX, 2000H       ;2000H 是立即数操作数
MOV  AH, 'A'         ;'A'是字符常数，等于 41H
ADD  AL, 6           ;6 是立即数操作数
```

立即数作为操作数，这个操作数的寻址方式称为立即寻址，其实它不用寻址。立即数操作数只能作源操作数，不能作为目的操作数。

### 3.2.2 直接寻址

操作数在内存中，指令中直接给出操作数所在的内存单元的偏移地址。可以是数值形式的地址，也可以用符号表示。用符号表示的地址称为符号地址。例如：

```
MOV  BL,[2000H]
```

将偏移地址为 2000H 的内存单元的内容传送给 BL 寄存器。操作数[2000H]的寻址方式为直接寻址，方括号表示地址。如果 2000H 单元存储的数据为 55H，上面指令执行后 BL=55H。再如：

```
MOV  BX,[3200H]
```

将偏移地址为 3200H 为首地址的连续两个内存单元的内容传送给 BX 寄存器。操作数[3200H]的寻址方式为直接寻址。如图 3-3 所示，3200H 单元存储的数据为 F8H，3201H 单元存储的

| | |
|---|---|
| 3200H | 11111000 |
| 3201H | 00000011 |
| 3202H | 10010110 |
| 3203H | 11000011 |

图 3-3 直接寻址

数据为 03H，上面的指令执行后 BX=03F8H。

**注意**：BX 为 16 位的寄存器，决定了这条指令为 16 位的数据传送指令。

汇编语言中通常用一个符号代替数值，如 BUFF 代替 3200H，则上述指令可写为

```
MOV  BX, [BUFF];
```

或写为

```
MOV BX,BUFF
```

BUFF 称为符号地址，它的寻址方式仍为直接寻址方式。BUFF 需要在程序开始处予以定义。

8088/8086 CPU 采用分段的方式管理内存储器，CPU 读/写内存时使用段基址和段内偏移地址，段基址指明段的起始位置，段内偏移地址指明相对于段起始地址的位移量，通常将段基址和段内偏移地址称为逻辑地址。汇编指令中存储器操作数的地址都是逻辑地址，例如上面指令中的[2000H]和[3200H]，都是段内偏移地址，它们的段基址由 DS 指明。在通常情况下，存储器操作数默认在数据段，段基址在 DS。在特殊说明的情况下，存储器操作数的段基址也可以替换为 CS、ES 或 SS。表 3-1 说明了 8088/8086 CPU 系统中逻辑地址的来源。

**表 3-1　8088/8086 CPU 系统中逻辑地址的来源**

| 操作类型 | 默认段 | 可替换的段 | 偏移地址 |
| --- | --- | --- | --- |
| 取指令 | CS | 无 | IP |
| 堆栈操作 | SS | 无 | SP |
| BP 作基地址 | SS | CS,DS,ES | 由寻址方式决定 |
| BX 作基地址 | DS | CS,ES,SS | 由寻址方式决定 |
| 通用数据读/写 | DS | CS,ES,SS | 由寻址方式决定 |
| 串操作中的源串 | DS | CS,ES,SS | SI |
| 串操作中的目的串 | ES | 无 | DI |

CPU 执行指令时，由段基址和偏移地址产生 20 位的物理地址，从中取出操作数。例如：

```
MOV  BL,[2000H]
```

设 DS=1200H，上面指令的执行过程为 CPU 通过内部的地址加法器，由逻辑地址计算得到 20 位的物理地址：1200H×10H+2000H=14000H，从 14000H 内存单元取出 55H 传送给 BL 寄存器。

如果操作数的段基址不是 DS 段，指令要特别说明。例如在 ES 段，指令应书写为

```
MOV  BL, ES: [2000H]
```

这种用法称为段超越，物理地址为 ES×10H+2000H。

### 3.2.3 寄存器寻址

操作数在 CPU 内部的寄存器中,例如:

```
MOV  BL,[2000H]         ;操作数 BL 的寻址方式为寄存器寻址
ADD  AX,BX              ;源和目的操作数的寻址方式都是寄存器寻址
```

### 3.2.4 寄存器间接寻址

操作数在内存中,内存单元的偏移地址存放在寄存器中。例如:

```
MOV  AX, [SI]           ;操作数[SI]的寻址方式为寄存器间接寻址
```

上述指令的功能为 SI 的内容为内存单元的偏移地址,DS 为段基址,以 DS×10H+SI 为首地址,取出连续两个内存单元的数据传送给 AX。如果 DS=2000,SI=02H,参照图 3-4,上面指令的执行结果为 AX=C396H。

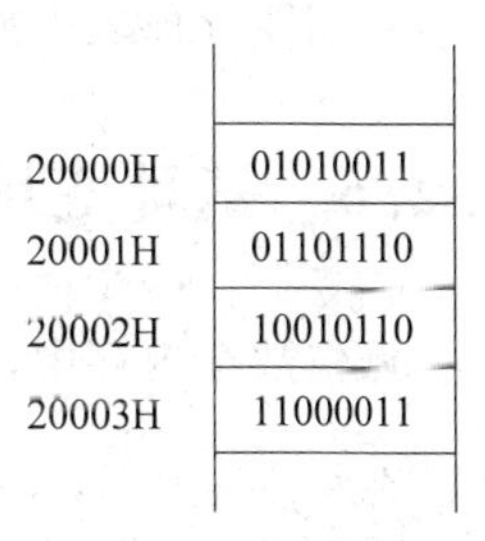


图 3-4　数据存放

再如:

```
MOV  DX,[DI]            ;将 DS:[DI]指明的连续两个内存单元的数据传送到 DX
MOV  [BX],AX            ;将 AX 的内容传送到 DS:[BX]指明的连续两个内存单元中
MOV  CX,[BP]            ;将 SS:[BP]指明的连续两个内存单元的数据传送到 CX
```

操作数[DI]、[BX]、[BP]的寻址方式都是寄存器间接寻址。8086 CPU 中能够作为寄存器间接寻址方式使用的寄存器只有 4 个:BX、BP、SI、DI。这 4 个寄存器在作为间接寻址使用时,要用[ ]声明,这时常称为它们为地址指针或间址寄存器。BP 在作为间址寄存器时,段基址默认为 SS;其他 3 个的默认段基址为 DS,都可以段超越。例如:

```
MOV  DX,ES:[DI]
```

上述指令的功能为从物理地址为 ES×10H+DI 的内存单元取出两个字节的数据传送给 DX。

### 3.2.5 寄存器相对寻址

操作数在内存中,内存单元的偏移地址一部分由间接寻址寄存器提供,一部分是指令给定的 8 位或 16 位地址位移量,二者相加形成操作数的有效地址。例如:

```
MOV  AX, [BX+DATA]      ;将以 BX+DATA 为首地址的连续两个内存单元的数据传送给 AX
MOV  AL, [SI+20H]       ;将以 SI+20H 为地址的内存单元的数据传送给 AL
MOV  CX, [DI+DATA]      ;将以 DI+DATA 为首地址的连续两个内存单元的数据传送给 CX
MOV  DX, [BP+DATA]      ;将以 BP+DATA 为首地址的连续两个内存单元的数据传送给 DX
```

上述指令的书写格式很灵活，也可以如下书写：

```
MOV  AX,[BX]+DATA
MOV  AL,20H [SI]
MOV  CX,DATA [DI]
MOV  DX,DATA+[BP]
```

寄存器相对寻址方式对寄存器的要求与寄存器间接寻址一样，只有 4 个寄存器可以使用：BX、BP、SI、DI，并且要用[ ]声明。BP 在寄存器相对寻址时，段基址默认为 SS，其他 3 种情况段基址默认为 DS。

这种寻址方式可用于存取数据表中的数据，用间址寄存器存放数据表首地址，地址位移量指明要存取表中的哪一个数据，可以方便地存取数据表中的任何数据。

### 3.2.6 基址变址寻址

操作数在内存中，基址寄存器和变址寄存器相加作为操作数的偏移地址。例如：

```
MOV  AX, [BX][SI]     ;将 BX+SI 为首地址的连续两个内存单元的数据送给 AX
MOV  CX, [BP][DI]     ;将 BP+DI 为首地址的连续两个内存单元的数据送给 CX
```

8086 CPU 中寄存器 BX 和 BP 为基址寄存器，SI 和 DI 为变址寄存器。这种寻址方式中，一个基址寄存器加一个变址寄存器构成操作数，操作数的形式只有 4 种：

```
[BX]  [SI]
[BX]  [DI]
[BP]  [SI]
[BP]  [DI]
```

这种寻址方式中段基址是 DS 还是 SS 呢？8086 汇编规定以基地址为主，如果基址寄存器为 BP，则操作数的段基址默认由 SS 提供；若 BX 为基址寄存器，则段基址默认由 DS 提供。例如：

```
MOV  AX,[BX][DI]      ;源操作数的物理地址为 DSX10H+BX+DI
MOV  [BP][SI],DX      ;目的操作数的物理地址为 SSX10H+BP+SI
```

基址变址寻址方式要求必须一个基址和一个变址组合，不允许两个基址或两个变址组合。下面指令是错误的。

```
MOV  AX, [BX][BP]
MOV  AX, [SI][DI]
```

基址变址寻址方式的主要用途是寻址存储器数组中的元素。将数组的首地址装入基址寄存器，而把要存取的元素的序号存入变址寄存器中，通过修改变址寄存器的内容访问数组中的各个元素，它比寄存器相对寻址更加灵活。

### 3.2.7 基址变址相对寻址

操作数在内存中，操作数的地址由基址寄存器加上变址寄存器再加上地址位移量构成。如果基址寄存器为 BP，则段基址默认由 SS 提供；若 BX 为基址寄存器，则段基址默认由 DS 提供。例如：

```
MOV  AX, DATA[BX][SI]
MOV  AX, [BP][DI] DATA
```

指令也可以书写为

```
MOV  AX, [DATA+BX+SI]
MOV  AX, [DATA+BX][SI]
MOV  AX, DATA[BX+SI]
```

这种寻址方式主要用于二维数组操作。地址位移量作为数组首地址，基址寄存器寻址行，变址寄存器寻址列，可以很方便地实现数据阵列检索。

基址变址相对寻址方式要求必须一个基址和一个变址组合，不允许两个基址或两个变址组合。

### 3.2.8 隐含寻址

操作码隐含地指明操作数的地址，例如乘法指令、字符串操作指令。

```
MUL  BL               ;AL 乘以 BL,结果存在 AX 中
MOV SB                ;把 DS: SI 指明的内存单元的数据传送到 ES: DI 指明的内存单元中
```

## 3.3 8086 CPU 指令系统

8088 CPU 和 8086 CPU 的指令系统完全相同，共有 133 条基本指令，本节将这些指令分为 6 个功能组进行介绍。如下：

- 数据传送指令
- 算术运算指令
- 逻辑运算与移位指令
- 串操作指令
- 程序控制指令
- 处理器控制指令

汇编语言的基本语法规则及基本概念，如变量、标号、表达式及运算符等，将在介绍指令的过程中讲解，不单独讲解。在介绍具体指令之前，先介绍一些符号约定：

```
OPRD    各种类型的操作数
src     源操作数
dst     目的操作数
acc     累加器 AX 或 AL
port    输入/输出端口
count   计数器
```

## 3.3.1 数据传送指令

数据传送指令是汇编语言中使用最频繁的指令，通常细分为通用数据传送指令、端口输入输出指令、地址传送指令和标志寄存器传送指令。

### 1. 通用数据传送指令 MOV，PUSH，POP，XCHG，XLAT

（1）MOV

指令格式：

```
MOV  dst,src
```

功能：数据传送，把 src 的内容传送到 dst 中。

说明：把源操作数复制到目标操作数中，它可以实现：

① 立即数到通用寄存器的数据传送

例如：

```
MOV  AL,4         ;AL=4
MOV  AX,1000H     ;AX=1000H
MOV  SI,037BH     ;SI=037BH
```

但是

```
MOV  DS,2000H     ;语法错误，不能用立即数给段寄存器赋值
```

应该为

```
MOV  AX,2000
MOV  DS,AX
```

② 立即数到存储单元的数据传送

例如：

```
MOV  WORD PTR[DI], 2000H
```

| 地址 | 内容 |
|---|---|
| 31500H | 00000000 |
| 31501H | 00100000 |
| 31502H | 10010110 |
| 31503H | 11000011 |

图 3-5　数据传送

将立即数 2000H 传送到内存单元，内存单元的地址以间接寻址的方式由 DI 提供。设 DS＝3000H，DI＝1500H，目的操作数的物理首地址为 31500H，指令执行后如图 3-5 所示。

PTR 是属性运算符，功能为修改操作数的类型。WORD

PTR 的作用是将操作数的类型设置为字类型，BYTE PTR 将操作数的类型设置为字节类型。例如：

```
MOV  BYTE PTR[SI], 4AH
```

将立即数 4AH 传送到内存单元，内存单元的地址以间接寻址的方式由 SI 提供，传送一个字节。

```
MOV  [DI],04AH      ;语法错误：源和目的操作数的类型都不确定
```

这条指令不可用，因为源和目的操作数的类型都不确定，指令执行结果也不确定，这种情况称为二异性。指令执行时可能传送一个字节，将立即数 4AH 传送给[DI]指明的内存单元，也可能传送两个字节，4A 赋给内存单元[DI]，0 赋给[DI+1]。

MOV 指令中的两个操作数的类型必须至少有一个是确定的，另一个依附这一个。属性运算符 PTR 帮助确定存储器操作数的类型。

③ CPU 内部寄存器之间的数据传送

例如：

```
MOV  AL,BL          ;BL 传送给 AL,传送一个字节
MOV  AX,BX          ;BX 传送给 AX,传送一个字
MOV  DS,AX          ;给数据段寄存器赋值
MOV  SI,BP          ;BP 传送给 SI,传送一个字
```

④ 寄存器与存储单元之间的数据传送

例如：

```
MOV  AL,[2000H]     ;将 2000H 单元的内容传送给 AL,传送一个字节
MOV  AX,[SI]        ;将以 SI 为首地址的连续两个内存单元的数据传送给 AX
MOV  [3200H], CX    ;将 CL 存入 3200H 单元,将 CH 存入 3201H 单元
MOV  ARRY[DI], DL   ;将 DL 的内容存入 ARRY+DI 的内存单元中
MOV  DL,[BX][SI]    ;将 BX+SI 内存单元的数据传送给 DL
```

⑤ 存储单元之间的数据传送

不能用一条 MOV 指令实现内存单元之间的数据传送。8086 汇编语法规定 MOV 指令中两个操作数不能同时为存储器操作数。要实现存储单元之间的数据传送，需要两条指令。例如：

```
MOV  [DI], [SI]     ;语法错误
```

应该为

```
MOV  AX,[SI]
MOV  [DI], AX
```

使用 MOV 指令时注意：

① MOV 指令不影响标志寄存器的任何标志位。

② 源和目的操作数不可同时为存储器操作数。

③ 源和目的操作数必须等长，即同时为字节类型或字类型。

④ 不能用立即数给段寄存器赋值。

⑤ 不允许给 CS 赋值。

⑥ MOV 指令不能访问 IP 和 FLAGS。

（2）PUSH 和 POP

PUSH 和 POP 是堆栈操作指令助记符。堆栈是程序在内存中开辟的一个数据区，用以保存寄存器或存储器中暂时不用而又必须保存的数据。程序中堆栈是用段定义语句在内存中定义的一个堆栈段，堆栈段的段基址存放在 SS 寄存器，段内偏移地址存放在 SP 寄存器中，SP 也常称为堆栈指针，它总是指向栈顶。

堆栈是一种线性表，只在栈顶（低地址端）进行输入/输出操作。CPU 对堆栈的操作采用先进后出（或后进先出）存取方法。CPU 把数据存入堆栈称为压入堆栈 PUSH，从堆栈中取出数据称为弹出堆栈 POP。压入堆栈时堆栈增长，堆栈指针 SP 减小，向低地址方向移动；弹出堆栈时堆栈减小，堆栈指针 SP 增大，向高地址方向（栈底）移动，如图 3-6 所示。

指令格式：

```
PUSH  src    ;压栈指令
POP   dst    ;出栈指令
```

PUSH 指令把操作数压入堆栈，执行过程为

① src 的高 8 位存入[SP－1]，src 的低 8 位存入[SP－2]。

② SP－2 送入 SP。

例如：

设 SS＝2000H，SP＝102H，AX＝623EH，执行下面指令后：

```
PUSH  AX
```

AX 的数据 62H 存入 20101H 单元，3EH 存入 20100H 单元，SP＝0100H，如图 3-6 所示。

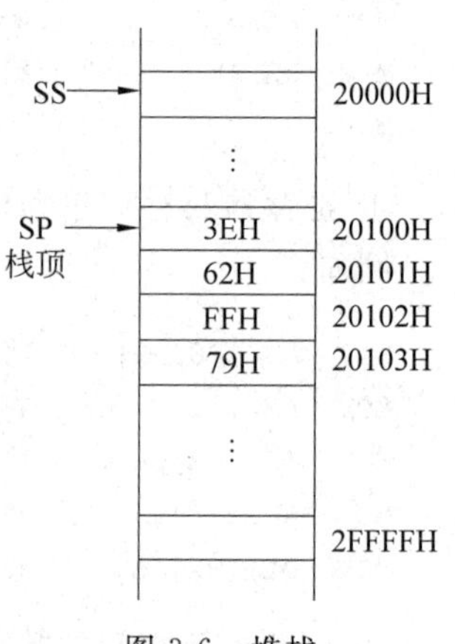


图 3-6　堆栈

POP 指令把操作数弹出到 dst 中，执行过程为

① 把[SP]的内容弹出到 dst 的低 8 位，把[SP＋1]的内容弹出到 dst 的高 8 位。

② SP＋2 送入 SP。

例如：设 SS＝2000H，SP＝102H，执行下面指令后：

```
POP    AX
```

SS＝2000H，SP＝104H，AX＝79FFH，如图 3-6 所示。

堆栈操作指令属于单操作数指令，操作数可以是寄存器，也可以是存储器。堆栈指令的操作数必须是字类型，可以是 16 位的通用寄存器或段寄存器，也可以是两个连续的内存单元，可以采用任何寻址方式。8086 CPU 不允许立即数作为堆栈操作的操作数，CS 不能作为出栈指令的操作数。堆栈指令不影响任何标志位。

例如：

```
PUSH    DI
PUSH    DS
PUSH    CS
PUSH    WORD PTR[1000H]
PUSH    WORD PTR[SI]
PUSH    WORD PTR[BP+6]
POP     SI
POP     DS
POP     WORD PTR[1000H]
POP     WORD PTR[SI]
POP     WORD PTR[BX+DI]
```

堆栈操作常用来传递函数的参数。程序中压栈操作和出栈操作通常成对出现，以保持堆栈的平衡。

堆栈初始化应该加载堆栈段寄存器 SS 和堆栈指针寄存器 SP。通常把堆栈段的栈底地址装入 SS。例如，如果堆栈段位于存储单元 20000H～2FFFFH 处，则应该设置 SS＝2000H，SP＝0000H。这样 SP 实际指向 2FFFFH，因为操作时首先 SP 减 1，然后才把第一个字节压栈。所有的段都是自然循环的，段的顶部就是段的底部。

汇编语言中堆栈段的设置是由汇编（MASM）和连接程序（LINK）自动设置的，除非有特殊需要改变这些初始化值，否则不必加载 SS 和 SP。详细解释参照第 4.4.1 节。

(3) 交换指令 XCHG

指令格式：XCHG OPRD1,OPRD2

功能：两个操作数交换。

说明：操作数可以是通用寄存器，不能是段寄存器；可以是存储器单元，但两个操作数不能同时为存储器操作数。操作数的字长必须相等。

例如：

```
XCHG  AX, BX
XCHG  AL, [SI]
XCHG  [BX+DI], CX
```

(4) 字节转换指令 XLAT

XLAT 主要用于查表转换和隐含寻址。指令功能是将内存单元[BX＋AL]的单字节内容传送给 AL 寄存器，指令执行前后 AL 的内容发生转换。在使用 XLAT 指令前，需要预置 DS：BX 指向一张表，BX 作为表的首地址。如果查表中第 9 个字节的内容，需要预置 AL 为 9。

指令格式：XLAT

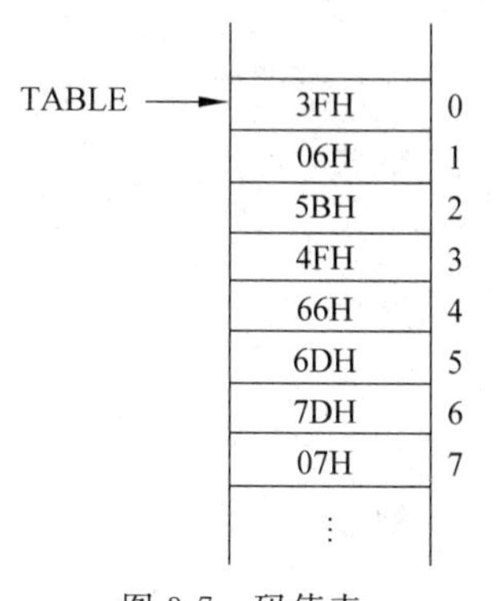

图 3-7　码值表

**【例 3-1】** 在 DS 数据段中存放有 LED 显示器 7 段码值表，如图 3-7 所示。TABLE 为表首地址，查表取出 LED 显示器显示数字 3 的码值。

```
MOV   BX, OFFSET TABLE
MOV   AL, 3
XLAT
OUT   88H, AL      ;LED 显示数字 3
```

### 2. 输入/输出指令 IN/OUT

8086 CPU 对所有输入/输出端口统一管理，提供了一个与内存储器地址空间分开的、完全独立的地址空间，I/O 端口的地址有 8 位和 16 位两种形式。8086 CPU 对 I/O 端口的管理与对内存储器的管理不同，输入/输出指令中操作数的寻址方式也不同，是输入/输出指令特有的。

- 直接端口寻址方式：当端口地址是 8 位的二进制数时，可以在指令中直接使用该地址。
- 寄存器间接寻址方式：当端口地址为 16 位时，不能直接使用，需要预先将其传送到 DX 寄存器中，并且只能是 DX 作为间接寻址寄存器。

8086 CPU 无论从端口输出数据还是输入数据，都要通过累加器 AL 或 AX，所以输入/输出指令又称为累加器专用传送指令。

(1) 输入指令 IN

格式：

```
IN  ACC, port         ;直接寻址,8 位 port 为立即数端口地址
```

或

```
IN  ACC, DX           ;间接寻址,DX 存有 16 位端口地址
```

例如：

```
IN  AL, 60H           ;从 60H 端口输入一个字节
IN  AX, 60H           ;从 60H 端口输入一个字
IN  AL, DX            ;从 DX 端口输入一个字节
IN  AX, DX            ;从 DX 端口输入一个字
```

(2) 输出指令 OUT

格式：

```
OUT  port, ACC        ;直接寻址,port 为 8 位立即数端口地址
```

或

```
OUT  DX,ACC           ;间接寻址,DX 存有 16 位端口地址
```

例如：

```
OUT  60H, AL          ;AL 从 60H 端口输出
```

```
OUT   60H, AX            ;AX从 60H 端口输出
OUT   DX, AL             ;AL从 DX 端口输出
OUT   DX, AX             ;AX从 DX 端口输出
```

**【例 3-2】** 从并行口 0378H 输出一个字符'A'。

```
MOV  DX,0378H
MOV  AL,'A'
OUT  DX,AL
```

### 3. 地址传送指令 LEA,LDS,LES

地址传送指令共 3 条。

(1) 取有效地址指令 LEA

指令格式：LEA dst,src

功能：把源操作数的地址偏移量传送到目标操作数。

说明：源操作数必须是存储器操作数，目标操作数必须是 16 位寄存器。

例如：

```
LEA  BX, TABLE           ;TABLE的偏移地址传送给 BX,TABLE 为符号变量
LEA  SI, DATA[BX]        ;SI=BX+DATA
```

设 BUFF 为符号变量，比较下面两条指令的功能：

```
MOV  DI, OFFSET BUFF
LEA  DI, BUFF
```

上面两条指令的功能完全相同，但 LEA 指令更简洁。OFFSET 为取值运算符，又称为数值返回运算符，用以求出变量或标号的属性值。常见的取值运算符还有 SEG。

- SEG 运算符用以求出变量或标号所在段的段基址。例如：

```
MOV  AX, SEG BUFF        ;BUFF的段基址送 AX
```

- OFFSET 用以求出变量或标号的偏移地址。例如：

```
MOV  AX, OFFSET BUFF     ;BUFF的偏移地址送 AX
```

(2) 取地址指针指令 LDS

指令格式：LDS dst, src

功能：将段基址传送给 DS 寄存器，偏移地址传送给 16 位的地址指针寄存器。

说明：双字操作。从源操作数中连续取出 4 个字节。

例如：

```
LDS  BX,ES:[1000H]
```

设在 ES：[1000H]单元起顺序存放着 4 个字节，如图 3-8 所

| 地址 | 内容 |
| --- | --- |
| 1000H | 78 |
| 1001H | 03 |
| 1002H | 00 |
| 1003H | 20 |

图 3-8　LDS 指令

示，上面指令的执行将0378H作为偏移量传送给BX，2000H作为段基址传送给DS。

(3) 取地址指针指令LES

与LDS指令功能相似，只是段基址装入ES而不是DS。例如：

```
LES  SI,  [1000H]
```

#### 4. 标志寄存器传送指令LAHF，SAHF，PUSHF，POPF

这4条指令都是隐含寻址方式。

(1) LAHF指令

指令格式：LAHF

功能：把标志寄存器FLAGS的低8位装入AH寄存器。

(2) SAHF指令

指令格式：SAHF

功能：把AH传送到FLAGS的低8位，指令影响标志位。

(3) PUSHF指令

指令格式：PUSHF

功能：把FLAGS压入堆栈。

(4) POPF指令

指令格式：POPF

功能：从堆栈中弹出两个字节传送给FLAGS，指令影响标志位。

### 3.3.2 算术运算指令

8088/8086 CPU提供了加、减、乘、除4种基本算术运算指令，可以实现二进制数的运算也可以实现十进制数的运算，可以实现字节运算也可以实现字运算，可以进行有符号数运算也可以进行无符号数运算，有符号数运算以补码形式进行。这4种算术运算指令都对标志位产生影响。算术运算指令应尽量使用累加器作操作数。

#### 1. 加法运算指令和调整指令ADD，ADC，INC，AAA，DAA

(1) 不带进位的加法运算指令ADD

ADD指令完成两个操作数相加，并将结果保存在目的操作数中。

指令格式：ADD OPRD1, OPRD2

功能：操作数OPRD1与OPRD2相加，结果保存在OPRD1中。

说明：操作数OPRD1可以是累加器AL或AX，也可以是其他通用寄存器或存储器操作数，OPRD2可以是累加器、其他通用寄存器或存储器操作数，还可以是立即数。OPRD1和OPRD2不能同时为存储器操作数，不能为段寄存器。ADD指令的执行对全部6个状态标志位产生影响。

例如：

```
ADD  AL, BL                  ;AL+BL 结果存回 AL 中
ADD  AX, SI                  ;AX+SI 结果存回 AX 中
ADD  BX, 3DFH                ;BX+03DFH 结果存回 BX 中
ADD  DX, DATA[BP+SI]         ;DX 与内存单元相加,结果存回 DX 中
ADD  BYTE PTR[DI], 30H       ;内存单元与 30H 相加,结果存回内存单元中
ADD  [BX], AX                ;内存单元[BX]与 AX 相加,结果存回[BX]中
ADD  [BX+SI], AL             ;内存单元与 AL 相加,结果存回内存单元中
```

**【例 3-3】** 求 D9H 与 6EH 的和,并注明受影响的标志位状态。

```
MOV  AL, 0D9H                        1 1 0 1 1 0 0 1
MOV  BL, 6EH                     +   0 1 1 0 1 1 1 0
ADD  AL, BL                      ---------------------
                                   1 0 1 0 0 0 1 1 1
```

结果 AL=47H,标志位 CF=1,PF=1,AF=1,ZF=0,SF=0,OF=0。

(2) 带进位的加法运算指令 ADC

ADC 指令完成两个操作数相加之后,再加上 FLAGS 的进位标志 CF。CF 的值可能为 1 或 0。

指令格式:ADD  OPRD1, OPRD2

功能:操作数 OPRD1 与 OPRD2 相加后,再加上 CF 的值,结果保存在 OPRD1 中。

说明:对操作数的要求与 ADD 指令一样。

例如:

```
ADC  AL, BL
ADC  AX, BX
ADC  [DI], 30H
```

ADC 指令主要用于多字节数的加法运算,以保证低位向高位的进位被正确接收。

**【例 3-4】** 求 3AD9FH 与 25BC6EH 的和,结果存放在 DX:AX 中。

```
MOV  AX, 0AD9FH           ;AX=AD9FH
MOV  BX, 0BC6EH           ;BX=BC6EH
ADD  AX, BX               ;AX=6A0DH,CF=1
MOV  DX, 03H              ;DX=3
ADC  DX, 25H              ;DX=29H,结果 DX: AX=296A0DH
```

在多字节数的加法运算中,首先进行低位字节相加,再进行高位字节相加。最低位相加用 ADD 指令,是因为不需要加进位 CF,CF 的值为 1 还是 0 都不影响加法操作。ADD 指令执行后标志位受影响,如果其中的 CF=1,说明刚才的加法运算有进位。这个进位必须送到高字节中,否则运算将出错,所以第二次加法采用 ADC 指令。

(3) 加 1 指令 INC

加 1 指令又称增量指令,指令不影响 CF 标志位。

指令格式:INC  OPRD

功能:OPRD 加 1 后送回 OPRD。

说明：操作数 OPRD 可以是寄存器或存储器操作数，指令可以完成字节或字的加 1 操作。

例如：

```
INC  AL
INC  AX
INC  BYTE PTR[SI]
INC  WORD PTR[BX+DI]
```

（4）十进制数加法调整指令 AAA、DAA

ADD 和 ADC 指令允许 BCD 数作为操作数进行加法运算，得以按照十进制数的方式完成加法运算。但是 CPU 在完成运算时依然按照二进制数进行，所以在 ADD 或 ADC 指令之后，应进行十进制的调整。

• 指令格式：AAA

功能：将 AL 中的数进行十进制调整，结果保存在 AX 中。

说明：之前的加法指令必须是两个非压缩 BCD 码相加，结果在 AL 中。AAA 指令隐含操作数 AL 和 AH。指令执行时：

① 若 AL 的低 4 位值大于 9 或辅助进位 AF＝1，则将 AL 加 6，将 AH 加 1，并将 AF 和 CF 标志位均置 1。

② AL 高 4 位清 0。

• 指令格式：DAA

功能：将 AL 中的数进行十进制调整，结果保存在 AX 中。

说明：之前的加法指令必须是两个压缩 BCD 码相加，结果在 AL 中。AAA 指令隐含操作数 AL 和 AH。指令执行时：

① 若 AL 的低 4 位值大于 9 或辅助进位 AF＝1，则将 AL 加 6，AF 置 1。

② 若 AL 的值大于 9FH 或进位 CF＝1，则将 AL 加 60H，CF 置 1。

### 2. 减法运算指令 SUB，SBB，DEC，NEG，CMP，AAS，DAS

（1）不带借位 CF 的减法指令 SUB

指令格式：SUB  OPRD1，OPRD2

功能：操作数 OPRD1 减去 OPRD2，结果保存在 OPRD1 中。

说明：操作数 OPRD1 可以是累加器 AL 或 AX，也可以是其他通用寄存器或存储器操作数，OPRD2 可以是累加器、其他通用寄存器或存储器操作数，还可以是立即数。OPRD1 和 OPRD2 不能同时为存储器操作数，不能为段寄存器。SUB 指令的执行对全部 6 个状态标志位产生影响。

例如：

```
SUB  AL, BL                ;AL-BL,结果存回 AL
SUB  CX, BX                ;CX-BX,结果存回 CX
SUB  DX, [SI]              ;DX 与[SI]内存单元相减,结果存回 DX
SUB  DATA[BX], CL          ;内存单元的数减去 CL,结果存回内存单元
```

```
SUB  BL, 2                          ;BL-2,结果在 BL 中
SUB  WORD PTR[BP+SI],100H           ;内存单元减去 100H,结果存回内存
```

**【例 3-5】** 求 D9H 与 6EH 相减,并注明受影响的标志位状态。

```
MOV AL, 0D9H                  1 1 0 1 1 0 0 1
MOV BL, 6EH                 − 0 1 1 0 1 1 1 0
SUB AL, BL                  -----------------
                              0 1 1 0 1 0 1 1
```

结果 AL=6BH,标志位 CF=0,PF=0,AF=1,ZF=0,SF=0,OF=1。

(2) 带借位 CF 的减法指令 SBB

指令格式:SBB    OPRD1, OPRD2

功能:操作数 OPRD1 减去 OPRD2 再减去 CF 的值,结果保存在 OPRD1 中。

说明:与 SUB 指令相同。常用于多字节数减法。对全部 6 个状态标志位产生影响。

例如:

```
SBB  AL, 30H                        ;AL-30H-CF,结果存回 AL
SBB  AX, BX                         ;AX-BX-CF,结果存回 AX
SBB  [DI], AH                       ;[DI]-AH-CF,结果存回内存单元[DI]中
```

(3) 减 1 指令 DEC

DEC 指令又称为减量指令,指令不影响 CF 标志位,对其他 5 个状态标志位产生影响。

指令格式:DEC  OPRD

功能:操作数 OPRD 减 1 后回送 OPRD。

说明:操作数 OPRD 可以是寄存器或存储器操作数,指令可以完成字节或字的减 1 操作。

例如:

```
DEC  CX
DEC  CL
DEC  BYTE PTR [ARRAY+SI]
```

(4) 操作数求补指令 NEG

指令格式:NEG  OPRD

功能:(0−OPRD)结果送回 OPRD,即对 OPRD 包括符号位在内逐位取反后加 1,结果回送到 OPRD。

说明:OPRD 可以是寄存器或存储器操作数。如果操作数非 0,指令的执行使 CF=1,否则 CF=0。对全部 6 个状态标志位产生影响。

**【例 3-6】**
```
MOV AL,31H
NEG AL;     AL=CFH,标志位 CF=1,PF=1,AF=1,ZF=0,SF=1,OF=0
```

(5) 比较指令 CMP

指令格式:CMP  OPRD1, OPRD2

功能:OPRD1 减去 OPRD2,结果并不回送给 OPRD1。指令影响全部 6 个状态标

志位。

说明：指令的执行不影响两个操作数，操作数不变，但影响6个状态标志位。这条指令后面常跟有条件转移指令，利用CMP指令对FLAGS标志位的影响，设定程序的执行方向。OPRD1可以是寄存器或存储器操作数，OPRD2可以是立即数、寄存器或存储器操作数。

例如：

```
CMP  AL,AH
CMP  AX,BX
CMP  [SI+DATA],AX
CMP  CL,8
CMP  POINTER[BX],100H
```

**【例3-7】** 从键盘输入数据并判断。

```
MOV  AH, 1
INT  21H                        ;等待从键盘输入一个字符,并存于AL中
CMP  AL, '0'                    ;AL与0比较
JZ   ZERO                       ;是0转移到ZERO处继续执行
CMP  AL, '1'                    ;如果不是0,是1吗
JZ   GOON                       ;是1转移到GOON处执行
…
```

(6) 十进制数调整指令AAS和DAS

SUB和SBB指令允许BCD数作为操作数进行减法运算。在SUB或SBB指令之后，应进行十进制的调整。AAS与AAA指令的格式和用法相似。

• 指令格式：AAS

功能：将AL中的数进行十进制调整，结果保存在AX中。

说明：之前的减法指令必须是两个非压缩BCD码相减，结果在AL中。指令执行时：

① 若AL的低4位值大于9或辅助进位AF=1，则将AL减去6，AL高4位清0，将AH减1，并将AF和CF标志位均置1。

② 若AL的低4位值小于0AH，则仅将AL高4位清0，且CF=0。

DAS与DAA指令的格式和用法相似。

• 指令格式：DAS

功能：将AL中的数进行十进制调整，结果保存在AX中。

说明：之前的减法指令必须是两个压缩BCD码相减，结果在AL中。指令执行时：

① 若AL的低4位值大于9或辅助进位AF=1，则将AL减去6，AF置1。

② 若AL的值大于9FH或进位标志CF=1，则将AL减去60H，CF置1。

### 3. 乘法指令MUL，IMUL，AAM

乘法指令包括无符号数乘法指令MUL、有符号数乘法指令IMUL和乘法的十进制

调整指令 AAM。8088/8086 CPU 乘法指令能实现字节乘法和字的乘法。字节乘法的乘积为 16 位存放在 AX 中,字的乘法的乘积为 32 位存放在 DX:AX。指令的目的操作数采用隐含寻址方式。

(1) 无符号数乘法指令 MUL

指令格式:MUL  src

功能:如果 src 为字节类型,累加器 AL 与 src 相乘,结果存在 AX 中;如果 src 为字类型,累加器 AX 与 src 相乘,结果存在 DX:AX 中。

说明:两个乘数的数据类型要相同,指令影响标志位 CF,OF 位。

例如:

```
MUL  AH                          ;AL×AH 结果保存在 AX 中
MUL  BX                          ;AX×BX 结果保存在 DX:AX 中
MUL  BYTE PTR[SI]                ;AL×[SI]结果保存在 AX 中
MUL  WORD PTR[BX+DI]             ;AX×[BX+DI]结果保存在 DX:AX 中
```

字节相乘的乘积在 AX 中,如果标志位 CF=OF=1,表明 AH 不为 0;字相乘的乘积在 DX:AX 中,如果标志位 CF=OF=1,表明乘积的高位 DX 不为 0。

(2) 有符号数乘法指令 IMUL

指令格式:IMUL  src

功能:指令的功能和用法与 MUL 指令相同,只是操作数为带符号数,结果也是带符号数。

说明:指令影响标志位 CF、OF 位。如果标志位 CF=OF=0,表明乘积的高位部分是低位的符号扩展,可以忽略。如果标志位 CF=OF=1,表明 DX 含有乘积的高位,不能忽略。

(3) 乘法的十进制调整指令 AAM

AAM 指令完成 AL 中数的调整。使用 AAM 的前提是两个非压缩 BCD 码相乘,乘积在 AL 中,AH=0。

指令格式:AAM

功能:把 AL 寄存器的内容除以 0AH,商存在 AH 中,余数存在 AL 中。

例如:

```
MOV  AL,8
MOV  BL,7
MUL  BL
AAM                              ;AH=5,AL=6
```

#### 4. 除法指令 DIV,IDIV,CBW,CWD,AAD

除法指令包括无符号数除法指令 DIV,带符号数除法指令 IDIV。这两条指令都隐含了被除数 AX 或 DX:AX,除数可以是寄存器或存储器操作数,但不能是立即数。被除数的字长要求是除数字长的两倍,如果除数是字节类型,被除数必须是字类型而且要预置在 AX 中;如果除数为字类型,被除数必须是双字类型而且要预置在 DX:AX 中。

(1) 无符号数除法指令 DIV

指令格式：DIV  OPRD

功能：如果 OPRD 是字节类型，被除数 AX 除 OPRD，结果的商存到 AL 中，余数存到 AH 中；如果 OPRD 是字类型，被除数 DX：AX 除 OPRD，结果的商存到 AX 中，余数存到 DX 中。

说明：在指令执行前，必须检查被除数的长度，如果不符合要求，要用位扩展指令转换。

例如：

```
DIV  BL
DIV  BX
DIV  BYTE PTR[SI]
DIV  WORD PTR[DI]
```

如果字节操作的结果大于 FFH 则溢出，如果字操作的结果大于 FFFFH 则溢出，溢出将产生除法错中断。

(2) 带符号数的除法 IDIV

IDIV 指令与 DIV 指令相似，只是参加运算的是带符号数，结果也是带符号数，符号与被除数一致。如果是字节除法，操作结果超出－127～＋127 的范围，则产生除法错中断；如果是字除法，操作结果超出－32 767～＋32 767 的范围，产生除法错中断。在指令执行前，必须检查被除数的长度，如果不符合要求，要用位扩展指令来转换。

指令格式：IDIV  OPRD

例如：

```
MOV   AL, 98H
MOV   BL, 13H
CBW                              ;将 AL 中的数据扩展为 16 位
IDIV  BL
```

结果 AX＝F7FBH，AL 中的 FBH 为商，是负数，AH 中的 F7H 为余数。

(3) 符号扩展指令 CBW，CWD

除法指令对操作数的长度有严格要求，如果长度不符合要求，可以使用符号扩展指令对数据类型进行调整。指令不影响标志位。

• 指令格式：CBW

功能：字节转换为字，如果 AL＜80H，则 AH 置 0；如果 AL≥80H，则将 FFH 赋给 AH。

说明：将 AL 中的数的符号位扩展至 16 位，扩展的符号部分存入 AH 中，即由 AL 扩展为 AX，值保持不变。

例如：

```
MOV  AL, 3EH                    ;AL=0011 1110B
CBW                             ;AX=0000 0000 0011 1110B
```

```
MOV  AL, 93H
CBW                          ;AX=1111 1111 1001 0011B
```

• 指令格式：CWD

功能：字转换为双字，如果 AX<8000H，则 DX 置 0；如果 AX≥8000H，则将 FFFFH 赋给 DX。

说明：CWD 将 AX 中的数的符号位扩展至 32 位，扩展的符号部分存入 DX 中。即由 DX：AX 代替 AX，值保持不变。

例如：

```
MOV  AX, 0C539H              ;AX=1100 0101 0011 1001B
CWD                          ;DX=FFFFH,AX=C539H
```

(4) 除法调整指令 AAD

AAD 指令进行除法调整的使用范围有限，它只能用于两位的非压缩 BCD 码的除法操作，也就是不超过 99 的十进制数的除法操作。AAD 指令与其他调整指令不同，它用在除法指令之前，即在除法执行之前首先用 AAD 指令将 AX 中两位非压缩 BCD 码调整为二进制数，然后再进行二进制除法。

指令格式：AAD

功能：AH×10+AL 送入 AL，AH=0。

例如：

```
MOV  AX, 0908H               ;AX=0908H,AX 存有非压缩 BCD 数 98
MOV  BL, 8
AAD                          ;AX=09×0AH+08=92H
DIV  BL                      ;AH=2,AL=0CH
```

### 3.3.3 逻辑运算与移位指令

8088/8086 CPU 提供了丰富的逻辑运算和移位指令。逻辑运算指令包括与、或、非、异或和测试指令，与、或、非、异或等指令的功能与第 1 章中介绍的基本逻辑门的功能相同，这些指令可以用软件的方法实现逻辑运算。移位指令包括左移、右移、循环左移和循环右移指令。指令可以对 8 位或 16 位操作数进行操作。除逻辑非指令外，其他指令的执行都会使标志位 CF=OF=0，AF 值不定，对 SF、PF 和 ZF 产生影响。

#### 1. 逻辑运算指令

(1) 逻辑与指令 AND

指令格式：AND  OPRD1, OPRD2

功能：OPRD1 与 OPRD2 按位进行与操作，结果回送 OPRD1 中。

说明：OPRD1 可以是寄存器或存储器操作数。OPRD2 可以是寄存器或存储器操作数，还可以是立即数。与操作可以对特定位清 0。

例如：

```
AND  AL, 0FH                   ;取 AL 的低 4 位,屏蔽高 4 位
AND  AX, BX
AND  [SI], AL                  ;内存单元[SI]与 AL 与,结果存回内存单元
AND  DX, [BX+SI]
```

**【例 3-8】** AX 与 BX 进行与操作：

```
MOV  AX,7E6DH
MOV  BX,0D563H
AND  AX,BX                     ;AX=5461H, BX=0D563H
```

将 AL 中的 ASCII 码转换为二进制数：

```
MOV  AL,35H
AND  AL,0FH                    ;AL=5
```

与指令常用来屏蔽某些位(使其为 0),其余位保持不变。如：想知道 AL 中的第 5 位的值,可以先安排如下一条指令,使 AL 中的其他位都置为 0,而只保留下第 5 位的值：

```
AND  AL, 0010 0000B
```

用与指令设置标志位 CF＝OF＝0：

```
AND  AX, AX                    ;AX 不变,CF=OF=0
```

(2) 逻辑或指令 OR

指令格式：OR  OPRD1, OPRD2

功能：OPRD1 与 OPRD2 按位进行或操作,结果回送 OPRD1 中。

说明：OPRD1 可以是寄存器或存储器操作数。OPRD2 可以是寄存器或存储器操作数,还可以是立即数。或操作可以对特定位置 1。

例如：

```
OR  AX, CX
OR  [DI], AL
OR  AL,0FH                     ;AL 的低 4 位被置 1,高 4 位不变
OR  AL,80H                     ;AL 的符号位置 1,其他位保持不变
```

再如：

```
MOV  AL,73H
MOV  BL,0CDH
OR   AL,BL                     ;AL=FFH,BL=CDH
```

逻辑或指令常用于将某些位置 1,其余位保持不变。

(3) 逻辑非指令 NOT

指令格式：NOT  OPRD

功能：将 OPRD 逐位取反,结果回送 OPRD 中。

说明：OPRD 可以是寄存器或存储器操作数，不能是立即数。指令对所有标志位都不影响。

例如：

```
MOV  AL, 0FH
NOT  AL;                     AL=F0H
NOT  BYTE PTR[SI]
```

(4) 逻辑异或指令 XOR

指令格式：XOR  OPRD1, OPRD2

功能：OPRD1 与 OPRD2 按位进行异或操作，结果回送 OPRD1 中。

说明：OPRD1 可以是寄存器或存储器操作数。OPRD2 可以是寄存器或存储器操作数，还可以是立即数。

例如：

```
XOR  AX,CX
XOR  [DI],4AH
XOR  AX,AX      ;AX=0,同时标志位 CF=OF=0,这条指令常用于算术运算指令之前清理运算环境
```

再如：

```
MOV  AL,73H
MOV  BL,0CDH
XOR  AL,BL                    ;AL=BEH,BL=CDH
```

(5) 测试指令 TEST

指令格式：TEST  OPRD1, OPRD2

功能：OPRD1 与 OPRD2 按位进行与操作，但是结果不回送 OPRD1 中，所以指令执行后两个操作数的值保持不变。指令的执行使标志寄存器的标志位 CF＝OF＝0，AF 值不定，SF、PF 和 ZF 受影响。通常 ZF 位最受关注。

说明：OPRD1 可以是寄存器或存储器操作数。OPRD2 可以是寄存器或存储器操作数，还可以是立即数。

例如：

```
TEST  AL,04H
TEST  [SI],80H
```

这条指令常用于对 OPRD1 中的特定位进行测试，OPRD2 用于说明测试 OPRD1 中的哪一位。OPRD2 的常见取值为 01H、02H、04H、08H、10H、20H、40H 和 80H 等。例如测试 AL 的第 0 位，可以安排如下一条指令：

```
TEST  AL,01H
```

指令执行后 AL 的值保持不变，但标志位受到影响。如果 ZF＝0 说明 AL 的第 0 位为 1，如果 ZF＝1 说明 AL 的第 0 位为 0。

## 2. 移位指令

移位指令分为非循环移位指令和循环移位指令两类，各包括 4 条。两类移位指令的格式完全相同，功能都是把目的操作数左移或右移 1 位或多位。目的操作数可以是寄存器或存储器操作数，可以是字节类型或字类型。源操作数可以是立即数 n 或者 CL 寄存器。如果要将目的操作数移动 n 位，则源操作数直接写 n，也可以事先将 n 预置入 CL 寄存器，在指令中使用 CL 作为源操作数。移位指令影响标志位 CF、OF、PF、SF 和 ZF。

下面介绍移位指令功能时，都以字节数据说明，字类型数据的移位同理。

(1) 非循环移位指令

① 逻辑左移指令 SHL

指令格式：SHL　OPRD, COUNT

功能：将 OPRD 逐位进行左移，最低位第 0 位向左移到第 1 位，依次移动，最高位移出 OPRD，移到标志寄存器的 CF 中；第 0 位空出，用 0 填补。

说明：OPRD 可以是寄存器或存储器操作数，COUNT 可以为 n 或 CL。

例如：

```
SHL  AL, 1
```

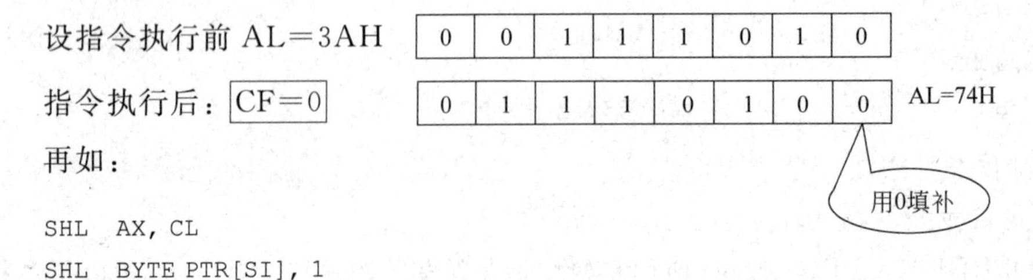


再如：

```
SHL  AX, CL
SHL  BYTE PTR[SI], 1
```

**【例 3-9】**

```
MOV  AL, 35H
SHL  AL, 1                          ;AL=35H×2=6AH, CF=0
MOV  BX, 78CDH
MOV  CL, 3
SHL  BX, CL                         ;BX=C668H, CF=1
```

逻辑左移 1 位相当于乘以 2(二进制的基数)，逻辑右移 1 位相当于除以 2，所以移位指令常用于简单的乘除运算，它比一般的乘除指令节省 CPU 时间，但在使用过程中要注意溢出情况。逻辑左移或逻辑右移指令将操作数看作是无符号数。

② 逻辑右移指令 SHR

指令格式：SHR OPRD, COUNT

功能：将 OPRD 逐位进行右移，最高位向右移到次高位，依次移动，第 0 位移出 OPRD，移到标志寄存器的 CF 中；最高位空出，用 0 填补。

说明：OPRD 可以是寄存器或存储器操作数，COUNT 可以为 n 或 CL。

例如：

```
SHR AL, 1
```

设指令执行前 AL＝3AH

指令执行后：AL＝1DH

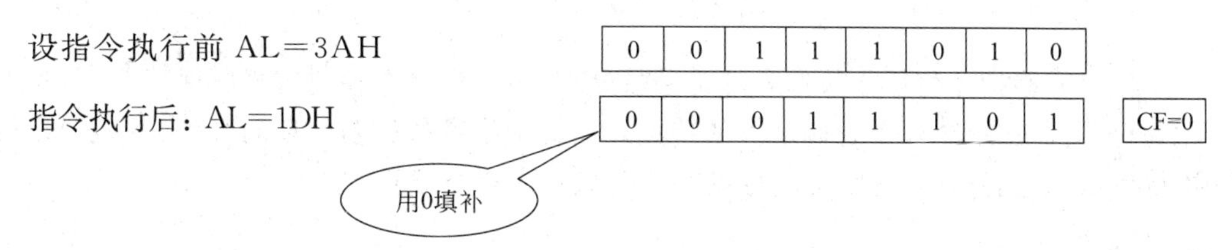


再如：

```
SHR  AX, CL
SHR  BX, CL
SHR  BYTE PTR[SI], 1
```

**【例 3-10】**

```
MOV  AL, 0AH
SHR  AL, 1               ;AL=05, CF=0
MOV  DX, 78CDH
MOV  CL, 3
SHR  BX, CL              ;BX=0F19H, CF=1
```

③ 算术左移指令 SAL

指令格式：SAL  OPRD, COUNT

说明：算术左移指令与逻辑左移指令的功能相同，这里不再赘述，但算术左移指令将操作数作为带符号数处理。

例如：

```
SAL  AL, 1
SAL  AX, CL
SAL  BYTE PTR[SI], 1
SAL  DX, CL
```

④ 算术右移指令 SAR

指令格式：SAR  OPRD, COUNT

功能：将 OPRD 逐位进行右移，最高位向右移到次高位，依次移动，第 0 位移出 OPRD，移到标志寄存器的 CF 中；最高位保持不变。

说明：OPRD 可以是寄存器或存储器操作数，COUNT 可以为 n 或 CL。

例如：

```
SAR  AL,1
```

设指令执行前 AL＝8AH

| 1 | 0 | 0 | 0 | 1 | 0 | 1 | 0 |
|---|---|---|---|---|---|---|---|

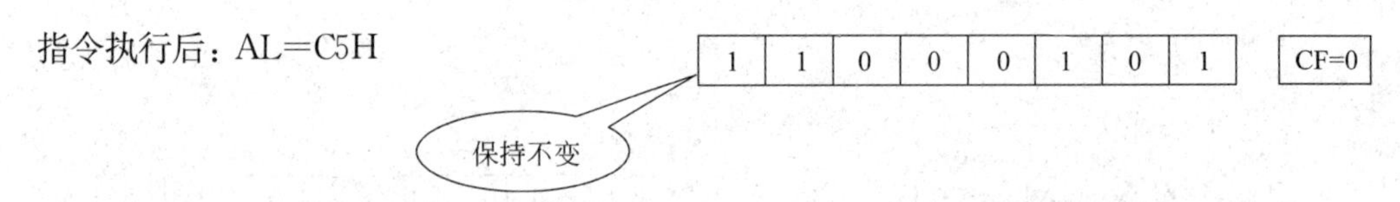


算术右移指令将操作数作为带符号数处理，最高位在右移位过程中保持不变，是因为它是符号位，这也体现了补码运算的特点。上例中指令执行前 AL 的真值为－76H，指令执行后 AL 真值为－3BH，由此可见算术右移一次相当于除 2。

再如：

```
SAR  AX, CL
SAR  WORD PTR[SI], 1
SAR  DX,CL
```

(2) 循环移位指令

循环移位指首尾相接成一个环，左循环移位后可以通过右循环移位还原数据，反之亦然。4 条循环移位指令又按照 CF 标志位是否参加循环细分为两组，一组 CF 不参加循环移位但仍然随着循环操作变化，又称为不带 CF 的循环移位指令；另一组 CF 参加循环，称为带 CF 的循环移位指令。

① 不带 CF 的循环移位指令

循环左移的指令格式：ROL  OPRD, COUNT

功能：将 OPRD 逐位进行左移，第 0 位移到第 1 位，依次移动，最高位移至第 0 位，同时最高位又移到标志寄存器的 CF 中。

循环右移的指令格式：ROR  OPRD, COUNT

功能：将 OPRD 逐位进行右移，最高位移到次高位，依次移动，第 0 位移至最高位，同时最高位又移到标志寄存器的 CF 中。

说明：OPRD 可以是寄存器或存储器操作数，COUNT 可以为 n 或 CL。

例如：

```
ROL  AL, 1
```

设指令执行前 AL=3BH | 0 | 0 | 1 | 1 | 1 | 0 | 1 | 1 |

指令执行后：CF=0 | 0 | 1 | 1 | 1 | 0 | 1 | 1 | 0 | AL=76H

再如：

```
ROL  AX,CL
ROL  BYTE PTR[SI],1
ROR  BX,1
ROR  WORD PTR[DI],CL
```

② 带 CF 的循环移位指令

循环左移的指令格式：RCL  OPRD, COUNT

功能：将 OPRD 逐位进行左移，第 0 位移到第 1 位，依次移动，最高位移至 CF 位，CF

位移到第0位。

循环右移的指令格式：RCR  OPRD, COUNT

功能：将OPRD逐位进行右移，最高位移到次高位，依次移动，第0位移至CF位，CF位移到最高位。

说明：OPRD可以是寄存器或存储器操作数，COUNT可以为n或CL。

例如：

```
RCL  AL, 1
```

设指令执行前AL=3BH，CF=1

| 0 | 0 | 1 | 1 | 1 | 0 | 1 | 1 |
|---|---|---|---|---|---|---|---|

指令执行后：CF=0

| 0 | 1 | 1 | 1 | 0 | 1 | 1 | 1 |
|---|---|---|---|---|---|---|---|

AL=77H

再如：

```
RCL  AX, CL
RCL  BYTE PTR[SI], 1
RCR  BX, 1
RCR  WORD PTR[DI], CL
```

**【例3-11】** 将32位数2F6E59ABH逻辑右移一位，结果存放在DX：AX中。

```
MOV  AX, 59ABH
MOV  DX, 2F6EH
SHR  DX, 1                    ;DX=17B7H
RCR  AX, 1                    ;AX=2CD5H
```

## 3.3.4 串操作指令

串或字符串是指在内存中连续存放的由字节或字组成的数据串，可以是数值型或字符型数据。用户通常要从数据串中查找特定数据，或者比较两个串是否相同等，或者把一个串从内存的一个区域传送到另一个区域等，使用串操作指令就是最佳选择。串操作指令对串中数据进行相同的操作，可以以字节为单位或以字为单位，可操作的最大串长度为64KB。串操作指令包括：

```
MOVS  串传送
CMPS  串比较
SCAS  串扫描
STOS  存入串
LODS  取串
```

这五种串操作指令都是隐含指令，说明如下：

(1) 源操作数(源串)默认由DS：SI指定，即源串默认在数据段，允许段超越为CS、ES和SS。偏移地址指针SI自动修改。

(2) 目的操作数(目的串)默认由ES：DI指定，即目的串默认在附加数据段。不允许段超越。偏移地址指针 DI 自动修改。

(3) 通过设定标志寄存器中的方向标志位 DF 的值,可以控制串操作的方向。DF 设定为 0,偏移地址指针 SI 和 DI 自动增量,如果串操作为字节操作,每次偏移地址指针加 1,如果为字操作,每次偏移地址指针加 2。DF 设定为 1,偏移地址指针自动减量。如果串操作为字节操作,每次偏移地址指针减 1,如果为字操作,每次偏移地址指针减 2。如图 3-9 所示。

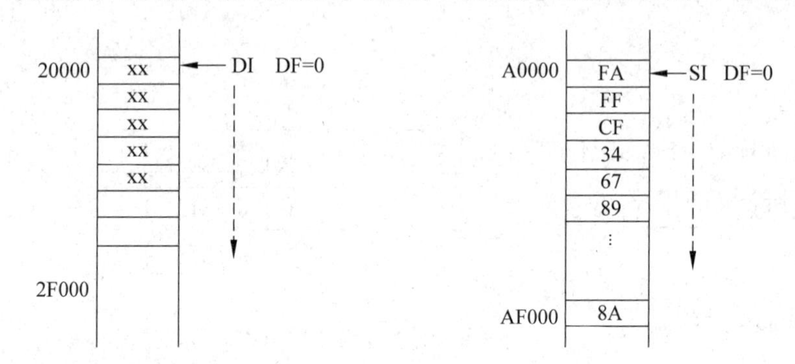


图 3-9 地址指针变化情况

(4) 串操作指令本身只操作一次,例如指令 MOVSB 的功能为将 DS: SI 指明的一个字节传送到 ES: DI 指明的内存单元中。如果要使整个的源串数据全部传送到目的串中,需要再加一个重复前缀 REP。用于串操作指令的重复前缀有三种,分别是:

REP: 无条件重复前缀。

REPE: 相等时重复(ZF=1),REPZ: 比较结果为 0 时重复。

REPNE: 不相等时重复(ZF=0),REPNZ: 比较结果不为 0 时重复。

(5) 带重复操作前缀的串操作指令,需要指明重复次数。用计数器 CX 指定串长度,即重复次数,每次串操作后 CX 自动减 1,直到 CX=0,串操作结束。

综上所述,在使用串操作指令前应预先设置源串指针 DS: SI,目的串指针 ES: DI,计数器 CX 和标志位 DF。

### 1. 串传送指令 MOVS

指令格式:MOVSB

MOVSW

MOVS OPRD1,OPRD2

功能: 字符串传送。

- MOVSB: 隐含操作数,将 DS: SI 指明的一个字节传送到 ES: DI 指明的内存单元中。
- MOVSW: 隐含操作数,将 DS: SI 指明的两个字节传送到 ES: DI 指明的内存单元中。
- MOVS OPRD1,OPRD2: 这种形式通常用在源串段超越的情况下。

说明: 指令不影响状态标志位。

**【例 3-12】** 将数据段中 STRING 1 中 100 个字节传送到附加数据段中的 STRING 2 中。

```
MOV   SI,  OFFSET STRING1          ;初始化源串指针
MOV   DI,  OFFSET STRING2          ;初始化目的指针
```

```
MOV   CX,  100                    ;初始化计数器
CLD                               ;设置 DF=0,使 SI 和 DI 按增量变化,增量为 1
REP MOVSB                         ;自动重复传送,直到 CX=0
```

如果希望一次传送两个字节,则程序改为

```
MOV   SI,  OFFSET STRING1
MOV   DI,  OFFSET STRING2
MOV   CX, 50
CLD
REP   MOVSW
```

如果 STRING 1 在附加数据段中,程序应为

```
MOV   SI,  OFFSET STRING1
MOV   DI,  OFFSET STRING2
MOV   CX, 100
CLD
REP MOVS  BYTE PTR ES: [DI], BYTE PTR ES: [SI]
```

说明:重复前缀 REP 的重复次数由 CX 决定。串指令每执行一次,CX 的内容就减1;当 CX 为 0,串传送指令执行结束。

### 2. 串比较指令 CMPS

指令格式:CMPSB

CMPSW

CMPS　OPRD1,OPRD2

功能:字符串比较。

- CMPSB:隐含操作数,将 DS:SI 指明的串与 ES:DI 指明的串中的对应元素进行比较,以字节为单位。
- CMPSW:隐含操作数,将 DS:SI 指明的串与 ES:DI 指明的串中的对应元素进行比较,以字为单位。
- MOVS　OPRD1,OPRD2:这种形式通常用在源串段超越的情况下。

说明:指令影响状态标志。两个串中的对应元素做减法操作,影响标志寄存器,但减操作的结果不回送到两个串中,即比较完成后两个串没有改变。

**【例 3-13】** 将 STRING 1 与 STRING 2 进行比较。

```
MOV   SI, OFFSET STRING1          ;初始化源串指针
MOV   DI, OFFSET STRING2          ;初始化目标指针
MOV   CX, 100                     ;初始化计数器
CLD                               ;设置 DF=0,使 SI 和 DI 按增量变化,增量为 1
REPE CMPSB                        ;对应元素相等时继续比较后面的数据,直到 CX=0
```

说明:REPE CMPSB 指令的执行过程为

① 执行一次串比较;

② SI←SI+1,DI←DI+1；

③ 测试 ZF,如果 ZF=1 说明两个串中的对应元素相等,则 CX←CX−1,测试 CX,如果 CX≠0,说明串中还有没比较过的元素,执行①。

所以,执行 REPE CMPSB 指令会有两种结果：

- 两个串比较结束,完全相同,CX=0,指令执行结束,这时标志位 ZF=1。
- 两个串中有不一样的元素,使得指令执行结束,这时 CX≠0,标志位 ZF=0。注意此时两个变址指针 SI、DI 指向下一个待比较的元素。

通常程序中在 REPE CMPSB 指令后会跟有条件转移指令,用来判断是在哪一种情况下结束的。另外,重复前缀 REPE 和 REPZ 的功能完全一样。

**【例 3-14】** 从地址 1000：10A0H 开始的区域中存放着 100 个字节的字符串 STRING1,从地址 2000：10B0H 开始的区域中存放着 100 个字节的字符串 STRING2,将 STRING 1 与 STRING 2 进行比较,如果二者完全相同就将 AL 置 0,否则 AL 置−1,并将第一个不相同的元素的地址存入 BX 寄存器。

```
          MOV   AX, 1000H
          MOV   DS, AX
          MOV   AX, 2000H
          MOV   ES, AX
          MOV   SI, 10A0H
          MOV   DI, 10B0H
          MOV   CX, 100
          CLD
          REPE  CMPSB
          JNZ   UNEQUAL                    ;如果 ZF=0,转到 UNEQUAL
          MOV   AL, 0                      ;否则把 AL 置 0,转到 EQUAL
          JMP   EQUAL
UNEQUAL:  MOV   AL,-1                      ;把 AL 置-1
          DEC   SI                         ;指向第一个不相同的元素
          MOV   BX,SI,                     ;保存第一个不相同的元素的地址
EQUAL:    JMP   $
```

### 3. 串扫描指令 SCAS

指令格式：SCASB

　　　　　SCASW

功能：在 ES：DI 指明的串中搜索特定数据。特定数据存在 AL(或 AX)中。

- SCASB：隐含操作数 AL,将串中的元素与 AL 进行比较,以字节为单位。
- SCASW：隐含操作数 AX,将串中的元素与 AX 进行比较,以字为单位。

说明：串中的元素与 AL 或 AX 做减法操作,结果不回送,只影响状态标志。

**【例 3-15】** 搜索字符串 STRING1,查找是否含有字符"A",并确定首次找到字符"A"的位置,将地址存入 POINT;如果没找到,将 0 存入 POINT。

```
          MOV   AX, SEG STRING1
```

```
        MOV    ES, AX                    ;初始化附加段
        MOV    DI, OFFSET STRING1        ;设置字符串指针
        MOV    CX, 100                   ;设置字符串长度,即循环次数
        CLD                              ;DF=0
        MOV    AL, 'A'                   ;将要查找的内容存入 AL 中
        REPNZ SCASB                      ;与 AL 不相同时继续搜索
        JZ     FOUND
        MOV    DI, 0
        JMP    DONE
FOUND:  DEC    DI
DONE:   MOV    POINT, DI
        JMP    $
```

说明：REPNZ　SCASB 指令的执行过程为

① 将串中的一个元素与 AL 进行比较；

② DI←DI+1；

③ 测试 ZF,如果 ZF=0 说明这个元素与 AL 不相等,则 CX←CX-1,测试 CX,如果 CX≠0,说明串中还有没比较过的元素,执行①。

所以,执行 REPNZ　SCASB 指令会有两种结果：

- 整个串与 AL 比较完,没有找到与 AL 相同的数据,CX=0,指令执行结束。
- 串中有与 AL 一样的元素,减法操作后 ZF=1,使得指令执行结束,而 CX≠0。注意此时两个变址指针 SI、DI 指向下一个待比较的元素。

通常程序中在 REPNZ　SCASB 指令后会跟有条件转移指令,用来判断是哪一种情况。另外,重复前缀 REPNE 和 REPNZ 的功能完全一样。

### 4. 取串指令 LODS

指令格式：LODSB

LODSW

LODS　OPRD

功能：从串中取数据。将 DS：SI 指明的串中元素传送到 AL 或 AX 中。

- LODSB,隐含操作数 AL,将 DS：SI 指明的串中元素传送到 AL,传送一个字节。
- LODSW,隐含操作数 AX,将 DS：SI 指明的串中元素传送到 AX,传送一个字。

说明：指令不影响状态标志,一般不带有重复操作前缀。

### 5. 存串指令 STOS

指令格式：STOSB

STOSW

功能：把数据存入串中。把 AL 或 AX 中的数据传送到 ES：DI 指明的串中。

- STOSB,隐含操作数 AL,把 AL 的内容传送到 ES：DI 指明的串中,传送一个字节。
- STOSW,隐含操作数 AX,把 AX 的内容传送到 ES：DI 指明的串中,传送一个字。

说明：指令不影响状态标志。一般带有重复操作前缀 REP,相当于用 AL 或 AX 初

始化某数据区。

**【例 3-16】** 从字符串 STRING1 中取出 100 个字符,加入字符属性修饰符后存入 B800:0 的内存区域中。

```
        MOV   AX, SEG STRING1
        MOV   DS, AX              ;初始化数据段
        MOV   SI, OFFSET STRING1  ;设置源串指针
        MOV   AX, 0B800H
        MOV   ES, AX              ;初始化附加段
        MOV   DI, 0
        MOV   AX, 9c00H           ;拼接字符属性
        MOV   CX, 100             ;设置字符串长度,即循环次数
        CLD                       ;DF=0
AGAIN:  LODSB
        STOSW
        DEC   CX
        JNZ   AGAIN
        HLT
```

### 3.3.5 程序控制指令

程序控制指令又称为控制转移指令,包括转移指令、循环控制指令、过程调用指令和中断指令 4 类。转移指令又分为无条件转移指令和条件转移指令。

#### 1. 无条件转移指令 JMP

计算机程序的执行完全按照 CS:IP 的指向执行指令。通常情况下 CS 保持不变,IP 自动增量,程序就按照指令的先后顺序执行。无条件转移指令会修改 CS 和 IP 的值,使程序跳转到另一个位置去执行,改变指令的执行顺序。

根据程序的转移范围可分为段内转移和段间转移。在同一段的范围之内进行转移,只需要修改 IP 的值,称为段内转移。如果 CS 的值被修改,意味着程序将转移到另外的段去执行,这称为段间转移。段间转移不仅修改段基址 CS 的值,还修改 IP 的值。

JMP 指令不影响标志位。

(1) 段内转移

指令格式:JMP  OPRD

功能:段内转移,IP←IP+位移量,或给 IP 赋值。

说明:根据 OPRD 的类型又分为段内直接转移和段内间接转移。指令不影响标志位。

例如:

```
JMP  LABEL                     ;LABEL 为指令标号
JMP  SHORT LABEL
```

```
JMP   NEAR LABEL
JMP   BX
JMP   WORD PTR[BX+DI]
```

JMP LABEL，程序转移到 LABEL 指明的指令处继续执行。指令中 LABEL 通常为标号，例如例 3-17 程序段中的 FOUND 和 DONE。

JMP SHORT LABEL，程序转移到 LABEL 指明的指令处继续执行。SHORT 为属性说明符，说明转移范围，以当前 IP 为中心，转移范围为－128～＋127。

JMP NEAR LABEL，程序转移到 LABEL 指明的指令处继续执行。NEAR 为属性说明符，说明转移范围，以当前 IP 为中心，转移范围为－32 768～＋32 767。

说明：在编程时 NEAR 与 SHORT 通常省略，编译时由汇编程序自己计算。如果用了 NEAR 或 SHORT，在编译时有时会提示不正确的属性限制。所以 JMP LABEL 是最常见的形式。

由于 LABEL 对应一条指令，是这条指令的符号地址，所以以上三种 JMP 形式又称为段内直接转移。这些指令在编译时，汇编程序会计算出它的下一条指令到 LABEL 指明的指令之间的位移量(相距多少字节)，将这个位移量编译为 JMP 的操作数。指令执行时 IP 加上这个位移量(JMP 指令的功能)，IP 的值被修改，使得下一条要执行的指令指向 LABEL。

JMP BX，将 BX 的值传送给 IP，程序转移到 CS：IP 处继续执行。操作数可以是所有 16 位通用寄存器。

JMP WORD PTR[BX+DI]，从[BX+DI]指明的内存区域连续取出两个字节传送给 IP，程序转移到 CS：IP 处继续执行。操作数可以采用各种寻址方式。

以上两种 JMP 形式又称为段内间接转移，编程时要注意操作数必须是 16 位。

**【例 3-17】**

```
    …
          MOV   DI, 0
          JMP   DONE
FOUND:    DEC   DI
DONE:     MOV   POINT, DI
          MOV   AX,1234H
    …
          JMP   CX                    ;IP=2000H,程序跳转到段内偏移地址为 2000H 处
          …
```

(2) 段间转移

指令格式：JMP OPRD

功能：段间转移，IP←OPRD 的段内偏移地址，CS←OPRD 所在段的段基址。

说明：根据 OPRD 的类型又分为段间直接转移和段间间接转移。指令不影响标志位。

例如：

```
JMP   FAR LABEL
JMP   DWORD PTR [BX+DI]
```

JMP　FAR LABEL，程序转移到 LABEL 指明的指令处继续执行，LABEL 为标号。FAR 是相对于 NEAR 的属性说明符，FAR 说明标号 LABEL 在另外的代码段，与 JMP 指令本身不在同一段。这条指令执行的操作是 IP←LABEL 的偏移地址，CS←LABEL 所在段的段基址，程序转移到 CS：IP 处继续执行。这种 JMP 形式又称为段间直接转移。

JMP　DWORD PTR[BX+DI]，从[BX+DI]指明的内存区域连续取出 4 个字节，前两个字节(低地址)传送给 IP，后两个字节送给 CS，程序转移到 CS：IP 处继续执行。操作数属于存储器操作数，可以采用各种存储器的寻址方式。这种 JMP 形式又称为段间间接转移。

例如：

```
JMP   FAR NEXT
JMP     8000:2000H
JMP   DWORD PTR [DI]
```

### 2. 条件转移指令

条件转移指令先测试条件，若条件成立则执行转移操作；若不成立则不转移并顺序执行下一条指令。所有的条件转移指令转移范围为−128～+127，属于段内短转移，都不影响状态标志位。如表 3-2 所示。

表 3-2　条件转移指令

| 指令名称 | 汇编格式 | 转移条件 | 功能说明 |
|---|---|---|---|
| 进位转移 | JC　target | (CF)=1 | 有进位或借位 |
| 无进位转移 | JNC　target | (CF)=0 | 无进位或借位 |
| 等于或为零转移 | JE/JZ　target | (ZF)=1 | 相等或结果为 0 |
| 不等于或非零转移 | JNE/JNZ　target | (ZF)=0 | 不相等或结果不为 0 |
| 奇偶校验为偶转移 | JP/JPE　target | (PF)=1 | 有偶数个 1 |
| 奇偶校验为奇转移 | JNP/JPO　target | (PE)=0 | 有奇数个 1 |
| 结果为负转移 | JS　target | (SF)=1 | 为负数 |
| 结果为正转移 | JNS　target | (SF)=0 | 为正数 |
| 溢出转移 | JO　target | (OF)=1 | 溢出 |
| 不溢出转移 | JNO　target | (OF)=0 | 不溢出 |
| 大于则转移 | JA/JNBE　target | (CF)=0 且(ZF)=0 | 无符号数 |
| 大于或等于则转移 | JAE/JNB　target | (CF)=0 | 无符号数 |
| 小于则转移 | JB/JNAE　target | (CF)=1 | 无符号数 |

续表

| 指令名称 | 汇编格式 | 转移条件 | 功能说明 |
| --- | --- | --- | --- |
| 小于或等于则转移 | JBE/JNA target | (CF)=1 或(ZF)=1 | 无符号数 |
| 大于则转移 | JG/JNLE target | (SF)=(OF)且(ZF)=0 | 带符号数 |
| 大于或等于则转移 | JGE/JNL target | (SF)=(OF) | 带符号数 |
| 小于则转移 | JL/JNGE target | (SF)≠(OF)且(ZF)=0 | 带符号数 |
| 小于或等于则转移 | JLE/JNG target | (SF)≠(OF)或(ZF)=1 | 带符号数 |
| CX 内容为 0 转移 | JCXZ target | (CX)=0 | |

指令格式：JCC　OPRD

功能：若条件成立则转移到 OPRD 处执行，IP←IP+位移量。

说明：J 是 JUMP 的缩写，CC 表示转移的条件，OPRD 通常是标号。

**【例 3-18】** 测试 AX 为奇数还是偶数，如是奇数则 BX 置成 0FFFFH；如是偶数 BX 置成 0。

```
        TEST  AX, 01H          ;测试 BX 中最低位的逻辑值
        JZ    EVEN             ;ZF=1,AX 为偶数转移至 EVEN 处执行
        MOV   BX, 0FFFFH       ;AX 为奇数,设置奇数标志
        JMP   CON
EVEN:   MOV   BX,0             ;设置偶数标志
CON:      …
```

**【例 3-19】** AX 与 BX 均为无符号数，测试 AX 与 BX 的大小。

```
        CMP   AX, BX           ;比较 AX 与 BX
        JZ    EQUAL            ;AX=BX 则转移到 EQUAL 处
        JA    LAG              ;AX>BX,则转移至 LAG 处
        JMP   CON              ;AX<BX,转移至 CON 处
EQUAL:  MOV   CX, 0            ;置等于标志
LAG:    MOV   CX, 0FFFFH       ;置大于标志
CON:      …
```

### 3. 循环控制指令

循环控制指令共有 3 条，都是利用 CX 作为计数器控制循环，都不影响标志位。

指令格式：LOOP　OPRD

　　　　　LOOPE(或 LOOPZ)　OPRD

　　　　　LOOPNE(或 LOOPNZ)　OPRD

功能：如果条件满足就转到 OPRD 指明的指令执行，继续循环；当条件不满足，循环结束，顺序执行下一条指令。

LOOP　OPRD，功能为 CX←CX−1 并测试 CX，如果 CX≠0 就转到 OPRD 指明的

指令执行,继续循环;当 CX=0 时,循环结束,顺序执行下一条指令。

LOOPE(或 LOOPZ)OPRD,等于 0 则循环。具体描述为如果 ZF=1 且 CX←CX−1,CX≠0 就转到 OPRD 指明的指令执行,继续循环;当 CX=0 或 ZF≠1 时,循环结束,顺序执行下一条指令(ZF 的状态是上一条指令执行后对 FLAGS 的影响)。

LOOPNE(或 LOOPNZ)OPRD,不等于 0 则循环。具体描述为如果 ZF=0 且 CX←CX−1,CX≠0 就转到 OPRD 指明的指令执行,继续循环;当 CX=0 或 ZF=1 时,循环结束,顺序执行下一条指令(ZF 的状态是上一条指令执行后对 FLAGS 的影响)。

说明:OPRD 为指令标号。转移范围:以当前 IP 为中心,转移范围为−128~+127。

**【例 3-20】** 编写程序,求 1+2+…+100 的累加和,结果存于 AX 中。

```
        MOV   CX, 100          ;初始化计数器 CX
        MOV   AX, 0            ;累加和单元清 0
ABC:    ADD   AX, CX           ;求累加和
        LOOP  ABC              ;CX≠0 继续循环;CX=0 循环结束,执行下一条指令
        HLT
```

**【例 3-21】** 测试 BX 中 1 的位置。

```
        MOV   AX, 0            ;用 AX 保存循环次数
        MOV   BX, 40H
        MOV   CX, 16
L1:     INC   AX
        SHR   BX, 1            ;右移 1 次
        TEST  BX, 1            ;测试 D0 位的逻辑值
        LOOPE L1               ;如果 ZF=1 且 CX←CX-1,CX≠0 则转到 L1 循环执行
L2:     MOV   [SI], AX         ;保存 AX,AX=6,BX=1,ZF=0
        HLT
```

### 4. 过程调用指令

过程调用指令也称为子程序调用指令。程序设计时通常把一些功能相对完整或相对独立的程序段编写成独立的程序模块,称为子程序,子程序的应用使程序结构清晰明了。主程序可用调用指令调用子程序,子程序执行结束后自动返回主程序,主程序继续执行。

(1) 调用指令

根据子程序所在的位置,调用指令分为段内调用和段间调用。段内调用只修改 IP 的值,段间调用 CS 和 IP 的值都被修改。CALL 指令在执行时第一步首先保存断点,以便子程序返回主程序时从断点处继续执行;第二步取出子程序的入口地址赋给 IP 或 CS:IP,转去执行子程序。

指令格式:CALL   OPRD

功能:调用 OPRD 指明的子程序。

说明:OPRD 可以是子程序的名字或指令标号,可以是 16 位的寄存器,还可以是 2 个或 4 个存储单元的内容。

例如：

```
CALL   NEAR DELAY
```

DELAY 是子程序名，NEAR 是属性说明符，说明 DELAY 子程序与这条 CALL 指令在同一个代码段中，NEAR 可以省略。指令执行时首先将当前 IP 的内容压栈，然后 IP←IP+16 位位移量，程序就转移到子程序执行。16 位位移量指的是 CALL 指令的下一条指令与 DELAY 之间的差值。这种 CALL 指令最常见，也称为段内直接调用。

```
CALL   AX
```

子程序的入口地址由 AX 提供，即将 AX 的内容赋给 IP，其他动作与上面相同。

```
CALL   WORD PTR [BX]
```

子程序的入口地址由[BX]指明的两个内存单元提供，其他动作与上面相同。这两条指令也称为段内间接调用。

```
CALL   FAR MEM
```

MEM 是子程序名，FAR 是属性说明符，说明 MEM 子程序与这条 CALL 指令不在同一个代码段中，FAR 不能省略。指令执行时首先将当前 CS 和 IP 的内容压栈，然后将 MEM 入口地址的段基址取出来赋给 CS，将偏移地址取出来赋给 IP，程序就转移到子程序执行。这种 CALL 指令较常见，也称为段间直接调用。例如：

```
CALL   2000H: 0100H         ;指令直接给出子程序的段基址和偏移地址
CALL   DWORD PTR [SI]
```

子程序的入口地址由[SI]指明的 4 个内存单元提供，其中[SI+1]：[SI]的内容赋给 IP，[SI+3]：[SI+2]的内容赋给 CS，其他动作与上面相同。这条指令也称为段间间接调用。

(2) 返回指令

返回指令放在子程序的末尾，它能返回调用程序。返回指令的操作是弹出断点地址，送给 IP 和 CS。返回指令与 CALL 指令有关联，如果是段内调用，返回指令只弹出 IP 的值；如果是段间调用，返回指令弹出 IP 和 CS 的值。虽然包含的操作不同，但返回指令的格式却一样。返回指令不影响标志位。

指令格式：RET

功能：返回调用程序。

**【例 3-22】** 观察下面的程序段，了解子程序与主程序的关系。

```
        MOV   SP,4000H
        CALL  DELAY                 ;调用子程序
DISP:   MOV   AH,02H
        MOV   DL,'A'
        INT   21H
        HLT
DELAY   PROC  NEAR                  ;子程序开始
        PUSH  CX
        MOV   CX,2FFFH
```

```
SUBS:  LOOP SUBS
       POP  CX
       RET
DELAY  ENDP                           ;子程序结束
```

### 5. 中断指令

中断是指在程序执行过程中，出现某种紧急事件，CPU 暂停执行现行程序，转去执行事件处理程序，执行完后再返回到被暂停的程序继续执行。引起中断的事件称为中断源，计算机的中断源可能是某个硬件部件，也可能是软件，中断指令就是软件中断源之一。任何中断都是通过调用中断服务程序达到中断的目的。

软件中断通过中断指令调用中断服务程序（中断处理程序）。中断服务程序的入口地址称为中断向量。每个中断向量包含一组段基址和偏移地址，以 4 个字节的形式存放在中断向量表中的。中断向量表位于内存 00000H～003FFH 区域，存放着 256 个中断向量。中断向量在中断向量表中的存放地址由中断类型码乘以 4 得到。

微处理器有三种中断指令：INT、INTO、INT3。它们通过中断向量表获取中断服务程序的入口地址，然后执行中断服务程序。中断调用类似于子程序远调用，它们都把返回地址存放在堆栈中。这三种中断指令的执行过程如下：

① FLAGS 压栈；

② 置 TF=0，IF=0，禁止中断；

③ CS 压栈；

④ IP 压栈；

⑤ 查中断向量表，$n\times4$ 作为地址，从该地址中取出中断向量送入 CS：IP，CPU 执行中断服务程序。

(1) INT 指令

指令格式：INT n

说明：$n$ 为中断类型码，取值范围为 0～255。INT 指令为 2 个字节，第一个字节是操作码，第二个字节是中断类型码。中断指令执行时清除 IF 和 TF，使微处理器禁止可屏蔽中断请求，禁止单步执行中断服务程序。

(2) 中断返回指令

指令格式：IRET

功能：中断返回

说明：所有中断服务程序中的最后一条指令都是 IRET，它的具体操作如下：

① 弹出 IP；

② 弹出 CS；

③ 弹出 FLAGS。

中断返回指令恢复 FLAGS，因而恢复了 IF 和 TF 的内容。

(3) INT3 指令

指令格式：INT3

说明：该指令用于在软件调试中设置断点，方便调试程序。INT3 指令是单字节指令，其他软中断指令都是两字节指令。

(4) INTO 指令

说明：INTO 为溢出中断，相当于 INT4 指令。INTO 指令执行时检查 OF 位，若 OF＝1，则进入中断类型码为 4 的中断服务程序；若 OF＝0，则指令执行结束。

软中断指令通常用来调用系统过程，如控制打印机、视频显示器、磁盘驱动器等。中断指令的存在主要是因为计算机的某些功能需要利用特殊渠道实现，例如用户程序要想驱动计算机硬件，必须通过操作系统，而用户程序只能在用户态执行不能进入系统态，因此使用中断的方式调用操作系统相应的模块，这也称为系统功能调用。

## 3.3.6 处理器控制指令

处理器控制指令对 CPU 实施控制，使 CPU 暂停、等待等，还包括对 FLAGS 中的一些标志位进行设置的指令，如表 3-3 所示。

表 3-3 处理器控制指令

| 指令格式 | 操 作 说 明 |
|---|---|
| CLC | 清进位标志位，CF＝0 |
| STC | 置进位标志位，CF＝1 |
| CMC | 进位标志位取反，CF |
| CLD | 清方向标志位，DF＝0，串操作从低地址开始到高地址 |
| STD | 置方向标志位，DF＝1，串操作从高地址开始到低地址 |
| CLI | 清中断标志位，IF＝0，关中断 |
| STI | 置中断标志位，IF＝1，开中断 |
| HLT | 处理器暂停，CPU 不做任何操作 |
| WAIT | 处理器等待，等待 TEST 引线转为低电平 |
| ESC | 处理器把控制权交给协处理器 |
| LOCK | 总线封锁，它可以作为任何 CPU 指令的前缀 |
| NOP | 空操作，消耗 3 个时钟周期，常用于延时程序 |

HLT：停止软件的执行。使 CPU 进行暂停状态，直到有复位(RESET)信号或 DMA 操作或者中断请求时，退出暂停状态。

WAIT：8086/8088 CPU 检测 $\overline{\text{TEST}}$ 引脚，若 $\overline{\text{TEST}}$ 引脚为逻辑 1 电平，WAIT 指令结束，顺序执行下一条指令。若 $\overline{\text{TEST}}$ 引脚为逻辑 0 电平，CPU 进入等待状态，直至 $\overline{\text{TEST}}$ 引脚为高电平。

ESC：转义(ESC)指令，在多处理器系统中 CPU 把控制权交给协处理器，并使协处理器能取得操作码和操作数进行操作。

LOCK：LOCK 可以作为任何 CPU 指令的前缀，锁存指令，它是单字节指令。它使总线锁存信号 LOCK 引脚为逻辑 0，通常用来禁止外部总线上的主控制器或其他部件，直到指令执行结束，如 LOCK：MOV AL,[SI]。

# 练　习　题

1. 什么叫寻址方式？8086 指令系统中有哪几种寻址方式？

2. BUFF 为字节类型变量，DATA 为常量，指出下列指令中源操作数的寻址方式：

(1) MOV AX, 1200

(2) MOV AL, BUFF

(3) SUB BX, [2000H]

(4) MOV CX, [SI]

(5) MOV DX, DATA[SI]

(6) MOV BL, [SI][BX]

(7) MOV [DI], AX

(8) ADD AX, DATA[DI+BP]

(9) PUSHF

(10) MOV BX, ES: [SI]

3. 指出下列指令的错误并改正。

(1) MOV DS, 1200

(2) MOV AL, BX

(3) SUB 33H, AL

(4) PUSH AL

(5) MUL 45H

(6) MOV [BX], [SI]

(7) MOV [DI], 3

(8) ADD DATA[DI+BP], ES: [CX]

(9) JMP BYTE PTR[SI]

(10) OUT 3F8H, AL

4. 根据要求写出一条(或几条)汇编语言指令。

(1) 将立即数 4000H 送入寄存器 BX。

(2) 将立即数 4000H 送入段寄存器 DS。

(3) 将变址寄存器 DI 的内容送入数据段中 2000H 的存储单元。

(4) 把数据段中 2000H 存储单元的内容送入段寄存器 ES。

(5) 将立即数 3DH 与 AL 相加，结果送回 AL。

(6) 把 BX 与 CX 寄存器内容相加，结果送入 BX。

(7) 寄存器 BX 中的低 4 位内容保持不变，其他位按位取反，结果仍在 BX 中。

(8) 实现 AX 与－128 的乘积运算。

(9) 实现 AX 中高、低 8 位内容的交换。

(10) 将 DX 中 D0、D4、D8 位置 1，其余位保持不变。

5. 设 SS＝2000H，SP＝1000H，SI＝2300，DI＝7800，BX＝9A00H。说明执行下面每条指令时，堆栈内容的变化和堆栈指针的值。

```
PUSH  SI
PUSH  DI
POP  BX
```

6. 内存中 18FC0H、18FC1H、18FC2H 单元的内容分别为 23H、55、5AH，DS＝

1000H,BX=8FC0H,SI=1,执行下面两条指令后 AX=____,DX=____。

```
MOV  AX, [BX+SI]
LEA  DX, [BX+SI]
```

7. 回答下列问题:

(1) 设 AL=7FH,执行 CBW 指令后,AX=____。

(2) 设 AX=8A9CH,执行 CWD 指令后,AX=____,DX=____。

8. 执行以下两条指令后,FLAGS 的 6 个状态标志位的值是什么?

```
MOV AX, 847BH
ADD AX, 9438H
```

9. 下面程序段将 03E8H 转换成十进制数并显示,填写指令后的空格。

```
     MOV  AX, 03E8H            ;AH=              ,AL=
     MOV  CX, 4
     MOV  DI, 2000H            ;DI=
     MOV  BX, 10               ;BH=              ,BL=
GO0: SUB  DX, DX               ;CF=              ,ZF=
     DIV  BX                   ;AX=              ,DX=
     MOV  [DI], DL             ;[DI]=
     INC  DI
     LOOP GO0                  ;CX=
     MOV  CX, 4
GO1: DEC DI                    ;DI=
     MOV  DL, [DI]             ;DL=
     OR   DL, 30H              ;DL=
     MOV  AH, 02               ;显示 1 位十进制数
     INT  21H
     LOOP GO1
```

10. 用串操作指令替换以下程序段:

```
ABC: MOV    AL, [SI]
     MOV    ES: [DI], AL
     INC    SI
     INC    DI
     LOOP   ABC
```

11. 设 AX=AAH,顺序执行下列各条指令,填写空格。

```
(1) XOR   AX, 0FFFFH    ;AX=
(2) AND   AX, 13A0H     ;AX=
(3) OR    AX, 25C9H     ;AX=
(4) TEST  AX, 0004H     ;AX=
```

12. 试写出执行下列 3 条指令后 BX 寄存器的内容。

```
MOV  CL,2H
MOV  BX,C02DH
SHR  BX,CL
```

13. 执行下列程序段后，AX、BX 的内容各是什么？

(1)
```
     MOV  AX,0001H
     MOV  BX,8000H
     NEG  AX
     MOV  CX,4
AA:  SHL  AX,1
     RCL  BX,1
     LOOP  AA
     HLT
```

(2)
```
     MOV  AX,0
     MOV  BX,1
     MOV  CX,100
A:   ADD AX,BX
     INC BX
     LOOP A
     HLT
```

14. 编写程序段，实现下述要求：

使 AX 寄存器的低 4 位清 0，其余位不变。

使 BX 寄存器的低 4 位置 1，其余位不变。

测试 AX 的第 0 位和第 4 位，两位都是 1 时将 AL 清 0。

测试 AX 的第 0 位和第 4 位，两位中有一个为 1 时将 AL 清 0。

15. 编写程序段，完成把 AX 中的十六进制数转换为 ASCII 码，并将对应的 ASCII 码依次存入 MEM 开始的存储单元中。例如，当 AX 的内容为 37B6H 时，MEM 开始的 4 个单元的内容依次为 33H，37H，42H，36H。

16. 编写程序段，求从 TABLE 开始的 10 个无符号数的和，结果放在 SUM 单元中。

17. 编写程序段，从键盘上输入字符串'HELLO'，并在串尾加结束标志'$'。

18. 编写程序段，在屏幕上依次显示 1、2、3、A、B、C。

19. 编写程序段，把内存中首地址为 MEM1 的 200 个字节送到首地址为 MEM2 的区域。

20. 编写程序段，以 4000H 为起始地址的 32 个单元中存有 32 个有符号数，统计其中负数的个数，并将统计结果保存在 BUFFER 单元中。

# 第4章

# 汇编语言程序设计

在当今的程序设计领域，有众多易学易用的高级语言可以选择，而汇编语言依然占有一席之地，究其原因，汇编语言程序实时、精确和高效的特点是任何高级语言程序无法比拟的。

## 4.1 汇编语言源程序

CPU 只能执行机器语言程序，汇编语言不是机器语言，必须通过具有“翻译”功能的系统程序的处理才能被 CPU 识别执行。汇编程序(Assembler)就是处理汇编语言源程序的系统程序，处理的过程称为汇编。常见的汇编程序有微软公司的 MASM、Intel 公司的 ASM、Borland Turbo 的汇编程序 TASM。源程序经过汇编生成机器语言目标程序，目标程序再经过连接程序连接，就得到可执行文件。

### 4.1.1 汇编语言源程序结构

汇编语言源程序结构是指汇编语句的格式和汇编程序的组成部分。源程序结构取决于汇编程序，不同的汇编程序要求的源程序结构不同，不同 CPU 的汇编程序也不相同。不过功能大致相同的汇编语言其源程序结构也大致相同。本章以微软公司的 MASM 宏汇编程序为背景介绍汇编语言源程序结构。

#### 1. 汇编语言源程序的组成部分

先观察下面的程序：

**【例 4-1】** 将 STRING 1 中的 100 个字节传送到 STRING 2 中。

```
DATA        SEGMENT    'DATA'          ;定义数据段
STRING1     DB100 DUP(55H)
DATA    ENDS                           ;数据段结束
EDATA   SEGMENT                        ;定义附加段
STRING2     DB100 DUP(?)
```

```
EDATA   ENDS                          ;附加段结束
STACK   SEGMENT 'STACK'               ;定义堆栈段
        DW 256DUP(?)
STACK       ENDS                      ;堆栈段结束
CODE        SEGMENT    'CODE'         ;定义代码段
        ASSUME   CS: CODE, DS: DATA, ES: EDATA, SS: STACK
START: MOV   AX, DATA
    MOV     DS, AX                    ;初始化 DS
    MOV     AX, EDATA
    MOV     ES, AX                    ;初始化 ES
    MOV     SI, OFFSET STRING1        ;初始化源串指针
            MOV  DI, OFFSET STRING2   ;初始化目的指针
            MOV  CX, 100              ;初始化计数器
            CLD                       ;设置 DF=0,使 SI 和 DI 按增量变化,增量为 1
            REP MOVSB
            MOV  AH, 4CH
            INT  21H
CODE        ENDS                      ;代码段结束
END           START
```

汇编语言源程序由若干段组成：数据段、附加数据段、堆栈段和代码段等。段与段之间的顺序可以随意排列，每一段由 SEGMENT 开始，以 ENDS 结束，每段的开始和结束都附有相同的名字。一个程序一般定义三个段：数据段、堆栈段和代码段，必要时增加定义附加数据段，能独立运行的程序至少包含一个代码段。

### 2. 汇编语言的语句格式

汇编语言源程序中一行只能写一个语句。每个语句可以有 4 部分：标号(名字)、操作码助记符、操作数助记符和注释。例如：

```
BEGAIN:   MOV  AX, BX                  ;BX 数据传送给 AX
```

BEGAIN 是标号。标号由程序员设置，是指令的符号地址。标号可以作为转移指令、循环指令和调用指令的操作数，标号后面要加冒号。操作码和操作数之间用空格分隔，操作数与操作数之间用逗号分隔。分号表示注释，用来说明程序或语句的功能，常跟在语句的后面，分号为注释的开始。如果一行的第一个字符是“;”说明整行都是注释，用来说明下面程序段的功能。注释不影响程序的功能，也不出现在目标代码中。

源程序中的语句有两种：指示性语句和指令性语句。指示性语句可以位于任何段中，指令性语句必须位于代码段内。

指示性语句又称为伪操作语句，它不是 CPU 的指令，它是由汇编程序定义的，也由汇编程序解释。指示性语句的功能主要是定义变量、为数据分配存储空间、告诉汇编程序如何对源程序汇编等。源程序汇编后指示性语句不生成目标代码，所以常被称为伪指令

(pseudo-operation)。

指示性语句的一般格式：

```
名字伪操作码操作数,操作数…                ;注释
```

例如：

```
DATA      SEGMENT                          ;定义数据段
STRING1   DB 100 DUP(55H)                  ;定义数据串
DATA      ENDS                             ;数据段结束
```

这三句都是伪指令，DATA 和 STRING1 是名字，DATA 是段名，STRING1 是变量名。SEGMENT、DB、ENDS 是伪操作码，100 DUP(55H)是 100 个值为 55H 的操作数。伪指令中的操作数可以有多个。段名和变量名由程序员设置，它们与伪操作码之间用空格分隔。

指令性语句是可执行语句，是 CPU 的指令。源程序汇编后指令性语句生成目标代码。第 3 章中介绍的所有指令都是指令性语句，其操作数最多只能有两个。

例 4-1 中语句“START：MOV AX,DATA ”和语句“ INT 21H ”之间的所有语句都是指令性语句。

### 4.1.2 汇编语言源程序的处理过程

汇编语言源程序可以通过记事本编辑程序创建，也可以用其他任何能生成 ASCII 码文件的字处理程序编辑创建。汇编语言源程序应该以 ASM 为扩展名。源程序经过汇编生成机器语言目标程序，目标程序经过连接程序处理生成可执行文件，如图 4-1 所示。

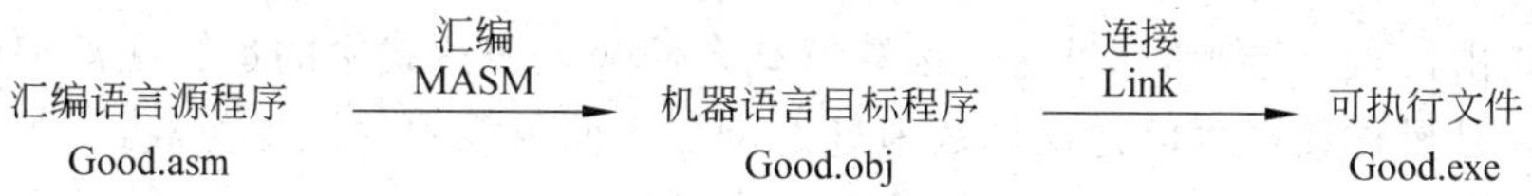

图 4-1 汇编语言源程序的处理过程

### 4.1.3 汇编语言中的操作数

汇编语言语句中的操作数可以是寄存器、存储器单元、常量、变量、名字、标号和表达式。

#### 1. 常量

常量也称常数，有数值常量和字符常量两种。

数值常量可以是二进制数、十进制数和十六进制数。十六进制数若是以字母(A～F)开始，须在前面加一个数字 0，用以说明这是数值常量，不是字符串。例如：

```
MOV  AX,0D3A9H                          ;把十六进制数 D3A9 传送到 AX
```

字符常量是用单引号括起来的字符或字符串，源程序汇编之后它们转换为相应的ASCII码。例如：

```
MOV  AL, 'A'                            ;AL=41H
VAR  DB 'Hello'                         ;相当于 VAR  DB  48H, 65H, 6CH, 6CH, 6FH
```

### 2. 变量

变量是指存储单元中的数据，这些数据在程序运行中可以修改变化，因此称其为变量。每个变量可以有一个名字(变量名)，也可以没有。一个变量名可以表示一个数据或一组类型相同的数据，即一个变量名可以是一个数据的符号地址，也可以是一组数据的符号首地址。变量名可以作为存储器操作数使用。例如：

```
STR   DB  'STRING'
NUM   DW  0AAH,23H
LAB0  DQ  01A4578H
```

STR、NUM、LAB0 都是变量名，变量名是变量的符号地址。变量有段、偏移量和类型三种属性：

- 段属性：变量所在的段。
- 偏移量属性：变量的偏移地址，从段起始地址到变量之间的字节数。
- 类型属性：变量所存储数据的数据类型，包括 BYTE、WORD、DWORD、DQ(8 个字节)、DT(10 个字节)等类型。

### 3. 表达式

表达式由常量、变量和标号通过运算符结合而成。表达式中的运算在汇编时完成，运算结果可以是操作数也可以是操作数地址。例如下面指令中的源操作数：

```
MOV  AX, SEG VAR
MOV  BX, 5 MOD 3
ADD  AL, LAB * 5+DATA
```

表达式中的常用运算符：

(1) 算术运算符：+、-、*、/、MOD

MOD 是指获取除法运算的余数，如 15 MOD 7 结果为 1。

```
MOV  AX, 15 MOD 7                       ;汇编之后为 MOVAX, 1
MOV  DX, ARRAY+(7-1) * 2                ;把 ARRAY 数组中的第 7 个字传送到 DX 寄存器
```

(2) 逻辑运算符：AND、OR、XOR、NOT

逻辑运算符只能用于数字表达式，不能用于地址表达式中。

```
CMP  AL, 04H AND 75H                    ;汇编之后为 CMP  AL, 04
```

(3) 关系运算符：EQ(相等)、NE(不等)、LT(小于)、GT(大于)、LE(小于或等于)、GE(大于或等于)

关系运算符对两个性质相同的数据进行运算，运算的结果应为逻辑值：关系成立结果为真，输出为全1；关系不成立结果为假，输出为0。

例如：DATA 和 NUM 为常量，DAT=5AH　NUM=35

```
MOV   BX, DATA GT NUM                      ;汇编之后为 MOV   BX, 0FFFFH
MOV   BX, DATA EQ NUM                      ;汇编之后为 MOV   BX, 0
```

(4) 取值运算符：OFFSET、SEG

OFFSET Variable 或 label，取变量或标号的偏移地址。例如：

```
MOV   BX, OFFSET NUM                       ;这条指令与 LEA   BX, NUM 指令等价
```

SEG Variable 或 label，取变量或标号的段基址。例如：

```
MOV   BX, SEG NUM                          ;取 NUM 所在段的段基址送给 BX
```

(5) 修改属性运算符：PTR

修改操作数的类型，操作仅限于本条指令。例如：

```
MOV   BX,WORD PTR LAB0                     ;将 LAB0 的类型修改为字类型
MOV   BX,BYTE PTR LAB1                     ;将 LAB1 的类型修改为字节类型
MOV   BX,DWORD PTR LAB2                    ;将 LAB2 的类型修改为双字类型
```

(6) 段超越前缀

除了转移指令和调用指令，段超越前缀可以附加到任何指令的存储器操作数前面，它允许程序偏离默认的段。当指令附加了段超越前缀时，指令就长了一个字节，而且指令的执行时间也增加了。为了使指令短小高效，应该尽量少使用段超越前缀。段超越指令举例如下：

```
MOV   AX,ES: [BX+SI]
MOV   AX, DS: [BP]
MOV   AX, SS: [DI]
MOV   AX, CS: BUFF
MOV   ES: [SI], AX
LOADS   ES: DATA1
```

**注意**：*在计算表达式值时，括号内的表达式优先计算，然后按运算符的优先顺序计算，对优先级相同的运算符按从左到右的顺序进行计算。运算符的优先级别从高到低的排列次序如下：*

① 在圆括号、方括号中的项；

② PTR、OFFSET、SEG、TYPE；

③ *、/、MOD、SHL、SHR；

④ +、-；

⑤ EQ、NE、LT、LE、GT、GE；

⑥ 先 NOT,AND,然后是 OR 和 XOR。

## 4.2 伪　指　令

汇编语言中的指示性语句也称为伪指令(directive)。伪指令的作用是告诉汇编程序如何对汇编语言源程序进行汇编,比如如何分段、程序处理的数据在哪里、子程序在哪等。伪指令由汇编程序处理,不生成目标代码,不参与程序的执行。汇编程序 MASM 设置了几十种伪指令,下面简单介绍一些常用的伪指令。

### 4.2.1　段定义伪指令

8086/8088 CPU 对内存储器实施分段管理,因此它的汇编语言按段组织程序。与分段有关的伪指令包括 SEGMENT、ENDS、ASSUME 等。

#### 1. 段定义伪指令 SEGMENT 和 ENDS

这是一对伪指令,SEGMENT 定义段的开始,ENDS 定义段的结束。

格式:段名 SEGMENT[定位类型][组合类型][类别]

```
        …
        段名 ENDS
```

这对伪指令将程序分为若干段:数据段、附加段、堆栈段和代码段。方括号中的参数是可选项,说明段的类型和属性,程序有多个模块时需要设置这些参数。

(1) 定位类型:说明该段对起始地址的要求。

PARA:段起始地址必须能被 16 整除;

BYTE:段起始地址可以是任何地址;

WORD:段起始地址必须为偶数;

PAGE:段起始地址必须从页边界开始,即必须能被 256 整除;

如果省略定位类型参数,汇编程序默认为 PARA。

(2) 组合类型:多个程序模块进行连接时,相同类型的段进行组合构成一个段。

NONE:本段作为独立段装入内存,不与其他模块中的段组合,即使段名相同也不组合。

PUBLIC:与其他模块中由 PUBLIC 说明的同名段接在一起。

COMMON:与其他模块中由 COMMON 说明的同名段重叠存放,后连接的 COMMON 段会覆盖前面的内容,连接之后 COMMON 的长度是各分段中的最长的段的长度。

STACK:与其他模块中由 STACK 说明的同名堆栈连接在一起,形成一个大的堆栈段由各模块共享,堆栈指针自动指向这个大堆栈段的栈顶。

MEMORY:将该段放在所有段的最后(高地址),如果连接时有多个 MEMORY 段,汇编程序将遇到的第一个作为 MEMORY 段，其余的作为 COMMON 段。

AT<表达式>：表达式计算出的值为段基址，但不能用这种方式指定代码段。

如果省略组合类型参数，汇编程序默认为 NONE。

(3) 类别：指定段的类别。

用单引号括起来的字符串，常用'STACK'表示堆栈段，'CODE'表示代码段，'DATA'表示数据段，也可以用其他字符表示。在多个程序模块连接时，具有相同类别的段在一起装入连续的内存区域，无类别的段在一起装入连续的内存区域。

## 2. ASSUME 伪指令

格式：ASSUME 段寄存器名：段名[，段寄存器名：段名]，…

ASSUME 伪指令说明段名和段基址寄存器之间的关系，但它不能给段寄存器赋值，段寄存器的值需要在代码段中由指令性语句赋值。

例如：

```
ASSUME   CS: CSEG, DS: DSEG, SS: SSEG, ES: EDSEG
```

说明 CSEG 段是代码段，DSEG 段是数据段，SSEG 段是堆栈段，EDSEG 段是附加数据段。

**【例 4-2】** 测试内存 TAB 单元内的数为奇数还是偶数，如是奇数则 BX 置成 0FFFFH；如是偶数则 BX 置成 0。

```
DSEG        SEGMENT                          ;默认定位类型 PARA,默认组合类型 NONE
    TAB DB ?
DSEG    ENDS                                 ;段结束
SSEG        SEGMENT  'STACK'                 ;默认定位类型 PARA,类别为 STACK
        DW 256 DUP(0)
SSEG    ENDS                                 ;段结束
CSEG    SEGMENT                              ;默认定位类型 PARA,默认组合类型 NONE
    ASSUME CS: CSEG, DS: DSEG, SS: SSEG      ;说明 CSEG 段是代码段,DSEG 段是数据段,
                                              SSEG 段是堆栈段
START: MOV   AX, DSEG
    MOV     DS, AX                           ;给 DS 段寄存器赋值
    MOV     AL, TAB
    TEST    AL, 01H                          ;测试 BX 中最低位的逻辑值
    JZ      EVEN1                            ;ZF=1,AL 为偶数转移至 EVEN 处执行
    MOV     BX, 0FFFFH                       ;AL 为奇数,设置奇数标志
    JMP     CON
EVEN1:      MOV   BX, 0                      ;设置偶数标志
CON:        MOV   AH, 4CH
            INT   21H
CSEG        ENDS                             ;代码段结束
END         START
```

## 4.2.2 数据定义伪指令

数据定义伪指令也称为变量定义伪指令或存储单元分配伪指令。它用来定义变量、确定变量的类型、给变量赋初值、为变量分配存储空间。

格式：[变量名]伪操作助记符[操作数 1][,操作数 2]…

说明：变量名由程序员定义，为可选项；操作数可以有多个，操作数之间用逗号分隔。伪操作有如下 5 种：

(1) DB：定义变量为字节类型，其后的每个操作数都占 1 个字节。

(2) DW：定义变量为字类型，其后的每个操作数都占 2 个字节。

(3) DD：定义变量为双字类型，其后的每个操作数都占 2 个字，即 4 个字节。

(4) DQ：定义变量为四个字类型，其后的每个操作数都占 4 个字，即 8 个字节。

(5) DT：定义变量为十个字节，其后的每个操作数都占 10 个字节。

DD 伪指令常用来定义单精度浮点数，DQ 伪指令常用来定义双精度浮点数，DT 伪指令常用来定义 BCD 数。

例如：VAR DB 67H, 4FH, 7AH；定义 VAR 为字节类型变量，3 个字节类型的操作数顺序存储在以 VAR 为首地址的连续内存单元中，每个操作数占一个内存单元。如图 4-2 所示。

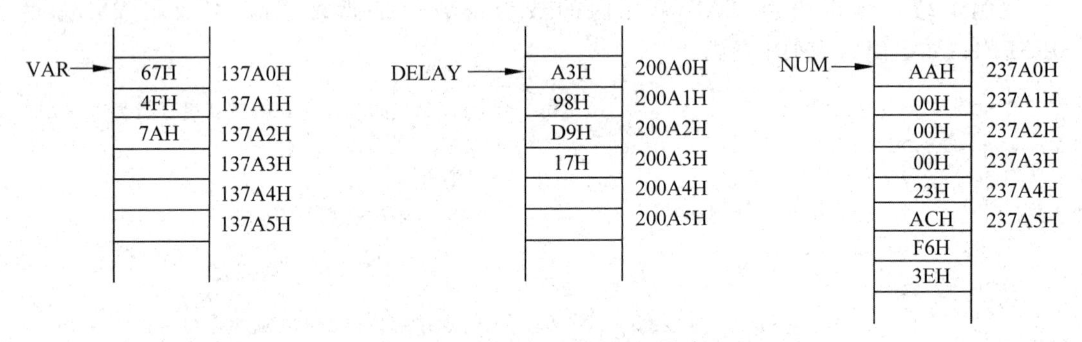


图 4-2 变量的内存分配图

```
DELAY  DW 98A3H,17D9H
```

定义 DELAY 为字类型变量，2 个字类型的操作数顺序存储在以 DELAY 为首地址的连续内存单元中，每个操作数占 2 个内存单元。

```
NUM  DD 0AAH,3EF6AC23H
```

定义 NUM 为双字类型变量，2 个双字类型的操作数顺序存储在以 NUM 为首地址的连续内存单元中，每个操作数占 4 个内存单元。如图 4-2 所示。

```
NUM1  DD 0.1875, 1.189,-100.5625
```

定义 NUM1 为单精度浮点数，每个操作数占 4 个内存单元。

```
LAB0  DQ  01A4578H
```

定义 LAB0 为 4 字类型变量，操作数存储在以 LAB0 为首地址的连续 8 个内存单元中。

```
LAB1  DT  3958235434H
```

定义 LAB1 为 10 个字节类型变量，操作数存储在以 LAB1 为首地址的连续 10 个内存单元中。

**【例 4-3】** 数据段中变量的内存分配。如图 4-3 所示。

```
DATA        SEGMENT
   STR      DB 'STRING'
   NUM      DW 0AAH,23H
   LAB0     DQ  01A4578H
ENDS
```

**注意**：多字节数据在内存中存放时遵守“低位存于低地址中，高位存于高地址中”的原则。

数据定义伪指令中的操作数可以是数值型常量、字符串常量，也可以是常量表达式，还可以是问号，问号表示预留相应数量的存储单元，但不存入数据。例如：

```
DATA1  DW  16*9,55*3
DATA2  DB  ?,?
```

变量 DATA2 有 2 个字节类型的操作数，为每个操作数预留 2 个存储单元，不进行初始化。如图 4-4 所示。

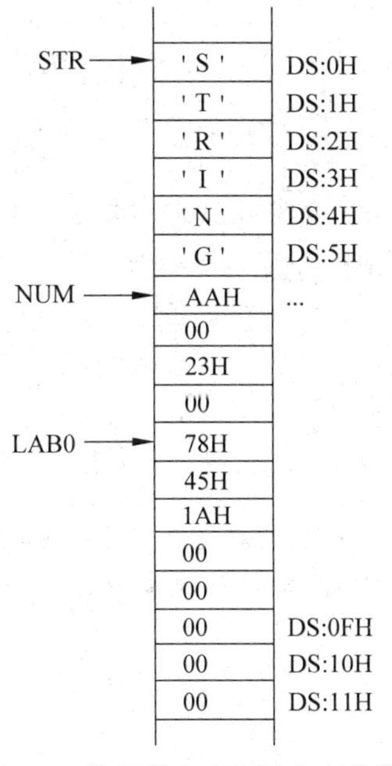


图 4-3 数据段中变量的内存分配

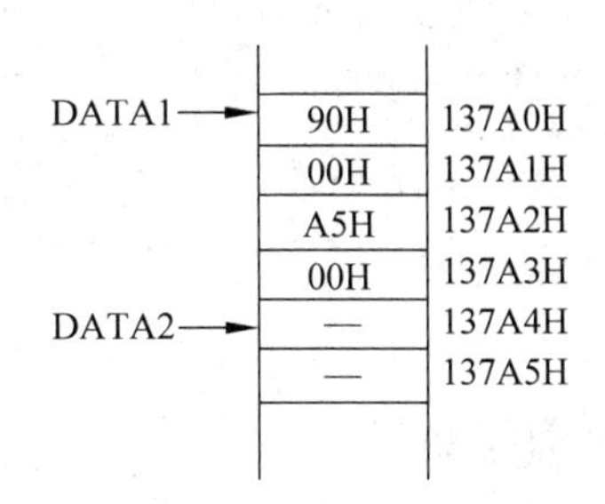


图 4-4 变量定义

如果操作数很多而且具有规律性，可以使用重复数据操作符 DUP(duplicate)定义变量。例如：

```
DATA3  DB  6 DUP(AAH)
DATA4  DB  3 DUP(?,55H,?)
```

如图 4-5 所示，变量 DATA3 有 6 个操作数，初始化为 AAH；变量 DATA4 有 3 组操作数，每组为 3 个，共 9 个字节类型的操作数。

**注意**：使用变量时，变量的类型必须与指令的要求相符。例如：

```
变量定义：NUM   DB   68H,79H,3AH
变量用法：MOV   AL, NUM   ;AL=68H
          LEA   SI, NUM   ;取 NUM 的偏移地址
          MOV   AX, [SI]  ;AX=7968H
错误用法：MOV   AX,NUM    ;语法错，NUM 是字节类型。
```

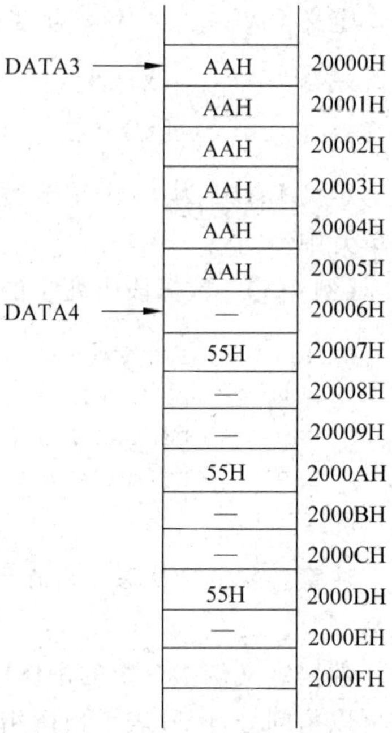

| 变量 | 内容 | 地址 |
|---|---|---|
| DATA3 → | AAH | 20000H |
| | AAH | 20001H |
| | AAH | 20002H |
| | AAH | 20003H |
| | AAH | 20004H |
| | AAH | 20005H |
| DATA4 → | — | 20006H |
| | 55H | 20007H |
| | — | 20008H |
| | — | 20009H |
| | 55H | 2000AH |
| | — | 2000BH |
| | — | 2000CH |
| | 55H | 2000DH |
| | — | 2000EH |
| | | 2000FH |

图 4-5　变量的内存分配

### 4.2.3　符号定义伪指令

符号定义伪指令也称为赋值伪指令。在程序中有时会多次出现同一个数值或表达式，通常可以用赋值伪指令将其赋给一个符号，程序中凡是用到该数值或表达式的地方都用这个符号代替，这样既提高了程序的可读性又使程序易于修改。有 2 条符号定义伪指令：EQU 和＝。

#### 1. EQU 伪指令

格式：符号名　EQU　表达式

说明：符号名由程序员设置，EQU 为伪操作符，表达式可以是常量、常量表达式、地址表达式、前边已经定义过的符号，甚至是汇编语言中的助记符。例如：

```
CONS    EQU  10              ;常数赋给符号 CONS
ALPHA   EQU  CONSx9-32       ;常数赋给符号 ALPHA
ADDR    EQU  ALPHA[SI]+8     ;地址表达式赋给符号 ADDR
LOAD    EQU  MOV             ;助记符赋给符号
```

**注意**：表达式中如果有变量或符号，则应该在该语句之前定义它们。如上例中第 2 条指令中的 CONS 和第 3 条指令中的 ALPHA。另外，在同一个程序中，一个符号不能定义两次。

#### 2. ＝伪指令

格式：符号名=表达式

说明：功能与 EQU 一样，给符号赋值，唯一的区别是可以对一个符号名重复定义。例如：

```
NUM=8
NUM=NUM+6
```

这两条伪指令汇编之后，NUM＝14，一般等号伪指令定义数值常量。

### 4.2.4 过程定义伪指令

过程定义伪指令也称为子程序定义伪指令。在程序中通常有一些功能相对独立的程序段重复出现，通常将它定义为过程或称为子程序，在程序中需要这种功能时只要使用调用命令 CALL 调用它就可以了。过程定义伪指令的格式：

```
过程名  PROC  [属性]
        …
过程名  ENDP
```

说明：过程名(procedure name)为标识符，由程序员设置。过程名是子程序入口的符号地址，即是子程序的第一条指令性语句的符号地址。过程的属性可以是 NEAR 或 FAR。过程与调用命令在同一个代码段，过程的属性可以设置为 NEAR 类型；过程与调用命令不在同一个代码段，过程的属性应该设置为 FAR 类型。NEAR 为默认属性。例如：

```
DELAY    PROC  NEAR
         PUSH  AX
         PUSH  CX
         MOV   AX,0FFFFH
NEXT:    MOV   CX,AX
NEXT1:   LOOP  NEXT1
         DEC   AX
         JNZ   NEXT
         POP   CX
         POP   AX
         RET
         DELAY ENDP
```

DELAY 为过程名，属性为 NEAR，表明 DELAY 子程序和调用它的程序在同一个段内，NEAR 可以省略不写。可以使用 CALL 指令调用 DELAY。例如：

```
CSEG    SEGMENT
    ASSUME   CS: CSEG, DS: DSEG
START:       MOV    AX,DSEG
    MOV      DS, AX
    MOV      AX, ARRAY
```

```
            …
            CALL   DELAY
            …
            MOV    AH, 4CH
            INT    21H
CSEG        ENDS
    END       START
```

一个过程可以调用其他的过程，这称为过程嵌套。例如：

```
    MAIN    PROC   FAR
            …
            CALL   SUB
            …
            RET
    MAIN    ENDP
    SUB     PROC   NEAR
            …
            RET
    SUB     ENDP
```

过程也可以调用自己，称为递归调用。递归调用是编程的顶级境界，程序短小精悍，精彩至极。

### 4.2.5 程序结束伪指令

程序结束伪指令告诉汇编程序 MASM 源程序到此结束，并说明程序从哪开始执行。

格式：END [标号]

END 语句指示程序执行结束和第一条可执行指令的位置。END 是伪操作码，标号为程序开始执行的指令的符号地址。如果程序包含多个模块，只有主程序模块的结束伪指令 END 后可以加标号，其他程序模块的 END 后不能指定标号。

### 4.2.6 其他较常见伪指令简介

(1) 程序开始伪指令 NAME

格式：NAME 模块名

功能：定义本程序模块的名字，告诉汇编程序 MASM：源程序从这开始。

(2) 标题定义伪指令 TITLE

格式：TITLE 标题字符串

功能：打印源程序清单时，标题字符串作为每一页的标题。标题字符串对程序模块的功能有说明作用，最多可有 60 个字符。如程序中没有 NAME 伪指令，则汇编程序将标题字符串中的前 6 个字符作为模块名。如果程序中既无 NAME 也无 TITLE 伪指令，源程序文件名就作为模块名。

(3) ORG 伪指令

格式：ORG　表达式

功能：指定后面的指令或数据从表达式指出的地址(偏移地址)开始存放。

# 4.3　DOS 系统功能调用

计算机是个极其复杂的系统，普通人要想透彻了解计算机绝非易事。为了方便普通程序员在编程时使用计算机的软硬件资源，各种计算机操作系统都携带有大量的功能子程序，并提供对这些功能子程序的调用机制。编程人员无须对计算机有深入的了解，就可以通过调用这些功能子程序方便地使用计算机的各种软硬件资源。

汇编语言程序可以使用两种系统功能调用。一种是 BIOS 功能调用，也叫低级调用，调用它们可以控制键盘、盘驱动器、显示器、打印机和计算机系统中使用的任何设备；另一种称为 DOS 功能调用，也叫高级调用，调用它们可以管理内存、设备、文件和目录。DOS 功能调用最多提供了 6CH 个功能子程序(DOS 最后版本)，可以实现字符输入、字符显示和打印、磁盘读/写、文件建立打开关闭、文件读/写等功能，基本上满足了普通程序员的编程需要。这些子程序中很多已经过时不用，另外一些沿用至今，例如用于访问磁盘的功能调用在 Visual C++ 中仍然使用。DOS 功能调用通过 INT 21H 中断指令调用，为了调用方便，系统对这些功能子程序顺序编号，称为功能号。调用的步骤如下：

(1) 把要调用的功能号送入 AH 寄存器。

(2) 根据调用要求设置入口参数。

(3) INT　21H。

## 4.3.1　输入单个字符

从键盘输入单个字符可以使用 1、7、8 号功能。1 号功能接收键盘输入的字符保存在 AL 中并显示在屏幕上。7、8 号功能接收键盘输入的字符保存在 AL 中但不显示。它们都不需要入口参数。

例如：

```
MOV  AH, 1
INT  21H
```

这两条指令执行后，光标在屏幕上闪动，等待键盘按键。一旦有键按下，其 ASCII 码存入 AL 中，字符显示在屏幕上。

## 4.3.2　输入字符串

从键盘输入字符串存入指定的内存区域，可以调用 0AH 号功能实现。入口参数为

DS：DX，即指定的内存区域应该在 DS 段，首地址应该存入 DX 寄存器。使用 0AH 号功能前首先要定义一个数据区，要求数据区的第一个字节含有允许输入的最大字符个数(包括回车符)，第二个字节用于存放实际输入的字符个数，从第三个字节开始作为字符串存储空间。如果计划最多输入 10 个字符，数据区的定义方法如下：

```
BUFF  DB 10,0,10 DUP(?)
```

BUFF 数据区允许输入的最大字符个数为 10 个，若实际输入的字符个数(包括回车符)超过 10 个，则后面的字符由于没有存储空间而被丢弃，且喇叭会发出"嘟嘟"声报警，直到输入回车符。BUFF 数据区的第二个字节初始化为 0，0AH 号功能执行时会把实际输入的字符数(不包括回车符)置入其中。如果实际输入的字符数不足 10 个，字符存储空间还有空余，空余的空间置 0。一般在定义数据区时，会比计划输入的字符数多一些。调用 0AH 号功能的方法如下：

```
MOV  DX, OFFSET BUFF
MOV  AH, 0AH
INT  21H
```

**【例 4-4】** 从键盘上输入字符串'WELCOME'。

```
DATA        SEGMENT
BUFF  DB    10,0,10 DUP(?)        ;定义数据区
DATA        ENDS
CODE        SEGMENT
ASSUME      CS: CODE, DS: DATA
START:      MOV         AX,DATA
            MOV         DS,AX
            MOV         DX, OFFSET BUFF
            MOV         AH ,0AH      ;功能号送入 AH
            INT         21H          ;功能调用
            MOV         AH,4CH
            INT         21H
CODE        ENDS
            END         START
```

程序执行结束后，BUFF 数据区如图 4-6 所示。

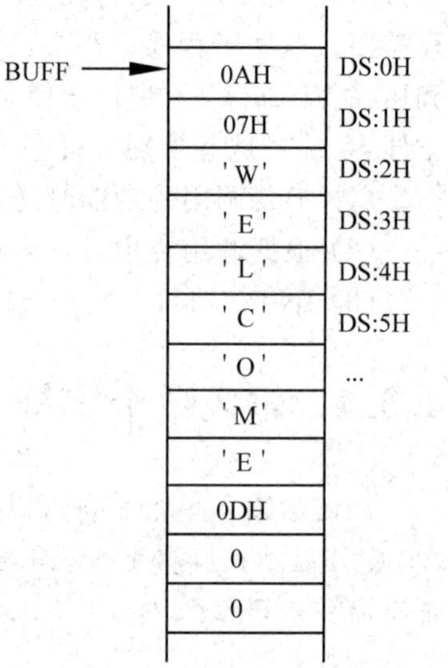

| | 内容 | 地址 |
|---|---|---|
| BUFF → | 0AH | DS:0H |
| | 07H | DS:1H |
| | 'W' | DS:2H |
| | 'E' | DS:3H |
| | 'L' | DS:4H |
| | 'C' | DS:5H |
| | 'O' | ... |
| | 'M' | |
| | 'E' | |
| | 0DH | |
| | 0 | |
| | 0 | |

图 4-6　字符串输入

## 4.3.3　显示单个字符

利用 2 号功能调用，可以在屏幕上显示单个字符。入口参数：DL，将待显示字符的 ASCII 码送入 DL 寄存器。例如在屏幕上显示大写字母 B，可以用下面的 3 条指令实现：

```
MOV  DL, 'B'          ;待显示字符的 ASCII 码送入 DL
MOV  AH, 2            ;功能号送入 AH
INT  21H              ;功能调用
```

### 4.3.4 显示字符串

利用 9 号功能调用可以将字符串显示在屏幕上。入口参数：DS：DX，字符串必须以'$'结尾。

**【例 4-5】** 在屏幕上显示字符串。

```
DATA    SEGMENT
STRING  DB  'WELCOME TO JILINUNIVERSITY', '$ '
DATA    ENDS
CODE    SEGMENT
  ASSUME CS: CODE, DS: DATA
  START:      MOV  AX, DATA
              MOV  DS, AX
              MOV  DX, OFFSET STRING        ;设置入口参数
              MOV  AH, 09H                  ;功能号送入 AH
              INT  21H                      ;功能调用
              MOV  AH, 4CH
              INT  21H
CODE  ENDS
        END START
```

**注意**：9 号功能要求字符串在数据段 DS 中，调用之前应将字符串首地址送至 DX。

### 4.3.5 返回操作系统

一个完整的程序运行结束应该退出 CPU 返回操作系统，将计算机控制权交还给操作系统。4CH 号功能调用使程序正常结束并返回操作系统，调用方法如下：

```
MOV  AH,4CH
INT  21H
```

21H 号中断内包含有丰富的系统功能调用，如果想查看更多的系统功能调用，可以参考附录。

## 4.4 汇编语言程序设计基础

汇编语言程序设计与其他语言程序设计相似，是把解决特定问题的方法转化为程序。程序设计不但要研究解决问题的方法，还要掌握一些基本的程序设计步骤。

### 4.4.1 汇编语言程序设计步骤

汇编语言源程序设计步骤包括：

(1) 分析问题确定算法

对应用问题及其环境的分析是编程的第一步，追踪问题中的数据流向及条件，将问题模块化。明确程序运行要求和数据输入/输出形式的要求，找出合理的算法，建立恰当的数据结构。

(2) 画出程序流程图

根据算法和数据结构，画出程序流程图。

(3) 编写程序

分配数据存储空间、设计参数传递方法、确定各寄存器的功能，继而用指令和伪指令实现程序流程图中指定的功能，形成汇编语言源程序。

(4) 上机调试程序

将源程序汇编，剔除语法错误，生成目标代码文件，将目标代码文件链接生成可执行文件，利用调试工具(如 DEBUG 等)对可执行文件进行调试，经过调试确定程序的正确性。对于语法错误，汇编和链接时给出错误提示，可以据此进行修改。对于逻辑错误，可以在调试工具的帮助下逐步排除。

为了使编写的程序易读、易修改和维护，应该按照结构化程序设计的方法，使用三种基本程序结构：顺序结构、分支结构和循环结构进行程序设计。

## 4.4.2 顺序程序设计

顺序结构是最基本、最简单的程序结构。程序中的指令从开始到结束一条接一条顺序执行，没有分支也没有循环，指令的存储顺序与执行顺序一致。顺序程序只能实现相对简单的功能。

**【例 4-6】** 编写计算 $S=A \cdot B-C$ 的程序，$A$、$B$、$C$ 是无符号字节变量，$S$ 是字变量。

```
DATA   SEGMENT
     A  DB 38                   ;定义数据
     B  DB 54
     C  DB 16
     S  DW ?                    ;为运算结果保留存储空间
DATA  ENDS
CODE  SEGMENT
       ASSUME CS : CODE, DS : DATA
START:   MOV AX, DATA
  MOV DS, AX
  MOV AL, A
  MOV  BL, B
  MUL  BL                       ;A×B,结果存在 AX 中
  MOV  BL, C
  MOV  BH, 0
  SUB AX, BX                    ;AX-C,结果在 AX 中
  MOV  S, AX                    ;保存计算结果
  MOV  AH, 4CH
```

```
INT  21H                        ;返回操作系统
CODE ENDS
        END  START
```

例 4-6 中没有设置堆栈段，汇编时系统会给出警告错误"NO STACK"，如果程序中压入堆栈的数据不超过 128 个字节，可以忽略这个警告。系统自动地(通过 DOS)在程序段前缀(Program Segment Prefix, PSP)中分配 128 个字节给堆栈寄存器。PSP 附加在每个程序文件的开头，长度为 256 个字节，它含有程序运行的关键信息。如果程序需要的堆栈数量超过 128 个字节，则可能覆盖 PSP 的部分区域，给系统造成严重错误，导致程序崩溃。本例中只有 INT 21H 指令压入堆栈 6 个字节，所以可以不用设置堆栈段。

**【例 4-7】** 在内存中从 TABLE 单元开始的连续 16 个单元中，存放着 0～15 的平方值(平方表)，查表求任意数 $X(0\leqslant X\leqslant 15)$ 的平方值，将结果保存在 RESULT 中。如图 4-7 所示。

```
DATA     SEGMENT
TABLE    DB 0,1,4,9,16,25,36, 49,64,81,100,121,144,169,196,225       ;定义平方表
      X  DB 11
RESULT   DB ?                       ;定义结果存放单元
DATA       ENDS
STACK     SEGMENT     'STACK'
    DW     100H  DUP(?)             ;定义堆栈空间
STACK     ENDS
CODE     SEGMENT
           ASSUME  CS: CODE, DS: DATA, SS: STACK
START: MOV   AX,DATA                ;初始化数据段
       MOV   DS,AX
       LEA   BX,TABLE               ;设置平方表的基地址
       MOV   AH,0
       MOV   AL, X                  ;取待查数
       ADD   BX,AX                  ;计算在表中具体地址
       MOV   AL,[BX]
       MOV   RESULT,AL              ;X 的平方数存入 RESULT
       MOV   AH,4CH
       INT   21H
CODE    ENDS
       END   START
```

| | 内容 | 地址 |
|---|---|---|
| TABLE → | 0 | DS:0H |
| | 1H | DS:1H |
| | 4H | DS:2H |
| | 9H | DS:3H |
| | 10H | DS:4H |
| | 19H | DS:5H |
| | 24H | DS:6H |
| | 31H | DS:7H |
| | 40H | DS:8H |
| | 51H | DS:9H |
| | 64H | DS:AH |
| | 79H | DS:BH |
| | 90H | DS:CH |
| | A9H | DS:DH |
| | C4H | DS:EH |
| | E1H | DS:FH |

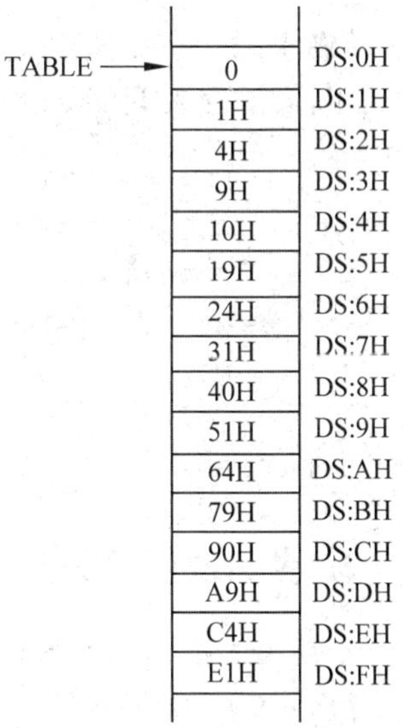

图 4-7　变量的内存分配

本例中 'STACK' 是 STACK 段的类别说明，这个说明使 MASM 和 LINK 程序在编译 STACK 堆栈段的时候自动加载 SS 和 SP 寄存器，因此在代码段中不用再给这两个寄存器赋值。本例中也可以使用 XLAT 指令实现查表转换。

## 4.4.3　分支程序设计

根据条件是否成立执行不同程序段的程序结构称为分支程序。分支程序结构又分为

简单分支结构和多分支结构两种形式。

### 1. 简单分支程序设计

一般用条件转移指令实现简单分支程序设计。条件成立就转移到程序段 1 执行，否则按原顺序执行指令。如图 4-8 所示。

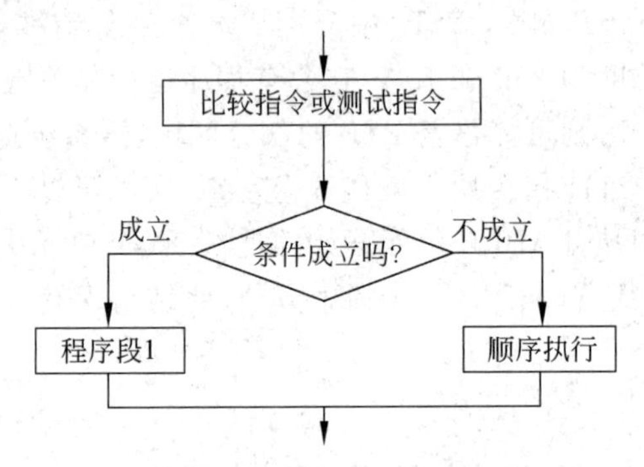


图 4-8 简单分支程序结构

**【例 4-8】** 在数据段 DATA 单元和 DATA＋1 单元各存有一个无符号数，比较两数的大小，大的存入 DATA 单元，小的存入 DATA＋1 单元。程序段如下：

```
        MOV  AL, DATA
        CMP  AL, DATA+1         ;比较
        JNC  CHANGE             ;DATA≥DATA+1,转移到 CHANGE
        MOV  BL, DATA+1         ;条件不成立顺序执行
        MOV  DATA, BL           ;交换
        MOV  DATA+1,AL
CHANGE: HLT
```

### 2. 多分支程序设计

汇编语言语句功能简单，多分支程序是简单分支的嵌套。如图 4-9 所示。

**【例 4-9】** 在提示信息'PLEASE INPUT CHARACTER: '后从键盘输入字符，如果输入的是 ESC 键，则结束程序；如果输入的是小写字母则显示；如果输入的是大写字母，则转换为小写字母显示。

```
DATA     SEGMENT
MESSAGE    DB 0DH,0AH,'PLEASE INPUT CHARACTER: ',0DH,0AH,'$ '
DATA     ENDS
STACK    SEGMENT     'STACK'
    DW   100 DUP(?)
STACK    ENDS
CODE     SEGMENT
    ASSUME    CS: CODE, DS: DATA, SS: STACK
START:  MOV  AX, DATA
```

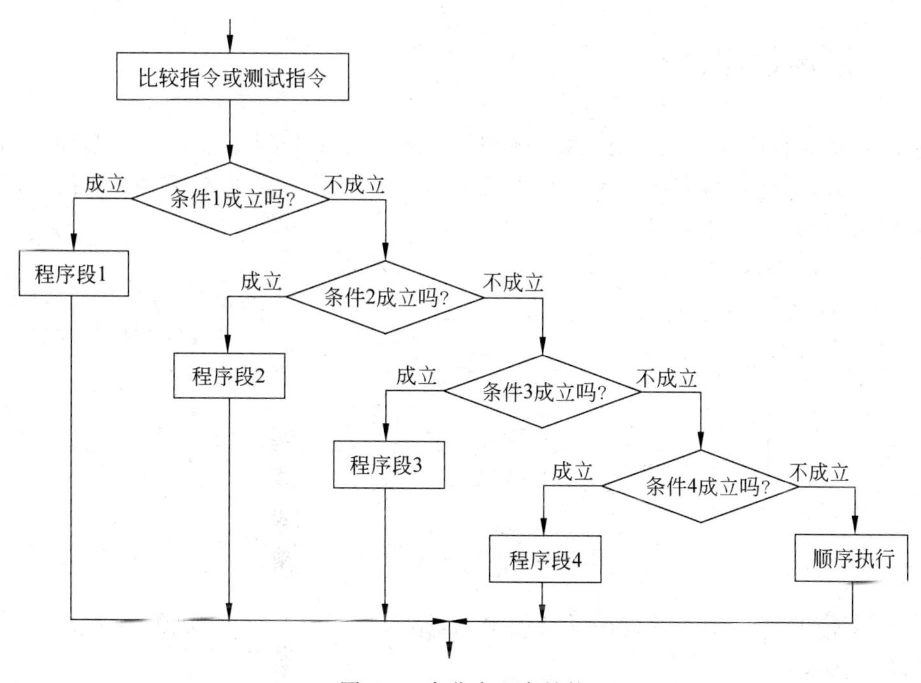


图 4-9　多分支程序结构

```
        MOV   DS, AX
MAS:    MOV   DX, OFFSET MESSAGE
        MOV   AH, 9
        INT   21H
AGAIN:  MOV   AH, 1
        INT   21H
        CMP   AL,1BH
        JE    EXIT              ;是 ESC,转移到 EXIT
        CMP   AL, 5BH
        JC    LOW0              ;是大写字母,转移到 LOW0
        CMP   AL, 7BH
        JC    LOW1              ;是小写字母,转移到 LOW1
        JMP   MAS
   LOW0:ADD   AL, 20H           ;ASCII 码加上 20H 转换为小写字母的 ASCII
   LOW1:MOV   DL, AL
        MOV   AH, 2
        INT   21H
        JMP   AGAIN
   EXIT:MOV   AH, 4CH
        INT   21H
CODE  ENDS
       END  START
```

## 4.4.4 循环程序设计

循环程序结构由循环初始化、循环体和循环控制三部分组成。程序在循环控制下重复执行循环体，使计算机完成一系列的重复操作。循环程序结构有两种：先执行后判断和先判断后执行，如图 4-10 所示。

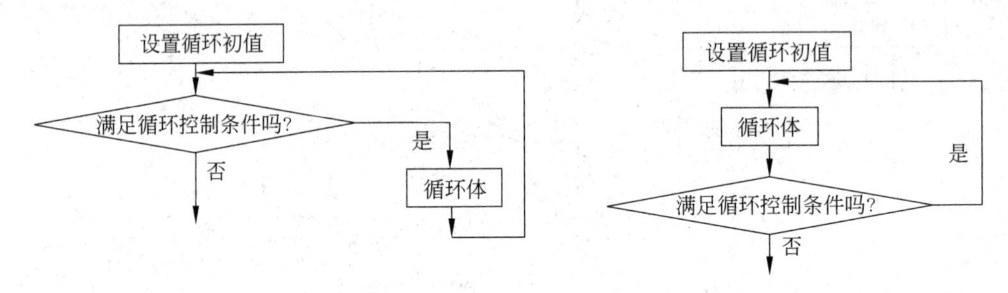


图 4-10 循环控制程序结构

(1) 循环初始化，用来设置循环初始值，包括设置循环计数器初值、设置地址指针首地址和初始数据等。

(2) 循环体，是循环的主体，包括循环要完成的具体操作和修改循环参数，如地址指针修改、计数值的修改。

(3) 循环控制，测试循环条件，判断是否继续循环，使循环能在有限的次数后结束。在循环次数确定的情况下，可用循环次数作为控制条件，这时常用 LOOP 指令实现控制循环。循环控制的方法有很多，如标记控制循环，开关量控制循环，逻辑尺控制循环等，在不同的场合使用不同的方法。

**【例 4-10】** 在数据段中从 BUFF 单元开始存放 100 个字节类型的无符号数，编写程序找出其中最大的数并存入 MAX 单元中。

```
DATA  SEGMENT
BUFF  DB  100 DUP(?)          ;定义 100 个数据(执行程序时必须是真实的 100 个数)
MAX   DB?
DATA  ENDS
CODE  SEGMENT
    ASSUME CS: CODE,DS: DATA
START: MOV  AX,DATA
       MOV  DS,AX
       MOV  CX, 99             ;设置循环次数
       LEA  SI, BUFF           ;数据首地址送入 SI
       MOV  AL, [SI]           ;取第一个数
       INC    SI
  CON: CMP  AL,[SI]            ;与第二个数比较大小
     JNC  NEXT                 ;若 AL≥[SI],则跳转 NEXT 处
     MOV  AL,[SI]              ;AL<[SI], 替换 AL
```

```
  NEXT: INC    SI                 ;修改地址指针
        LOOP   CON                ;测试循环条件 CX=0?
        MOV    MAX,AL
        MOV                       AH, 4CH
        INT     21H
CODE    ENDS
      END START
```

**【例 4-11】** 在数据段中从 BUFF 单元开始存放 100 个字节类型的无符号数，将它们按从大到小的顺序排序。

排序有多种算法，这里使用起泡法。起泡算法从第一个数开始依次对相邻的两个数进行比较，100 个数需要比较 99 次，所以程序需要设计一个 99 次的循环。在这个循环里，每次比较时如果前边的数小于后面的数，则这两个数交换位置。这 99 次的循环结束后，最小的数已经交换到了最后，还剩 99 个数要用同样的比较方法找到最小的数并放到最后，只要再设计一个 98 次的循环就可以了。以此类推这个过程需要 99 轮。

用起泡算法排序需要设计两重循环，内循环完成数的比较和交换，初始内循环计数值为 $N-1$ 次，之后每次进入内循环计数值减 1；外循环需要 $N-1$ 次，从外循环进入内循环时注意地址指针初始化和内循环次数的设置。下面的程序在内循环中设置了交换标志，从外循环进入内循环时检查交换标志，如果标志不为 0，说明前一个内循环里至少有两个数据的顺序不合要求，需要再执行一次内循环；如果标志为 0，说明所有数据的排序结束。

```
LEN EQU 100
DATA SEGMENT
BUFF DB 100 DUP (?)              ;定义 100 个数据(执行程序时必须是真实的 100 个数)
CHANGE  DB 0                     ;设置交换标志
DATA  ENDS
CODE  SEGMENT
    ASSUME CS: CODE,DS: DATA
START: MOV  AX,DATA
    MOV      DS,AX
    LEA BX,  BUFF                ;BX 作数据的地址指针
    LEA DI, CHANGE               ;DI 作交换标志
    MOV      DX, LEN-1           ;DX 保存循环次数
SORT: MOV    SI, BX              ;内循环初始化,设置地址指针
       MOV   CX, DX              ;设置计数值,等于参加比较的数据数量
       MOV   BYTE PTR[DI], 0     ;设定交换的标志
GOON:   MOV AL, [SI]             ;内循环开始
        INC SI
        CMP AL, [SI]             ;前一个数和后一个数比较
        JNC   NEXT               ;前大后小, 转 NEXT 不交换
        MOV   BYTE PTR[DI], 1    ;前小后大, 置交换标志
        MOV   AH, [SI]
        MOV   [SI] , AL          ;交换
```

```
        MOV  [SI-1], AH
NEXT:   LOOPGOON                    ;内循环结束
        DEC  DX
        JZ  NEXT1                   ;外循环计数值为 0,程序结束
        CMP  BYTE PTR[DI],0         ;如果内循环中没有交换,程序结束
        JNZ  SORT                   ;开始下一轮内循环
NEXT1:  MOV  AH, 4CH
        INT  21H
CODE  ENDS
END  START
```

循环可以有多重结构,多重循环要注意各重循环的控制条件,并且每次从外循环进入内循环时,内循环的初始条件要重新设置。

### 4.4.5 过程设计

过程又称为子程序。如果一个程序在多个地方或多个程序中都用到相同功能的程序段,这时常将它设计成为子程序。

(1) 过程定义

过程定义就是子程序定义,由伪指令完成。例如计算 $S=1^2+2^2+\cdots+N^2$ 的子程序:

```
;计算 N 个数的平方和
;CX=N,入口参数。DX 为出口参数,等于 N 个数的平方和
;
GO    PROC  NEAR            ;过程定义
      MOV   DX, 0
      MOV   BL, 1           ;BL 表示自然数
      MOV   AL, BL
CC:   MUL   BL              ;AL×BL 结果存在 AX 中
      ADD   DX, AX          ;当 N≤50 时,不会产生进位
      INC   BL
      MOV   AL, BL
      LOOP  CC              ;CX 为计数器
      RET                   ;过程返回
GO    ENDP                  ;过程定义结束
```

这个子程序可以称为平方和子程序,CX 是入口参数,调用之前应该预置 CX=$N$。DX 为出口参数,$N$ 个数的平方和存在 DX 中。

(2) 过程调用和返回

过程调用通过 CALL 指令实现,调用时注意子程序的属性,NEAR 属性的子程序必须和调用程序在同一个段;FAR 属性的子程序可以随意。CALL 指令执行时将当前 IP 或 CS 和 IP 压入栈堆中,然后将子程序的首地址赋给 IP 或 CS 和 IP,CPU 开始执行子程序。RET 指令执行时弹出栈中的数据,送给 IP 或 CS 和 IP,从而实现返回调用程序的目

的。为保证正确返回调用程序，应注意子程序运行期间的堆栈状态，使 RET 指令准确弹出断点地址。在子程序中对堆栈的使用应该特别小心。例如调用平方和子程序求 20 个数的平方和：

```
DATA   SEGMENT
CON    EQU 20
SUM    DW ?
DATA   ENDS
CODE   SEGMENT
    ASSUME    CS: CODE, DS: DATA
START:MOV     AX, DATA
       MOV     DS, AX
       MOV     CX, CON              ;设置子程序的入口参数 CX
       CALL    GO                   ;调用子程序
       MOV     SUM, DX              ;保存出口参数
       MOV     AX, 4C00H
       INT     21H
CODE   ENDS
       END START
```

(3) 保护与恢复现场

如果一个子程序被多次调用，保护与恢复（主程序）现场就非常重要。主程序每次调用子程序时，主程序的现场不会相同，保护与恢复现场的工作就只能在子程序中进行。原则上，首先把子程序中要用到的寄存器、存储单元、状态标志等压入堆栈或存入特定空间中，然后子程序才可以使用它们，使用后再将它们弹出堆栈或从特定空间中取出，恢复它们原来的值，即恢复主程序现场。保护和恢复现场常使用 PUSH 和 POP 指令。例如平方和子程序应该进一步完善如下：

```
GO     PROC    NEAR
       PUSH    BX
       PUSH    AX
       MOV     DX, 0
       MOV     BL, 1
       MOV     AL, BL
CC:    MUL     BL
       ADD     DX, AX
       INC     BL
       MOV     AL, BL
       LOOP    CC
       POP     AX
       POP     BX
       RET
GO     ENDP
```

【例 4-12】 编写一个多字节数减法子程序。

```
;多字节数减法子程序。CX: 字节数,SI: 指向减数,DI: 指向被减数
; BX: 指向运算结果
CALSUB  PROC   FAR
        PUSH   AX            ;保护主程序现场 AX, BX, CX, SI, DI, FLAGS
        PUSHF
        CLC                  ;清 0 进位标志 CF
CAL1:   MOV    AL, [DI]      ;取被减数
        SBB    AL, [SI]      ;减法
        MOV    [BX], AL      ;存结果
        INC    SI            ;调整指针
        INC    DI
        INC    BX
        LOOP   CAL1          ;处理高位字
        POP    F             ;恢复主程序现场 FLAGS, DI, SI, CX, BX, AX
        POP    AX
        RET
CALSUB  ENDP
```

编写子程序文件时,应该认真书写子程序说明书,方便并保证正确调用子程序。以例 4-12 子程序为例,说明书的基本样式如下:

```
;子程序名: CALSUB
;子程序功能: 多字节二进制数减法
;入口参数: CX 为数的长度(按字计算),DS: DI 为第一个数的首地址,DS: SI 为第二个数的首地
 址,DS: BX 为结果的首地址
;出口参数: 无
```

说明书可以放在子程序的开始处,以注释的形式出现。

(4) 参数传送

主程序在调用子程序时,要为子程序预置数据,在子程序返回时给出数据处理的结果,这称为数据传送或变量传送。方法主要有以下几种:

① 寄存器传送。

② 地址表传送,需要传送的参数较多时可以利用存储单元传送。在调用子程序前,把所有参数依次送入地址表,然后将地址表的首地址作为子程序入口参数传递给子程序。

③ 堆栈传送,这种方式要特别注意堆栈的变化情况。

(5) 过程嵌套与递归

子程序可以调用其他子程序,称为子程序嵌套或过程嵌套,如图 4-11 所示。嵌套的层次不限,但要注意堆栈空间是否够用。

子程序也可以调用自己,称为递归调用。递归调用的程序设计方法简洁、高效,利用很短的程序完成很复杂的计算。递归调用子程序中必须有条件判别指令,以适时结束调用,避免成为死循环。

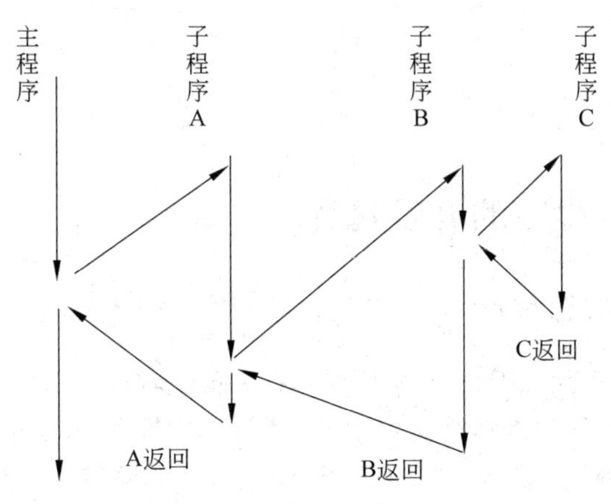

图 4-11 子程序的嵌套

**【例 4-13】** 求 $n!$（设 $n<10$）。当 $n=0$ 时，$n!=1$；当 $n>0$ 时，$n!=n(n-1)!$

```
DATA   SEGMENT
    N  DW   9                  ;自然数
FNUM   DW   ?,?                ;存结果
DATA   ENDS
CODE   SEGMENT
    ASSUME CS: CODE, DS: DATA
START:PROC       FAR
       MOV       AX, DATA
       MOV       DS, AX
       PUSH      CX
       MOV       AX, N
       MOV       DX, 0         ;DX清0,准备存放结果的高16位
       CALL      DG            ;调用子程序
       LEA       SI, FNUM
       MOV       [SI], AX      ;存放结果的低16位
       MOV       [SI+2], DX    ;存放结果的高16位
       POP       CX
       RET                     ;程序结束
START ENDP
DG     PROC      NEAR          ;子程序定义
       PUSH      AX            ;压入9,利用递归依次压入9、8、7、6、5、4、3、2、1
       SUB       AX,1
       JNZ       CON
       POP       AX
       JMP       TURN
CON:   CALL      DG
       POP       CX            ;利用递归返回依次弹出1、2、3、4、5、6、7、8、9
       MUL       CX            ;n!
TURN   RET
```

```
DG      ENDP
CODE    ENDS
        END START
```

## 4.4.6 汇编语言程序的开发过程

### 1. 建立汇编语言源程序

利用记事本可以编辑汇编语言源程序，保存程序时注意要以 ASM 为扩展名。在 Windows 系统中，利用命令提示符窗口中的 EDIT. EXE 命令也可以编辑汇编语言源程序，以 ASM 为扩展名保存，如 MYFILE. ASM。

### 2. 生成目标程序

汇编程序 MASM 有多个版本，基本用法一致。例如：
在 Windows 系统中的命令提示符窗口输入：

```
C>MASM  MYFILE.ASM
```

屏幕出现提示：

```
Microsoft(R)Macro Assembler Version 5.00
Copyright(C)Microsoft Corp 1981-1985,1987.  All rights reserved.
Object Filename  [MYFILE.OBJ]:
Source listing  [NUL.LST]:
Cross-reference  [NUL.CRF]:
51576+385928 Bytes symbol space free
      0 Warning Errors
      0 Severe  Errors
```

MASM 首先检查源程序中存在的语法错误，然后对源程序逐行汇编，把源程序翻译成机器码程序，即生成目标代码，扩展名为 OBJ，同时还生成一个扩展名为 LST 的列表文件和一个交叉引用表文件(扩展名为 CRF)。方括号里给出的是默认的文件名，可以输入新文件名，直接按 Enter 键使用默认的文件名。LST 列表文件直接按 Enter 键不生成列表文件，输入文件名生成列表文件。LST 文件中同时列出了源程序清单和机器语言程序清单，还给出程序中使用的符号表。交叉引用表文件如不需要则直接按 Enter 键，需要就输入文件名。交叉引用表列出程序中的全部符号及每个符号所在的行号。

MASM 给出源程序语法错误提示，指出错误的类型。Warning 类错误属一般性错误，可以忽略，Severe 类错误必须改正。

### 3. 生成可执行文件

连接程序 LINK. EXE 把 MASM 产生的目标文件(OBJ)与其他目标文件及系统提供的一些库文件连接在一起，生成以 EXE 为扩展名的可执行文件。

输入：

```
C>LINK MYFILE.OBJ
```

屏幕出现提示：

```
Microsoft(R)Overlay Linker Version 3.60
Copyright(C)Microsoft Corp 1983-1987.  All rights reserved.
Run File   [MYFILE.EXE]:
List File  [NUL.MAP]:
Libraries [.LIB]:
```

MYFILE.OBJ 是需要连接的目标文件，LIB 是程序中用到的库文件，通常可直接输入 Enter 键。LINK 程序生成两个文件，一个是扩展名为 EXE 的可执行文件（MYFILE.EXE）；另一个是连接程序的列表文件 MAP，又称连接映像，它指明每个段在存储器中的分配情况。

### 4. 调试与运行程序

MYFILE.EXE 文件可以直接执行，但程序中的逻辑错误需要经过调试才能剔除。调试阶段常用的调试工具为 DEBUG。

输入：

```
C>DEBUG  MYFILE
-
```

在 DEBUG 命令状态下，可以利用跟踪运行命令 T 逐条执行指令、可以连续运行多条命令（G 命令）、随时检查内存（D 命令）、随时显示和修改寄存器（R 命令）等 18 个调试命令。通过不断的修改和调试，最终获得正确的程序。

汇编语言程序的调试工具有很多，最早的是 Microsoft 公司的 DEBUG，它只支持命令行方式且不支持符号信息，不能进行源程序级调试。之后 Microsoft 公司的更新产品是 SYMDEB，部分支持符号信息，再之后是 CodeView，支持全屏幕方式下的源程序级调试。

Nu-Mega Technology 公司的 Soft-ICE 也是一款功能强大的汇编语言调试工具，可以在文本模式和图形模式下进行全屏幕源程序级调试，它不但可以对指令设置断点，还可以对数据设置断点。

## 4.5 在 C/C++ 内使用汇编语言

在软件开发中，使用汇编语言开发整个系统已非明智之举，通常采用高级语言与汇编语言混合编程的方法，用汇编程序完成 C/C++ 语言难以实现或实现效率较低的任务，比如外设接口的控制软件和中断驱动程序等。供 C 程序调用的汇编程序具有一定的格式，本节详细介绍汇编语言和 C/C++ 语言混合编程的思想和方法。

### 4.5.1 为什么要在 C/C++ 中使用汇编语言

以 ROR 指令(循环右移指令)为例来说明这个问题。由于 C 语言里只提供了移位操作,没有提供循环移位指令,因此需要额外处理 C/C++ 语言中所没有的原生的运算符或标准的函数。

用原生 C/C++ 提供的工具编写循环右移指令,其代码如下:

(1) 取得移位所丢失的位和其位置。

```
unsigned int bl=input<<(8-1);
```

(2) 进行移位,移位后移入的位为 0,高位被舍去。

```
Input>>=1;
```

(3) 将移位后的位和丢失的位进行或运算。

```
Input=Input|bl
```

若使用嵌入式汇编语言编程,其代码实现如下:

```
unsigned int ROR(unsigned int input)
{
    _asm
    {
        mov eax,input
        ror eax,1
        mov input,eax
    }
    return input;
}
```

比较上述两个代码,后者看起来更加简单。

嵌入式汇编语言的优点是可以在 C/C++ 代码中嵌入汇编语言指令,而且不需要额外的汇编和连接步骤。在 Visual C++ 中,嵌入式汇编是内置的编译器,因此不需要配置诸如 MASM 一类的独立汇编工具。嵌入式汇编代码可以使用 C/C++ 中的变量和函数,因此它能非常容易地整合到 C/C++ 代码中。它能做一些对于单独使用 C/C++ 来说非常笨重或不可能完成的任务,如编写特定的函数、编写速度要求较高的代码、在设备驱动程序中直接访问硬件、编写 naked 函数的初始化和结束代码等。

### 4.5.2 嵌入汇编语言基本规则

把汇编程序作为 C/C++ 程序的一个外部子过程调用是两种语言连接中的最常用的

方法。C程序经编译后产生OBJ文件，汇编程序经汇编后也产生OBJ文件，然后由连接程序把它们连接起来从而形成EXE可执行文件。如果需插入的汇编语句比较简短，也可以把汇编语言直接插入C程序中以实现两种语言连接。

在C/C++中嵌入汇编程序语句，要将所有汇编语句放入_asm块中。例如：

**【例4-14】** 用C和汇编语言的混合程序显示一行字符。

程序1：

```
    char const * MESSAGE="ABCDEFGHIJKLMNOP. \n$";
    main()
    {
_asm  mov    ah,9
_asm  mov    dx,MESSAGE
_asm  int    21h
    }
```

或者，程序2：

```
   char const * MESSAGE="ABCDEFGHIJKLMNOP. \n$";
    main()
    {
_asm
    {
        mov    ah,9
        mov    dx,MESSAGE
        int    21h
      }
    }
```

程序直接经C语言编译器编译后就可产生EXE可执行文件，程序运行时屏幕上将显示：

```
ABCDEFGHIJKLMNOP.
```

汇编语言在嵌入式系统中常用来进行I/O操作。如果在程序中使用了16位的DOS功能调用(如INT 21H)，那么首先应该确定在C/C++版本中包含16位的编译器CL.EXE和16位程序的连接器LINK.EXE。

在汇编指令块之前加_asm关键字，可以把汇编代码和C/C++代码清楚地分开。_asm块的"{}"不会影响C/C++变量的作用范围，而且_asm块可以嵌套，而且嵌套也不会影响变量的作用范围。内嵌汇编代码应该使用小写字母，大写字母可能会与C/C++语言的保留字或已定义字冲突。

在汇编语言与C/C++混合编程时，应注意如下几个问题：

(1) 在内嵌汇编程序中不能使用MASM中的一些命令，如OFFSET、DB、DW、DD等命令，也不能使用条件命令(IF 、WHILE和REPEAT)，还不能使用宏命令。

(2) 既然汇编程序是C/C++程序的子过程，在汇编程序中应把过程名作为外部符号处理，即在汇编程序中应该以 PUBLIC 伪指令声明相应的子程序名和变量名；为了在 C/C++ 程序中引用汇编语言模块的子程序和变量，在 C/C++ 程序中也应使用 EXTERN 语句声明。

(3) 汇编语言的过程定义属性也应和高级语言相配合。如 C/C++ 语言是按中模式(MEDIUM)、大模式(LARGE)或巨大模式(HUGE)编译的，则汇编过程应使用 FAR 属性；如 C/C++ 语言是按小模式(SMALL)或紧凑模式(COMPACT)编译的，则汇编过程应使用 NEAR 属性。

(4) 汇编程序使用 RET 指令返回 C/C++ 语言程序。因为 C/C++ 语言规定，当返回控制时，由 C/C++ 语言使堆栈恢复到它的原始值，所以汇编语言过程运行后，只需用一条简单的 RET 指令而不必使用带常数的 RET 指令。

(5) 汇编语言子程序返回值：如果返回值为单字节则放入 AL；如果返回值为单字则放入 AX；如果返回值为双字则放入 DX：AX，其中 DX 中存放高字，AX 中存放低字。

(6) 在汇编程序中可以任意使用 FLAGS 标志寄存器，但若子程序中曾使 DF 位为 1，则在子程序结束前应使用 CLD 指令使该位恢复为零。

(7) 在汇编程序中 AX、BX、CX、DX、ES、FS、GS 寄存器可以任意使用。BP、SI、DI、CS、SS、SP、DS 寄存器在使用前要压栈保存，返回前要恢复。

### 4.5.3 嵌入汇编程序

**【例 4-15】** 接收并显示 0～9 中的一个字符，忽略其他所有字符。

```
void main (void)
{
     _asm
                {
                    mov ah, 8                    ;读键盘不回显
                    int 21h
                    cmp al, '0'                  ;过滤键码
                    jb big
                    cmp al,'9'
                    ja big
                    mov dl, al                   ;回显 0～9
                    mov ah, 2
                    int 21h
          big:
  }
}
```

**注意**：在嵌入汇编程序中的标号要小写，如程序中所示标号 big：。

**【例 4-16】** 显示 VC++ 中定义的字符串，每个单词列在独立的行中。

```
void main (void)
```

```
{
            char string1[]="This is my first test application using  _asm,\n" ;
            int     sc=-1;
            while (string1[sc++]!=0)
           {
                      _  asm
                              {
                                  push  si
                                  mov   si, sc              ;取指针
                                  mov   dl, string1[si]     ;取字符
                                  cmp   dl, ''              ;是否为空格
                                  jne   next
                                  mov   ah, 2               ;显示新行
                                  mov   dl, 10
                                  int   21h
                                  mov   dl, 13
                              next:mov   ah, 2               ;显示字符
                                  int   21h
                                  pop   si
                               }
             }
}
```

While 语句重复汇编语言指令，直到字符末尾发现空字符为止。对于每个空格字符，程序将显示一个回车/换行组合。使每个单词显示在独立的一行。

### 4.5.4 VC++ 6.0 中编译调试汇编程序

第 1 步：新建工程

新建空的 Win 32 控制台程序。在 Projects 标签选择“Win 32 Console Application”，项目名称 Project name 为“Test”，设定项目存放位置 Location，选择建立一个新的工作空间 Create new workspace，单击“OK”按钮。

选择建立一个空的项目 An empty project，单击“Finish”按钮。

第 2 步：添加文件

把源程序和资源文件添加进新建的工程。当然也可以在 VC++ 6.0 里写源程序并编辑资源文件。在源文件 Source Files 中选“添加文件到文件夹按钮 Add Files to Folder…”。

选择“源程序”，源程序扩展名为 asm，用同样的方法添加资源文件。

第 3 步：编译设置

在程序文件上右击，再单击“设置(Settings)”按钮，然后在弹出的对话框中设置命令行参数和输出文件名。命令行参数：ml/c/coff 123.asm，输出文件名：123.obj(123 是源程序名字)。

第 4 步：其他参数设置

单击 Tool→Options，在弹出的对话框中选择“Directories 页”，设置编译汇编程序所需的 include 文件、lib 文件和编译程序 ml.exe 的路径。然后设置 Include 文件、Library 文件以及 Executable 文件。

第 5 步：编译与调试程序

在标签栏选择“编译 Build”选项，然后选择“Rebuild ALL”选项编译程序。

将程序编译后的结果输出在屏幕下方。Error 表示程序中出现错误的数量，Warning 表示程序中出现警告的数量。

编译后可以通过调试标签栏 Debug，对程序出现的错误进行逐一调试。

# 练　习　题

1. 什么叫汇编？汇编语言源程序的处理过程是什么？

2. 汇编语言的语句类型有哪些？各有什么特点？

3. 汇编语言源程序的基本结构是什么？

4. 写出完成下述要求的变量定义的语句。

(1) 为缓冲区 BUFF 保留 200 个字节的内存空间。

(2) 将字符串'BYTE'和'WORD'存放于某数据区。

(3) 在数据区中存入下列 5 个数据：2040H，0300H，10H，0020H，1048H。

5. 画出下面数据段汇编后的内存图，并标出变量的位置。

```
DATA  SEGMENT
AA   EQU 78H
AA0  DB 09H,-2,45H,2 DUP(01H,?),'AB'
AA1  DW-2,34H+AA
AA2  DD 12H
DATA  ENDS
```

6. 设程序中的数据定义如下：

```
NAME  DB 30 DUP(?)
LIST  DB 1,7,8,3,2
ADDR  DW 30 DUP(?)
```

(1) 取 NAME 的偏移地址放入 SI。

(2) 取 LIST 的前两个字节存入 AX。

(3) 取 LIST 实际长度。

7. 依据下列指示性语句，求表达式的值。

```
SHOW0  EQU  200
SHOW1  EQU  15
SHOW3  EQU  2
```

(1) SHOW0X100+55　　　　　　　(2) SHOW0 AND SHOW1－15

(3) (SHOW0/SHOW2)MODSHOW1　(4) SHOW1 OR SHOW0

8. 编写程序，统计寄存器 BX 中二进制位“1”的个数，结果存在 AL 中。

9. 某数据块存放在 BUFFER 开始的 100 个字节单元中，试编写程序统计数据块中正数(不包括 0)的个数，并将统计的结果存放到 NUMBER 单元中。

10. 阅读下面程序段，指出它的功能。

```
  DATA    SEGMENT
  ASCII   DB 30H, 31H, 32H, 33H ,34H ,35H, 36H, 37H, 38H, 39H
  HEX     DB 04H
  DATA    SEGMENT
CODE  SEGMENT
  ASSUME CS: CODE, DS: DATA
  START: MOV   AX, DATA
         MOV   DS, AX
         MOV   BX,OFFSET ASCII
         MOV   AL,HEX
         AND   AL,0FH
         MOV   AL,[BX+AL]
         MOV   DL,AL
         MOV   AH,2
         INT   21H
         MOV   AH,4CH
         INT   21H
CODE  ENDS
        END START
```

11. 某数据区中有 100 个小写字母，编程把它们转换成大写字母，并在屏幕上显示。

12. 子程序的参数传递有哪些方法？

13. 过程定义的一般格式是什么？子程序开始处为什么常用 PUSH 指令？返回前为什么用 POP 指令？

14. 显示两位压缩 BCD 码值(0～99)，要求不显示前导 0。

15. 编程，把以 DATA 为首地址的两个连续单元中的 16 位无符号数乘以 10。

16. 编程，比较两个字符串是否相同，并找出其中第一个不相等字符的地址，将该地址送入 BX，不相等的字符送入 AL。两个字符串的长度均为 200 个字节，M1 为源串首地址，M2 为目标串首地址。

17. 编程，在内存的数据段中存放了 100 个 8 位带符号数，其首地址为 TABLE，试统计其中正元素、负元素和零元素的个数，并分别将个数存入 PLUS、MINUS、ZERO 等 3 个单元中。

18. 编程，在数据段 DATA1 开始的 80 个连续的存储单元中，存放 80 位同学某门课程的考试成绩(0～100)。编写程序统计成绩≥90 分的人数、80～89 分的人数、70～79 分的人数、60～69 分以及<60 分的人数。将结果存放到 DATA2 开始的存储单元中。

# 第5章

# 存　储　器

无论简单还是复杂，每款计算机系统都有存储器。静态随机存储器存取速度快、容量小、造价高。动态随机存储器容量大、价格廉，但地址多路复用，还需要定时刷新。只读存储器保存永久驻留系统的程序，掉电信息不丢失，闪存掉电信息不但不丢失还可以在线擦除。微处理器与存储器连接需要对地址进行译码以选择存储芯片。

## 5.1　存储器概述

计算机的存储器分为内存储器和外存储器两大类。任何程序和数据必须进驻内存储器后才能执行，因此，内存储器也称为主存储器。它比外存储器存取速度快，存储容量小。外存储器也叫辅助存储器，是计算机的外部设备，常用的有磁盘、光盘和U盘等，存储容量大，存取速度慢。

### 5.1.1　内存储器分类

内存储器主要由半导体材料构成，所以也称为半导体存储器。按照工作方式，内存储器可分为随机存储器(RAM)和只读存储器(ROM)两大类，如图5-1所示。随机存储器是一种易失性存储器(volatile memory)，掉电信息就会丢失，常用来存放正在运行的程序和数据。只读存储器是一种非易失性存储器，信息一旦写入就固定不变，掉电后信息也不会丢失。在使用过程中，只读存储器中的信息只能读出，一般不能修改，所以常用于保存固定不变且长期使用的程序和数据，如主板上的基本输入/输出系统程序BIOS、外部设备的驱动程序等。

随机存储器分为静态随机存储器(Static RAM，SRAM)和动态随机存储器(Dynamic RAM，DRAM)。静态随机存储器以双稳态触发器为基本存储电路，保存的数据不需要刷新，只要通电就可以保存数据，所以常被称为静态存储器(static memory)，与动态随机存储器比较，它的存取速度快、集成度低、功耗大。动态随机存储器以电容作为基本存储电路，但它存储的信息随电容上电荷的泄漏可能丢失，所以动态RAM必须定时刷新，它的存取速度相对较慢，但是集成度高、成本低。

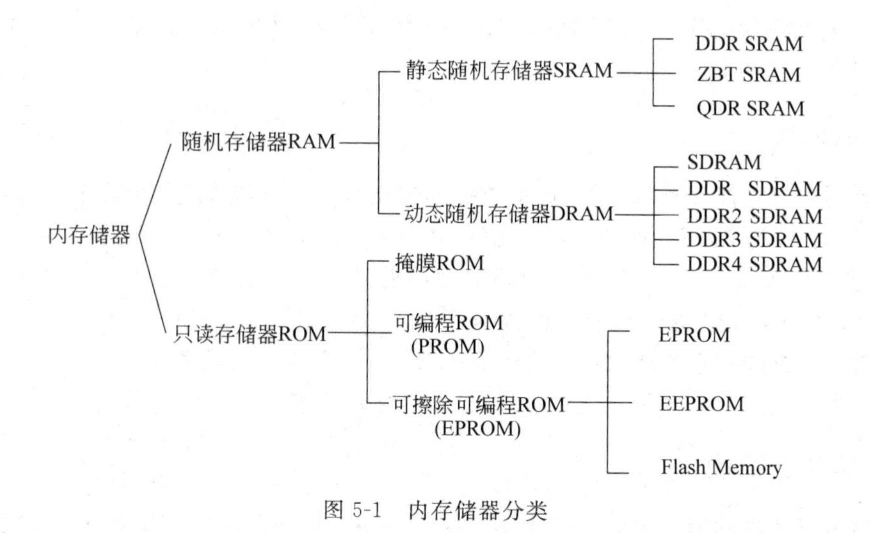

图 5-1 内存储器分类

## 5.1.2 存储器件

计算机的存储器由一个或多个存储器器件构成。存储器件通过计算机系统的地址总线、数据总线和控制总线与微处理器相连,实现程序和数据的读/写操作。所以,所有的存储器件都有地址输入引脚、数据输出或者数据输入/输出引脚、控制读/写操作的控制引脚,还有从多片存储芯片中选定一个芯片的片选引脚,如图 5-2 所示。

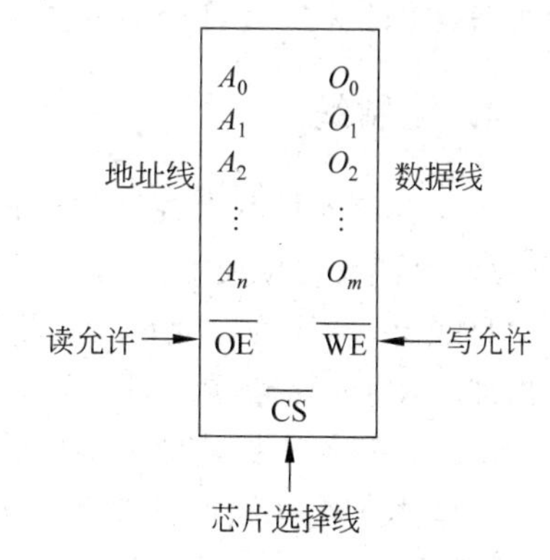

图 5-2 存储器件引脚示意图

### 1. 地址线

所有的存储器件都有地址输入引脚(地址线),用来接收 CPU 发过来的存储单元地址信息。地址线接收的地址信息用以选择存储芯片内部的存储单元。地址线都是从 $A_0$ 开始标记,一直到 $A_n$。地址线的根数与芯片内含有的存储单元个数有一个对应的关系。如含有 10 根地址线的芯片,地址线标记为 $A_0 \sim A_9$,存储单元应该有 $2^{10}=1024$ 个存储单元;含有 11 根地址线的芯片,地址线标记为 $A_0 \sim A_{10}$,存储容量为 $2^{11}=2048$ 个存储单元。反过来,一个存储容量为 4KB 的存储芯片应该有 12 根地址线 $A_0 \sim A_{11}$,一个存储容量为 8KB 的存储芯片应该有 13 根地址线 $A_0 \sim A_{12}$,一个存储容量为 1MB 的存储芯片应该有 20 根地址线 $A_0 \sim A_{19}$。

如果存储芯片的地址线为 $A_0 \sim A_9$,它的存储单元的地址范围为

00 0000 0000～11 1111 1111B, 即 000H～3FFH。

地址线为 $A_0 \sim A_{10}$ 根的芯片,地址范围为

000 0000 0000～111 1111 1111B, 即 000H～7FFH。

通常,用 3FFH 表示 1KB 的存储区域,用 7FFH 表示 2KB 的存储区域,用 FFFH 表

示 4KB 的存储区域，用 FFFFH 表示 64KB 的存储区域，用 FFFFFH 表示 1MB 的存储区域。

### 2. 数据线

所有的存储器件都有数据线，负责数据的输出或者是数据的输入/输出。ROM 芯片的数据线只输出数据，RAM 芯片的数据线具有输入/输出功能。一般数据线的标识为 $O_0 \sim O_m$ 或者标为 $D_0 \sim D_m$。数据线的根数说明芯片内一个存储单元所能存放的二进制数的位数，如 HM6264 芯片含有 8 根数据线 $D_0 \sim D_7$，说明它的一个存储单元能存放 8 位二进制数。数据线的根数通常称为芯片的位宽，8 位宽的存储芯片通常称为字节宽存储器件。多数存储芯片是 8 位宽，也有 16 位宽、4 位宽、1 位宽的存储芯片。

### 3. 芯片选择线

任何单个的存储器件存储容量都是有限的。计算机系统的内存储器通常由多个存储器芯片构成。所以，所有存储器件都有至少一根芯片选择线，用来选中该器件，或者说激活这个器件。片选择线常被标识为片选 $\overline{\mathrm{CS}}$、片使能 $\overline{\mathrm{CE}}$ 或简称为选择 $\overline{\mathrm{S}}$，这些符号上面的横杠，表示逻辑 0，也就是低电平有效。当在这个引脚上加一个低电平的时候，这个芯片被选中。如果存储芯片含有多根选择线，则只有在所有选择线都处于有效状态时，芯片才被激活，CPU 才可以对它进行读/写操作。

### 4. 控制线

每个存储器件都有控制数据输入/输出的控制线，通常标记为 $\overline{\mathrm{OE}}$、$\overline{\mathrm{WE}}$，低电平有效。$\overline{\mathrm{OE}}$ 为读允许或输出使能。当 $\overline{\mathrm{OE}}$ 为低电平时，存储单元存放的数据流出芯片，出现在系统数据总线上。$\overline{\mathrm{WE}}$ 为写允许。当 $\overline{\mathrm{WE}}$ 为低电平时，存储器件从数据线上接收数据存储到芯片内部。ROM 存储器件因为只能读出数据不能写入数据，所以通常只有一个输出使能 $\overline{\mathrm{OE}}$ 引脚，有些芯片将其标为 $\overline{\mathrm{G}}$（输出选通）。

有些 RAM 存储器件受到芯片引脚数量的限制，控制数据输入/输出的引脚只有一个，通常标记为 $\mathrm{R}/\overline{\mathrm{W}}$。当 $\mathrm{R}/\overline{\mathrm{W}}$ 引脚为高电平时，芯片输出数据，执行读操作；当它为低电平时，芯片接收数据，执行写操作。

如果 RAM 芯片有两个控制端 $\overline{\mathrm{WE}}$ 和 $\overline{\mathrm{OE}}$，这两个引脚不能同时有效，也就是不能同时为低电平。当它们都为高电平时，都处于无效状态，这时芯片既不读出数据也不写入数据，数据线引脚处于高阻状态。

## 5.1.3 存储器件的性能指标

衡量半导体存储器件性能的指标很多，主要性能指标包括制造工艺、存储容量、供电电压、包装类型、适用的温度范围、存取时间、功耗、引脚配置、内部功能模块图、引脚名称及功能描述表、读/写时序图等。其中，存储容量和存取时间是使用芯片时必须关注的指标。

**1. 存储容量**

存储容量是指存储器件所能容纳二进制信息的总量，通常表示为存储单元个数×每个存储单元的位数。能存储1位二进制信息的电路称为存储元，多个存储元构成一个存储单元，存储芯片由若干个存储单元构成。例如，静态随机存储器芯片62256的容量为32K×8b，说明它由32K个存储单元构成，每个存储单元由8个存储元构成，可以存储一个字节的信息。动态随机存储器芯片41256的容量表示为256K×1b，表示它由256K个存储单元构成，一个存储单元存储1位二进制信息。

**2. 存取时间**

存储芯片的存取速度通常用存取时间衡量。存取时间又称为访问时间或读/写时间，它是指从启动一次存储器操作（读或写）到完成该操作所需要的时间（$t_{aA}$）。例如，读出时间是指从CPU向存储器发出有效地址开始，到将选中单元的内容送上数据总线为止所用的时间。写入时间是指从CPU向存储器发出有效地址开始，到信息写入被选中单元为止所用的时间。显然，存取时间越短，存取速度越快。

存取时间通常用ns（纳秒）表示。芯片上的标识中"－7"表示70ns，"－12"表示120ns，依次类推。SRAM的存取时间约为60ns，最快可达到1ns。高速缓冲存储器使用的SRAM的存取时间都在10ns以内。DRAM的存取时间为120～250ns。

一个系列的芯片会有一个基本的存取时间。例如，KM62256C系列静态随机存储器芯片的存取时间最快是55ns，最慢70ns。TMS4016静态随机存储器芯片的最慢存取时间为250ns，Intel公司27系列可擦除只读存储器芯片EPROM的基本读取时间为450ns。

# 5.2 随机存储器

随机存储器分为静态随机存储器（SRAM）和动态随机存储器（DRAM）。静态随机存储器以双稳态触发器为基本存储电路，保存的数据不需要刷新。与动态随机存储器比较，它的存取速度快、集成度低、功耗大。动态RAM以电容作为基本存储电路，每隔一段时间需要刷新一次，它的集成度高、成本低。

## 5.2.1 静态随机存储器

图5-3是静态随机存储器的一般功能结构图。由存储体和外围电路（行/列地址译码器、I/O缓冲器和读/写控制电路等）组成。存储体由许多个存储元组成，这些存储元通常以矩阵的形式排列。存储体采用行、列地址单独译码的双译码方式。$A_0 \sim A_i$为行地址输入端，$A_{i+1} \sim A_n$为列地址输入端。行地址译码器输出$2^{i+1}$根行选择线，每根行选线选择一行；列地址译码器输出$2^{n-i}$根列选择线，每根列选线选择一列。只有行、列均被选中的存

储元，才能进行读或写的操作。I/O 缓冲器从系统数据总线接收数据或者把存储单元存储的数据输出到数据总线上。常见的静态随机存储器芯片都是 8 位宽的芯片，有 8 根数据线，一次可以输入/输出一个字节。

静态随机存储器使用方便，在微型计算机领域有着广泛的应用。常用的 SRAM 芯片有 6116(2K×8b)、6232(4K×8b)、6264(8K×8b)、62128(16K×8b)、62256(32K×8b)和 62512(64K×8b)等。下面以 SRAM 芯片 6264 为例，说明静态随机存储器的典型特性及工作过程。

### 1. KM6264 SRAM 的引脚功能

KM6264 芯片是一个容量为 8K×8b 的 CMOS 型 SRAM 芯片。它含有 8K 个存储单元，每个存储单元可以存储 8 位二进制信息。单一+5V 供电，28 脚集成电路封装，额定功耗 200mW，典型存取时间为 200ns。KM6264 共有 28 根引线，包括 13 根地址线、8 根数据线和 4 根控制信号线，如图 5-4 所示。

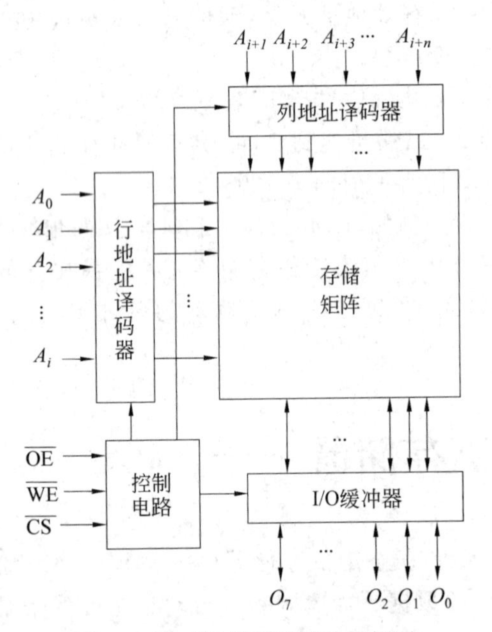


图 5-3 静态随机存储器功能框图

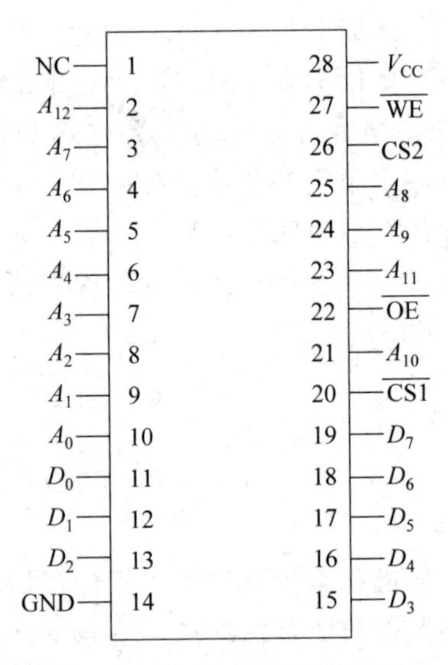


图 5-4 KM6264 外部引线图

$A_0 \sim A_{12}$：13 根地址信号线，用来选定 8K 个存储单元中的一个。这 13 根地址线通常与系统中地址总线的低 13 位($A_0 \sim A_{12}$)一对一地连接。

$D_0 \sim D_7$：8 根数据线。每个存储单元可存储 8 位二进制数。这 8 根数据线通常与计算机系统的数据总线一对一地连接。

$\overline{\text{CS1}}$、CS2：2 根片选信号线，$\overline{\text{CS1}}$低电平有效、CS2 高电平有效。计算机系统中剩余的地址总线 $A_{13} \sim A_{19}$ 用来产生片选信号。

$\overline{\text{OE}}$：输出允许，低电平有效，接系统读信号$\overline{\text{RD}}$。

$\overline{\text{WE}}$：写允许，低电平有效，接系统写信号$\overline{\text{WR}}$。

$V_{CC}$：+5V 电源。

GND：接地端。

NC：空脚。

### 2. KM6264 的工作过程

写数据过程。CPU 把要写入的存储单元物理地址送到地址线上，其中 $A_0 \sim A_{12}$ 送到芯片的地址线 $A_0 \sim A_{12}$ 上，$A_{13} \sim A_{19}$ 经过地址译码电路生成片选信号使 $\overline{CS1}=0$、CS2=1；接着 CPU 送出写控制信号 $\overline{WR}=0$，并将数据发送到数据线 $D_0 \sim D_7$ 上，$\overline{WR}$ 信号使芯片的 $\overline{WE}$ 信号有效，数据就写入了芯片指定的存储单元，如图 5-5 所示。

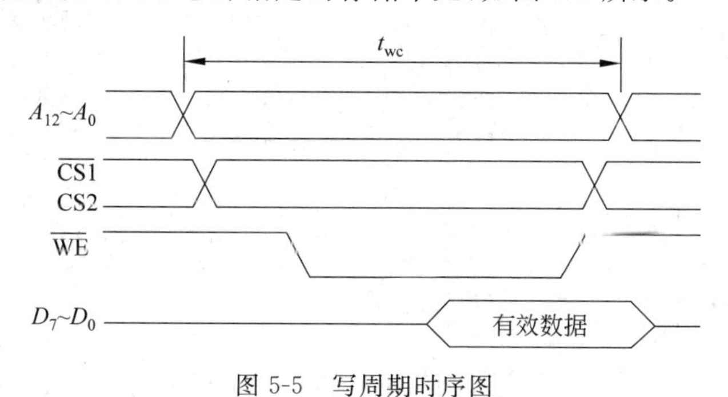


图 5-5　写周期时序图

读数据过程。CPU 把要读出的存储单元物理地址送到地址线上，其中 $A_0 \sim A_{12}$ 送到芯片的地址线 $A_0 \sim A_{12}$ 上，选定某个单元；$A_{13} \sim A_{19}$ 经过地址译码电路生成片选信号使 $\overline{CS1}=0$、CS2=1；接着 CPU 送出 $\overline{RD}$ 信号，它使芯片的输出允许信号 $\overline{OE}=0$，指定单元的存储内容就出现在数据线 $D_0 \sim D_7$ 上，CPU 就从数据线捕获数据。如图 5-6 所示。

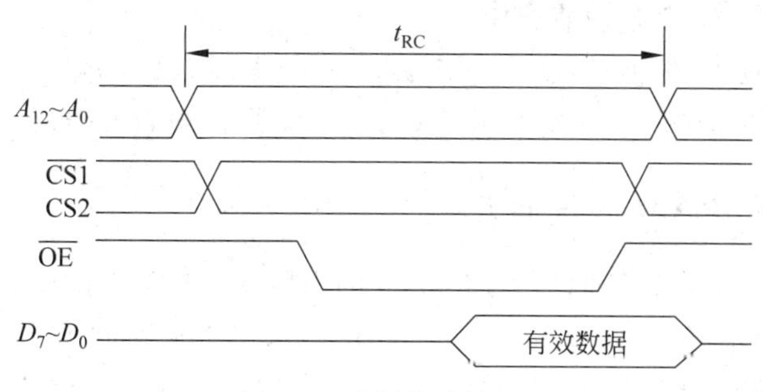


图 5-6　读周期时序图

CPU 的总线周期有固定的时序，对存储器的读/写时间有要求。对存储器进行读操作时，存储器必须在读信号 $\overline{RD}$ 有效期内将选中单元的内容送到数据总线上。进行写操作时，存储器也必须在写信号 $\overline{WR}$ 有效期间将数据写入指定的存储单元。否则，就会出现读/写错误。

如果存储器的存取速度太慢，不能满足 CPU 的要求，就需要采取适当的措施解决这一问题。最简单的解决办法就是降低 CPU 的时钟频率，延长时钟周期 $T_{CLK}$，但这样做会降低系统的整体运行速度。另一种方法是利用 CPU 上的 READY 信号，在总线周期中插入一个或几个等待周期 $T_w$，等待存储器操作的完成。

### 3. HM6116 SRAM 芯片简介

如图 5-7 所示，HM6116 是容量为 2K×8b 的高速静态 CMOS 随机存取存储器，其基本参数如下：

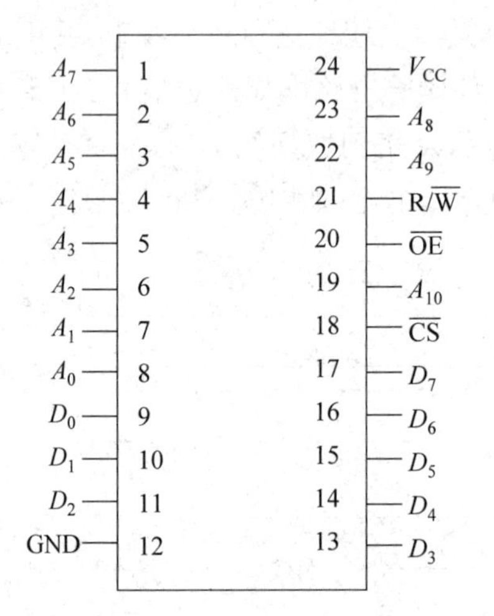


| 引脚功能 | |
|---|---|
| $A_{10}$~$A_0$ | 地址线 |
| $D_7$~$D_0$ | 数据线 |
| $\overline{OE}$ | 输出允许 |
| R/$\overline{W}$ | 写允许 |
| $\overline{CS}$ | 片选 |
| $V_{CC}$ | +5V电源 |
| GND | 地 |

图 5-7　HM6116 SRAM 引脚图

（1）高速：存取时间为 100ns/120ns/150ns/200ns（分别以 6116-10、6116-12、6116-15、6116-20 为标志）。

（2）低功耗：运行时为 240mW，空载时为 2.0μW。

（3）与 TTL 兼容。

（4）管脚输出与 2716 芯片兼容。

（5）HM6116 有 11 根地址线（$A_0 \sim A_{10}$），8 根数据线（$D_0 \sim D_7$），1 根片选信号线 $\overline{CS}$，2 根控制线：读/写控制信号 R/$\overline{W}$ 和输出允许信号 $\overline{OE}$，1 根电源线、1 根地线 GND。

### 4. KM62256 SRAM 芯片简介

图 5-8 描述了静态随机存储器 KM62256 的引脚图，它的容量为 32K×8b，28 脚集成电路封装，典型的存取时间为 85～150ns。KM62256 的存取时间为 55～70ns。

8086/8088 CPU 工作在 5MHz 时钟下时，总线周期中允许存储器或 I/O 端口存取数据的时间是 460ns。存储器的存取时间必须小于这个时间才能正常工作。以上的静态随机存储器芯片都可以直接与其相连，不需要等待状态。

## 5.2.2　静态 RAM 芯片应用

在计算机系统中，系统总线是公共的数据通路，各种部件都挂接在系统总线上，总线的负载能力有限。在存储器芯片较少的系统中，存储器芯片可直接与总线相连；在存储器芯片较多的系统中，必须增加总线驱动能力，然后连接存储器芯片。KM6264 芯片的功耗

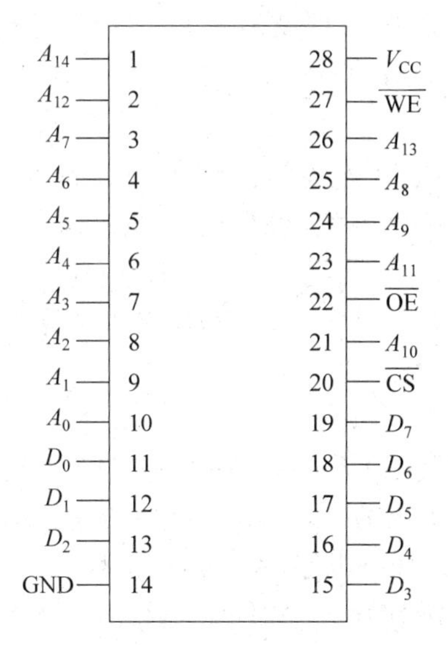


| 引脚功能 | |
|---|---|
| $A_{14}$~$A_0$ | 地址线 |
| $D_7$~$D_0$ | 数据线 |
| $\overline{OE}$ | 输出允许 |
| $\overline{WE}$ | 写允许 |
| $\overline{CS}$ | 片选 |
| $V_{CC}$ | +5V电源 |
| GND | 地 |

图 5-8　KM62256 SRAM 引脚图

很小(工作时为 15mW,未选中时仅 10$\mu$W),在简单的应用系统中,可直接和总线相连。

存储器芯片的应用就是将芯片正确地接入计算机系统。根据 CPU 要求的地址范围,将芯片上的各种信号与计算机系统的地址线、数据线和控制线连接在一起,存储器芯片就接入了计算机系统。

(1) 数据线的连接。系统中所有的数据线都必须与芯片的数据线发生直接的关联,双方都不能有剩余。如果芯片上的数据线和系统中的数据线的数量一致,将它们一对一相连;如果芯片上的数据线少于系统数据线,如 2114(1K×4b)只有 4 根数据线,必须选用 2 个组成一组,构成数据线为 8 根的存储器芯片组,才可以与 8088 CPU 相连。如果芯片上的数据线多于系统数据线,说明选择的芯片不合适,必须更换。

(2) 控制信号线的连接。存储器只有两种操作:读和写。与读/写有关的控制信号通常只有两个:输出允许和写允许。它们应该分别与系统中的读/写控制信号线相连。

(3) 地址线的连接。一般存储芯片上地址线的数量比计算机系统中的地址线根数少,所以将芯片正确地接入计算机系统,必须解决地址线不匹配的问题。芯片在接入系统中时,芯片上的地址线和系统中的低位地址线一对一相连,使 CPU 可以选择芯片内任一存储单元。系统中剩余的地址线在芯片中没有对应线,不能直接与芯片发生关联。

将一组输入信号转换为一个输出信号,称为译码。将系统中剩余的地址信号经过译码电路转换为一个输出信号,作为芯片的片选信号,称为地址译码。经过地址译码,系统中全部地址线都与芯片产生了关联,使芯片中每一个存储单元在系统地址空间中都有唯一的物理地址。地址译码是存储器芯片应用的核心和关键。

地址译码的方法有:全地址译码和部分地址译码。

### 1. 全地址译码

8088 系统中与存储器相关的信号线有 8 位数据总线 $D_0$～$D_7$,20 位地址总线 $A_0$～

$A_{19}$。8088 CPU 工作在最小模式下，与内存相关的控制信号有 IO/$\overline{\text{M}}$、$\overline{\text{WR}}$、$\overline{\text{RD}}$3 根。在最大模式下，与内存相关的控制信号有两根：$\overline{\text{MEMW}}$、$\overline{\text{MEMR}}$，这两个信号在 8086 系统中标为$\overline{\text{MRDC}}$、$\overline{\text{MWTC}}$。

全地址译码就是把系统中全部地址线与芯片连接，其中高位地址线经过译码电路译码后作为芯片的片选信号；低位地址线与系统中的相应地址线一对一连接。全地址译码方式下，每个存储单元都有唯一的物理地址。

**【例 5-1】** 要求以全地址译码方式将 KM6264 SRAM 芯片接入计算机系统，地址范围为 F8000H～F9FFFH。

接线方法如下：

(1) 将 6264 芯片的数据线 $D_0 \sim D_7$ 与系统的 $D_0 \sim D_7$ 一对一连接，没有其他接法。

(2) 将 6264 芯片的地址线 $A_0 \sim A_{12}$ 与系统的 $A_0 \sim A_{12}$ 一对一连接，没有其他接法。8088 系统中剩余的地址线 $A_{13} \sim A_{19}$ 需要通过译码电路，作为片选信号与 6264 芯片连接。

(3) 将 6264 芯片的$\overline{\text{OE}}$与系统的$\overline{\text{MEMR}}$连接，将$\overline{\text{WE}}$与系统的$\overline{\text{MEMW}}$连接。如果 8088 CPU 工作在最小模式下，则将 6264 芯片的$\overline{\text{OE}}$、$\overline{\text{WE}}$分别与系统的$\overline{\text{RD}}$、$\overline{\text{WR}}$连接。如图 5-9 所示。

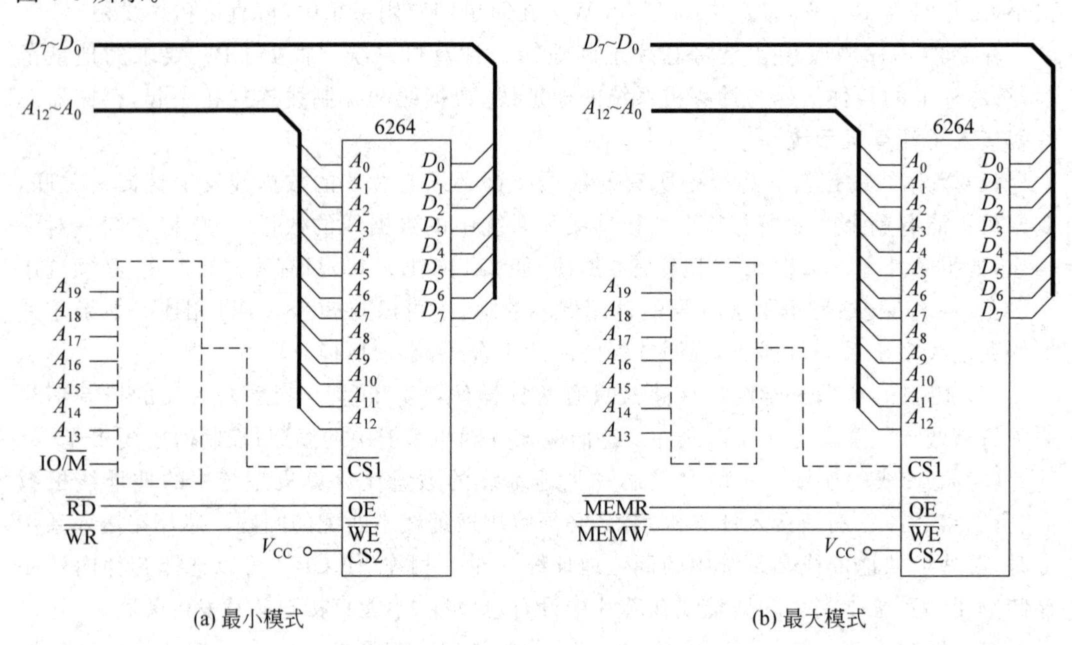


图 5-9 6264 SRAM 与系统总线的连接(未完成)

(4) 6264 芯片有 2 根片选信号线，只要控制其中一根信号线就可以，另一个根接恒定高电平或低电平。通常将 CS2 接高电平，$\overline{\text{CS1}}$接控制信号。这种接法与 2764 芯片应用有关，将在第 5.3 节介绍。

图 5-9(a)是 8088 CPU 工作在最小模式下的连接方法，其中除了地址线 $A_{13} \sim A_{19}$ 未连接外，还有控制信号 IO/$\overline{\text{M}}$。IO/$\overline{\text{M}}$ 信号在时序上与地址线基本相同，所以在译码电路中可以把它当做一根地址线参与译码。图 5-9(b)是 8088 CPU 工作在最大模式下的连接方法。

(5) 译码电路的设计有两种方法：一种是利用基本的逻辑门电路搭建译码器，另一种是利用专用的译码器芯片译码。

将芯片的地址范围以二进制形式表示，如图 5-10 所示。其中，虚线右边的 $A_0 \sim A_{12}$ 已经与芯片上的地址线一对一连接，不用设计。左边的 $A_{13} \sim A_{19}$ 需要经过译码电路形成芯片的片选信号，使得芯片在 8088 系统 1M 的存储空间中定位在 F8000H～F9FFFH。通过对图 5-10 进行分析可以看到，在 F8000H～F9FFFH 的地址范围内，$A_{13}$ 和 $A_{14}$ 始终为低电平，$A_{15} \sim A_{19}$ 始终为高电平，译码电路的设计就要利用这个特点。

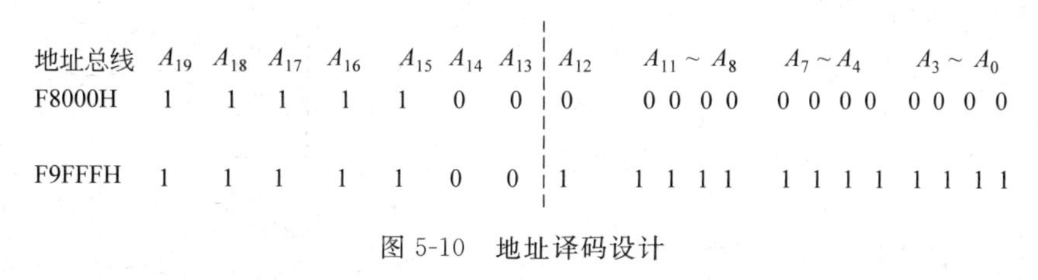

| 地址总线 | $A_{19}$ | $A_{18}$ | $A_{17}$ | $A_{16}$ | $A_{15}$ | $A_{14}$ | $A_{13}$ | $A_{12}$ | $A_{11} \sim A_8$ | $A_7 \sim A_4$ | $A_3 \sim A_0$ |
|---|---|---|---|---|---|---|---|---|---|---|---|
| F8000H | 1 | 1 | 1 | 1 | 1 | 0 | 0 | 0 | 0 0 0 0 | 0 0 0 0 | 0 0 0 0 |
| F9FFFH | 1 | 1 | 1 | 1 | 1 | 0 | 0 | 1 | 1 1 1 1 | 1 1 1 1 | 1 1 1 1 |

图 5-10　地址译码设计

① 基本逻辑门电路译码

先用基本逻辑门设计译码电路。$A_{13}$、$A_{14}$ 和 IO/$\overline{M}$ 是低电平信号，可以各经过一个非门转为高电平；再与 $A_{15} \sim A_{19}$ 一起经过一个 8 输入端的与非门 74LS30 产生低电平信号，接到 6264 的片选端，如图 5-11 所示。

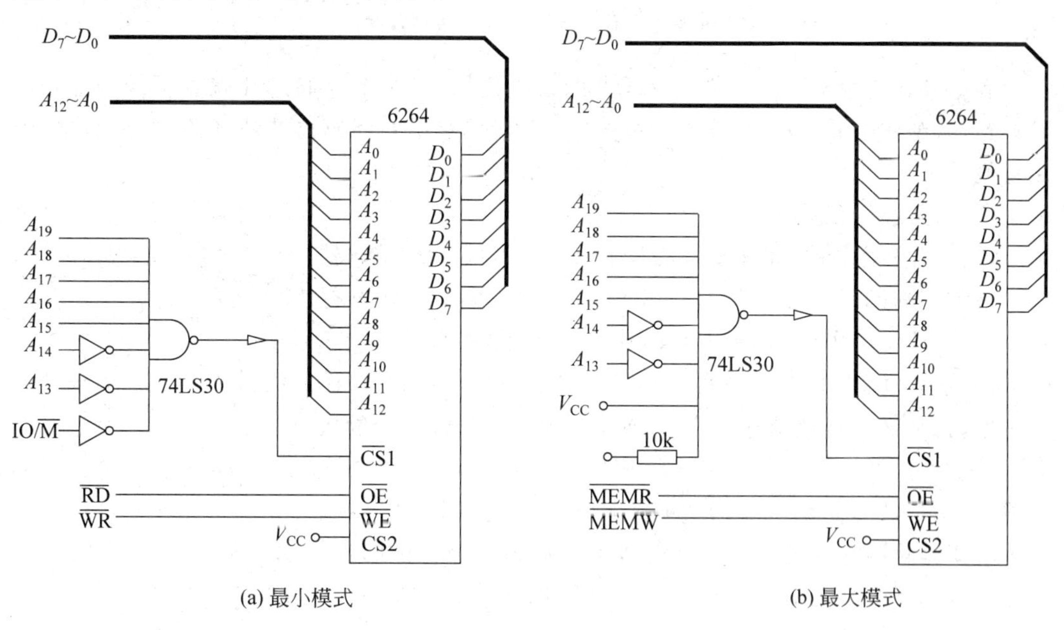


(a) 最小模式　　(b) 最大模式

图 5-11　基本逻辑门电路译码

从图 5-11 可以看出，当 CPU 送出的内存单元地址在 F8000～F9FFFH 的范围内时，6264 的片选端 $\overline{CS1}$ 就得到低电平，而 CS2 恒定为高电平，如果此时读或写信号有效，CPU 就可以与 6264 芯片交换数据了。

74LS30 是 8 输入端的与非门，只有 8 个输入端都为逻辑 1 时，输出才为逻辑 0，因此图 5-11(b)中有一个引脚通过上拉电阻接到高电平上。

利用基本的逻辑门电路搭建译码器，设计灵活，可以设计出多种方案。如图 5-12 是例 5-1 的另一种译码电路。

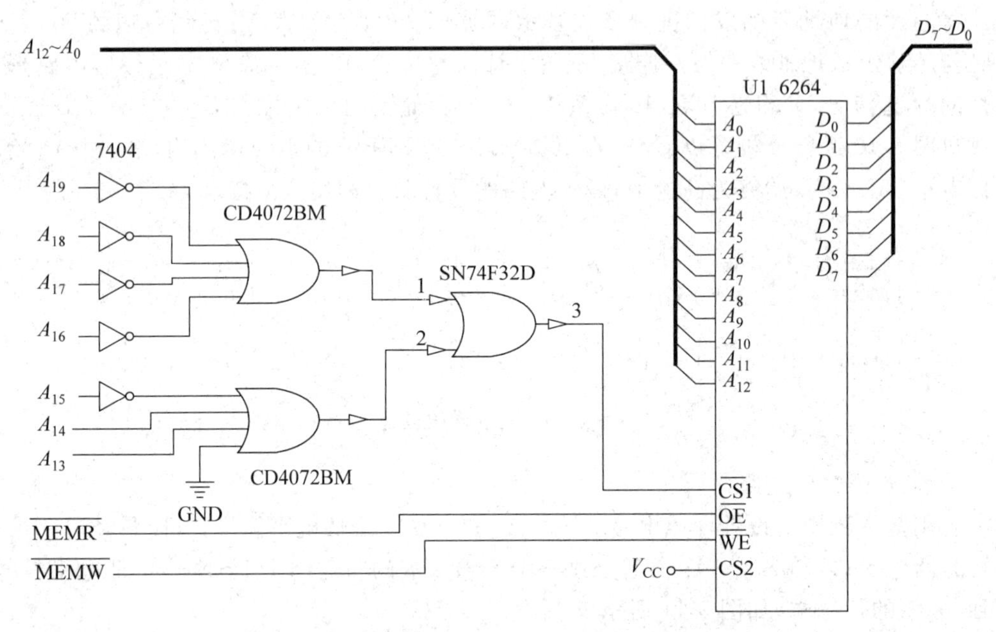


图 5-12　基本逻辑门电路译码方案 2

利用基本的逻辑门电路搭建译码器的缺点是，有多少个存储芯片就要设计多少套译码电路，从整体上看，设计复杂，不易修改。而利用专用的译码器芯片译码，方法简单，使用方便。

② 译码器芯片译码

译码器有很多种，如 2-4 译码器、3-8 译码器、4-16 译码器等。最常用的译码器芯片 74LS138 是 3-8 译码器，74LS139 是双 2-4 译码器。74LS138 的引脚如图 5-13 所示，引脚 $G_1$、$\overline{G_{2A}}$、$\overline{G_{2B}}$为控制端(使能端)，即当 $G_1=1$ 并且$\overline{G_{2A}}=\overline{G_{2B}}=0$ 时，译码器工作，否则译码器被禁止。C、B、A 是译码输入端，负责输入 3 位二进制信息。$Y_0 \sim Y_7$ 为 8 个译码输出端。译码器对 C、B、A 输入端的信号进行译码并通过 $Y_0 \sim Y_7$ 输出译码结果。74LS138 译码器的真值表如表 5-1 所示。译码器工作的时候，在任何情况下 8 个输出端只有一个为低电平，低电平有效。

$G_1$　$\overline{G_{2A}}$　$\overline{G_{2B}}$　C　B　A　$\overline{Y_0}$　$\overline{Y_1}$　$\overline{Y_2}$　$\overline{Y_3}$　$\overline{Y_4}$　$\overline{Y_5}$　$\overline{Y_6}$　$\overline{Y_7}$

74LS138

图 5-13　74LS138 译码器

**表 5-1　74LS138 真值表**

| 使能端 | | | 输入端 | | | 输出端 | | | | | | | |
|---|---|---|---|---|---|---|---|---|---|---|---|---|---|
| $G_1$ | $\overline{G_{2A}}$ | $\overline{G_{2B}}$ | C | B | A | $\overline{Y_0}$ | $\overline{Y_1}$ | $\overline{Y_2}$ | $\overline{Y_3}$ | $\overline{Y_4}$ | $\overline{Y_5}$ | $\overline{Y_6}$ | $\overline{Y_7}$ |
| 0 | x | x | x | x | x | 1 | 1 | 1 | 1 | 1 | 1 | 1 | 1 |
| x | 1 | x | x | x | x | 1 | 1 | 1 | 1 | 1 | 1 | 1 | 1 |
| x | x | 1 | x | x | x | 1 | 1 | 1 | 1 | 1 | 1 | 1 | 1 |

续表

| 使能端 | | | 输入端 | | | 输出端 | | | | | | | |
|---|---|---|---|---|---|---|---|---|---|---|---|---|---|
| $G_1$ | $\overline{G_{2A}}$ | $\overline{G_{2B}}$ | C | B | A | $\overline{Y_0}$ | $\overline{Y_1}$ | $\overline{Y_2}$ | $\overline{Y_3}$ | $\overline{Y_4}$ | $\overline{Y_5}$ | $\overline{Y_6}$ | $\overline{Y_7}$ |
| 1 | 0 | 0 | 0 | 0 | 0 | 0 | 1 | 1 | 1 | 1 | 1 | 1 | 1 |
| 1 | 0 | 0 | 0 | 0 | 1 | 1 | 0 | 1 | 1 | 1 | 1 | 1 | 1 |
| 1 | 0 | 0 | 0 | 1 | 0 | 1 | 1 | 0 | 1 | 1 | 1 | 1 | 1 |
| 1 | 0 | 0 | 0 | 1 | 1 | 1 | 1 | 1 | 0 | 1 | 1 | 1 | 1 |
| 1 | 0 | 0 | 1 | 0 | 0 | 1 | 1 | 1 | 1 | 0 | 1 | 1 | 1 |
| 1 | 0 | 0 | 1 | 0 | 1 | 1 | 1 | 1 | 1 | 1 | 0 | 1 | 1 |
| 1 | 0 | 0 | 1 | 1 | 0 | 1 | 1 | 1 | 1 | 1 | 1 | 0 | 1 |
| 1 | 0 | 0 | 1 | 1 | 1 | 1 | 1 | 1 | 1 | 1 | 1 | 1 | 0 |

利用74LS138译码，首先将$A_{15}$、$A_{14}$、$A_{13}$对应接C、B、A。因为$A_{15}$为高电平，$A_{14}$和$A_{13}$为低电平，所以74LS138的输出信号$\overline{Y_4}$为低电平，有效。将$\overline{Y_4}$接到6264芯片的片选端$\overline{CS1}$。$A_{17}$和$A_{16}$经过一个与门输出高电平，接74LS138的控制端$G_1$。$A_{19}$和$A_{18}$经过一个与非门后转换为低电平，接74LS138的控制端$\overline{G_{2B}}$。$\overline{G_{2A}}$由系统的IO/$\overline{M}$信号控制。如图5-14所示。

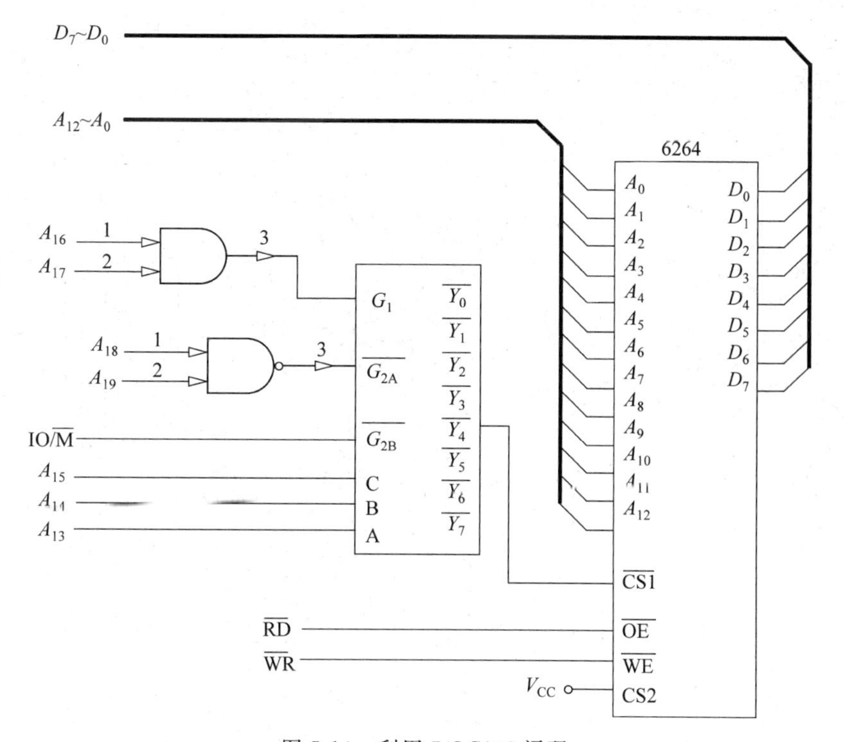


图 5-14　利用74LS138译码

图5-14中，6264芯片的地址范围为

$$A_{19}A_{18}A_{17}A_{16}A_{15}A_{14}A_{13}A_{12}A_{11}A_{10}A_9\ A_8A_7A_6A_5A_4\ A_3\ A_2\ A_1\ A_0$$

$$1\ \ 1\ \ 1\ \ 1\ \ 1\ \ 0\ \ 0\ \ 0\ \ X\ X\ X\ X\ X\ X\ X\ X\ X\ X\ X\ X\ X$$

$X$ 表示可以是 0 也可以是 1，所以地址范围为

从 1111 1000 0000 0000 0000＝F8000H

到 1111 1001 1111 1111 1111＝F9FFFH

74LS138 的译码输出共有 8 根线，图 5-14 中利用了$\overline{Y}_4$作片选信号，6264 的地址范围为 F8000H～F9FFFH。如果利用$\overline{Y}_0$作片选信号，6264 的地址范围为 F0000H～F1FFFH，利用$\overline{Y}_1$作片选信号，6264 的地址范围为 F2000H～F3FFFH，以此类推。利用 74LS138 不同的输出端，芯片就有不同的地址范围。可见，一个 74LS138 可以同时为 8 个 6264 芯片提供片选信号。

图 5-15 是由 8 个 6264 组成容量为 64K×8b 的存储器(最大模式)。每个 6264 芯片的地址范围为

$Y_0$：F0000～F1FFFH

$Y_1$：F2000～F3FFFH

$Y_2$：F4000～F5FFFH

$Y_3$：F6000～F7FFFH

$Y_4$：F8000～F9FFFH

$Y_5$：FA000～FBFFFH

$Y_6$：FC000～FDFFFH

$Y_7$：FE000～FFFFFH

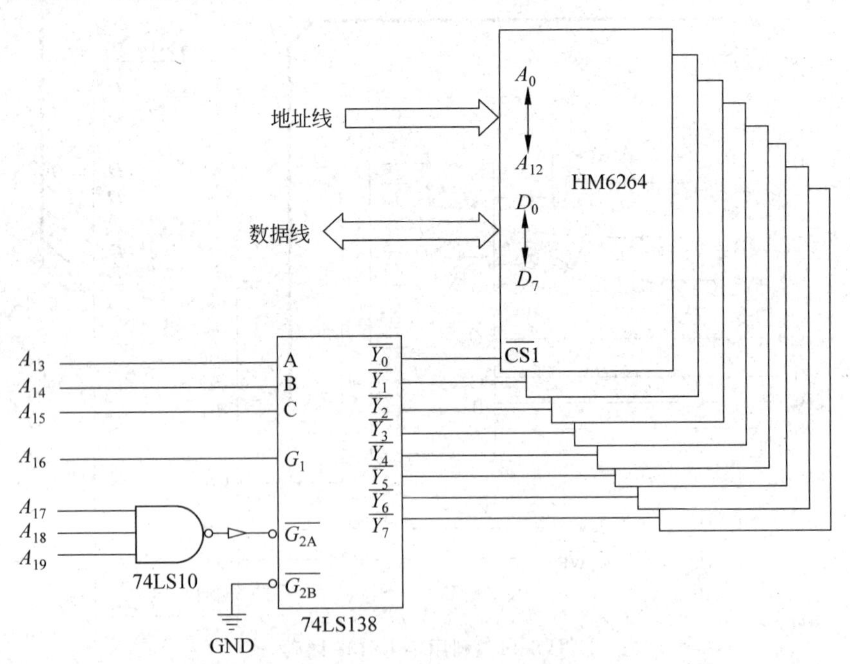


图 5-15　8 个 6264 译码器

任何存储芯片的存储容量都是有限的。要构成一定容量的存储器，往往单个芯片不能满足要求，需要多个存储芯片组合，这种组合称为存储器扩展。这种增加存储单元个数的扩展称为字扩展，字扩展的方法是将每个芯片的地址信号、数据信号和读/写控制信号一对一地与系统总线中的相应信号线相连，将各芯片的片选信号与地址译码器的输出信号相连。

## 2. 部分地址译码

部分地址译码就是只使用系统地址总线中的一部分与芯片中的地址线相连。具体来说，是只使用了高位地址线中的一部分，经过译码电路译码后作为芯片的片选信号；低位地址线与系统中的相应地址线一对一连接。采用部分地址译码时，存储单元的地址不唯一，存储地址存在地址重叠现象。部分地址译码只出现在小型系统中。

图 5-16 中，地址译码电路只使用了 $A_{13}\sim A_{17}$ 共 5 根线，$A_{18}$ 和 $A_{19}$ 未使用。这意味着 CPU 在寻址内存单元时，地址信号只要满足 $A_{13}\sim A_{17}$ 的要求，就可以选中 6264 芯片，而 $A_{18}$ 和 $A_{19}$ 的任何值都不影响 6264 芯片译码。也就是说，$A_{18}$ 和 $A_{19}$ 的任何值都选中 6264 芯片。这两个信号的组合值共有 4 个，所以，图 5-16 中的 6264 会有 4 个地址范围，如图 5-17 所示。

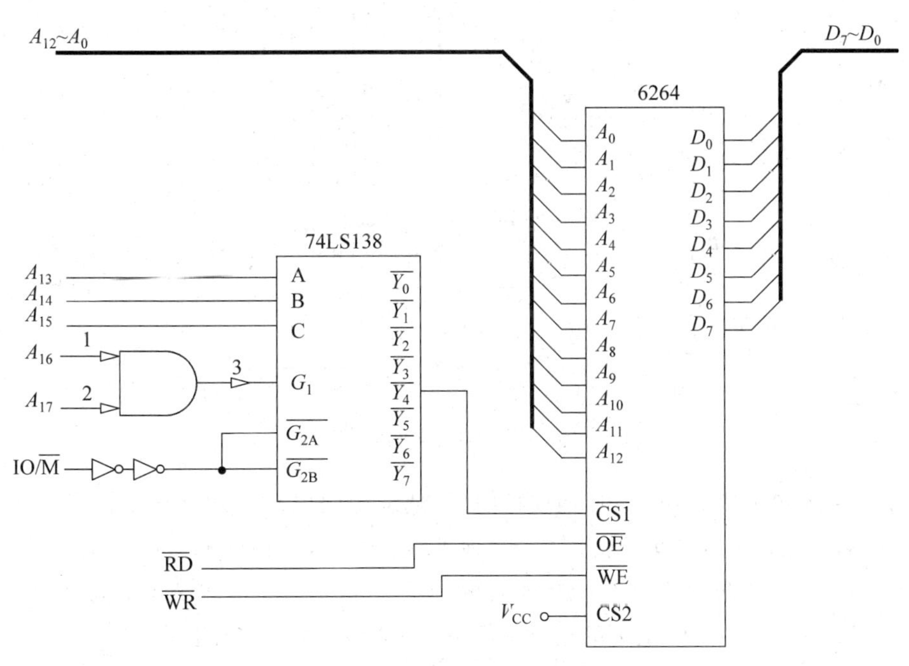

图 5-16　6264 部分地址译码

| $A_{19}$ | $A_{18}$ | $A_{17}$ | $A_{16}$ | $A_{15}$ | $A_{14}$ | $A_{13}$ | $A_{12}$ | 地址范围 |
|---|---|---|---|---|---|---|---|---|
| 0 | 0 | 1 | 1 | 1 | 0 | 0 | 0 | 38000~39FFFH |
| 0 | 1 | 1 | 1 | 1 | 0 | 0 | 0 | 78000~79FFFH |
| 1 | 0 | 1 | 1 | 1 | 0 | 0 | 0 | B8000~B9FFFH |
| 1 | 1 | 1 | 1 | 1 | 0 | 0 | 0 | F8000~F9FFFH |

图 5-17　6264 部分地址译码使地址重叠

这种译码方式简化了译码电路设计，但是一个存储芯片占用多个地址区间，浪费了CPU 的地址资源。要注意，芯片占用的地址范围不能再分配给其他存储芯片使用。编程时也要注意，最好只使用其中的一个地址范围，以避免自己覆盖自己。

在实际工作中，部分地址译码广泛应用。在微控系统中，存储容量要求不大，一个或两个存储芯片即可，这时常采用部分地址译码方式。图 5-18 中只使用 $A_{19}$ 地址线，$A_{13}$～$A_{18}$ 都没有使用。$A_{19}$＝0 时选中 6264 芯片，芯片的地址范围为 00000～7FFFFH。只使用一根地址线作为片选信号的译码方法称为线性译码。

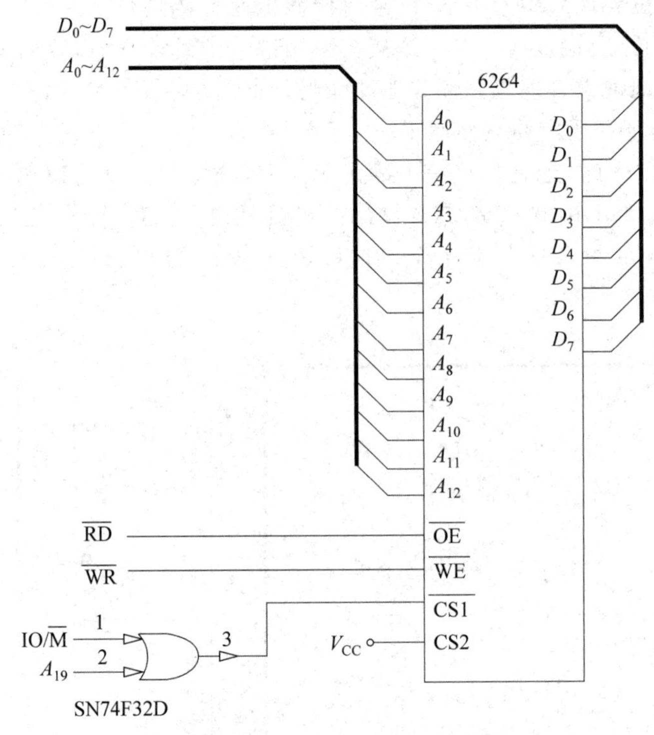


图 5-18　单片 6264 部分地址译码

假设系统要求两个 6264 芯片构成存储器，地址译码电路也通常用线性译码方式，如图 5-19 所示。这张电路图也只使用了 $A_{19}$ 地址线，$A_{13}$～$A_{18}$ 都没有使用。$A_{19}$＝0 时选中 U1 芯片，$A_{19}$＝1 时选中 U2，U1 的地址范围为 00000～7FFFFH，U2 的地址范围为 80000H～FFFFFH。CPU 全部的地址空间分为两部分，两个芯片各占一半。

**【例 5-2】** 用 SRAM6116 芯片设计一个 4KB 的存储器，地址范围为 32000H～32FFFH，要求使用全地址译码方式。

SRAM6116 是 2K×8b 的存储器芯片，具有 11 根地址线 $A_0$～$A_{10}$，8 根数据线 $D_0$～$D_7$，一根读/写控制信号线 R/$\overline{W}$，一根输出允许信号线$\overline{OE}$，一根片选信号线$\overline{CE}$。

题目要求的地址范围为 4KB 的地址空间，需要两个 SRAM 6116 芯片。第一个的地址范围应该是 32000H～327FFH，第二个的地址范围为 32800H～32FFFH，将它们的地址范围转换成二进制数，如图 5-20 所示。其中 $A_0$～$A_{10}$ 为低位地址线，与系统地址线一

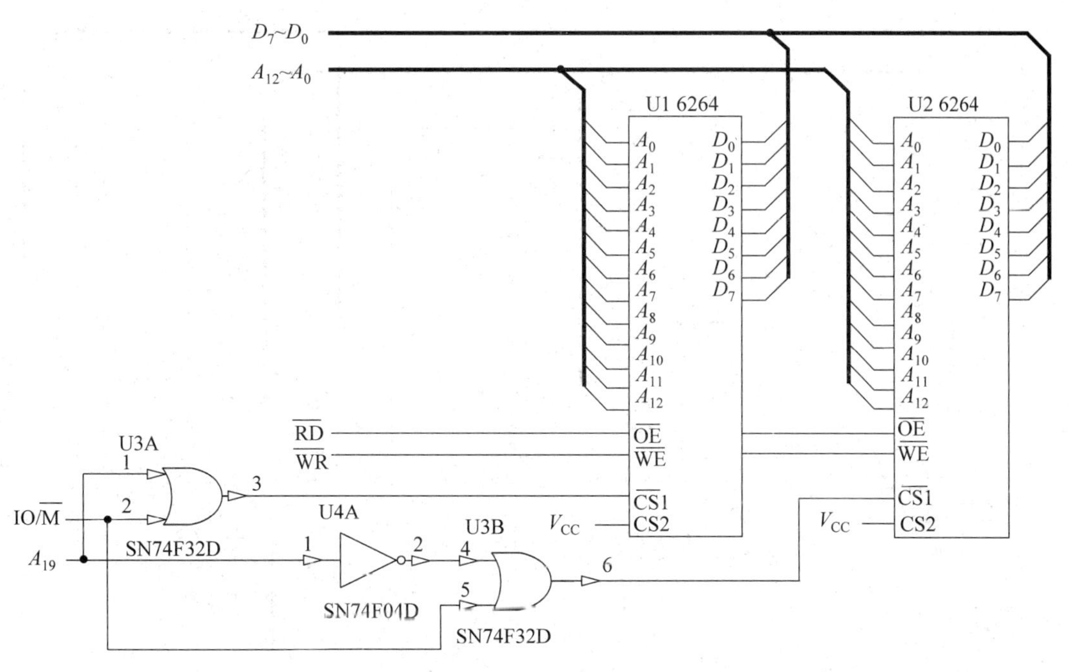


图 5-19　双 6264 线性地址译码

对一连接，剩余的 9 根地址线 $A_{11}$ ～$A_{19}$ 通过译码电路产生片选信号。采用 74LS138 译码，译码电路如图 5-21 所示。

| 地址总线 | $A_{19}$ | $A_{18}$ | $A_{17}$ | $A_{16}$ | $A_{15}$ | $A_{14}$ | $A_{13}$ | $A_{12}$ | $A_{11}$ | $A_{10}$ … $A_8$ | $A_7$ … $A_4$ | $A_3$ … $A_0$ |
|---|---|---|---|---|---|---|---|---|---|---|---|---|
| 32000H | 0 | 0 | 1 | 1 | 0 | 0 | 1 | 0 | 0 | 0 0 0 | 0 0 0 0 | 0 0 0 0 |
| 327FFH | 0 | 0 | 1 | 1 | 0 | 0 | 1 | 0 | 0 | 1 1 1 | 1 1 1 1 | 1 1 1 1 |
| 32800H | 0 | 0 | 1 | 1 | 0 | 0 | 1 | 0 | 1 | 0 0 0 | 0 0 0 0 | 0 0 0 0 |
| 32FFFH | 0 | 0 | 1 | 1 | 0 | 0 | 1 | 0 | 1 | 1 1 1 | 1 1 1 1 | 1 1 1 1 |

图 5-20　6116 译码分析图

首先将 $A_{13}$、$A_{12}$、$A_{11}$ 对应接 C、B、A。对于第一个 SRAM6116，因为 $A_{13}$ 为高电平，$A_{12}$ 和 $A_{11}$ 为低电平，所以它的片选信号应该使用 74LS138 的 $\overline{Y_4}$。第二个 SRAM 6116，则应该使用 $\overline{Y_5}$ 作为片选信号。$A_{17}$ 和 $A_{16}$ 经过一个与非门输出低电平，接 74LS138 的控制端 $\overline{G_{2B}}$。$A_{19}$、$A_{18}$ 和 $A_{15}$、$A_{14}$ 都是低电平，将它们经过一个 4 输入或非门后转换为高电平，接 74LS138 的控制端 $G_1$。$\overline{G_{2A}}$ 由系统的 $IO/\overline{M}$ 信号控制。如图 5-21 所示。

## 5.2.3　动态随机存储器

目前，常见的静态随机存储器的容量最大为 1M×8b，而动态随机存储器（DRAM）的容量可以达到 G 级，所以大容量存储器多采用动态随机存储器构成。动态随机存储器的存储元也是以矩阵的方式排列，并且它的存储阵列多为页面结构。地址线分为行地址线和列地址线。为了减少芯片引脚数量，行、列地址多路复用同一组地址线，由行选通 $\overline{RAS}$

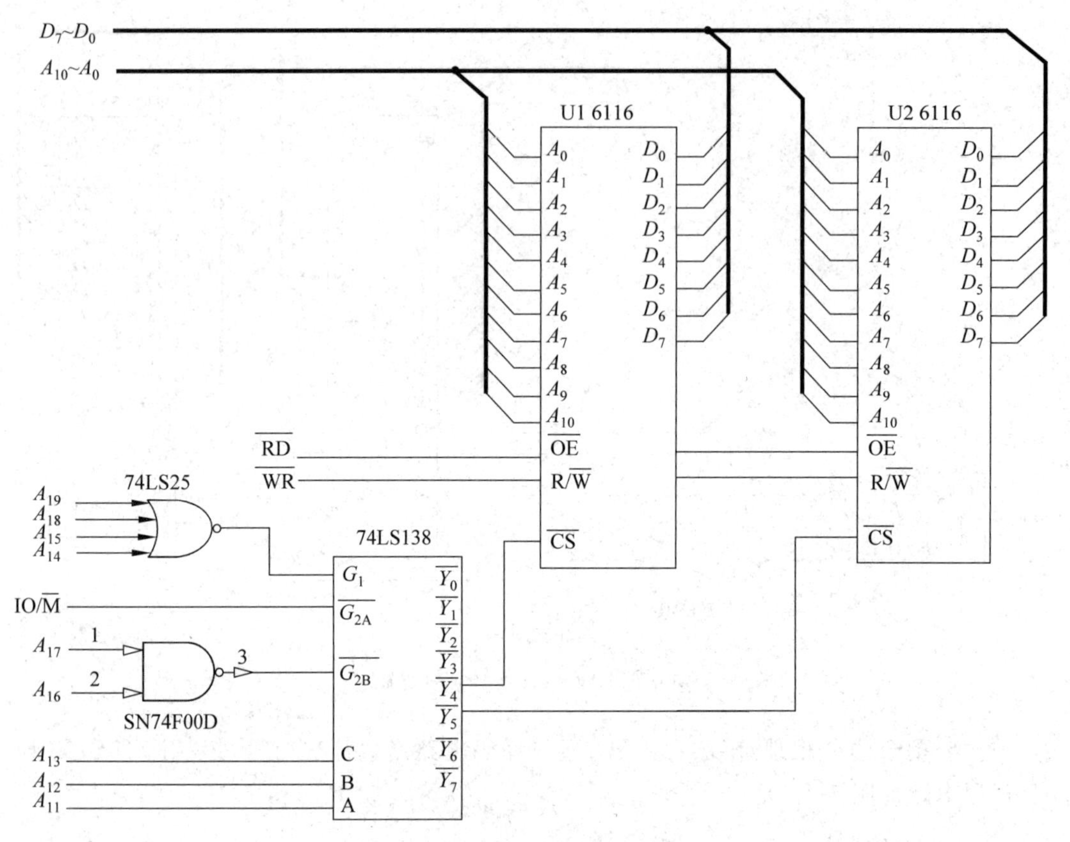


图 5-21　SRAM6116 存储器设计

信号将行地址控制输入到芯片内部的行地址锁存器，经过行地址译码器译码选中一行。由列选通$\overline{CAS}$信号将列地址控制输入到芯片内部的列地址锁存器，经过列地址译码器译码选中一列。数据线分为数据输入线和数据输出线。控制信号$\overline{WE}=0$时为写允许信号，$\overline{WE}=1$时为读出信号。如图 5-22 所示。

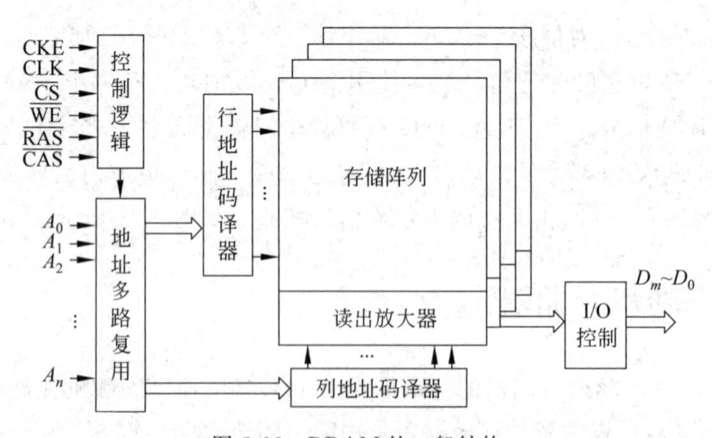


图 5-22　DRAM 的一般结构

动态随机存储器通过把电荷存储到电容上实现信息存储。由于存储的信息随集成电容上电荷的泄漏可能丢失，动态随机存储器必须定时刷新。另外，读出操作对动态随机存储器具有破坏作用。如果原来存储的信息为逻辑1，读操作时电容放电，读操作之后存储的信息变为逻辑0，所以这种电路每次读出之后须重写，以恢复原来的信息。

动态随机存储器的刷新必须将所有单元的信息读出，再重新写入原电路。刷新通常按行进行，每次送出不同的行地址，刷新不同行的存储单元，将行地址循环一遍，则刷新整个芯片的所有存储单元。由于刷新时列地址无效，芯片存储的信息不会送到数据总线上。刷新时CPU不能读/写存储器。动态随机存储器要求每隔2ms或4ms刷新一次，这个时间称为刷新周期。

### 1. DRAM芯片2164

Intel 2164 DRAM芯片的容量为64K×1b，即含有64K个存储单元，每个单元能存储1位信息。如图5-23所示，Intel 2164的引脚定义如下：

$A_0 \sim A_7$：地址输入线，多路复用。通过它将16位地址分两次输入到芯片中，第一次存入的8位地址为行地址，第二次存入的8位地址为列地址。它们被锁存到芯片内部的行地址锁存器和列地址锁存器中。

$D_{in}$：数据输入。

$D_{out}$：数据输出。

$\overline{RAS}$：行地址锁存信号，将行地址锁存在行地址锁存器中。

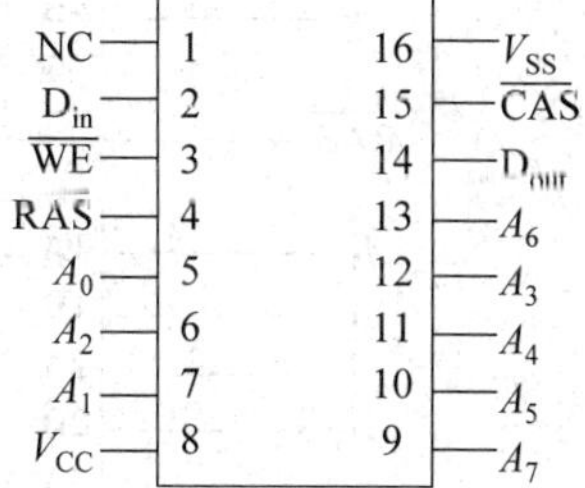


图5-23　Intel 2164引脚图

$\overline{CAS}$：列地址锁存信号，将列地址锁存在列地址锁存器中。

$\overline{WE}$：写允许信号。当它为低电平时，允许将数据写入。当它为高电平时，允许读出数据。

Intel 2164的行、列地址输入时序如图5-24所示。首先将行地址加在$A_0 \sim A_7$上，然后使$\overline{RAS}$行地址锁存信号有效，该信号的下降沿将行地址锁存在芯片内部。接着将列地址加到芯片的$A_0 \sim A_7$上，再使$\overline{CAS}$列地址锁存信号有效，该信号的下降沿将列地址锁存在芯片内部。之后根据$\overline{WE}$信号状态，在$\overline{CAS}$为高电平期间，完成数据输入或输出。

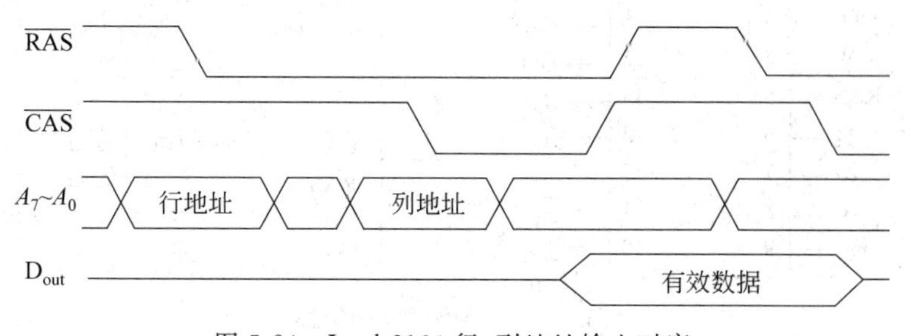


图5-24　Intel 2164行、列地址输入时序

为了实现Intel 2164地址线$A_0 \sim A_7$的多路复用，需要一组多路转换器。如图5-25

所示，通过 74157 多路转换器把系统的 16 位地址 $A_0 \sim A_{15}$ 一分为二，$A_0 \sim A_7$ 接 B 端作为行地址，$A_8 \sim A_{15}$ 接 A 端作为列地址。当为逻辑 1 电平时，B 端数据从 Y 端输出，Intel 2164 在由高到低跳变时接收 Y 端数据并锁存在行地址锁存器中。74157 有较长时间的传播延迟，使 Intel 2164 可以可靠地接收行地址。当为逻辑 0 电平时，A 端数据从 Y 端输出，等到为逻辑 0，Intel 2164 再次接收 Y 端数据并锁存在列地址锁存器中。

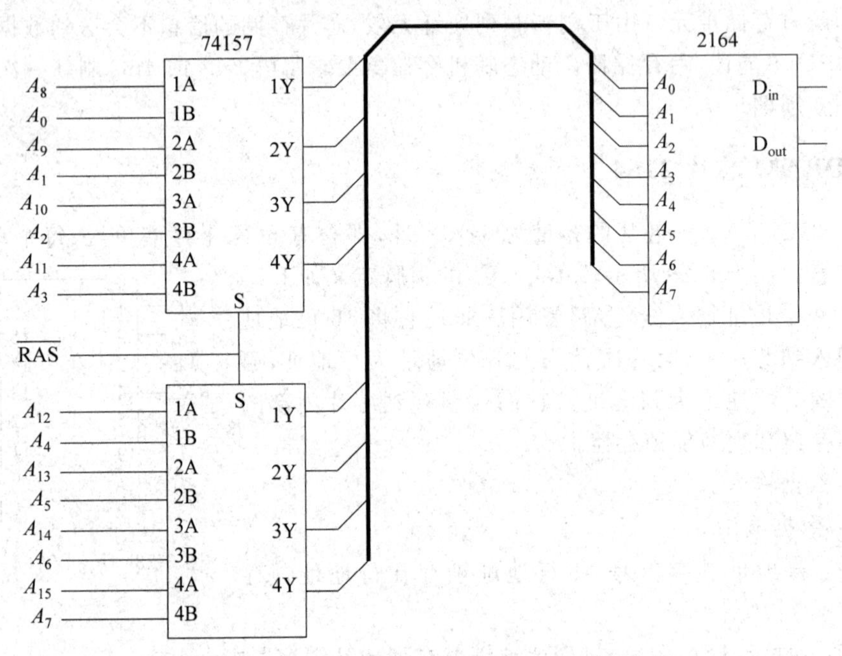

图 5-25　Intel 2164 接收行、列地址的多路转换器

## 2. 常见的 DRAM 芯片简介

图 5-26 是 TMS4464DRAM 芯片，它的容量为 64K×4b，有 8 根地址引脚 $A_0 \sim A_7$，4 根数据线 $DQ_1 \sim DQ_4$。

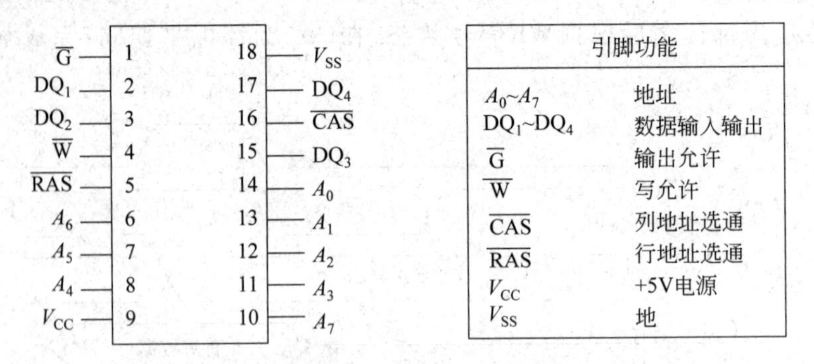


| 引脚功能 | |
|---|---|
| $A_0$~$A_7$ | 地址 |
| $DQ_1$~$DQ_4$ | 数据输入输出 |
| $\overline{G}$ | 输出允许 |
| $\overline{W}$ | 写允许 |
| $\overline{CAS}$ | 列地址选通 |
| $\overline{RAS}$ | 行地址选通 |
| $V_{CC}$ | +5V电源 |
| $V_{SS}$ | 地 |

图 5-26　TMS4464 引脚图

图 5-27 是 HYB41256DRAM 芯片，它的容量为 256K×1b，9 根地址引脚 $A_0 \sim A_8$，1 根数据输入引脚 $D_{in}$，1 根数据输出引脚 $D_{out}$。目前，高密度 DRAM 芯片可以具有不止

一个 $D_{in}$ 和 $D_{out}$ 信号引脚，有些 DRAM 芯片上有 4、8、16、32 甚至 64 根数据引脚。

| 信号 | 引脚 | 引脚 | 信号 |
|---|---|---|---|
| $A_8$ | 1 | 16 | $V_{SS}$ |
| $D_{in}$ | 2 | 15 | $\overline{CAS}$ |
| $\overline{WE}$ | 3 | 14 | $D_{out}$ |
| $\overline{RAS}$ | 4 | 13 | $A_6$ |
| $A_0$ | 5 | 12 | $A_3$ |
| $A_2$ | 6 | 11 | $A_4$ |
| $A_1$ | 7 | 10 | $A_5$ |
| $V_{CC}$ | 8 | 9 | $A_7$ |

| 引脚功能 | |
|---|---|
| $A_0 \sim A_8$ | 地址 |
| $D_{in}$ | 数据输入 |
| $D_{out}$ | 数据输出 |
| $\overline{WE}$ | 写使能 |
| $\overline{CAS}$ | 列地址选通 |
| $\overline{RAS}$ | 行地址选通 |
| $V_{CC}$ | +5V电源 |
| $V_{SS}$ | 地 |

图 5-27　HYB41256 引脚

DRAM 芯片发展很快，有容量为 16M×1b、256M×1b、1G×1b、2G×1b、4G×1b 的芯片，还有 1M×16b、32M×16b、64M×16b 的芯片等。按照其工作电压，划分为 SDRAM、DDR2 SDRAM、DR3 SDRAM、DR4 SDRAM 等多种类型。

## 5.2.4　动态随机存储器应用

像 2164、4164、41256 这样的 DRAM，每一个存储单元只能存储 1 位数据，而 CPU 存取数据时的基本单位是字节，所以要想使用这样的芯片构成存储器，首先应该进行位扩展。为了能存储 1 字节的信息，就需要至少 8 个这样的芯片堆叠在一起构成一组，其中每个存储芯片的地址线和控制线（包括片选信号线、读/写信号线）全部一对一地接在一起，但是要将它们的数据线分别引出作为字节的不同位。这样，就可以将这个组合当做一个字长满足需要的芯片使用。所以 DRAM 芯片常放置在一块小电路板上，称为存储器模块。图 5-28 是单列直插式存储器模块（Single In-line Memory Modules），简称 SIMM。

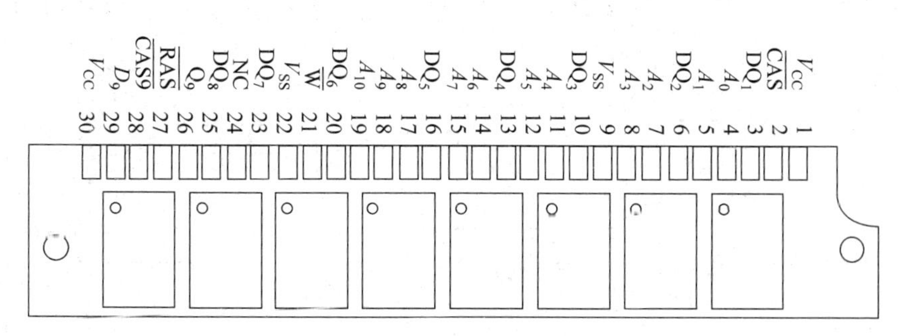


图 5-28　单列直插式存储器模块

图 5-28 中的 SIMM 有 11 根地址线 $A_0 \sim A_{10}$，存储容量为 $2^{22}$ = 4MB。数据位宽是 8 位，$DQ_1 \sim DQ_8$ 为数据输入/输出引脚，满足 CPU 的基本要求。$\overline{RAS}$为行地址选通脉冲引脚。$\overline{CAS}$为列地址选通脉冲引脚。$\overline{W}$：写允许，NC：空脚，$V_{CC}$：+5V 电源供电引脚，$V_{SS}$：接地引脚。电路原理图如图 5-29 所示。

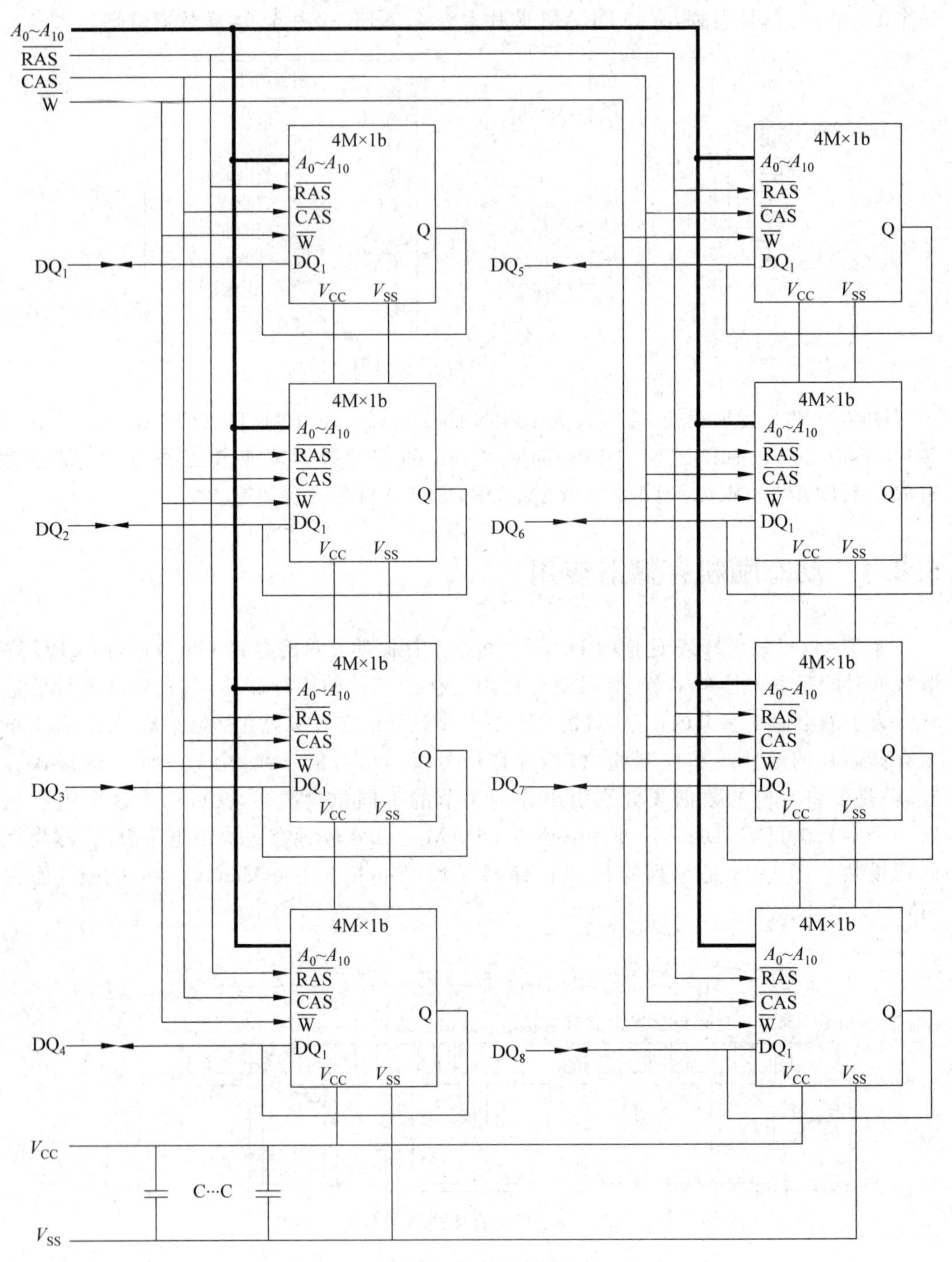


图 5-29　4M×8b 的 SIMM 原理图

图 5-30 是两个单列直插式存储器模块。SIMM 存储器模块根据引脚分为 30 线和 72 线。上面一个是 30 线 SIMM 模块，通常它含有 8 根数据线，内存容量有 1M×8b 或 1M×9b，4M×8b 或 4M×9b，第 9 位是奇偶校验位。下面一个是 72 线 SIMM 内存，容量可

以是 1M×32b，2M×32b，4M×32b，8M×32b，16M×32b。72 线的 SIMM 不但存储容量更大，而且数据总线的位宽是 32b。

图 5-30　2 个 SIMM

除了 SIMM，还有 DIMM 双列直插式存储器模块，Pentium 处理器使用的是 64 位 DIMM 内存条。DIMM 是目前使用最多的内存封装形式，比如 SDRAM、DDR 内存、EDO 内存，其中 SDRAM 具有 168 线引脚并且提供了 64b 数据寻址能力，如图 5-31 所示。DDR SDRAM 具有 184 线引脚，可以在一个时钟读/写两次数据，使得数据传输速度加倍。这是目前计算机中用得最多的内存。

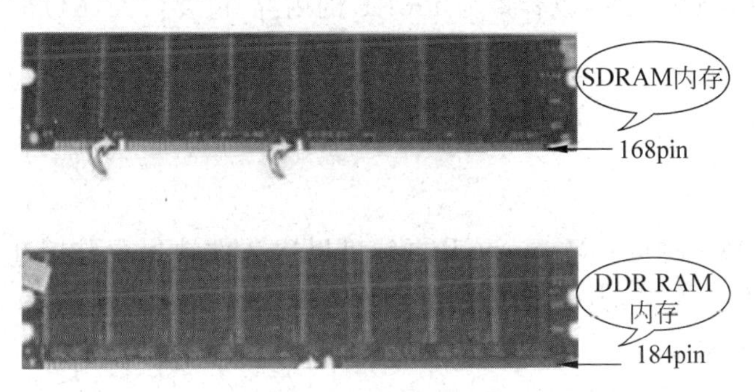


图 5-31　DIMM 存储模块

任何存储芯片的存储容量都是有限的。要构成一定容量的内存，往往单个芯片不能满足要求，可能是存储单元个数不够，也可能是字长不符合要求，更可能是字长、存储单元数都不能满足要求。这时就需要多个存储芯片组合，这种组合称为存储器的扩展。存储器扩展包括位扩展、字扩展和字位扩展 3 种方式。

位扩展的方法是将每片存储芯片的地址线和控制线全部一对一地接在一起，将它们的数据线分别引出作为字节的不同位，以满足字长的要求。图 5-29 是典型的位扩展实例。

字扩展是对存储空间的扩展，就是要增加存储单元的个数。例如，用 2K×8b 的存储器芯片组成 4K×8b 的存储器系统。字扩展的方法是将每片芯片的地址信号、数据信号和读/写控制信号等一对一地与系统总线中的相应信号线相连，将各芯片的片选信号与地址译码器的输出信号相连，如图 5-32 所示。

在构成存储器时，常常是既要进行位扩展又要进行字扩展才能满足存储容量的要求。扩展需要的芯片数量可以利用公式计算。假如要构成一个容量为 $N \times M$ 位的存储器，若使用 $B \times b$ 位的芯片（$B<N, b<M$），则构成这个存储器需要：$(N/B)\times(M/b)$ 个存储器

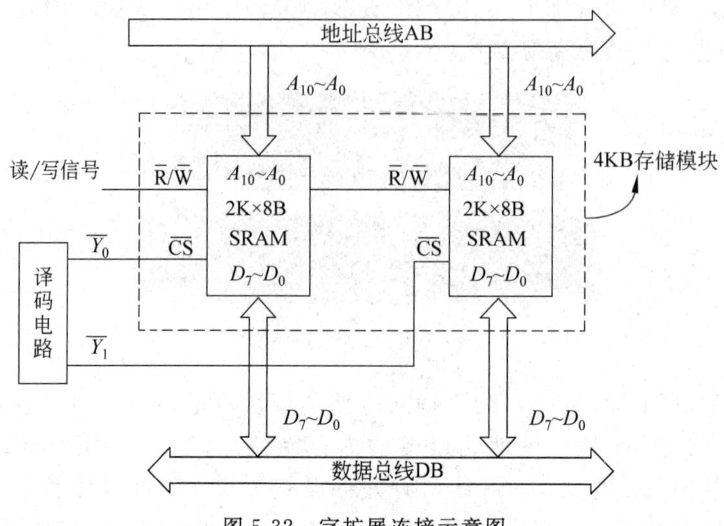


图 5-32　字扩展连接示意图

芯片。例如：用 Intel 2164 构成容量为 128KB 的内存，需要(128/64)×(8/1)＝16 个。

# 5.3　只读存储器

只读存储器(Read-Only Memory，ROM)可以永久性地保存驻留在系统中的程序和数据，不管加电还是掉电，其存储的内容都不会改变，所以常被称为非易失性存储器(nonvolatile memory)。

## 5.3.1　只读存储器简介

常用的只读存储器类型有：掩膜式 ROM、可编程 ROM、可擦除可编程 ROM。根据擦除方式，可擦除可编程 ROM 又分为紫外线擦除可编程 EPROM、电擦除可编程 $E^2$PROM 和闪存。只读存储器一般用于存放永久驻留在系统中的程序，如监控程序、BIOS 程序等。

### 1. 掩膜式 ROM

掩膜 ROM 存储的信息是由生产厂家根据用户的要求，在生产过程中采用掩膜工艺(即光刻图形技术)一次性直接写入的。掩膜 ROM 一旦制成，内容不能再改写，因此它只适合于存储永久性保存的程序和数据。掩膜型 ROM 功耗小，但数据存取速度比较慢。常见的掩膜 ROM 有音乐掩膜 ROM、显示字库、中文语音合成芯片等。

### 2. 可编程 ROM

掩膜 ROM 在生产完成之后，保存的信息就已经固定下来，这给使用者带来了不便。为了解决这个问题，设计制造了一种可由用户通过简易设备写入信息的 ROM 器件，即可编程的 ROM，称为 PROM。

PROM 出厂时各单元内容全为 0，用户可用专门的写入器将信息写入，这种写入是破坏性的，即某个存储位一旦写入 1，就不能再变为 0，因此对这种存储器只能进行一次编程。根据芯片的构造，PROM 分为两类：结破坏型和熔丝型。图 5-33 是熔丝型 PROM 的一个存储元示意图。

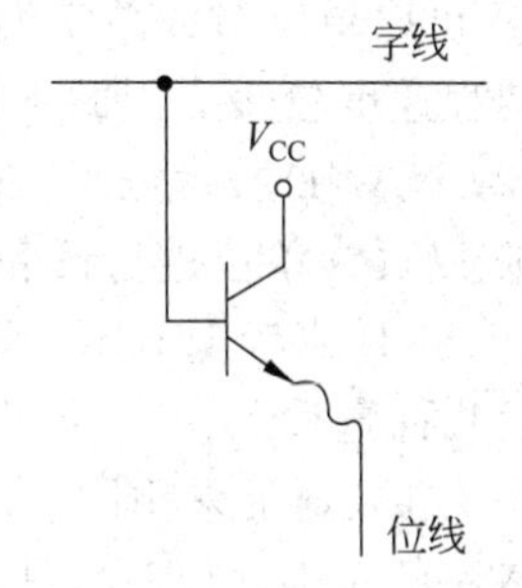

图 5-33　熔丝型 PROM 存储元

熔丝型可编程 ROM 的基本存储元由 1 个三极管和 1 根熔丝组成。出厂时，每一根熔丝都与位线相连，存储的信息都是“0”。如果对选中的基本存储元电路通以 20～50mA 的电流，熔丝将烧断，则该存储元存储的信息为“1”。烧断的熔丝无法再接通，因而 PROM 只能一次编程，编程后不能再修改。

### 3. EPROM

EPROM(Erasable Programmable ROM)是一种紫外线可擦除可编程只读存储器，可以多次擦除和写入信息。EPROM 封装方法与一般集成电路不同，有一个能通过紫外线的石英窗口，用紫外灯照射 20～30 分钟，原信息就可以全部擦除。擦除后各单元内容均为 FFH，恢复到出厂状态。写好信息的 EPROM 为了防止因光线长期照射而引起的信息破坏，常用遮光胶纸贴于石英窗口上。

EPROM 的擦除是对整个芯片进行的，不能只擦除个别单元。擦除用时较长，而且擦除和写入都需要专用设备，使用不方便。因此，能够在线擦写的 $E^2$PROM 芯片近年来得到广泛应用。

### 4. EEPROM

电可擦除可编程只读存储器(Electrically Erasable Programmable ROM，EEPROM)也称 $E^2$PROM。它是一种在线可擦除可编程只读存储器。它不需要编程高压，也不需要专用编程设备，+5V 电压即可进行擦除和改写。它能像 ROM 那样掉电后信息不丢失，又能像 RAM 那样随机地读/写，只是写入时间比普通的 RAM 长很多。EEPROM 容量小，可以按位擦写，常用来存放 PCB 版本信息、厂家名称和版本序列号等信息。常用的 EEPROM 芯片通过 SPI 或者 $I^2C$ 接口总线与系统连接。

### 5. FLASH

闪速存储器(Flash Memory)，简称 FLASH 或闪存。目前，常用的 FLASH 主要有 NOR FLASH 和 NAND FLASH 两种规格。NOR 技术源于 EPROM 器件，与其他闪存相比具有可靠性高、随机读取速度快的优势，在擦除和编程操作较少而经常直接执行代码的场合，尤其是纯代码存储的应用中广泛使用，如 PC 的 BIOS 固件、智能手机等。

(1) NOR 技术的 FLASH 的特点

① 程序和数据可以存放在同一芯片上，拥有独立的数据总线和地址总线，允许系统直接从 FLASH 中读取代码执行，而不必将代码存入 RAM。

② 可以单字节或单字编程，但不能单字节擦除，必须以块为单位或对整片擦除。擦除和编程速度较慢。因此不适合在纯数据存储和文件存储的应用中。

(2) NAND 技术的 FLASH 的特点

① 以页为单位进行读和编程操作，一页为 256B 或者 512B。以块为单位擦除，一块为 4KB、8KB 或者 16KB。编程速度快擦除也快，块擦除时间是 2ms，NOR 技术的块擦除时间是几百毫秒。

② 数据、地址采用同一总线，串行读取数据。随机读取数据慢而且不能按字节编程。它的芯片尺寸小、引脚少，是位成本最低的固态存储器。

## 5.3.2 EPROM 应用

一般情况下，EPROM 中的信息能够保存达几十年之久。Intel 27XXX 系列的 EPROM 芯片有：2716(2K×8b)、2732(4K×8b)、2764(8K×8b)、27128(16K×8b)、27256(32K×8b)、27512(64K×8b)以及 271000(128K×8b)。下面以 2764 为例，介绍 EPROM 芯片的特性。

### 1. 2764 引脚

2764 外部引线如图 5-34 所示，各引脚的功能如下：

$A_0 \sim A_{12}$：13 根地址线。用于寻址片内的 8K 个存储单元。

$D_0 \sim D_7$：8 根双向数据线，正常工作时为数据输出线，编程时为数据输入线。

$\overline{CE}$：片选信号，低电平有效。

$\overline{OE}$：输出允许信号，低电平有效。

$\overline{PGM}$：编程脉冲输入端。将调试好的程序固化在 2764 中，习惯上称为编程。对 EPROM 编程时，在该端加上编程脉冲，正常读操作时$\overline{PGM}$端加高电平。

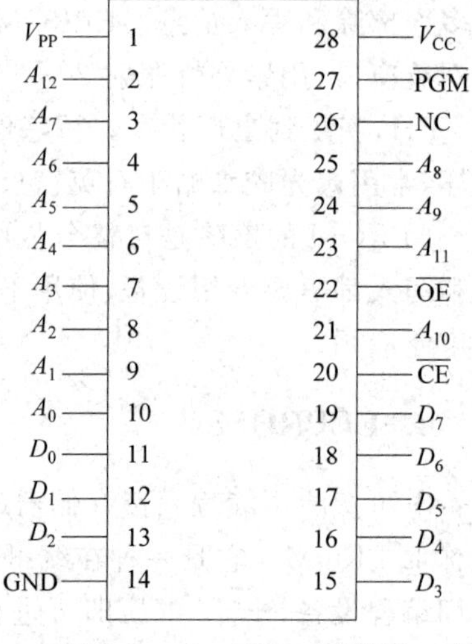


图 5-34 Intel 2764 引线图

$V_{PP}$：编程电压输入端。对 EPROM 编程时，需要特殊电压，可能是+12.5V，+15V，+21V，+25V，不同的芯片有不同的要求。如果编程电压比芯片要求的太低，程序固化不完全，某些位出错，固化失败，即使只有一位出错，固化也是失败。固化电压太高，可能击穿芯片。

### 2. 2764 的工作方式

2764 有 3 种工作方式：读出、编程写入和擦除。

(1) 数据读出

这是 2764 的正常工作状态，工作过程与 RAM 芯片类似。当 $A_0 \sim A_{12}$ 地址线收到存储单元地址，并且$\overline{CE}=0$、$\overline{OE}=0$，芯片中的数据就出现在 $D_0 \sim D_7$ 上。

(2) 编程写入

EPROM 编程需要专用设备。编程的工作原理是：每个编程脉冲固化一个字节的数据。具体的方法是：$V_{CC}$接+5V，$V_{PP}$加上编程电压；在地址线$A_0$～$A_{12}$上给出编程存储单元的地址，然后使$\overline{CE}$=0、$\overline{OE}$=1；并在数据线上给出要写入的数据，在$\overline{PGM}$端加上编程脉冲，就可将一个字节的数据写入相应的地址单元中。如果其他信号状态不变，将$\overline{OE}$变低，可以立即读出数据，与原始数据比较，检查写入过程是否正确。也可以固化完所有数据后再统一进行校验。若检查出写入数据有错，则必须全部擦除，再重新固化。

不同厂家、不同型号的 EPROM 芯片，对编程的要求不一定相同，编程脉冲的宽度也不一样，但编程的方法是一样的。

(3) 擦除

利用一定剂量的紫外线光照射 EPROM 的窗口，经过 15～20 分钟即可将芯片内原有的信息擦除干净。一个新的或擦除干净的 EPROM 芯片，每一个存储单元的内容都是 FFH。EPROM 可擦除上万次。

### 3. EPROM 应用

2764 与系统的连接方法与 SRAM 6264 一样，可以按 SRAM 6264 的设计方法设计电路。2764 的编程脉冲输入端$\overline{PGM}$及编程电压 $V_{PP}$ 端都接+5V。图 5-35 是 2764 芯片与 8088 系统总线的连接图。2764 的地址范围为 70000H～71FFFH。

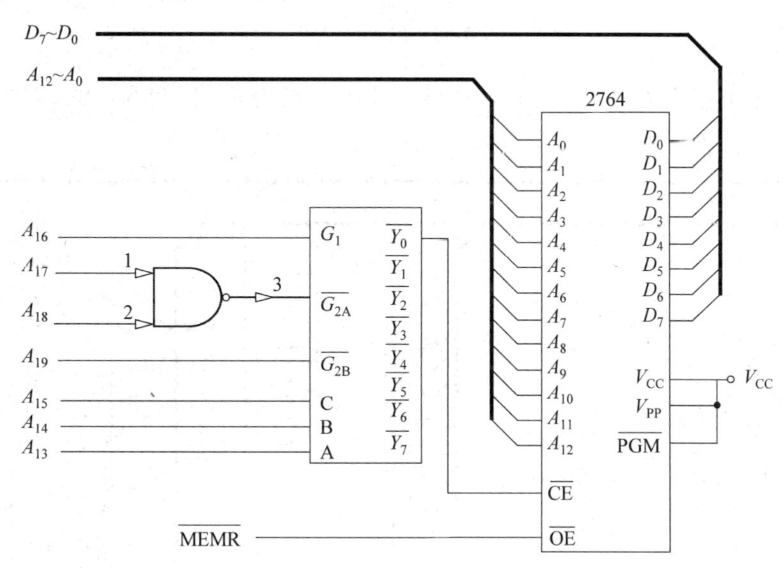


图 5-35　2764 与 8088 系统的连接图

除了 2764 的$\overline{PGM}$引脚在 6264 上为$\overline{WE}$引脚之外，2764 的引线布局和 6264 芯片相同，可以使用同一个插座。27 系列和 62 系列的芯片都具有这种对应的设计。开发微控系统时，可以先将 6264 作为存储芯片调试程序。程序调试成功后，将程序固化在 2764 中，用 2764 替换 6264 插在原来的插座上。系统加电后就会自动运行，实现自动化控制。

图 5-36 是由两个 27256 组成的 64K×8b 的只读存储系统。27256 的容量为 32K×8b，地址线有 $A_0$～$A_{14}$ 共 15 根，数据线 8 根。这个存储器的地址范围为 E0000H～EFFFFH。

图 5-37 是一个小型嵌入式系统的内存储器。它是由一个 SRAM 芯片 621000 和一个 EPROM 芯片 271000 组成的 256K×8b 的存储系统。621000 芯片的容量是 128K×

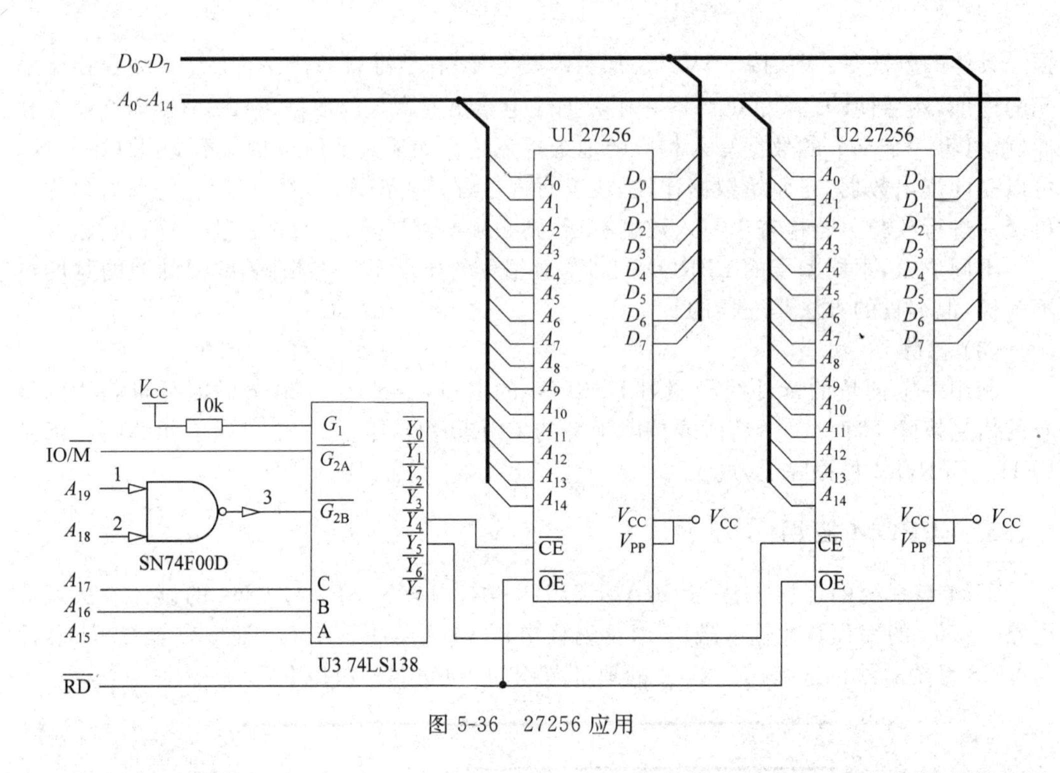


图 5-36　27256 应用

8b,在图中的地址范围为 00000～1FFFFH。271000 的容量为 128K×8b,在图中的地址范围为 E0000H～FFFFFH。

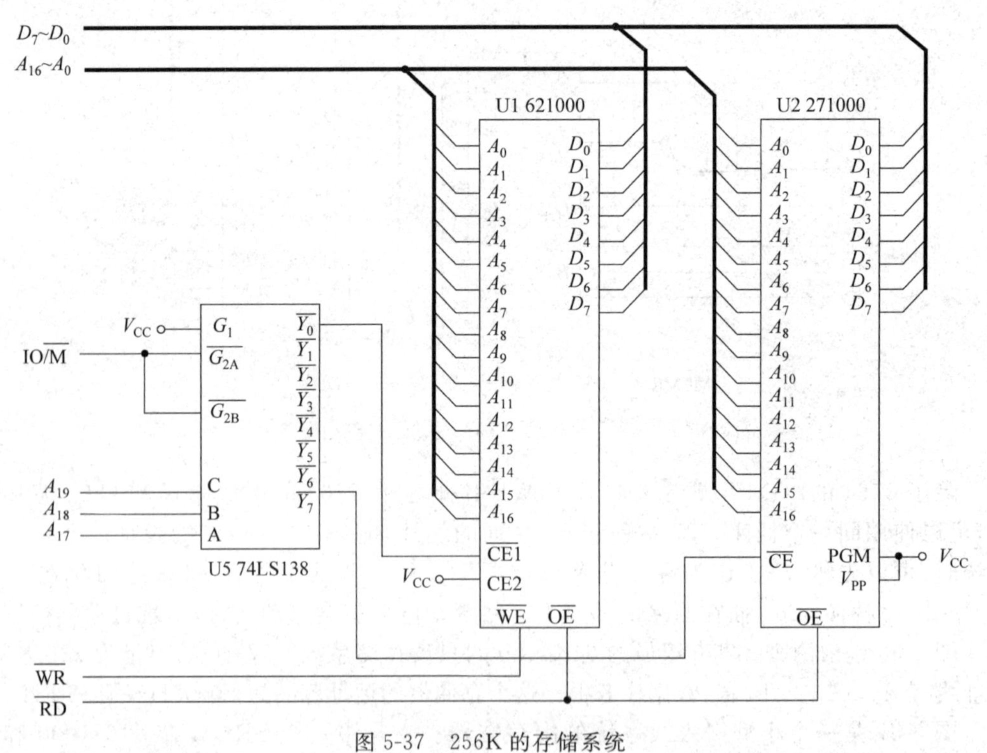


图 5-37　256K 的存储系统

# 5.4　高速缓冲存储器

影响计算机系统性能的因素有很多，CPU 与内存之间的存取速度是关键。现代微型计算机系统中的内存多采用动态随机存储器 DRAM，其容量大、集成度高、价格低。DRAM 靠电容存储信息，电容的充放电时间很难缩短。到目前为止，最快的 DRAM 的存取时间是 40ns。80386 所允许的存储器存取时间是 50ns，之后的 CPU 所允许的存取时间越来越短，显然 DRAM 不能满足快速发展的 CPU 的存取要求。因此，虽然多年来采取了多种技术提高 DRAM 的存取速度，但依然难如人意。

静态随机存储器 SRAM，其存取速度快，但集成度低且价格高，不适宜代替 DRAM 在微型计算机系统中的大量应用。为了缓解 CPU 和内存之间存取速度的矛盾，在 CPU 和内存之间插入一小块 SRAM，称为 Cache，将当前正在执行的指令及相关联的后继指令集从内存读到 Cache，使 CPU 执行下一条指令时，从 Cache 中读取，如图 5-38 所示。Cache 的存在使 CPU 既可以以较快的速度读取指令和数据，又不至于使微型计算机的价格大幅提高。

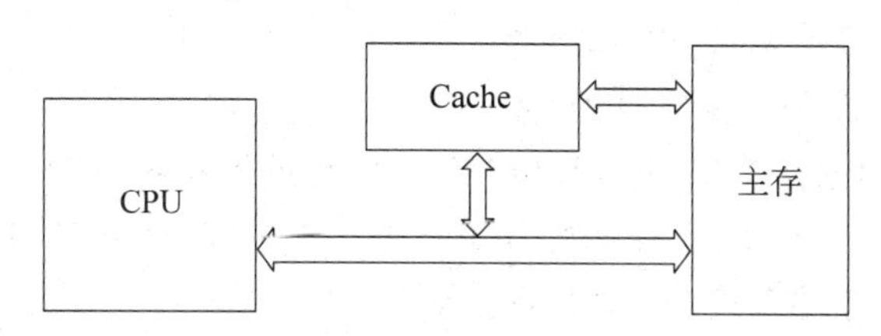


图 5-38　微型计算机系统中的 Cache

高速缓冲存储器的工作原理是基于程序和数据访问的局部性。

通过对大量程序运行情况的分析表明，程序在运行期间，在一个较短的时间间隔内，CPU 对内存的访问往往集中在存储器的一个很小的范围内。这是因为程序指令在内存中是连续存放的，再加上程序结构中多采用循环程序、子程序，使得 CPU 对内存的访问具有时间上集中分布的倾向。程序执行时使用的数据也具有局部特性。由此，把一段时间内一定范围的信息成批地从主存读到一个存取速度高的小容量存储器 Cache 中，使 CPU 到 Cache 中读取后继的指令和数据，减少 CPU 访问主存的次数，从整体上提高 CPU 访问内存的速度。

Cache 和主存储器构成主存储系统。CPU 在读取指令和数据时，总是先在 Cache 中寻找，若找到则读入，称为命中；若找不到再到主存中寻找，称为未命中。CPU 在读取未命中的指令和数据时，把与其相关联的指令和数据一并读入 Cache，保证下次命中；同时，将现在在 Cache 中的指令和数据调出 Cache，存入主存。所以 Cache 中的信息总是在不断更新。

CPU 读取程序和数据时的命中率与 Cache 的容量有关，Cache 容量越大，命中率越高，而且 Cache 与主存之间的信息交换次数也会减少。但 Cache 的容量也不可太大，太大会影响微型计算机的价格，而且 Cache 的命中率也不与容量呈正比。当 Cache 的容量大到一定程度，命中率将不再随着容量的增加而明显的增长，所以 Cache 的容量与主存容量应保持一定比例，使 CPU 既保持较高的命中率，同时微型计算机的成本没有大幅增加。一般情况下，32MB 的内存容量设置 256KB 的 Cache，就可以使命中率在 90%以上。

Cache 的存在加快了 CPU 访问存储器的速度，但是增加了硬件的复杂度，而且 Cache 与内存之间的数据交换也增加了系统开销。所以，Cache 对系统整体性能的提高在 10%～20%之间。在 Pentium 微处理器系统中，采取了多级 Cache 结构。一级 Cache 集成在 CPU 芯片内，分为两部分，指令 Cache 和数据 Cache，容量基本在 4～64KB 之间，二级 Cache 在 CPU 芯片之外，容量分为 128KB、256KB、512KB、1MB、2MB 等。二级 Cache 对计算机整体性能影响更大。

Cache 技术完全由硬件实现，对程序员来说，Cache 就像是不存在。

# 练　习　题

1. 半导体存储器按照工作方式可分为哪两大类？它们的主要区别是什么？

2. 动态 RAM 为什么需要定时刷新？

3. 存储器的地址译码方法有哪两种方式？

4. 设计一个 4KB ROM 与 4KB RAM 组成的存储器系统，芯片分别选用 2716(2K×8b)和 6116(2K×8b)，其地址范围分别为 4000H～4FFFH 和 6000H～6FFFH，CPU 地址空间为 64KB，画出存储系统与 CPU 的连接图。

5. 试利用全地址译码将 6264 芯片接到 8088 系统总线上，使其所占地址范围为 32000H～33FFFH。

6. 若采用 6264 芯片构成内存地址在 20000H～8BFFFH 的内存空间，需要多少个 6264 芯片？

7. 设某微型机的内存 RAM 区的容量为 128KB，若用 2164 芯片构成这样的存储器，需多少个 2164 芯片？

8. 高速缓冲存储器的工作原理是什么？为什么设置高速缓冲存储器？

9. 现有两个 6116 芯片，所占地址范围为 61000H～61FFFH，试将它们连接到 8088 系统中，并编写测试程序，向所有单元输入任意一个数据，然后再读出与之比较，若出错则显示“Wrong!”，全部正确则显示“OK!”。

# 第6章

# 输入/输出与中断技术

计算机系统中，微处理器通过输入/输出接口驱动输入/输出设备。输入/输出接口是计算机与外界衔接的桥梁，也是计算机免受外界干扰和损害的隔离带。多数计算机系统设备通过专用接口实现与内存储器大规模快速数据交换。外围设备可以与计算机分离，它们通过通用接口与计算机交换数据。中断是CPU执行程序的一种方法，是CPU能够实时处理外部设备服务请求的一种措施，是应用程序介入操作系统的一种方式。

## 6.1 I/O接口概述

微型计算机中，通常把微处理器和内存储器之外的部分称为输入/输出系统。输入/输出系统包括输入/输出接口、输入/输出设备和输入/输出软件。

### 6.1.1 I/O接口功能

计算机运行的程序和处理的数据需要通过输入设备输入，处理结果需要通过输出设备输出，输入/输出设备是计算机的重要组成部分。图6-1是微型计算机中的常见设备。

可编程中断控制器、DMA控制器、PCI总线、系统实时时钟、扬声器、定时器等是组成系统不可或缺的设备，常称为系统设备；键盘、鼠标、显示器、打印机、磁盘、光盘、摄像头、音箱等常称为外部设备。计算机的外部设备种类繁多、类型复杂，有的是数字量，有的是模拟量，工作方式有机械的、电子的、机电的、磁电相结合的，它们的工作速度慢而且差异大，有一秒钟只能提供几个数据的传感器，也有每秒几百兆位的磁盘。因此，CPU与外部设备之间要想协调工作，需要一个桥梁将外部设备的信息进行缓冲、定时和变换，这就是接口。I/O接口是CPU与外部设备进行信息交换时必需的一组逻辑电路及控制软件，如图6-2所示。

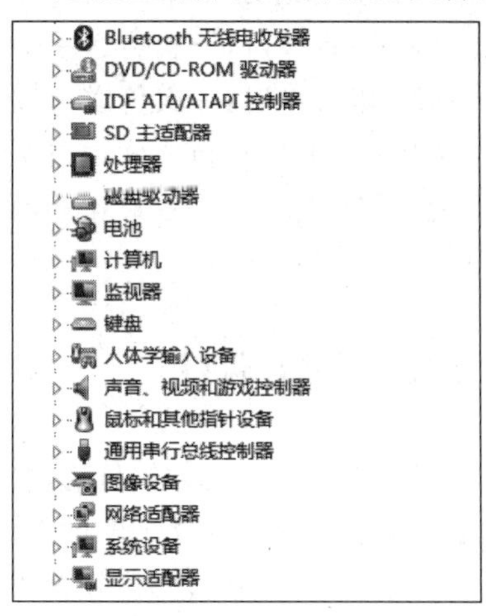


图6-1 微型计算机常见设备

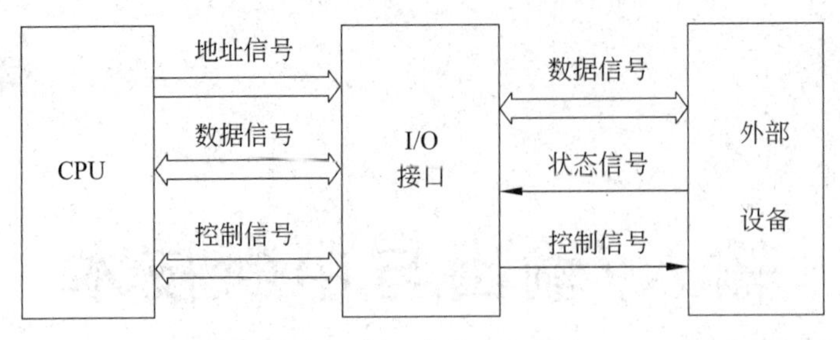

图 6-2 CPU 与接口和设备

I/O 接口应具有以下功能：

(1) 地址译码；

(2) 数据传送；

(3) 提供握手联络信号；

(4) 数据格式转换；

(5) 信号电平转换；

(6) 错误检测功能。

CPU 给接口分配地址，并通过地址总线将地址信息传送给接口。接口应该具有地址译码的能力。外部设备的工作速度往往远低于 CPU 的处理速度，CPU 发送的数据不能被外部设备及时读取，造成数据丢失，因此需要握手联络信号使 CPU 与 I/O 设备同步。CPU 发送数据时首先要确定外部设备是否能够接收；CPU 接收数据时首先要检测外部设备是否准备好数据。I/O 接口必须能够提供外部设备的状态信息，同时能够根据 CPU 的命令输出控制信号，对外部设备实施控制。I/O 接口应该具有对数据的锁存能力或者一定容量的缓存作为数据缓冲区。

外部设备多是复杂的机电设备，其信号电平多数与 TTL 或者 MOS 电路不兼容，需要接口完成信号的电平转换。接口和设备间的数据传输经常受到干扰，导致信息出错，接口应具备一定的错误检测能力，对传输信息进行校验。

按数据传送方式，I/O 接口分为并行接口和串行接口两类。

(1) 并行接口，一次传送一个字节或多个字节的所有位。

(2) 串行接口，一次传送一位，数据逐位传送，接口内必须有串/并转换部件。

CPU 与 I/O 接口之间通过系统总线传输信息，包括地址信息、控制信息和数据信息。I/O 接口与设备之间通过串行或并行方式交换信息，包括数据信息、控制信息和状态信息。

## 6.1.2 I/O 端口

CPU 与外设进行数据传输，接口电路需要设置若干专用寄存器，缓冲输入/输出数据，设定控制方式，保存输入/输出状态信息等，这些寄存器可被 CPU 直接访问，常称为端口。

根据端口传输的信息，端口可分为数据端口、状态端口和控制端口，用以传输数据信息、状态信息和控制信息。根据数据传输方向，端口可分为输入端口、输出端口或者是数据输入/输出的双向端口。只用于输出数据的端口称为数据输出端口，只用于输入数据的端口称为数据输入端口。状态信息由外部设备提供，CPU 适时读取，因此状态端口为信息输入端口。I/O 接口在开始工作前，CPU 需要设定它的工作方式，这些信息存放在控制端口。

CPU 从输入端口输入数据时，要求外部设备事先将数据准备好，CPU 根据自己的需要读取数据，所以要求输入端口必须具有通断控制能力。若外设本身具有数据保持能力，通常可以仅用一个三态门缓冲器作为输入接口，三态门具有"通断"控制能力。

CPU 向输出端口输出数据时，由于外设的速度慢，数据必须在输出端口保持一定的时间，使外设能够正确接收，所以输出端口应具备数据锁存能力。

## 6.1.3 I/O 端口编址方式

CPU 通过对端口分配地址识别它们，称为编址。编址方式有两种：与存储器统一编址、独立编址。

### 1. 与存储器统一编址方式

这种方式又称为存储器映射编址方式。它将 I/O 端口作为内存单元对待，由 CPU 统一分配地址。通常在 CPU 的地址空间中划出一部分作为输入/输出系统的端口地址范围，不再作为内存地址使用，如图 6-3(a)所示。

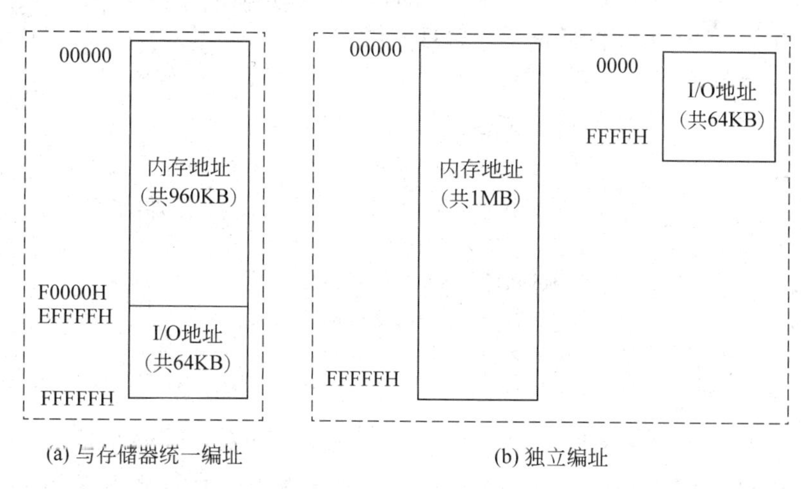


图 6-3 两种不同编址方式的地址空间

这种方式的优点：访问 I/O 端口和访问内存单元一样，所有访问内存的指令都可以访问 I/O 端口，不用设置专门的 I/O 指令。利用数据传送指令就可以实现 CPU 与 I/O 端口的数据交换；用测试指令可以测试端口的状态位，了解外设的状态，判断输入/输出操作的执行情况。这种方式也不需要专用的 I/O 端口控制信号，简化了系统总线。

缺点：占用一部分 CPU 地址空间。

## 2. 独立编址方式

CPU给I/O端口分配一个独立的地址空间，这个地址空间与内存地址空间隔离，称为I/O地址空间。I/O地址空间小，地址线根数少，所以在接口中，I/O端口地址译码电路较简单。这种编址方式虽然不占用内存空间，但是需要专用的输入/输出控制信号和专用的I/O指令。

基于Intel微处理器的计算机系统普遍采用I/O独立编址方式。如图6-3(b)所示，8088系统中内存空间为00000H～FFFFFH(1MB)，使用$A_0 \sim A_{19}$全部20根地址线寻址。I/O地址空间为0000H～FFFFH(64KB)，使用$A_0 \sim A_{15}$共16根地址线寻址。CPU提供专用的输入/输出指令IN和OUT。在最大模式下，CPU读/写内存使用$\overline{MEMR}$和$\overline{MEMW}$控制信号，读/写I/O端口使用$\overline{IOR}$和$\overline{IOW}$。在最小模式下，内存空间和I/O空间由$IO/\overline{M}$区分，$IO/\overline{M}$为逻辑0，CPU读/写内存；$IO/\overline{M}$为逻辑1，CPU读/写I/O接口。

CPU的I/O地址空间中0000～03FFH区间通常留给系统设备和ISA总线的端口使用。其中，0000～00FFH区间的端口地址用于访问系统板上的设备，如时钟、定时器和键盘接口等。这个区间的地址$A_8 \sim A_{15}$都为0；为了使用方便，这个区间的端口地址在IN、OUT指令中以8位地址的形式出现，只体现了$A_0 \sim A_7$的内容。0400H～FFFFH地址区间用于用户应用、主板功能扩展和PCI总线。

8086/8088指令系统中的IN指令和OUT指令是CPU与I/O设备之间实现信息交换的专用指令，实际上是在累加器与I/O设备之间传送信息。CPU向I/O设备发送信息使用OUT指令，CPU从I/O设备读入信息使用IN指令。

常见的I/O指令形式：

```
IN AL, PORT        ;从 PORT 端口中输入一个字节
IN AX, PORT        ;从 PORT 端口中输入一个字
IN AL, DX          ;从 DX 端口中输入一个字节
IN AX, DX          ;从 DX 端口中输入一个字
OUT PORT, AL       ;把 AL 中的数输出到 PORT 端口中
OUT DX, AL         ;把 AL 中的数输出到 DX 端口中
OUT PORT, AX       ;把 AX 中的数输出到 PORT 端口中
OUT DX, AX         ;把 AX 中的数输出到 DX 端口中
```

指令中的PORT是8位I/O端口地址，也常称为端口号。8086/8088系统中I/O端口地址有8位和16位两种形式，8位的地址可以直接在指令中使用，如PORT，16位的端口地址必须存入DX寄存器。Intel把8位的地址形式称为固定地址(fixed address)，用于访问系统板上的设备，如时钟、定时器和键盘接口等；把16位的地址称为可变地址(variable address)。16位的端口地址用于访问串行口、并行口、磁盘驱动器、光盘驱动器和视频接口等。

I/O端口一次能够传送数据的位数，称为端口位宽。端口位宽有8位、16位和32位等。16位的端口实际上是连续编址的2个8位端口，32位端口实际上是连续编址的4个8位端口。例如，如果16位端口地址是300H，要从它输入16位的数据，实际上就是访问

300H、301H 两个端口。指令序列如：

```
MOV  DX, 300H
IN  AX, DX
```

除了 8086/8088 CPU 外，Intel 所有的微处理器都有 INS、OUTS 指令，用于在存储器和 I/O 设备之间传送数据串，本书不做介绍。

**3. 输入/输出端口地址译码**

I/O 端口的地址译码与内存地址译码原理一样，可以用基本逻辑门电路搭建，也可以使用专用的译码器译码。

与存储器统一编址的 I/O 端口，使用与存储器相同的地址线、数据线和控制信号线，因而地址译码方式与存储器地址译码方式相同。地址线根数多，地址译码电路复杂。独立编址的 I/O 端口，地址线根数少，地址译码电路简单。8088 系统中 I/O 端口地址译码是对 $A_0 \sim A_{15}$ 共 16 根地址线译码，控制信号为 $\overline{\text{IOR}}$ 和 $\overline{\text{IOW}}$ 或者 IO/$\overline{\text{M}}$、$\overline{\text{WR}}$、$\overline{\text{RD}}$。

在嵌入式或者小型系统中，如果 I/O 设备端口不超过 256 个，为了简化地址译码电路，则可以只对 $A_0 \sim A_7$ 地址线译码。图 6-4(a)译码电路的端口地址为 40H～47H，图 6-4(b)译码电路的端口地址为 8000H～FFFFH。

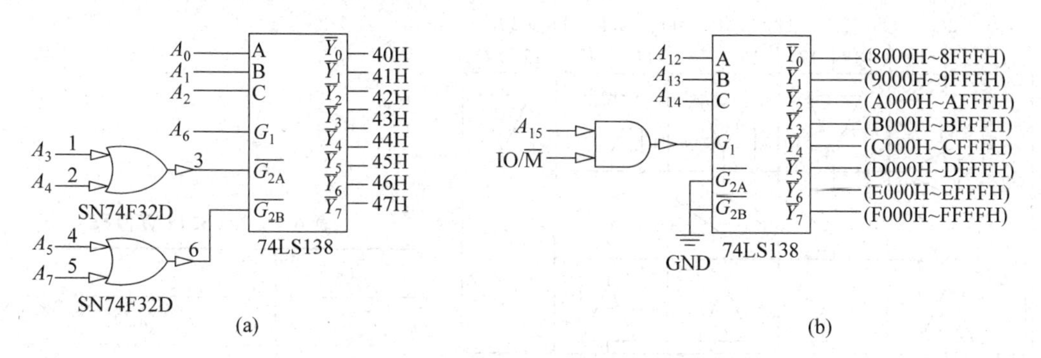


图 6-4　8 位端口地址译码电路

## 6.1.4　基本输入/输出接口

大多数数字电路和微处理器的输出为 5V 并且只有几毫安电流，但许多电子电路和电子设备需要的电压和电流远大于此，这样的负载可能毁坏这些数字电路。所以，在接口或者设备与微处理器连接之前，必须了解微处理器、接口及设备的终端特性。例如，微处理器每个输入引脚的输入电流要求，每个输出引脚的输出电流驱动能力，对电源的要求，以及工作环境温度等，了解这些才能选择适当的接口器件与微处理器连接，从而不损坏微处理器或器件。

5V 标准 TTL 电路的输入低电平电压范围为 0～0.8V，输入高电平电压最低为 2.0V；输出低电平电压范围为 0～0.4V，输出高电平电压最低为 2.4V。

### 1. 基本输入接口

基本输入接口是一组三态缓冲器。设备的接口电路挂接在系统总线上，但是由设备输入的数据不能直接加载到数据总线。总线结构的计算机系统，除了 CPU 之外的任何其他部件都不能直接加载数据到数据总线。所以，接口上需要有一个“开关”一样的电路，当 CPU 读取外部设备的数据时，这个“开关”就将设备已经准备好的数据加载到数据总线，然后 CPU 通过数据总线接收数据。也就是说输入端口必须具有“通断”控制能力。芯片 74LS241、74LS244、74LS245、74LS240(反相)等 8 位总线缓冲器/驱动器/接收器，都是常用的总线接口器件。三态缓冲器是接口电路的基础电路，每个接口电路都必须有此部分，有时它作为独立电路出现，有时被包含在一个可编程 I/O 设备的内部。

图 6-5 是 74LS244 的引脚及功能框图。74LS244 是具有三态输出的 8 位缓冲器/驱动器/接收器。含有 8 个三态门，有两个控制端：$1\overline{G}$ 和 $2\overline{G}$，低电平有效。每个控制端控制 4 个三态门，通常将两个控制端连接在一起同时控制 8 个三态门的通断。74LS244 的 A 端为数据输入端，连接符合 TTL 标准的信号，Y 端为数据输出端。通过在控制端设置高低电平对数据的传输进行“通断”控制。当控制端为低电平时，数据从 A 端输入，Y 端输出；当控制端为高电平时，三态门呈高阻状态，A 端与 Y 端断开。参见表 6-1、表 6-2。

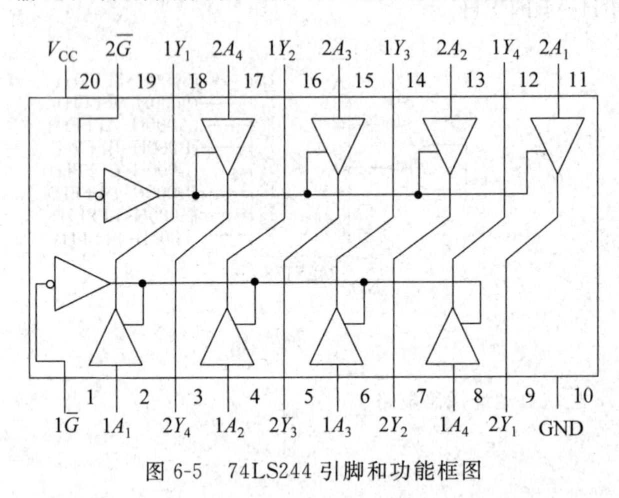


图 6-5 74LS244 引脚和功能框图

**表 6-1 74LS244 真值表**

| $\overline{G}$ | $A$ | $Y$ |
|---|---|---|
| 0 | 0 | 0 |
| 0 | 1 | 1 |
| 1 | $X$ | 高阻 |

**表 6-2 74LS244 的基本参数**

| 符号 | 参 数 | 最小值 | 额定值 | 最大值 | 单位 |
|---|---|---|---|---|---|
| $V_{CC}$ | 工作电压 | 4.75 | 5 | 5.25 | V |
| $V_{IH}$ | 输入高电平电压 | 2 | | | V |
| $V_{IL}$ | 输入低电平电压 | | | 0.8 | V |
| $I_{OH}$ | 输出高电平电流 | | | −15 | mA |
| $I_{OL}$ | 输入低电平电流 | | | 24 | mA |
| $T_A$ | 工作环境温度 | 0 | | 70 | ℃ |

若外设本身具有数据保持能力，通常可以仅用一个三态门缓冲器作为输入接口，图 6-6 是输入 8 位滑动开关状态的电路图。当 CPU 执行 IN 指令时，首先送出端口地址，端口地址经过译码电路使 CS244 信号为逻辑 0，当 RD 信号为逻辑 0 时，74LS244 的 A 端信号就输出到 Y 端，CPU 通过数据总线 $D_7 \sim D_0$ 接收 8 个开关的状态数据。开关断开时，CPU 收到逻辑 1；开关闭合时，CPU 收到逻辑 0。指令执行结束，RD 信号为高电平，74LS244 进入高阻抗状态。

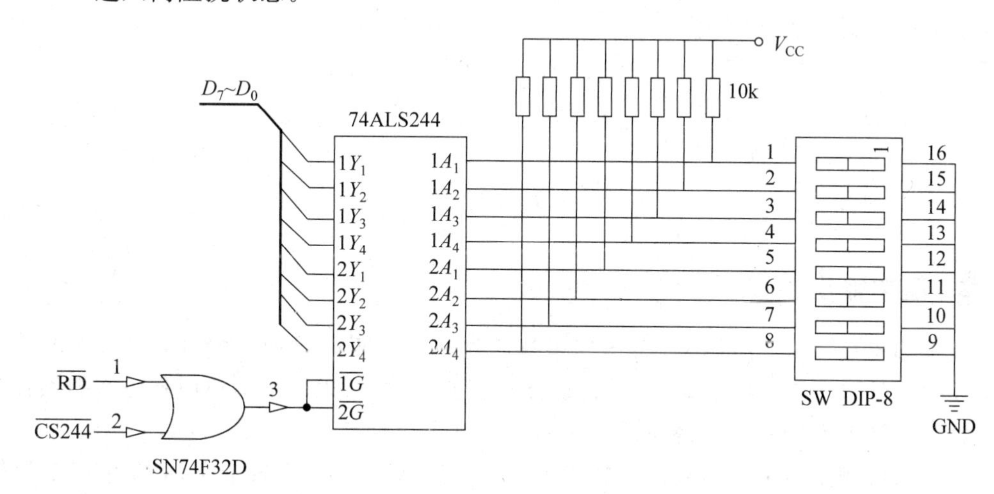


图 6-6　输入开关状态的基本输入接口

如果输入设备本身就是 TTL 或 TTL 兼容的电路，可以直接与微处理器或接口部件连接。如果输入设备是基于开关的设备，但是不符合 TTL 电平要求，就需要增加一些电路调整其输出。

例如一个简单的切换开关作为输入设备时，需要一个上拉电阻使高电平信号满足逻辑 1 的要求。如图 6-7 所示，当开关断开时，A 点电压接近 5V，输出逻辑 1；当开关闭合时，A 点电压接近 0V，输出逻辑 0。上拉电阻通常取值 1kΩ～10kΩ 之间。

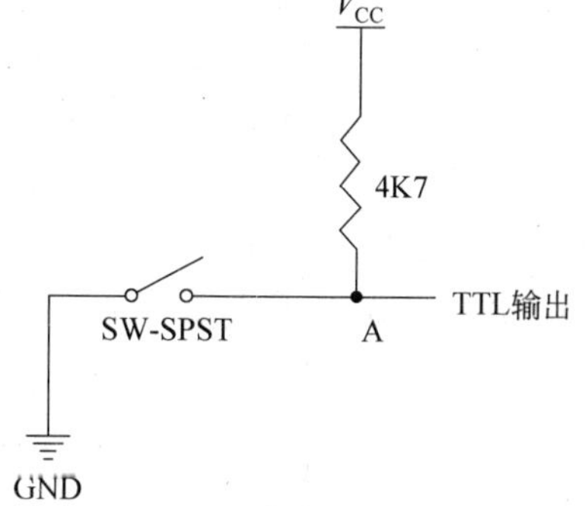


图 6-7　单刀单掷开关作为 TTL 设备

机械开关闭合时其触点会产生抖动，触点电压呈现高速断续现象，图 6-8 是常用的去抖电路。图 6 8(a)中单刀双掷开关接到 $\overline{Q}$ 上，与非门 A 的输出为逻辑 1，与非门 B 的输出为逻辑 0。当拨动开关但还没有接触到开关的 $Q$ 端时，A 的 2 脚为高电平，1 脚为低电平，A 的输出仍为逻辑 1。所以拨动开关产生的抖动被屏蔽。同理，当单刀双掷开关接到 $Q$ 上，与非门 A 的输出为逻辑 0，与非门 B 的输出为逻辑 1，接触时产生的抖动也被屏蔽。

图 6-8(b)也是常用的去抖电路。这种去抖动电路不需要上拉电阻，也比一般的由 RS 触发器组成的去抖电路简单。

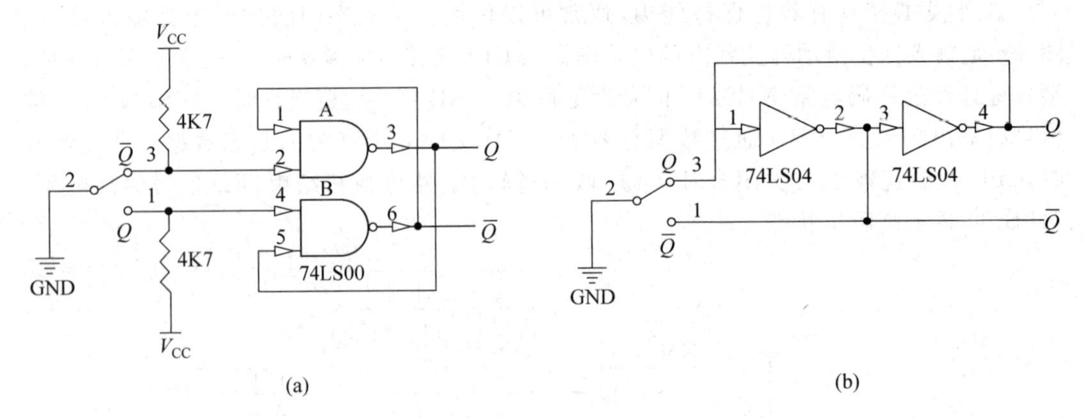


图 6-8　开关触点的去抖电路

## 2. 基本输出接口

基本输出接口从 CPU 接收数据并传送给设备。由于外设速度慢，CPU 发送的数据必须在输出接口保持一定的时间，使外设能够正确接收，所以输出接口应具备数据锁存能力。锁存器或触发器经常建造在接口内部。

锁存器或触发器都具有数据保持能力，如 74ALS273(8D 触发器)、74ALS373(8D 锁存器/触发器)、74ALS374(8D 锁存器/触发器)、74ALS574(8D 锁存器/触发器)。如果设备是随时可以接收数据的简单设备，如继电器、LED 发光二极管，那么只用一个触发器就可以构成输出接口。图 6-9 为利用 74ALS273 驱动 8 个 LED 灯。

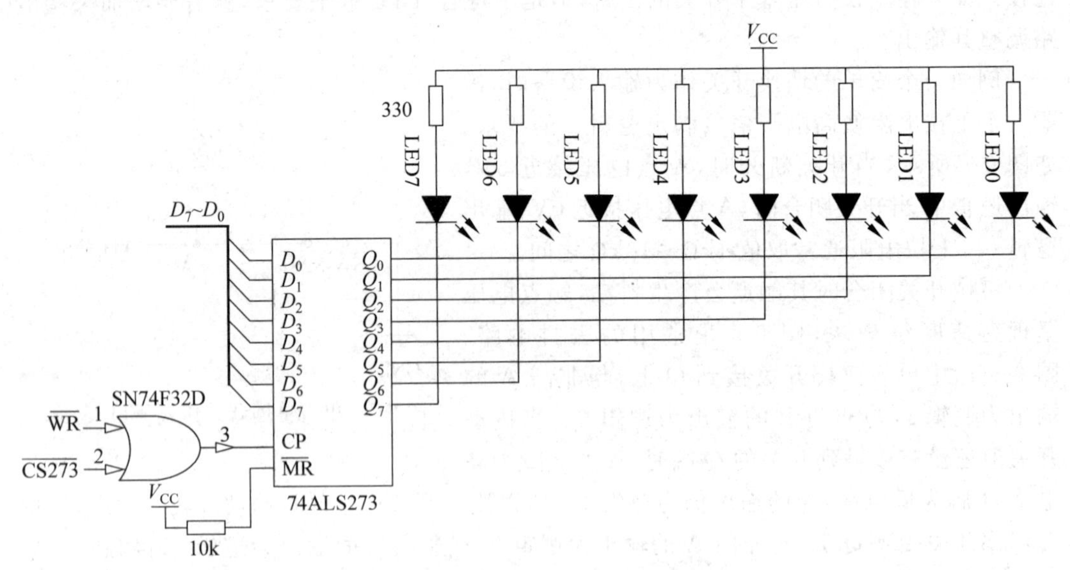


图 6-9　驱动 8 个 LED 灯的基本输出接口

74ALS273 是带清除端的 8D 触发器。如图 6-10 所示，74ALS273 有 8 个数据输入端 $D_7 \sim D_0$，对应有 8 个数据输出端 $Q_7 \sim Q_0$。MR 引脚为主清除端，低电平有效。CP 为触发端，上升沿触发。当 CP 从低电平到高电平跳变时，$D_7 \sim D_0$ 的数据输出到 $Q_7 \sim Q_0$ 并保持，直到 CP 端下一个上升沿信号出现。表 6-3 为 74ALS273 的真值表。

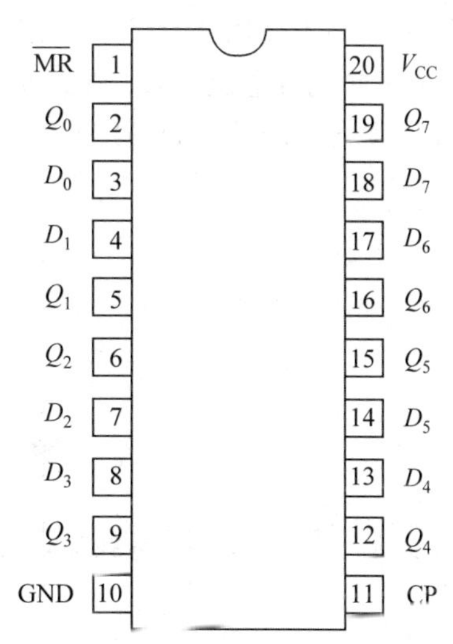

图 6-10　74ALS273 触发器引脚图

**表 6-3　74ALS273 真值表**

| $\overline{MR}$ | CP | $D_n$ | $Q_n$ |
|---|---|---|---|
| 0 | $X$ | $X$ | 0 |
| 1 | ↑ | 1 | 1 |
| 1 | ↑ | 0 | 0 |

图 6-9 中，当 CPU 执行 OUT 指令时，AL 中的数据通过数据总线传送到 74ALS273 的 $D_7 \sim D_0$ 上，WR 信号的后延（上升沿）使 CP 引脚获得上升沿，将数据锁存到 $Q$ 端输出。$Q$ 端输出逻辑 0 时，LED 灯亮；$Q$ 端输出逻辑 1 时，LED 灯灭。表 6-4 为 74ALS273 的基本参数。注意：输出低电平时电流 $I_{OL}$ 最大为 24mA，输出高电平时电流 $I_{OH}$ 为 2.6mA，而标准 LED 发光二极管的额定电流为 10mA，所以使用 74ALS273 输出低电平驱动 LED 灯。

**表 6-4　74ALS273 触发器的基本参数**

| 符号 | 参　　数 | 极限值 | | | 单位 |
|---|---|---|---|---|---|
| | | 最小值 | 额定值 | 最大值 | |
| $V_{CC}$ | 工作电压 | 4.5 | 5.0 | 5.5 | V |
| $V_{IH}$ | 输入高电平电压 | 2.0 | | | V |
| $V_{IL}$ | 输入低电平电压 | | | 0.8 | V |
| $I_{IK}$ | 输入钳位电流 | | | −18 | mA |
| $I_{OH}$ | 输出高电平电流 | | | −2.6 | mA |
| $I_{OL}$ | 输出低电平电流 | | | 24 | mA |
| $T_{amb}$ | 工作环境温度 | 0 | | +70 | ℃ |

输出设备与输入设备大不相同。在连接任何输出设备之前，必须了解输出设备和 TTL 接口部件的电压和电流的取值范围。一般微处理器的输出电流都小于标准 TTL 器件的电流。5V 标准 TTL 电路输出逻辑 0 时电压范围为 0～0.4V，输出逻辑 1 时电压最低为 2.4V；输出电流的差异很大，需要查看器件的数据手册①，大多在逻辑 0 电平时吸收

① http://datasheet.eeworld.com.cn/；电子工程世界，本书上的数据表都来源于此网站。

电流的能力不足以驱动输出设备。输出设备通常需大电流(或电压)控制,因此,需要一些大功率开关器件。

图 6-11(a)为使用一个 TTL 反相器 7404 驱动 LED 发光二极管。标准 LED 发光需要 10mA 正向偏置电流,7404 在逻辑 0 电平时额定输出电流 $I_{OL}$ 为 16mA,足以驱动一个标准 LED 发光二极管,74H04 和 74S04 也可以。

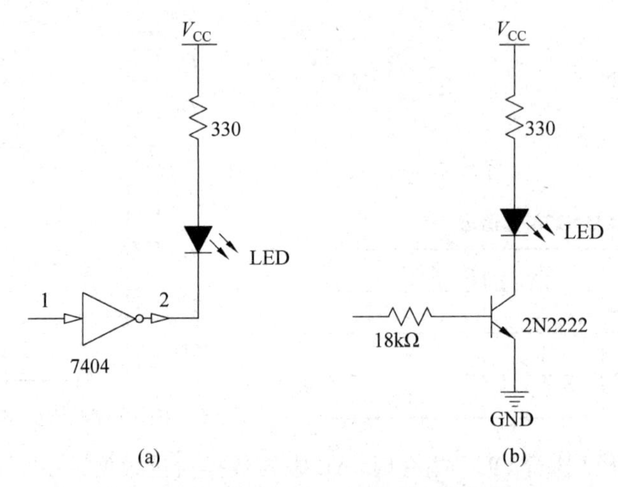


图 6-11　驱动一个 LED 灯的基本输出接口

图 6-11(b)为使用开关晶体管 2N2222 作为 LED 的驱动器。2N2222 是一个通用的开关晶体管,其最小增益 $h_{fe}$ 为 100。如果集电极电流 $I_c$ 为 10mA,基极电流就应该是 0.1mA。TTL 输出高电平最低为 2.4V,发射极-基极上的压降为 0.7V,则基极限流电阻的压降为 1.7V,限流电阻的阻值应该在 17kΩ 左右,但它不是标准阻值,因此选用 18kΩ。

图 6-12 是直流电机驱动电路。假设电机电流为 1A,驱动它需要使用达林顿复合晶体管。图 6-12(a)使用 TIP120,它的最大电流为 5A,最小电流增益 $h_{fe}$ 为 1000,基极电流最大为 120mA。基极限流电阻的阻值应该在 2kΩ 左右。图 6-12(b)中电机电流假设为 3A,使用 TIP125 驱动。

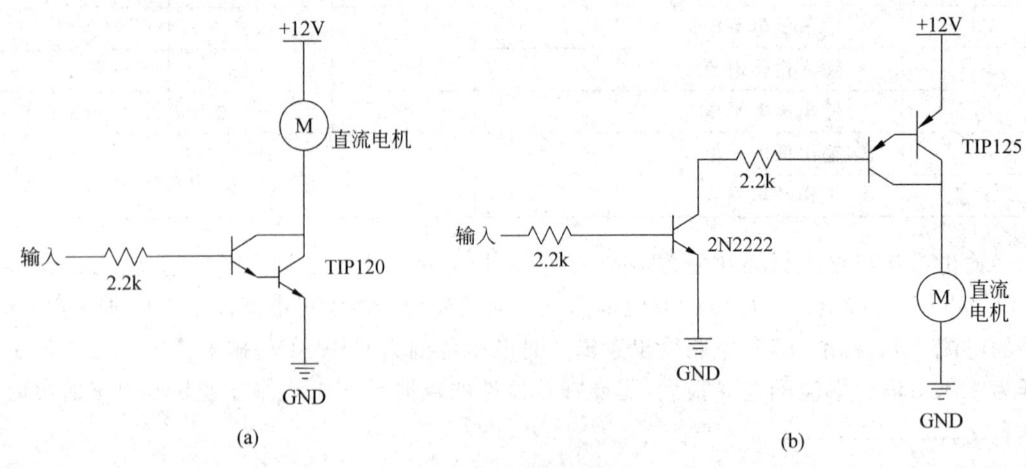


图 6-12　直流电机驱动

# 6.2 数据传送控制方式

大多数 I/O 设备发送或者接收数据的速度比微处理器慢很多，微处理器与 I/O 设备之间的信息交换必须保证 CPU 与 I/O 设备同步。常用的数据传送控制方式包括无条件传送方式、程序查询传送方式、中断传送方式、直接存储器存取(DMA)方式。

## 6.2.1 无条件传送方式

无条件传送方式又称为同步方式，适合简单外设的数据输入/输出，例如开关、继电器、步进电机、发光二极管等。这些外设随时可以接收数据、提供数据，永远与 CPU 同步，CPU 可直接与其进行数据交换，数据输入/输出的控制程序很简单。

图 6-6 所示输入端口输入开关状态的指令序列如下：

```
MOV  DX, CS244              ;CS244 为输入端口地址
IN  AL, DX
```

图 6-9 所示输出端口，点亮 8 个 LED 灯的指令序列如下：

```
MOV  AL, 0
MOV  DX, CS273              ;CS273 为输出端口地址
OUT  DX, AL
```

## 6.2.2 程序查询方式

在实际应用中，多数 I/O 设备接收或发送信息的速度比微处理器慢很多，需要降低 CPU 数据传输的速度以匹配设备。CPU 与它们交换信息时，首先要查询设备目前的工作状态，当设备准备好，CPU 就与其交换信息，否则就等待，这种工作方式称为程序查询方式(polling)或握手(handshaking)。

例如，打印机每秒可打印 200 个字符，显然微处理器发送字符的速度远大于打印机打印字符的速度。微处理器与打印机连接需要进行速度匹配。

如图 6-13 所示，CPU 通过数据端口 DataP 传送数据($D_7 \sim D_0$)，并产生一个$\overline{\text{STB}}$信号作为数据选通信号发给打印机。打印机设置 BUSY 信号为逻辑 1 表示打印机“忙”，CPU 通过状态端口 StateP 读取状态信息。

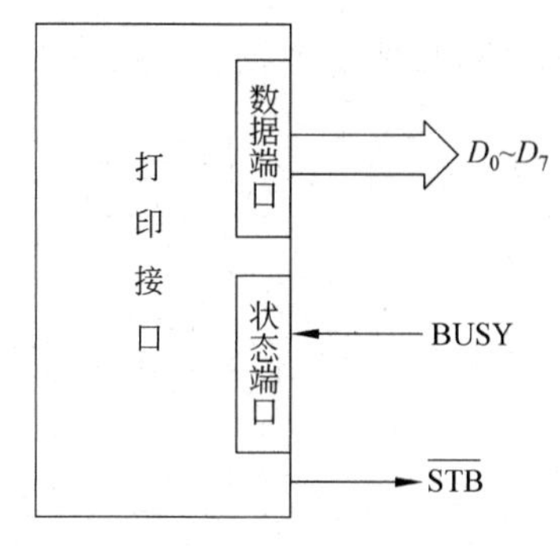

图 6-13　打印接口框图

CPU 发送数据前首先查询或测试 BUSY 信号，如果 BUSY 为逻辑 1，表明打印机正在忙，CPU 就等待，否则就发送一个字符到 $D_7 \sim D_0$ 上，然后在$\overline{\text{STB}}$引脚设置一个脉冲信号。打印机利用$\overline{\text{STB}}$脉冲信号接收 $D_7 \sim D_0$ 的数据。打印机收到数据后将 BUSY 信号置 1

并进行打印,打印结束后再将 BUSY 信号置为逻辑 0。

**【例 6-1】**

```
;打印 BL 中的字符
PRINT  PROC   NEAR
WAIT1: IN     AL,StateP         ;输入状态字
       TEST   AL, BUSY_BIT      ;测试状态位
       JNZ    WAIT1             ;不为 0 继续测试
       MOV    AL, BL
       OUT    DataP, AL         ;输出数据到打印机
       RET
PRINT  ENDP
```

采用程序查询方式传输数据,I/O 接口中应有一个状态端口,CPU 通过读取状态端口的信息了解设备目前的状态。如图 6-14 所示,程序查询方式的工作过程是:

(1) 检查外设的状态,判断外设是否"准备好"。

(2) 若外设没有准备好,则继续查询其状态。

(3) 若外设已准备好,CPU 与外设进行数据交换。

在这种传送方式下,CPU 每传送一次数据,都要查询外设状态,外设工作速度慢,CPU 只好反复查询或者延时等待,CPU 花费很多时间完成与外设的时序匹配,因此 CPU 的工作效率很低。

如果计算机系统中有多个外设采用程序查询方式输入/输出数据,CPU 需要逐个查询外设状态。如图 6-15 所示,首先查询外设 1,如果它准备好就交换数据,否则查询外设 2,以此类推。在这种工作方式下,如果查询外设 1 时它没有准备好,CPU 转去查询外设 2,这时外设 1 准备就绪,外设 1 只能等待,直到所有的设备都查询一遍并且都处理结束,CPU 再次查询外设 1 时才会处理它,这个过程中外设 1 等待很长时间。虽然这是个比较

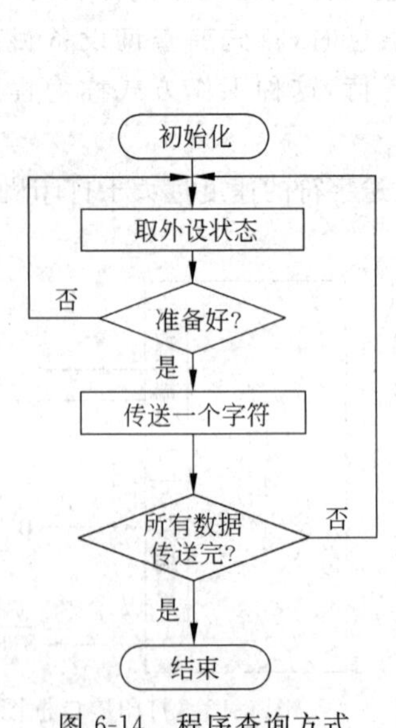


图 6-14 程序查询方式

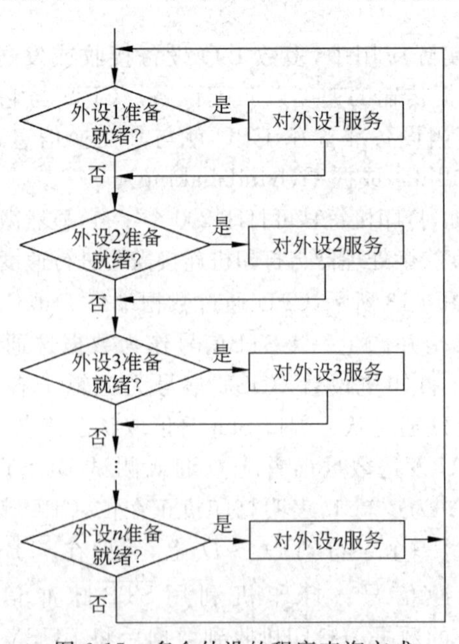


图 6-15 多个外设的程序查询方式

极端的案例，但对于高速运转的计算机来说，这种情况会经常出现。所以，在有多个外设的环境中，程序查询方式的数据输入/输出效率低、实时性差。

程序查询方式适合外部设备数量不多，而且设备相对简单、速度慢，但速度差异不大、对实时性要求不高的情况。

### 6.2.3 中断传送方式

程序查询方式的数据输入/输出，CPU 要不断地查询外设的状态，浪费了 CPU 的大量时间，降低了 CPU 的利用率。为了解决这个矛盾，提出了中断传送方式。

当设备处于空闲状态或者外设数据准备好时，接口向 CPU 发出中断请求信号，CPU 收到申请后及时响应接口的中断请求，暂停执行主程序，转入执行中断服务程序，完成数据传输之后再返回到主程序继续执行。CPU 不再检测或查询外设的状态，设备具有了主动反映其状态的能力，消除了程序查询方式的盲式测试，这种数据传送方式称为中断方式。与程序查询方式相比，中断传送方式实时性好、节省 CPU 时间、外设具有申请服务的主动权，并且在一定程度上实现设备与 CPU 并行工作。

中断是一种异步机构，图 6-16 所示为中断传送程序流程图。

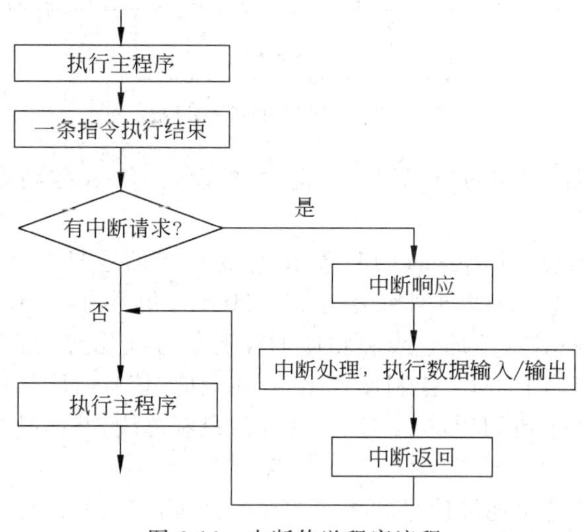


图 6-16 中断传送程序流程

中断传送方式的缺点：中断方式仍需要通过 CPU 执行程序实现外设与 CPU 之间的信息传送；CPU 每次中断都需要花费时间保护断点和现场，无法满足高速 I/O 设备的速度要求。

无条件传送方式、程序查询方式和中断方式在数据传送过程中，CPU 从内存读出数据，再输出到外部设备，因此，这三种方式被统称为程序控制下的输入/输出方式(Programmed Input and Output)，简称 PIO 方式。

## 6.2.4 DMA 方式

直接存储器存取(Direct Memory Access)方式简称为DMA方式,是在内存储器和I/O设备之间建立直接的数据通路,使I/O设备和内存不经过CPU的干预直接交换数据,实现内存与外设之间的快速数据传送。DMA方式需要专门的硬件装置DMA控制器(DMAC)。Intel公司的8237A是常用的可编程DMA控制器,可提供多种类型的控制特性,4个通道可独立实现动态控制。

如图6-17所示,DMAC的工作流程如下:

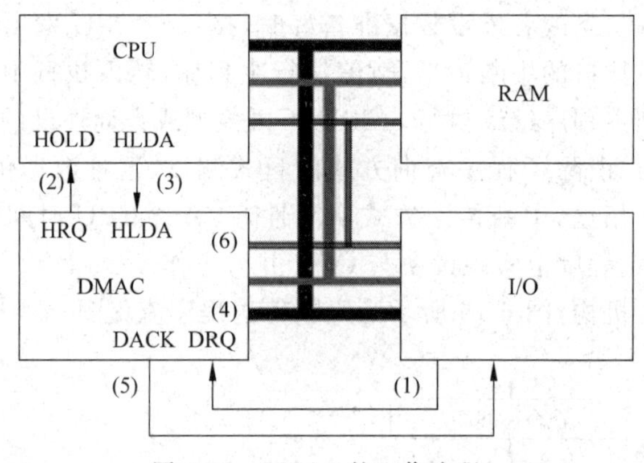


图6-17 DMAC的工作流程

(1) 当外设准备好,可以进行DMA传送时,外设向DMA控制器发出"DMA传送请求"信号(DRQ)。

(2) DMA控制器收到请求后,向CPU发出"总线请求"信号HOLD,表示希望占用总线。

(3) CPU在完成当前总线周期后会立即对HOLD信号进行响应。响应包括两个动作:一是CPU将数据总线、地址总线和相应的控制信号线均置为高阻态,由此放弃对总线的控制权;二是CPU向DMA控制器发出"总线响应"信号(HLDA)。

(4) DMA控制器收到HLDA信号后,就开始控制总线,并向外设发出DMA响应信号DACK。

(5) DMA控制器送出地址信号和相应的控制信号,实现外设与内存或内存与内存之间的直接数据传送。

(6) DMA控制器自动修改地址和字节计数器,并判断是否需要重复传送操作。当规定的数据传送完后,DMA控制器就撤销发往CPU的HOLD信号。CPU检测到HOLD信号失效后,撤销HLDA信号,并在下一时钟周期重新开始控制总线。

# 6.3 键盘和显示接口

键盘、显示器是人机接口的常用设备。本节以键盘、显示接口为例说明简单输入接口和简单输出接口与系统的连接方式。

### 6.3.1 键盘接口

键盘有各种尺寸，如 4、12、16 键的小型键盘，像电话键盘、家电键盘、手机键盘，还有 83 键、86 键、101 键等。

键盘的按键有多种，常用的有机械式、薄膜式、电容式和霍尔效应式 4 种。机械式开关较便宜，但按键时会产生触点抖动，而且长期使用后可靠性会降低。薄膜式开关可做成很薄的密封单元，不易受外界潮气或环境污染，常用于微波炉、医疗仪器或电子秤等设备的按键。电容式开关没有抖动问题，但需要特制电路测量电容的变化。霍尔效应按键是一种无机械触点开关，具有很好的密封性，平均寿命高达 1 亿次甚至更高，但开关机制复杂，价格很贵。

键盘的布局有两种：线性键盘和矩阵键盘。按键数量不多时可以采用线性键盘，若按键数量太多，识别按键需要的时间太长，线性键盘容易引起按键丢失。图 6-18 中利用 74HC245 双向数据总线缓冲器 $B$ 端 8 根线，每根线接一个按键，就构成 8 个按键的线性键盘，每根线通过一个 10kΩ 的上拉电阻与 5V 相连，使得按键在未按下时保持高电平。读取这个输入端口的数据，逐位检测哪一位为 0，就可以确定哪一个键被按下。识别键盘上哪个键被按下的过程称为键盘扫描。

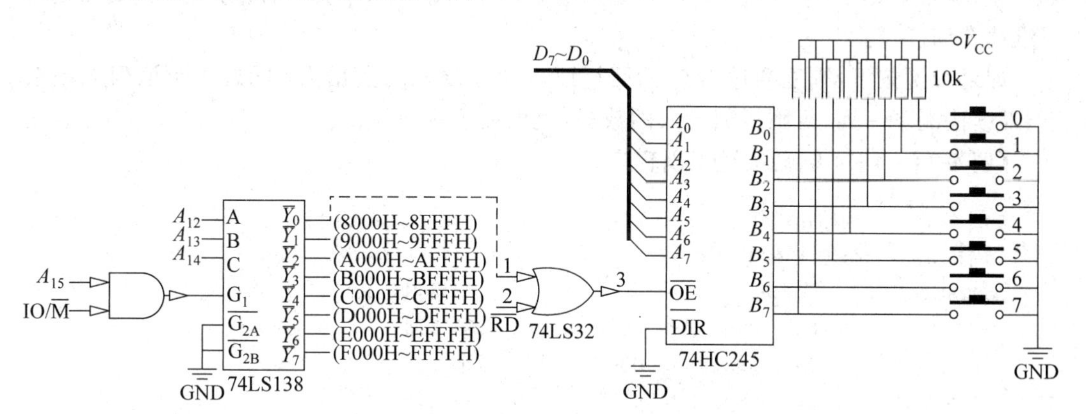


图 6-18 线性键盘

**【例 6-2】**

```
PORT245  EQU  8000H
;8 个按键的线性键盘,按键识别过程
;AH 中含有键值,如果 AH 为 8 则出借
KEY     PROC  NEAR
AGAIN:  MOV   DX, PORT245
K1:     IN    AL, DX
        CMP   AL,0FFH
        JZ    K1             ;无按键,继续等待
        CALL  D20ms          ;延时 20ms 去抖动
        MOV   DX,PORT245     ;重新检测
```

```
        IN    AL, DX
        CMP   AL, 0FFH
        JZ    K1              ;说明刚才检测到的按键是源于干扰,重新检测
        MOV   AH,0            ;识别按键
K2:     SHR   AL,1
        JNC   K3
        INC   AH
        CMP   AH,8
        JNZ   K2
K3:     NOP                   ;AH 中返回键值
        RET
KEY     ENDP
```

例 6-2 中使用软件去抖,而且只考虑按键的前沿去抖,没有考虑后延。每个按键也可以按照图 6-8 加接去抖电路,而免去程序中的软件去抖。延时 20ms 子程序可以借助定时器完成。

按键数量大的键盘通常采用矩阵结构,如计算机键盘。图 6-19 是一个 4×4 的小矩阵键盘。利用 74LS374 作为输出端口,输出列值。74HC245 作为输入端口,输入行值。$Q_3 \sim Q_0$ 输出全 0,从 $B_3 \sim B_0$ 读入,若读入的数据不等于 0FH,表明有键按下,否则无键按下继续查询。

如果有键按下,则逐列输出 0,读回行值。如果读入的数据为 0FH,表明该列无键按下,继续检测下一列,否则根据读入的数据,就可以识别按键。

**【例 6-3】** 4×4 键盘按键识别程序。

```
OUT_COL     :列输出端口
IN_ROW      :行输入端口
KeyTable:                                  ;键值定义
        db      0dh, 0ch, 0bh, 0ah        ;第 1 列
        db      0eh, 09h, 06h, 03h        ;第 2 列
        db      0fh, 08h, 05h, 02h        ;第 3 列
        db      00h, 07h, 04h, 01h        ;第 4 列
        db      0ffh

                                          ;扫描键盘
TestKey proc near
        mov     dx, OUT_COL
        mov     al, 0
        out     dx, al                    ;置列线为 0
        mov     dx, IN_ROW
        in      al, dx                    ;读入行线
        not     al
        and     al, 0fh                   ;屏蔽高四位
        ret
```

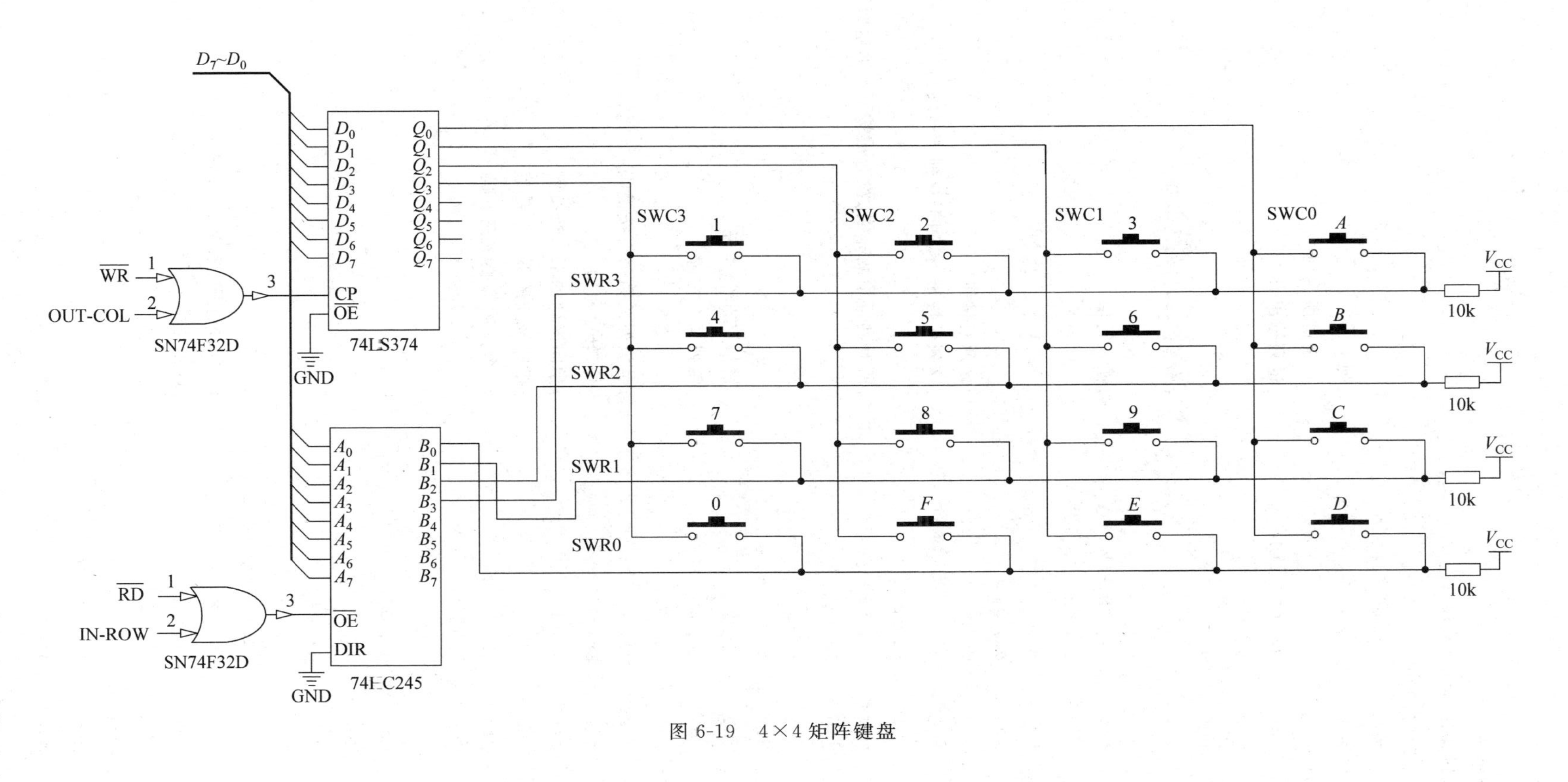
D7~D0
WR
OUT-COL
SN74F32D
74LS374
GND
RD
IN-ROW
SN74F32D
74HC245
GND
SWC3
SWC2
SWC1
SWC0
SWR3
SWR2
SWR1
SWR0
1
2
3
A
4
5
6
B
7
8
9
C
0
F
E
D
V_CC
10k

图 6-19 4×4 矩阵键盘

```
TestKey endp
;4×4 键盘按键识别程序
GetKey proc near
        mov     ch, 00001000b
        mov     cl, 4                   ;列号
Kloop:                                  ;找出键所在列
        mov     dx, OUT_COL             ;逐列输出 0
        mov     al, ch
        not     al
        out     dx, al                  ;第 4(3、2、1)列输出 0
        shr     ch, 1
        mov     dx, IN_ROW              ;输入行值
        in      al, dx
        not     al
        and     al, 0fh
        jne     Goon                    ;该列有按键
        dec     cl                      ;该列无按键,检测下一列: 3(2、1)
        jnz     Kloop
        mov     cl, 16                  ;所有列都检测完成,没有键按下, 则返回 0ffh
        jmp     Exit1
Goon:
        dec     cl
        shl     cl, 2                   ;键值=列×4 +行
        mov     ch, 4                   ;每列 4 个按键
LoopC:
        test    al, 1                   ;是该列的第一行按键吗
        jnz     Exit1                   ;是,转 Exit1
        shr     al, 1                   ;指向该列的下一行按键
        inc     cl                      ;指向该列的下一个键值
        dec     ch                      ;4 个按键都测试完了吗
        jnz     LoopC
Exit1:
        mov     dx, OUT_COL
        mov     al, 0
        out     dx, al
        mov     ch, 0
        mov     bx, offset KeyTable
        add     bx, cx                  ;cl 的取值范围为 0~10H
        mov     al, [bx]                ;取出键值
        mov     bl, al
WaitRelease:
        mov     dx, OUT_COL
        mov     al, 0
```

```
        out     dx, al                  ;等键释放
        mov     ah, 10                  ;延时 10ms,等待释放
        call    Delay
        call    TestKey
jne     WaitRelease                     ;没有释放,继续等待
        mov     al, bl                  ;bl 中有键值,返回调用
        ret
GetKey endp
```

Testkey 子程序扫描键盘,读取扫描码。如果有按键,首先通过延时 10～20ms 去除键抖动。延时后再次调用 Testkey 读入扫描码,如果仍然表明有按键,则调用 Getkey 读取键值,并等待按键释放,释放完成,本次按键识别过程结束。Getkey 中调用 Delay 延时 10ms 等待按键释放。

C 语言参考程序:

```
unsigned char TestKey()
{
    OUT(OUTBIT, 0);                     /* 输出线置为 0 */
    return (~IN(IN_ROW & 0x0f));        /* 读入键状态 (屏蔽高 4 位) */
}

unsigned char GetKey()
{
    unsigned char Pos;
    unsigned char i;
    unsigned char j;
    unsigned char k;

    i=4;
    Pos=0x08;                           /* 找出键所在列 */
  do {
        OUT(OUTBIT, ~ Pos);
        Pos >>=1;
        k=~IN(IN_KEY) & 0x0f;
  } while ((--i ! =0) && (k==0));

                                        /* 键值=列×4+行 */
  if (k !=0) {
    i *=4;
    if (k & 2)
      i+=1;
    else if (k & 4)
      i+=2;
```

```
        else if (k & 8)
          i+=3;


        OUT(OUTBIT, 0);
        do Delay(10); while (TestKey());     /* 等键释放 */

        return(KeyTable[i]);                 /* 取出键码 */
      } else return(0xff);
    }
```

## 6.3.2 LED数码管显示接口

在实际应用中，常用LED数码管显示器显示各种数字或符号。7段LED数码管由8个发光二极管组成，如图6-20(a)所示，7个长条形的发光管排列成一个“8”字形，另一个圆点形的发光管在显示器的右下角。LED数码管有两种，一种是8个发光二极管的负极连在一起，称为共阴极LED显示器，每个笔画段用高电平点亮，如图6-20(b)所示；另一种是8个发光二极管的正极连在一起，称为共阳极LED显示器，每个笔画段用低电平点亮，如图6-20(c)所示。

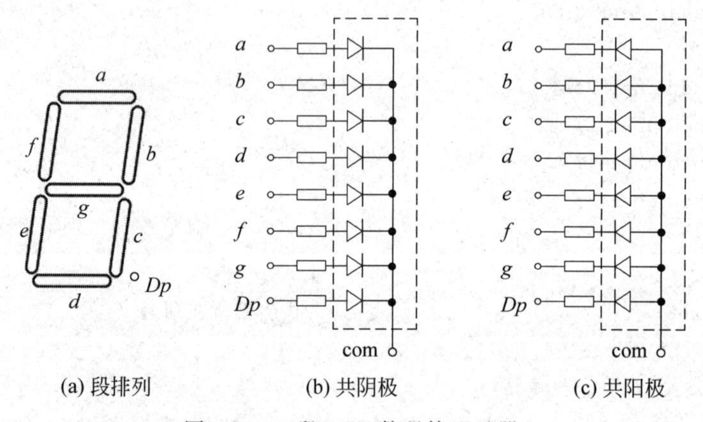


图6-20　7段LED数码管显示器

共阳极和共阴极结构的各笔画段的设置相同：Dpgfedcba，共8个笔画段，对应一个字节的$D_7 \sim D_0$。要显示某字形就使此字形的相应笔画段点亮，实际上就是送一组高低电平至数码管，这组高低电平用二进制数表示，称为显示字形码或段码。采用动态显示方式时，段码被送给每一个LED数码管，但是要点亮数码管还需要在它的公共端上加电平信号。把加到公共端上的代码称为位码。段码各位定义如下：

段码位：7　6　5　4　3　2　1　0

字形码：Dp　g　f　e　d　c　b　a

表6-5是7段LED数码管显示字形码。

**表 6-5 7 段 LED 数码管显示字形码表**

| 字 形 | 共阳极代码 | 共阴极代码 | 字 形 | 共阳极代码 | 共阴极代码 |
|---|---|---|---|---|---|
| 0 | C0H | 3FH | 9 | 90H | 6FH |
| 1 | F9H | 06H | A | 88H | 77H |
| 2 | A4H | 5BH | b | 83H | 7CH |
| 3 | B0H | 4FH | C | C6H | 39H |
| 4 | 99H | 66H | d | A1H | 5EH |
| 5 | 92H | 6DH | E | 86H | 79H |
| 6 | 82H | 7DH | F | 8EH | 71H |
| 7 | F8H | 07H | 灭 | FFH | 00H |
| 8 | 80H | 7FH | | | |

图 6-21 提供了 6 位 7 段 LED 数码管显示电路，用动态方式显示字符。两个 74LS374 作为输出端口，其中一个输出 8 位段码，端口地址用 OUT_SEG 表示；另一个输出 6 位位码，选择相应显示位，端口地址为 OUT_BIT。

驱动以动态方式工作的显示器，显示程序设计要点有三个：一是用查表的方法读取显示字形码；二是开辟显示缓冲区，存放要显示的字符；三是每个 LED 显示器发光应该有延迟时间。要想获得稳定的数字显示，LED 显示器闪烁频率应该在 100～1500Hz 之间。如果使用 1ms 的延迟时间，6 位数字显示约需要 6ms，数字闪烁频率约为 166Hz。为保持稳定的数字显示，需要在主程序中多次调用显示子程序，或者在显示子程序中多次显示，参见例 6-4。

**【例 6-4】** 在如图 6-21 所示的显示子程序中，将要显示的数据转换为显示字形码并存放在显示缓冲区中，然后调用显示子程序。

数据段中应该包含的内容：

```
;OUT_BIT     位控制口
;OUT_SEG     段控制口
;LEDBUF      显示缓冲区
;LEDMAP:     DB    0C0H, 0F9H, 0A4H, 0B0H, 99H, 92H, 82H, 0F8H
             DB    80H, 90H, 88H, 83H, 0C6H, 0A1H, 86H, 8EH, 0FFH
```

显示子程序：

```
DISP    PROC  NEAR
        MOV   BX,  OFFSET LEDBUF
        MOV   CL, 6                    ;共 6 个数码管
        MOV   AH, 11011111B            ;从左边开始显示
DLOOP:
        MOV   DX, OUT_BIT
        MOV   AL, 0FFH
        OUT   DX, AL                   ;关所有数码管
        MOV   AL, [BX]
```

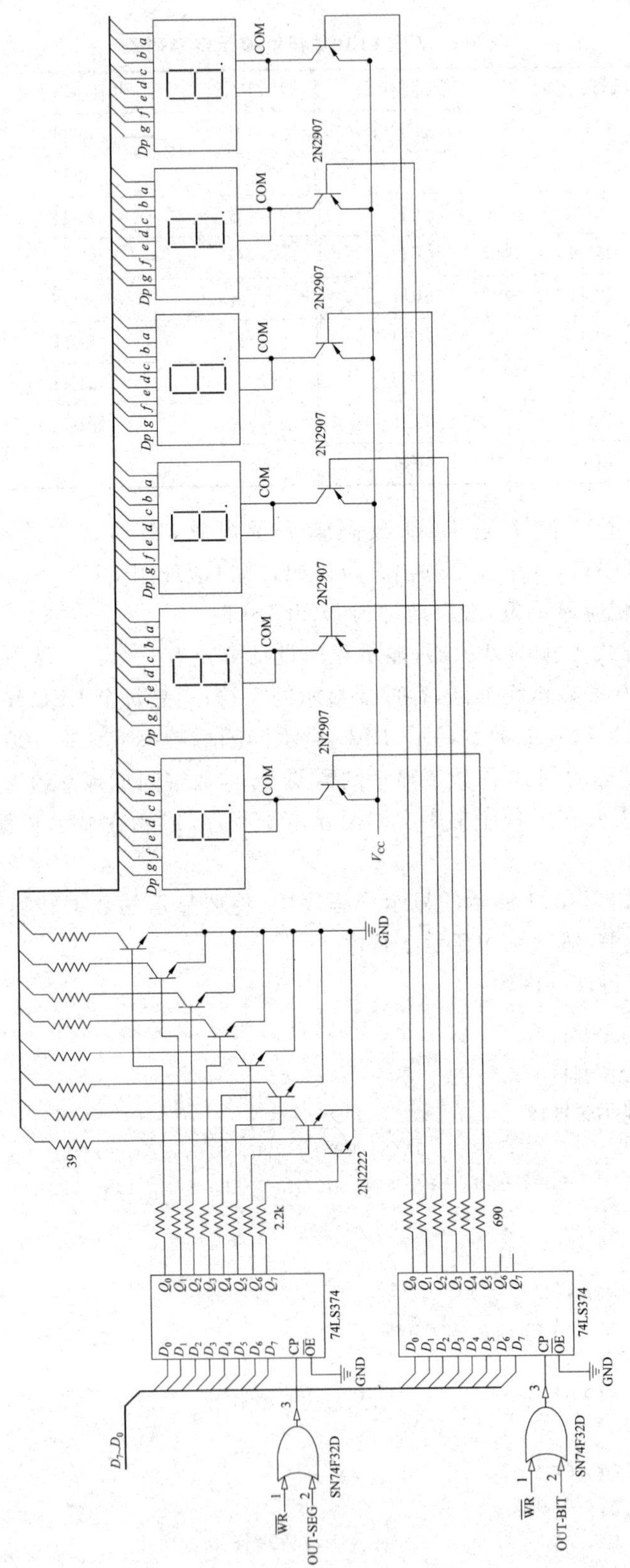


图 6-21　7 段码动态显示方式驱动电路

```
        MOV   DX, OUT_SEG
        OUT   DX, AL
        MOV   DX, OUT_BIT
        MOV   AL, AH
        OUT   DX, AL                ;显示第 1 位数字
        PUSH  AX
        MOV   AH, 1
        CALL  DELAY                 ;延时
        POP   AX
        SHR   AH, 1
        INC   BX
        DEC   CL
        JNZ   DLOOP
        MOV   DX, OUT_BIT
        MOV   AL, 0FFH
        OUT   DX,AL                 ;关所有数码管
        RET
DISP    ENDP
DELAY  PROC  NEAR
        PUSH  AX                    ;延时子程序,延时 1ms
        PUSH  CX                    ;实际应用时延时参数需要调整
        MOV   AL, 0
        MOV   CX,AX
        LOOP  $
        POP   CX
        POP   AX
        RET
DELAY  ENDP
```

键盘扫描和 LED 动态显示的硬件接线简单,但是 CPU 时间消耗很大。Intel 8279 芯片是专门用于管理键盘和显示器的控制芯片,适用于 SPI 总线的 ZLG7289 和 $I^2C$ 总线接口的 ZLG7290,也是专用于 LED 和键盘的接口芯片。这些芯片与 CPU 并行工作,大幅度降低了 CPU 的时间成本。

### 6.3.3 16×16 LED 点阵显示接口

16×16 点阵显示器由 256 个发光二极管组成,共 16 行,每行 16 个发光二极管,如图 6-22 所示。同一行发光二极管的阳极连在一起,同一列发光二极管的阴极连在一起。LED 点阵的显示方式采用动态扫描法,即一行一行地显示,每一行的显示时间约为 1ms。由于人类的视觉暂留现象,将感觉到 16 行 LED 是在同时显示的。若显示的时间太短,则亮度不够;若显示的时间太长,将会感觉到闪烁。

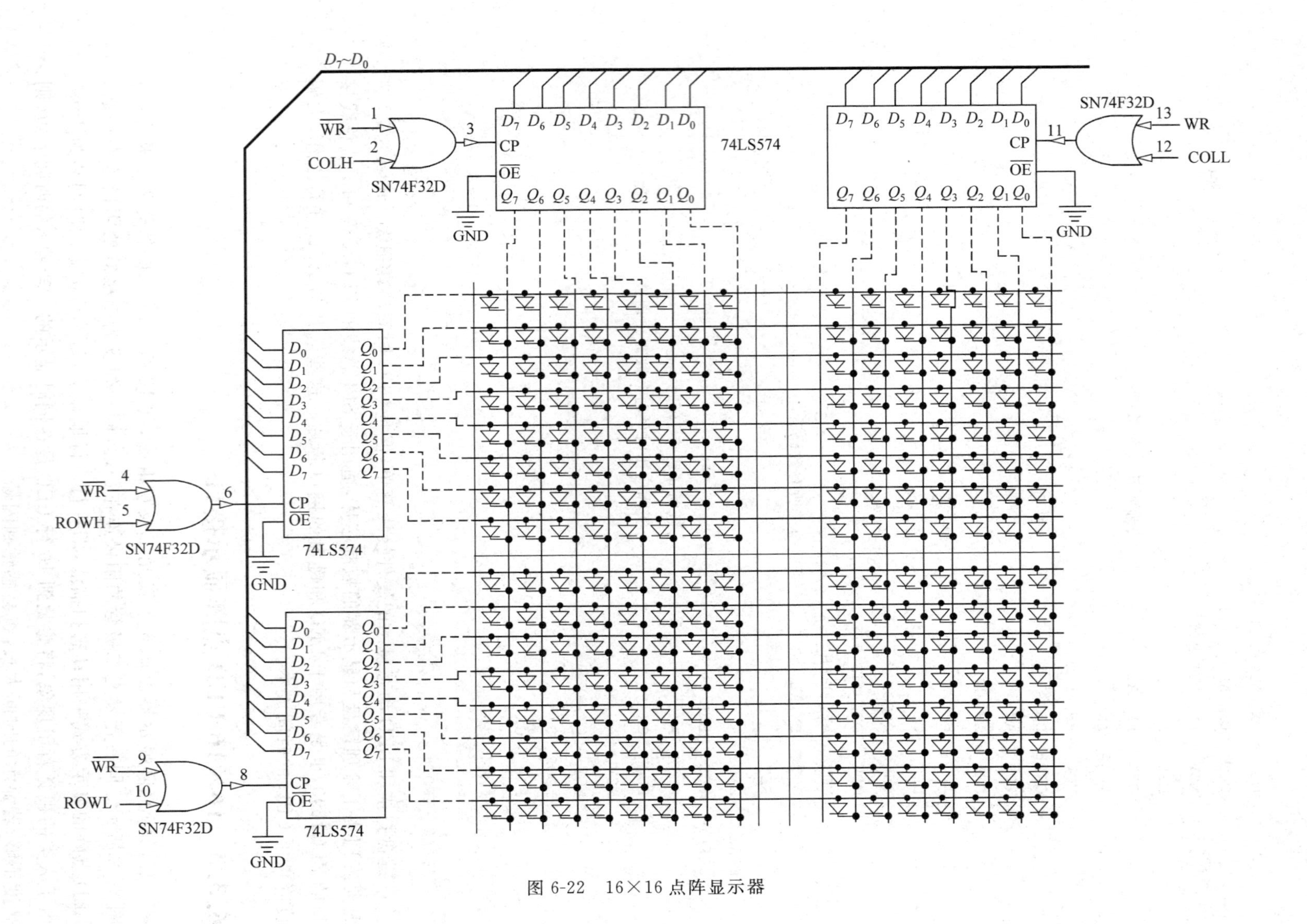


图 6-22 16×16 点阵显示器

动态扫描法是在任意时刻只有一行发光二极管是处于点亮状态，其他行都处于熄灭状态。按显示编码的顺序，先送出第1行的显示编码并锁存，然后选通第1行使其点亮1ms，然后熄灭；再送出第2行的显示编码并锁存，然后选通第2行使其点亮1ms，然后熄灭；以此类推，直至第16行，一个字形的数据逐行输出一遍。要想获得稳定的图像，字形码输出频率应该在50Hz以上。

图6-22中使用了4个74LS574，其中2个控制16行，另2个控制16列。16行中的高8位端口地址为ROWH，低8位端口地址为ROWL；16列的高、低端口地址分别为COLH和COLL。图6-22中每行、列需要加接开关晶体管驱动电路，因此用虚线表示。

### 1. 字形码编码方法

点阵显示器可以显示任意图形。例如，如果要显示“王”字，首先要获取字形码。如图6-23所示，在16×16点阵中合适的位置写“王”字，被覆盖的位置填入1，未被覆盖的位置填入0(也可以省略)。然后从1行开始逐行转换为二进制数，每行2B，共32B。如第3行为

0011111111111100

转换为3FH、FCH，其中3FH为高字节，FCH为低字节。如表6-6所示。

| | | | | | | | | | | | | | | | | 16 |
|---|---|---|---|---|---|---|---|---|---|---|---|---|---|---|---|---|
| | | | | | | | | | | | | | | | | 15 |
| | | 1 | 1 | 1 | 1 | 1 | 1 | 1 | 1 | 1 | 1 | 1 | 1 | | | 14 |
| | | | | | | | | 1 | | | | | | | | 13 |
| | | | | | | | | 1 | | | | | | | | 12 |
| | | | | | | | | 1 | | | | | | | | 11 |
| | | | | | | | | 1 | | | | | | | | 10 |
| | | | | | 1 | 1 | 1 | 1 | 1 | 1 | 1 | | | | | 9 |
| | | | | | | | | 1 | | | | | | | | 8 |
| | | | | | | | | 1 | | | | | | | | 7 |
| | | | | | | | | 1 | | | | | | | | 6 |
| | | | | | | | | 1 | | | | | | | | 5 |
| | | | | | | | | 1 | | | | | | | | 4 |
| | | 1 | 1 | 1 | 1 | 1 | 1 | 1 | 1 | 1 | 1 | 1 | 1 | | | 3 |
| | | | | | | | | | | | | | | | | 2 |
| | | | | | | | | | | | | | | | | 1 |
| 16 | 15 | 14 | 13 | 12 | 11 | 10 | 9 | 8 | 7 | 6 | 5 | 4 | 3 | 2 | 1 | |

图6-23 字形编码

表6-6 “王”字字形码

| | 低字节 | 高字节 |
|---|---|---|
| 第1行 | 0 | 0 |
| 第2行 | 0 | 0 |
| 第3行 | FCH | 3FH |
| 第4行 | 80H | 0 |
| 第5行 | 80H | 0 |
| 第6行 | 80H | 0 |
| 第7行 | 80H | 0 |
| 第8行 | 80H | 0 |
| 第9行 | F0H | 07H |
| 第10行 | 80H | 0 |
| 第11行 | 80H | 0 |
| 第12行 | 80H | 0 |
| 第13行 | 80H | 0 |
| 第14行 | FCH | 3FH |
| 第15行 | 0 | 0 |
| 第16行 | 0 | 0 |

### 2. 数据定义方法

```
          ;"王"字字形码
FONT:     DB  0, 0, 0, 0, 0FCH, 3FH, 80H, 0,
          DB  80H, 0, 80H, 0, 80H, 0, 80H, 0
          DB  0F0H, 07H, 80H, 0, 80H, 0, 80H, 0
          DB  80H, 0, 0FCH, 3FH, 0, 0, 0, 0
```

**【例 6-5】** 16×16 点阵显示子程序。

```
BitMask    DW    1                    ;选择行并显示
DispCNT    DW    1                    ;每个字符显示次数
RowCNT     DW    1                    ;行数
disp       proc  near
           mov   bx, offset Font      ;取字形码偏移地址
;给所有行送 0,使得所有的灯灭。(共阳极管高电平点亮)
           mov   al, 0h
           mov   dx, RowL
           out   dx, al
           mov   dx, RowH
           out   dx, al
;给所有列送高电平,使得所有的灯灭。(0 电平灯亮)
           mov   al, 0ffh
           mov   dx, ColL
           out   dx, al
           mov   dx, ColH
           out   dx, al
nextchar:  mov   DispCNT, 50          ;字符显示次数,使得屏幕在
                                      ;一段时间内一直显示该字符
  loop1:   mov   BitMask, 1           ;从第 1 行开始
           mov   RowCNT, 16           ;共扫描 16 行
           mov   si, 0                ;字形码指针
  ;清除所有的显示
nextrow:   mov   al, 0
           mov   dx, RowL
           out   dx, al               ;清除低 8 位
           mov   dx, RowH
           out   dx, al               ;清除高 8 位
  ;显示字形码送到列线
           mov   ax, [si+bx]          ;取显示字形码
           mov   dx, ColL
           not   al                   ;低电平有效
```

```
            out     dx, al              ;显示低 8 位
            mov     dx, ColH
            mov     al, ah
            not     al
            out     dx, al              ;显示高 8 位
            inc     si
            inc     si
    ;给行送电,高电平有效
            mov     ax, BitMask         ;给第 i 行送高电平,使其显示
            mov     dx, RowL
            out     dx, al
            mov     dx, RowHigh
            mov     al, ah
            out     dx, al
    ;修改 BitMask 的值,使得下次给第 i+1 行送高电平
            mov     ax, BitMask
            rol     ax, 1
            mov     BitMask, ax
            call delay                  ;亮 1ms
    ;16 行都扫描完了吗?
            dec     RowCNT
            jnz     nextrow
    ;"王"显示 50 次
            dec     DispCNT
            jnz     loop1
            ret                         ;"王"字显示结束
disp        endp
delay       proc    near                ;延时子程序
            push    cx
            mov     cx, 100
delayl:     loop    delayl
            pop     cx
            ret
delay   endp
```

## 6.4 中　　断

在微处理器与相对较低速的 I/O 设备交换数据时,中断是计算机系统广泛采用的一项技术。中断可以由硬件或者软件产生,任何类型的中断都是通过调用中断服务程序完成中断任务。

### 6.4.1 中断的基本概念

中断是指在程序执行过程中出现某种紧急事件，CPU 暂停执行现行程序，转去执行处理该事件的程序——中断服务程序，执行完后再返回到被暂停的程序继续执行，这一过程称为中断。

引起中断的设备或事件称为中断源，计算机的中断源可能是某个硬件部件，也可能是软件。常见的中断源有：

(1) 一般的 I/O 设备发出的中断请求，如键盘、打印机等。

(2) 数据通道发出的中断请求，如磁盘、光盘等。

(3) 实时时钟发出的中断请求，如定时器芯片 8253 的定时输出。

(4) 硬件故障发出的中断请求，如电源掉电、RAM 奇偶校验错等。

(5) 软件故障发出的中断请求，如执行除数为 0 的除法运算、地址越界、使用非法指令等。

(6) 软件设置的中断源，如在程序中用中断指令而产生的中断。

中断源可以笼统地分为两类：CPU 内产生的称为内部中断，其他的称为外部中断。内部中断包括：由 CPU 本身产生的中断、由控制器产生的中断、由程序员安排的中断指令引起的中断。外部中断又根据中断事件的紧迫程度将中断源划分为可屏蔽中断和不可屏蔽中断。可屏蔽中断是指可以延时处理的事件，例如打印机的输入/输出中断请求，如果 CPU 正在处理更加紧急的事件，打印机的中断请求就会被暂时屏蔽。被屏蔽的中断请求保存在中断寄存器中，当屏蔽解除后，仍然能够得到响应和处理。不可屏蔽中断是指事件异常紧急，必须马上处理，例如掉电、内存奇偶校验错引起的中断。

### 6.4.2 中断处理的基本过程

中断处理的基本过程包括中断请求、中断判优、中断响应、中断服务和中断返回 5 个阶段。

#### 1. 中断请求

(1) 发生在 CPU 内部的中断，不需要中断请求，CPU 内部的中断控制逻辑直接接收处理。

(2) 外部中断请求由中断源提出。外部中断源利用 CPU 的中断输入引脚输入中断请求信号。一般 CPU 设有两类中断请求输入引脚：可屏蔽中断请求输入引脚和不可屏蔽中断请求输入引脚。如键盘、打印机的中断请求从可屏蔽中断请求输入引脚输入，电源掉电中断信号从不可屏蔽中断请求输入引脚输入。被屏蔽的中断源可以一直保持中断申请，直到 CPU 接收。不可屏蔽中断源的中断请求信号一般为边沿信号(上升沿或下降沿)，CPU 必须立刻响应，否则信号丢失。

① 中断请求触发器

每个中断源发中断请求信号的时间是不确定的，CPU 在何时响应中断也是不确定的。所以，每个中断源都设置有一个中断请求触发器，锁存自己的中断请求信号，并保持到 CPU 响应这个中断请求之后才将其清除。

② 中断允许触发器

在 CPU 内部有一个中断允许触发器，当其为“1”时，允许 CPU 响应中断，称为开中断。若其为“0”，不允许 CPU 响应中断，中断被屏蔽，称为关中断。可用开中断或关中断指令设置中断允许触发器的状态。当 CPU 复位时，中断允许触发器也复位为“0”，即关中断。当 CPU 处于中断响应阶段时，CPU 自动关闭中断，禁止接收另一个新的中断。

中断请求被接收之后，必须及时清除中断请求信号。

### 2. 中断判优

CPU 一次只能接收一个中断源的请求，当多个中断源同时向 CPU 提出中断请求时，CPU 必须找出中断优先级最高的中断源，这一过程称为中断判优。中断判优可以采用硬件或者软件方法。

(1) 软件判优

软件判优也需要一定的电路支持，如图 6-24 所示。CPU 检测到中断请求后，进入中断响应阶段，首先读取中断请求寄存器的内容，逐位检测它们的状态，检测到某一位为 1，就确定对应的中断源有中断请求，转去执行它的中断服务程序。先检测的优先级就高，后检测的优先级就低，检测的顺序就是各中断源的优先级顺序。

图 6-24 中输入端口地址为 87FFH。

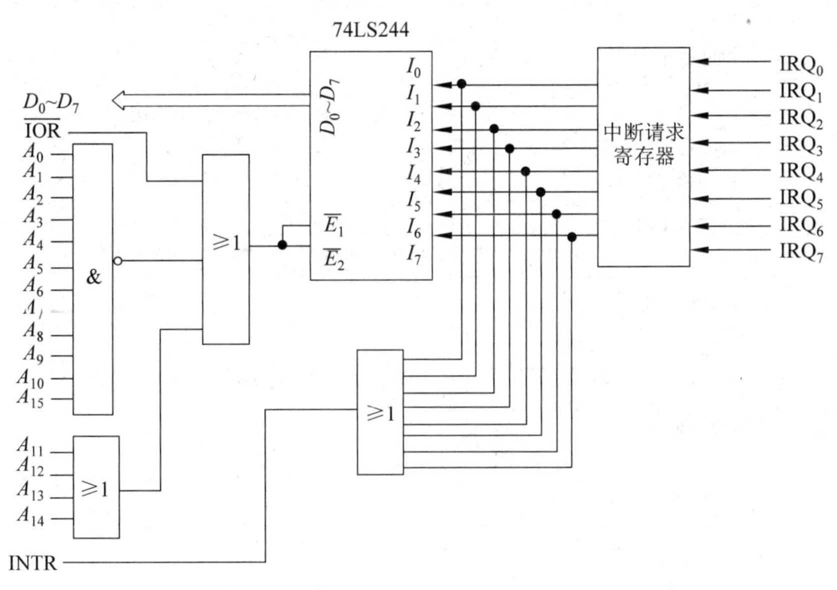


图 6-24　中断请求信号输入

查询程序如下：

```
MOV   DX, 87FFH
IN    AL,DX                  ;读中断请求寄存器内容
SHR   AL,1
JC    IR0                    ;IRQ0 有请求,转 IR0
SHR   AL,1
JC    IR1                    ;IRQ1 有请求,转 IR1
SHR   AL,1
JC    IR2                    ;IRQ2 有请求,转 IR2
…
```

软件判优耗时较长,如果中断源很多,中断的实时性就很差,但是软件判优优先权安排灵活。

(2) 硬件判优

利用专门的硬件电路确定中断源的优先级,有两种常见的方式:菊花链判优电路和中断控制器判优。

① 菊花链判优电路

基本设计思想:每个中断源都有一个中断逻辑电路,所有的中断逻辑电路连成一条链,如图 6-25 所示,形如菊花链。排在链前端的中断源优先级最高,越靠后的设备优先级越低。CPU 收到中断请求,如果允许中断,CPU 发出中断响应信号。中断响应信号首先到达菊花链的前端,如果中断源 1 提出了中断请求,它就会截获中断响应信号并封锁它,

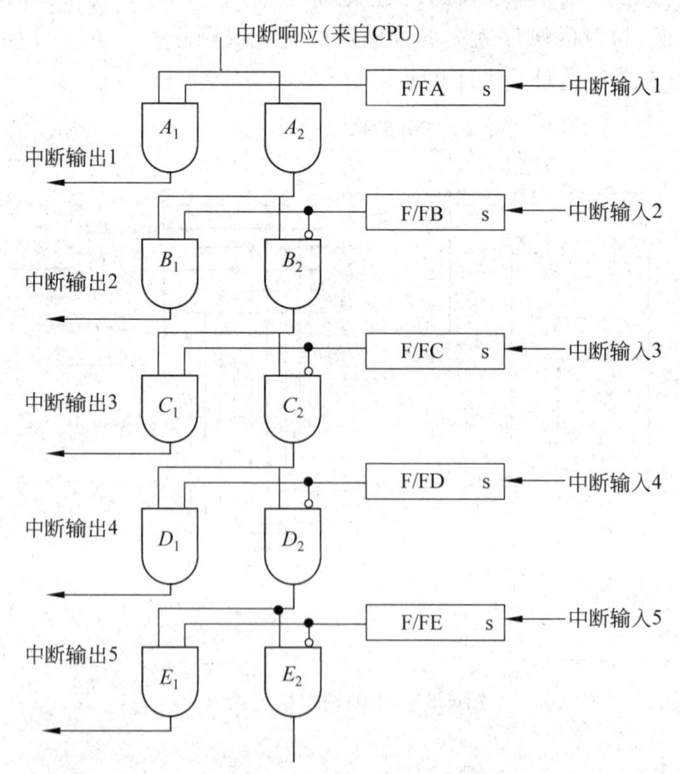


图 6-25 菊花链式中断优先权排除电路

使它不能向下一个中断源传送，不论下面的中断源有没有提出中断请求，都不可能接收到中断响应信号，因此它们的中断请求也不能被响应。

从图 6-25 可以看出，优先级低的中断源不能封锁优先级高的中断源，所以，如果 CPU 正在执行某个中断服务程序时，又有优先级高的中断源提出中断请求，CPU 将接收该中断，暂停处理原有的中断，形成中断嵌套。

② 中断控制器判优

采用可编程的中断控制器芯片判优，如 Intel 8259A。中断控制器是可编程的智能芯片，可以以多种方式方便地设置中断源的中断优先级。中断控制器中有一个中断优先级判别器，它自动判别出目前提出中断请求的优先级最高的中断源，并将它的中断向量码送到数据总线，CPU 接收中断向量码并据此找到它的中断服务程序。如图 6-26 所示。

### 3. 中断响应

经过中断判优，中断处理就进入中断响应阶段。中断响应时，CPU 向中断源发出中断响应信号，同时：

(1) 保护硬件现场。

(2) 关中断。

(3) 保护断点。

(4) 获得中断服务程序的入口地址。

### 4. 中断服务

CPU 获得了中断服务程序的入口地址，转去执行中断服务程序，为设备服务。如图 6-27 所示，中断服务程序的一般结构如下。

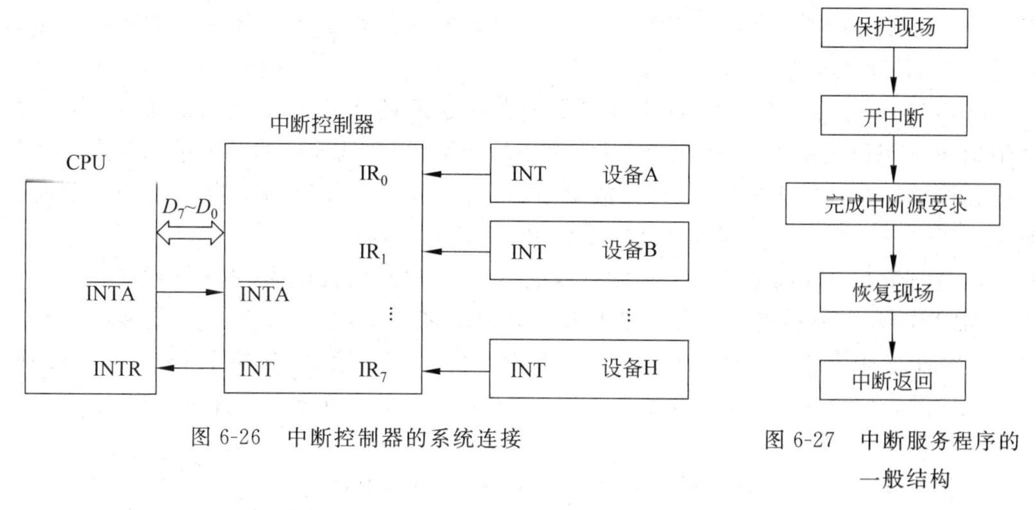


图 6-26　中断控制器的系统连接

图 6-27　中断服务程序的一般结构

(1) 保护现场。在中断服务程序的起始部分安排若干条入栈指令，将各寄存器的内容压入堆栈保存。

(2) 开中断。在中断服务程序执行期间允许级别更高的中断请求中断现行的中断服务程序,实现中断嵌套。

(3) 中断服务。完成中断源的具体要求。

(4) 恢复现场。中断服务程序结束前,必须恢复主程序的中断现场。通常是将保存在堆栈中的现场信息弹出到原来的寄存器中。

(5) 中断返回。返回到原程序的断点处,继续执行原程序。

**5. 中断返回**

返回到原程序的断点处,恢复硬件现场,继续执行原程序。中断返回操作是中断响应操作的逆过程。

# 6.5 8086/8088 中断系统

8086/8088 CPU 含有 2 个中断请求信号输入引脚 INTR 和 NMI,还有 1 个中断应答引脚 $\overline{\text{INTA}}$。与中断相关的指令有:INT、INTO、INT3 和 IRET,还有 2 个与中断相关的标志位 IF、TF。8086/8088 CPU 的中断系统具有很强的中断处理能力,可以处理 256 种不同类型的中断。每种类型的中断对应一个编号,称为中断类型码或中断向量码,编号范围为 0～255。

## 6.5.1 中断向量和中断向量表

每种类型的中断都有对应的中断服务程序。中断服务程序的入口地址称为中断向量。256 个中断向量存储在内存中构成一张表,称为中断向量表。每个中断向量都包括两部分:段基址和偏移地址。因此,存放 1 个中断向量需要 4 个内存单元,256 种中断向量共需要 1K 个内存单元。

8086/8088 系统中的中断向量表位于内存起始地址 00000～003FFH 的存储区内。从地址 00000H 开始,每 4 个单元存放一个中断向量,其中低地址的两个单元存放中断向量的偏移地址,高地址的两个单元存放中断向量的段基址。256 种中断向量按中断向量码从 0 到 255 的顺序依次存入中断向量表中,如图 6-28 所示。

中断向量在中断向量表中的存放首地址称为向量地址,其值为:中断类型码×4。

当 CPU 调用中断类型码为 $n$ 的中断服务程序时,首先把 $n$ 乘以 4,得到它的向量地址 $4n$,然后把 $4n+1:4n$ 两个单元的内容取出并装入 IP 寄存器;再把($4n+3:4n+2$)两个单元的内容取出并装入 CS 寄存器,CPU 就获得了 $n$ 的中断服务程序的入口地址,进而转去执行中断服务程序。

例如 DOS 系统功能调用的中断类型号为 21H,向量地址为 $n\times4=84$H。

**【例 6-6】** 假设中断向量表部分内容如图 6-29 所示。中断类型号为 20H 的向量地址为 20H×4=80H。该中断的中断服务程序的入口地址为

```
CS: IP=4000H:2010H
```

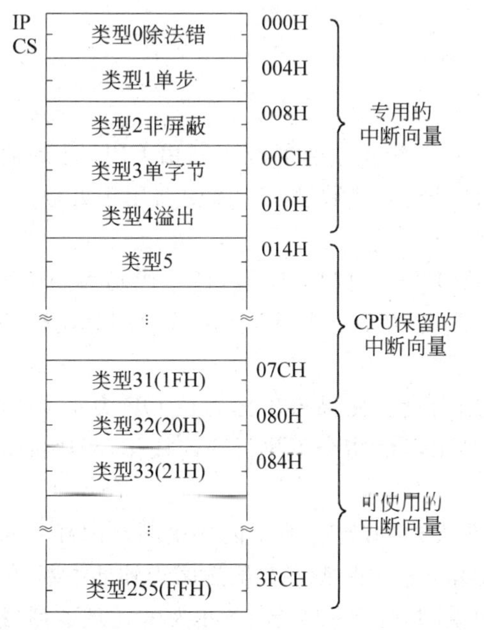


图 6-28　8086/8088 CPU 中断向量表

| 地址 | 内容 |
| --- | --- |
| 00080H | 10H |
| 00081H | 20H |
| 00082H | 00H |
| 00083H | 40H |

图 6-29　中断向量示例

8086/8088 CPU 的全部 256 种中断类型中 0～31 是微处理器专用中断,从类型 32 开始到 255 作为用户中断类型。Intel 保留前 32(0～31)个中断向量为 Intel 各种微处理器系列成员专用,其中,类型 0～4 的中断向量在 8086～Pentium 的所有 Intel 系列微处理器中都相同,其他中断向量存在于由 80286 及以上的高档微处理器组成的系统中。微处理器专用中断向量对应的中断服务程序由系统设置。用户中断向量由用户填写到中断向量表中,中断服务程序也由用户编写。

综上所述,8086/8088 CPU 专用中断类型有 5 个,分别介绍如下:

**类型 0**　除法错中断,除法运算结果溢出或是除以 0 时发生,屏幕出现错误提示。

**类型 1**　单步中断,也称为陷阱中断。如果 TF 标志位为 1,CPU 每执行一条指令后,就停下来等待,并提示 CPU 内部各寄存器的值和一些附带信息。单步中断使用户可以逐条执行程序,让程序员能够精确了解程序的执行情况,给用户调试程序提供方便。

在 8086 CPU 中,没有专门设置 TF 清 0 或置 1 的指令,要使 TF 清 0 或置 1,需要通过执行一段程序实现。例如,通过执行下面的程序段,可以使 TF 标志位置 1:

```
PUSHF              ;FLAG 压栈
POP    AX          ;FLAG 内容弹出到 AX
OR     AX,0100H    ;使 AX 中对应 TF 的位置 1
PUSH   AX
POPF
```

执行下面的程序段可以使 TF 标志位清 0,禁止单步中断:

```
PUSHF
POP   AX
AND   AX,0FEFFH
PUSH AX
POPF
```

**类型 2** 非屏蔽中断,该中断不能被软件禁止。非屏蔽中断由 CPU 之外的硬件产生,通过 CPU 的 NMI 引脚输入中断请求信号,上升沿触发。该中断用于处理紧急事件,如奇偶校验错、电源掉电等。

**类型 3** 断点中断,由一个单字节指令 INT3 引起的中断,指令代码为 0CCH。它的中断服务程序将该指令所处的位置作为程序断点保存起来,在调试程序时用这条指令设置断点。

**类型 4** 溢出中断,INTO 指令的专用向量。如果溢出标志位 OF 为 1,则 INTO 指令中断正在执行的程序。如果 OF 为 0,则 INTO 指令不执行任何操作,程序继续执行下一条指令。

除了类型 2,以上中断类型都在微处理器内部产生,属于内部中断。内部中断的中断向量码由指令指出,或者由微处理器直接给出。中断类型 2 虽然属于外部中断,但是它的中断向量码也是由微处理器直接给出。中断类型 5～31 是 Intel 为微处理器后继发展而保留的微处理器专用中断类型,也属于内部中断。类型 32～255 作为用户中断类型,这其中既包括由中断指令 INT *n* 产生的内部中断,如 INT 20H、INT 21H,也包括由 INTR 引脚电平引起的硬件中断。硬件中断属于外部中断,CPU 通过中断响应总线周期从中断控制器获得它的中断向量码。

## 6.5.2 硬件中断

8086/8088 CPU 芯片有两个硬件中断请求信号输入引脚:NMI 和 INTR,用来接收外部中断源产生的中断请求。NMI 引脚接收非屏蔽中断请求(nonmaskable interrupt),INTR 引脚接收可屏蔽中断请求(interrupt requst)。

### 1. 非屏蔽中断

非屏蔽中断不能被软件禁止。NMI 采用上升沿触发,上升沿之后必须保持逻辑 1 直到被 CPU 接收。中断类型码为 2,由 CPU 内部译码产生。优先级高于可屏蔽中断。CPU 响应这种类型的中断时,将所有内部寄存器存于使用电池的备份存储器或 EEPROM 中。非屏蔽中断用于处理紧急事件,如存储器奇偶错、电源掉电等。

### 2. 可屏蔽中断

INTR 采用电平触发方式,高电平有效。INTR 由外部中断源置位,并在中断服务程序内部被清除。CPU 收到中断请求信号后,检测中断允许标志位 IF,若 IF=1,CPU 响应 INTR 请求;若 IF=0,CPU 屏蔽 INTR 请求。被屏蔽的中断请求信号可一直保持高电平，直到被CPU接收。可屏蔽中断的优先级低于非屏蔽中断。中断允许标志位IF可以用指令STI和CLI进行设置。

CPU响应INTR请求时，启动中断响应总线周期，发中断应答信号$\overline{\text{INTA}}$。系统连续产生2个$\overline{\text{INTA}}$脉冲，用于从数据总线接收中断控制器送出的中断类型码。

### 6.5.3 中断处理流程

CPU在每条指令的最后一个时钟周期按照下列顺序检测有无中断请求：

(1) 指令执行时是否有异常情况发生，如除法错。

(2) 有没有单步中断请求(TF=1)。

(3) 有没有NMI非屏蔽中断请求。

(4) 有没有协处理器段超限。

(5) 有没有可屏蔽中断请求信号。

(6) 是否为中断指令。

如果有一个或多个中断条件出现，CPU响应中断。如果检测到内部中断或非屏蔽中断，CPU从内部获得中断类型码；如果检测到可屏蔽中断请求，CPU进一步测试IF标志位，如果IF=1，CPU就进入中断响应总线周期，从中断控制器获取中断类型码。获得中断类型码之后，各种中断的处理过程相同。CPU将中断类型码放入暂存器保存，以下动作顺序发生：

(1) 标志寄存器的内容入栈。

(2) 清除中断标志IF和TF。

(3) CS的内容入栈。

(4) IP的内容入栈。

(5) 根据中断类型码，在中断向量表中取出中断向量装入IP和CS。

(6) 执行中断服务程序。

(7) 中断返回。

CPU清除中断标志IF使得执行中断服务程序的过程中不被其他INTR中断打断，清除TF的目的是避免进入中断处理程序后按单步执行。也就是说进入中断服务程序之前，CPU自动关中断并处于非单步工作方式。在中断服务程序的末尾有IRET指令，CPU执行该指令时弹出IP、CS和FLAGS，CPU回到主程序断点，中断处理结束。CPU从主程序断点开始继续执行指令，一条指令执行完之后，CPU又按上述顺序查询有无中断发生。CPU每执行完一条指令之后就重复上述过程。

CPU响应中断时将状态标志寄存器的内容压入堆栈以保护现场，堆栈指针SP减2，接着CPU将主程序断点CS和IP的内容压入堆栈以保护断点，堆栈指针SP再减4。在中断服务程序的末尾执行IRET指令，从堆栈中弹出IP、CS和FLAGS，堆栈指针SP+6，堆栈恢复原状。

# 6.6 可编程中断控制器 8259A

Intel 8259A 可编程中断控制器(Programmable Interrupt Controller，PIC)是微型计算机系统中常用的中断控制器件。一个 8259A 可以管理 8 个外部中断源，多个 8259A 级联最多可以管理 64 个外部中断源(一个做主片，8 个做从片)，而无须外加电路，且有多种工作方式。CPU 响应中断时，它提供中断源的中断向量码。

## 6.6.1 8259A 的内部结构

8259A 的内部结构如图 6-30 所示。8259A 的内部逻辑由以下部分构成：

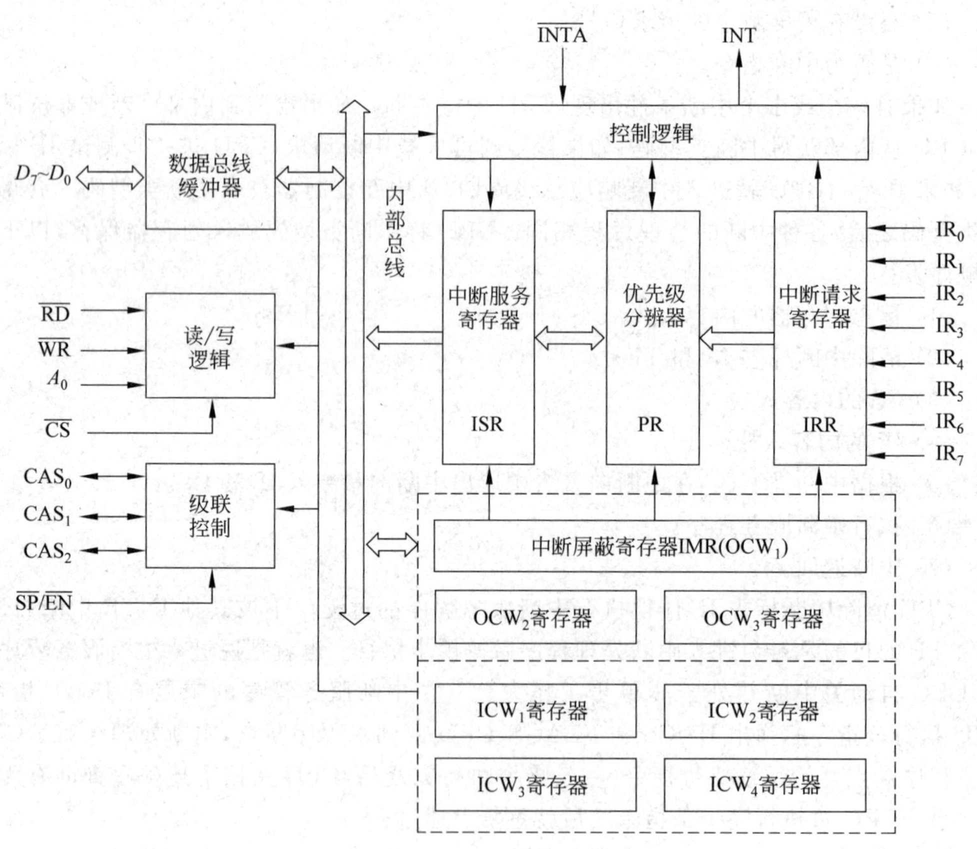


图 6-30 8259A 逻辑结构

(1) 数据总线缓冲器，它是 8259A 与系统数据总线的接口。CPU 与 8259A 之间的控制命令信息、状态信息以及中断类型信息，都通过该缓冲器传送。

(2) 读/写控制逻辑，CPU 通过它实现对 8259A 的读/写操作。

(3) 级联控制，用以实现 8259A 芯片之间的级联，使得中断源可以由 8 级扩展至

64 级。

(4) 中断请求寄存器 IRR,用于寄存 $IR_0 \sim IR_7$ 的中断请求信号。如果有中断请求,IRR 寄存器中的对应位置 1。$IR_0 \sim IR_7$:I/O 设备的中断请求信号,在含有多个 8259A 的复杂系统中,主片的 $IR_0 \sim IR_7$ 可以和各从片的 INT 端相连,用来接收来自从片的中断请求。

(5) 中断服务寄存器 ISR。

中断服务寄存器 ISR 保存当前正在处理的中断请求。当 CPU 正为某个中断源服务时,8259A 使 ISR 中的相应位置 1。当 ISR 为全"0"时,表示无任何中断服务。

(6) 优先级分辨器 PR。

优先级分辨器 PR 也称优先级裁决器,用来管理和识别各个中断源的优先级别。中断优先级裁决器把新进入的中断请求和当前正在处理的(即中断服务寄存器 ISR 中的内容)中断进行比较,从而决定哪一个优先级更高。如果判断出新进入的中断请求具有更高的优先级,中断裁决器会通过相应的逻辑电路要求控制逻辑向 CPU 发出一个中断请求。

(7) 操作命令字寄存器 $OCW_1 \sim OCW_3$。

用于存放操作命令字。操作命令字由应用程序设定,用于对中断处理过程的动态控制。在一个系统运行过程中,操作命令字可以被多次设置。

$OCW_1$ 是 8 位中断屏蔽寄存器 IMR,用于存放 CPU 送来的中断屏蔽信号,它的每位分别与 IRR 寄存器中的各位相对应,对各中断源的中断请求信号($IR_0 \sim IR_7$)实现开关控制。当它的某位为"1"时,对应的中断请求就被屏蔽,即对该中断源的中断请求置之不理。

(8) 初始化命令字寄存器 $ICW_1 \sim ICW_4$。

$ICW_1 \sim ICW_4$ 由初始化程序设置。初始化命令字送入 8259A 时,必须严格按照规定的顺序。8259A 对命令字的识别除了依靠地址信号 $A_0$ 和某些特征位之外,还要根据它装入的先后顺序。$ICW_1$ 和 $ICW_2$ 是必须设置的,而 $ICW_3$ 和 $ICW_4$ 是由工作方式选择的。

## 6.6.2 8259A 的引脚功能

8259A 采用 NMOS 制造工艺,28 个引脚,单一+5V 电源供电如图 6-31 所示。引脚功能描述如下:

$D_7 \sim D_0$:双向数据输入/输出引脚,与 CPU 进行信息交换。

$IR_7 \sim IR_0$:中断请求信号输入引脚。当有多个 8259A 形成级联时,从片的 INT 与主片的 $IR_i$ 相连。

INT:中断请求信号输出引脚,高电平有效,用以向 CPU 发中断请求。接 CPU 的 INTR。

$\overline{INTA}$:中断响应信号输入引脚,低电平有效,在 CPU 发出第二个$\overline{INTA}$时,8259A 将优先级最高的中断类型码送出。接 CPU 的$\overline{INTA}$。

$\overline{RD}$:读控制信号输入引脚,低电平有效。

$\overline{WR}$:写控制信号输入引脚,低电平有效。

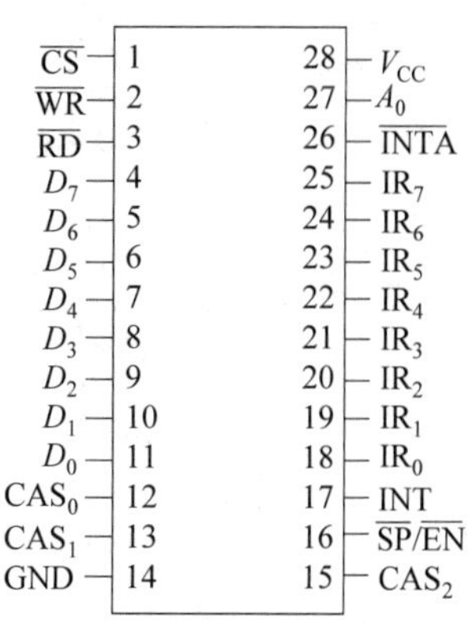

图 6-31 8259A 引脚图

$\overline{CS}$：片选信号输入引脚，低电平有效。

$A_0$：地址输入引脚，选择8259A内部不同的寄存器。

$$A_0=0 \quad ICW_1、OCW_2、OCW_3$$

$$A_0=1 \quad ICW_2 \sim ICW_4、OCW_1$$

$CAS_2 \sim CAS_0$：级联信号引脚，用来选择从片。当8259A为主片时，为输出，否则为输入。与$\overline{SP}/\overline{EN}$信号配合，实现芯片的级联。

$\overline{SP}/\overline{EN}$：从片编程/允许缓冲器，双功能引脚。在非缓冲方式下，$\overline{SP}/\overline{EN}$引脚作为输入，用来决定该8259A是主片还是从片。$\overline{SP}/\overline{EN}$为1，则8259A为主片；$\overline{SP}/\overline{EN}$为0，则8259A为从片。在缓冲方式下，$\overline{SP}/\overline{EN}$引脚作为输出，用作8259A外部数据总线缓冲器的启动信号。

在级联应用中，一个8259A为主片，其他均为从片，从片最多8个。主片通过$CAS_2 \sim CAS_0$与从片连接，从片8259A的INT与主片8259A的$IR_x$相连接。主8259A在第一个$\overline{INTA}$响应周期内通过$CAS_2 \sim CAS_0$送出三位识别码，从片8259A在第二个$\overline{INTA}$响应周期内将中断类型码送到数据总线上。

$CAS_2 \sim CAS_0$：级联信号，双向，以便构成多个8259A的级联结构。当8259A是主片时，$CAS_2 \sim CAS_0$是输出线，(在CPU响应中断时)输出选中的从片代码。当8259A是从片时，$CAS_2 \sim CAS_0$是输入线，(在CPU响应中断时)接收主片送出的从片代码，然后与本从片代码相比较看是否一致，从而确定CPU响应的是不是本从片的中断请求。

## 6.6.3 8259A与微处理器连接

图6-32是8259A与8088系统的连接图。8259A工作于非缓冲方式下，$\overline{SP}/\overline{EN}$引脚接高电平，作为主片。$A_0$引脚与系统中I/O地址线$A_0$连接，使得8259有两个连续的端口地址。8259A与使用高于8MHz的微处理器一起工作时需要插入等待状态。

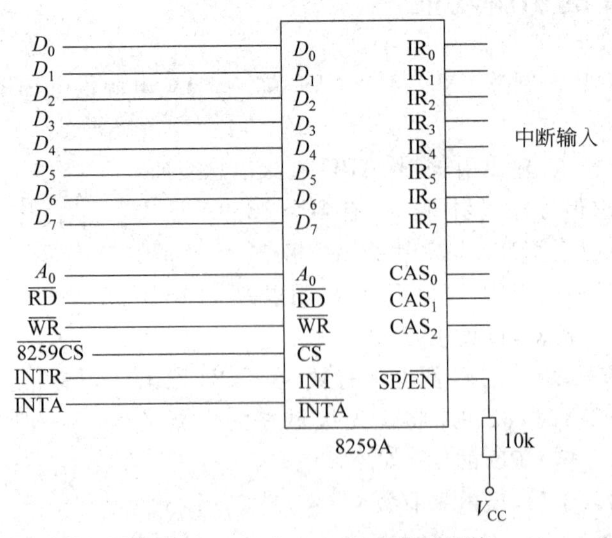


图6-32　8259A与8088系统的连接

PC/XT 型计算机使用了一个 8259A 作为中断控制器，两个端口地址分别为 20H 和 21H，中断向量码使用 08H～0FH。AT 型计算机使用两个 8259A 以主从方式管理中断，第二个 8259A 使用的中断向量码为 70H～77H。

图 6-33 是 3 个 8259A 级联连接示意图。8259A 工作于非缓冲方式下，主片的 INT 引脚接 CPU 的 INTR 引脚，从片 1 的 INT 引脚接主片的 $IR_4$ 引脚，从片 2 的 INT 引脚接主片的 $IR_7$ 引脚。主片的 3 条级联线 $CAS_2$～$CAS_0$ 与各从片的级联线一对一连接。主片的 $\overline{SP}/\overline{EN}$ 接高电平，从片的 $\overline{SP}/\overline{EN}$ 接地。

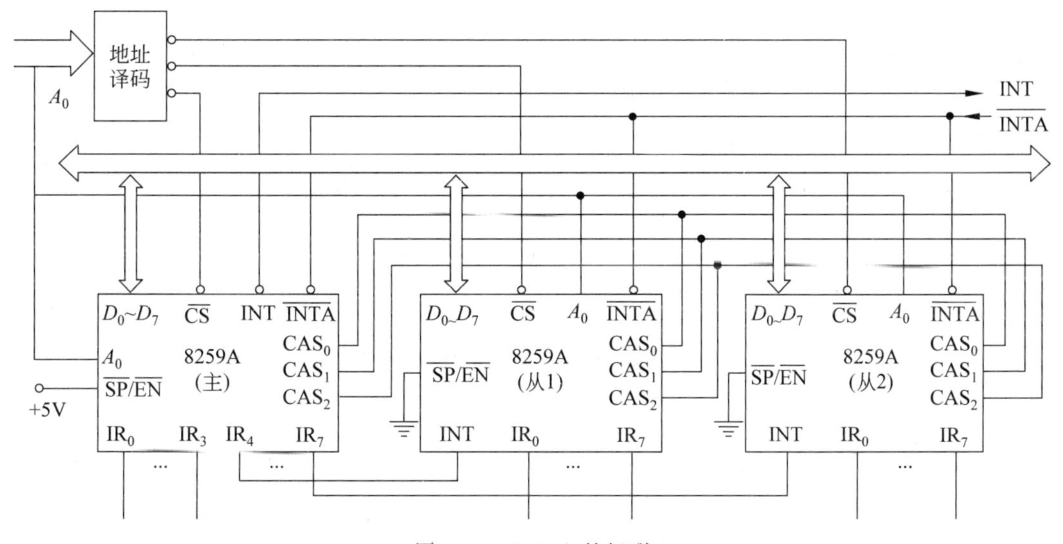


图 6-33　8259A 的级联

级联系统中所有 8259A 都必须进行单独编程。作为主片的 8259A 必须设置为特殊的全嵌套方式，避免从片中优先级较高的中断请求被屏蔽的情况发生。

## 6.6.4　8259A 编程

8259A 编程包括两部分：初始化命令字和操作命令字编程。计算机系统复位以后使用 8259A 之前需要对其初始化命令字编程，以确定 8259A 的基本操作。操作命令字编程是在 8259A 正常工作时写入，对 8259A 的状态、中断方式和过程进行动态控制。

8259A 内部有 7 个寄存器，分为两组：初始化命令寄存器组和操作命令寄存器组。初始化命令寄存器组包括 4 个寄存器：$ICW_1$～$ICW_4$。操作命令寄存器组包括 3 个寄存器：$OCW_1$～$OCW_3$。这 7 个寄存器对应 8259A 的 7 个命令字。由于 8259A 只有一根地址线 $A_0$，所以它只有两个端口地址。$A_0=0$ 时的端口地址常称为偶地址，$A_0=1$ 时的端口地址常称为奇地址。在写入命令字时，7 个寄存器用下面的方式区分：第一，以端口地址区分；第二，把命令字中的某些位作为特征码区分；第三，以命令字的写入顺序区分。初始化命令字的写入流程如图 6-34 所示。

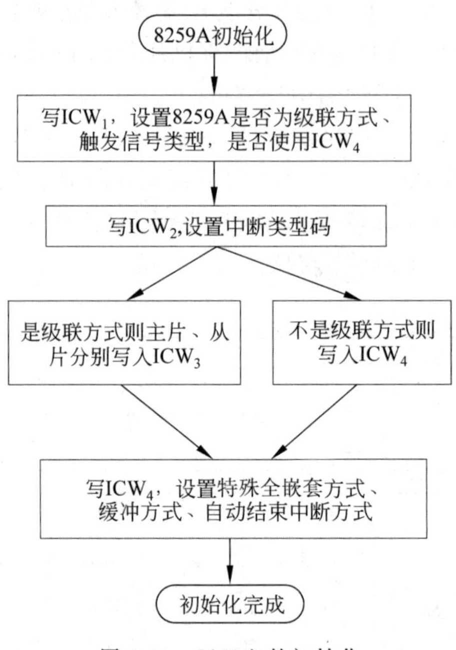


图 6-34　8259A 的初始化

### 1. 初始化命令字

当 8259A 加电或复位时,通过写入初始化命令字完成对 8259A 的初始化。初始化命令字有 4 个：$ICW_1$、$ICW_2$、$ICW_3$、$ICW_4$,其中必须写入 $ICW_1$、$ICW_2$、$ICW_4$。如果 8259A 被 $ICW_1$ 编程为级联方式,则主片和从片 8259A 还必须写入 $ICW_3$。假设 8259A 的端口地址为 20H 和 21H,$ICW_1$ 应该写入 20H 端口,$ICW_2$、$ICW_3$、$ICW_4$ 应该顺序写入 21H 端口。

(1) $ICW_1$

$ICW_1$ 编程 8259A 的基本操作如图 6-35 所示。其中 $D_7 \sim D_5$ 和 $D_2$ 位对 8086 CPU 之后的型号无意义,都可取 0。

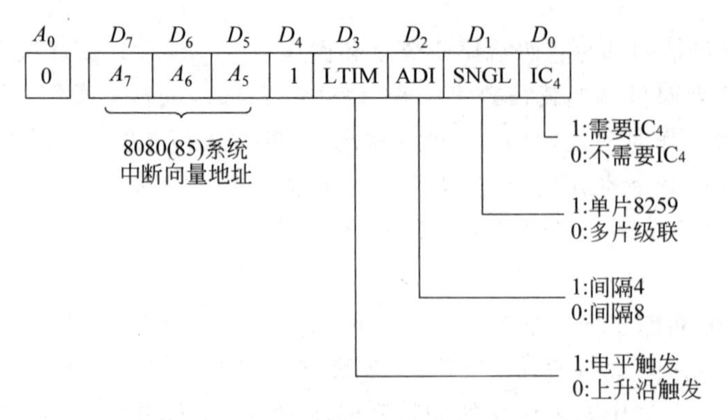


图 6-35　8259A 的 $ICW_1$

写入 $ICW_1$ 后,8259A 内部自动复位,其复位功能如下：

① 初始化命令字顺序逻辑重新置位，准备接收 $ICW_2$、$ICW_3$、$ICW_4$。

② 清除中断屏蔽寄存器 IMR 和中断服务 ISR。使得没有中断被屏蔽也没有正在执行的中断服务程序。

③ 中断请求寄存器 IRR 状态可读。

④ 优先级排队，$IR_0$ 最高，$IR_7$ 最低。

⑤ 特殊屏蔽方式复位。

⑥ 自动 EOI 循环方式复位。

（2）$ICW_2$

$ICW_2$ 的主要功能是确定中断向量码，如图 6-36 所示。中断类型码的高 5 位就是 $ICW_2$ 的高 5 位（$D_7 \sim D_3$），而低 3 位的值（$D_2 \sim D_0$）由 8259A 按中断请求引脚 $IR_0 \sim IR_7$ 三位编码值自动填入。例如：如果中断类型码为 08H～0FH，则将 08H 装入 21H；如果中断类型码为 70H～77H，则将 70H 装入 21H。

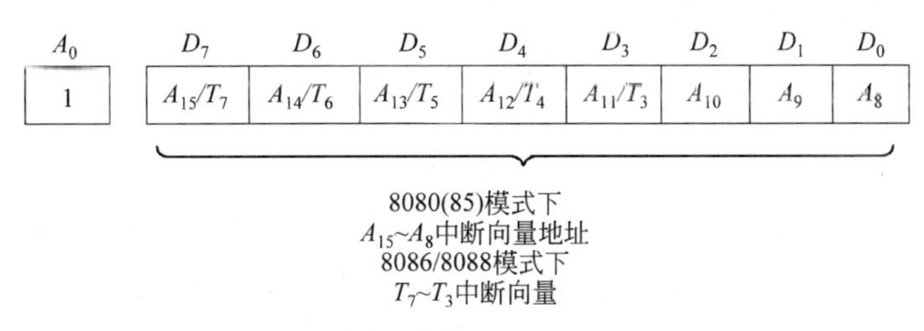


图 6-36　8259A 的 $ICW_2$

（3）$ICW_3$

$ICW_3$ 仅用于 8259A 的级联方式。$ICW_3$ 的主要功能是确定主片的连接位和从片的编码。图 6-37（a）中 $S_7 \sim S_0$ 对应 $IR_7 \sim IR_0$。$IR_7 \sim IR_0$ 中哪一位接从片 8259A，$S_7 \sim S_0$ 中的对应位则置 1。图 6-37（b）是从片的 $ICW_3$ 的格式，只使用了 $D_2$、$D_1$、$D_0$ 三位。例如，如果系统中使用两个 8259A，从片接主片的 $IR_2$，则主片的 $ICW_3$ 应写入 04H，从片的 $ICW_3$ 应写入 02H。如果系统中使用 3 个 8259A，从片接主片的 $IR_0$、$IR_1$，则主片的 $ICW_3$ 应写入 03H，从片（$IR_0$）的 $ICW_3$ 应写入 00H，另一个从片（$IR_1$）的 $ICW_3$ 应写入 01H。

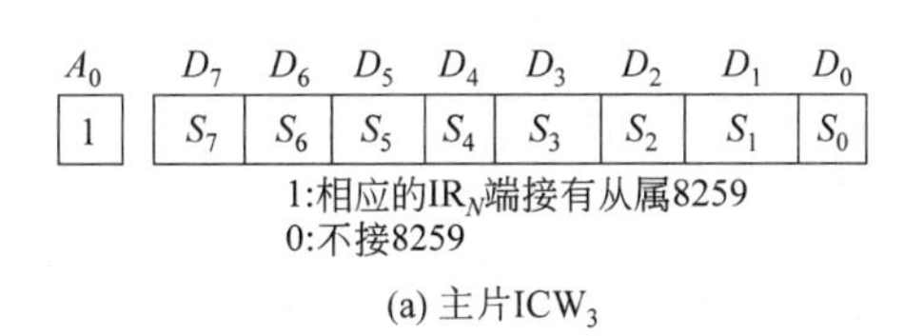


(a) 主片$ICW_3$

| $A_0$ | $D_7$ | $D_6$ | $D_5$ | $D_4$ | $D_3$ | $D_2$ | $D_1$ | $D_0$ |
|---|---|---|---|---|---|---|---|---|
| 1 | 0 | 0 | 0 | 0 | 0 | $ID_2$ | $ID_1$ | $ID_0$ |

3位编码为从属8259接入主控8259相应$IR_N$端的编号$N$

(b) 从片$ICW_3$

图 6-37　8259A 的 $ICW_3$

（4）$ICW_4$

$ICW_4$ 的主要功能是：选择 CPU 系统，确定中断结束方式，规定是主片还是从片，选择是否采用缓冲方式，如图 6-38 所示。$ICW_4$ 写入 8259A 奇地址端口（21H）。只有当 $ICW_1$ 中的 $D_0=1$ 时才需要设置 $ICW_4$，其各位的功能如下：

$D_7 \sim D_5$ 位无意义，为 000。

$D_0$：$\mu$PM 位，若系统中的微处理器为 8086 至 Pentium 4，则 $D_0=1$。

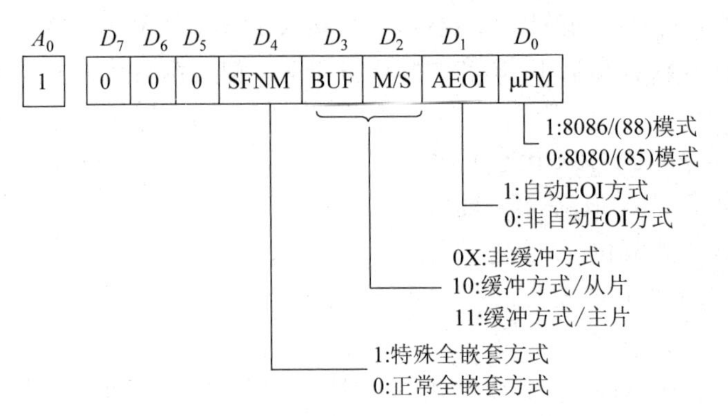

图 6-38　8259A 的 $ICW_4$

$D_1$：AEOI 位，规定结束中断的方式，若 $D_1=1$，则为自动中断结束方式；若 $D_1=0$，则需要用中断结束命令结束中断。

$D_3$：$D_2$：缓冲方式下使用，若 $D_2=1$，表示为主 8259A；若 $D_2=0$，则表示为从 8259A。

$D_4$：SFNM 位，若 $D_4=1$，进入特殊全嵌套模式；若 $D_4=0$，则进入普通全嵌套模式。特殊全嵌套操作方式允许主片 8259A 正在处理来自从片 8259A 的一个中断时，可以识别从片 8259A 的另一个更高优先级的中断请求。普通的全嵌套模式下，一次只处理一个中断请求，其他中断请求均被忽略，直到完成这次中断请求。

初始化命令字编程完成后，8259A 建立了基本的工作环境，可以接收中断请求，也可以通过写入操作命令字 OCW 改变某些中断管理方式。操作命令字可以随时写入、修改，但初始化命令字一经写入一般不再改动。

### 2. 操作命令字

8259A 初始化编程之后就可以处理中断请求了。在 8259A 的工作期间，操作命令字用于控制 8259A 的操作。例如，可以通过操作命令字重新设置工作方式，或者实时读取 8259A 中某些寄存器的内容。8259A 有 3 个操作命令字，分别讨论如下。

(1) $OCW_1$

中断屏蔽字，对 $IR_7 \sim IR_0$ 的中断请求输入进行管理，必须写入相应 8259A 芯片的奇地址端口(21H)。如图 6-39 所示。若 $M_i$ 位为 1，则相应的中断请求输入被屏蔽；反之，则相应的中断请求输入呈现允许状态。由于在 8259A 刚初始化时屏蔽位的状态是未知的，在初始化编程 ICW 之后必须编程 $OCW_1$。

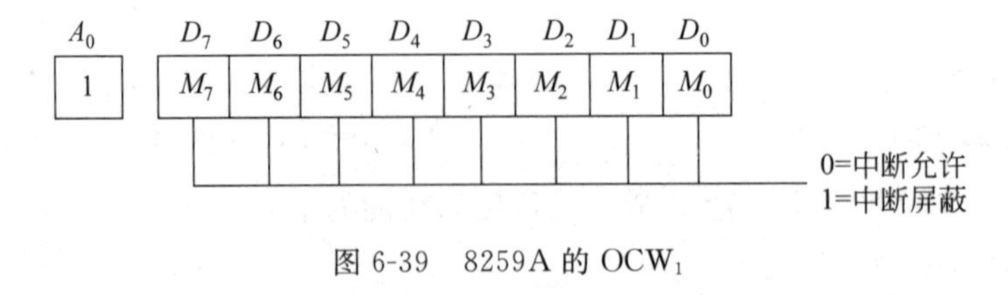

图 6-39　8259A 的 $OCW_1$

例如，若 $OCW_1=0FH$，表示 8259A 对 $IR_3 \sim IR_0$ 的中断请求呈屏蔽状态，$IR_7 \sim IR_4$ 的中断请求呈允许状态。

(2) $OCW_2$

仅当 8259A 未选择 AEOI 方式时被编程。在这种情况下，$OCW_2$ 选择 8259A 响应中断的方式必须写入相应 8259A 芯片的偶地址端口(20H)，其格式如图 6-40 所示。

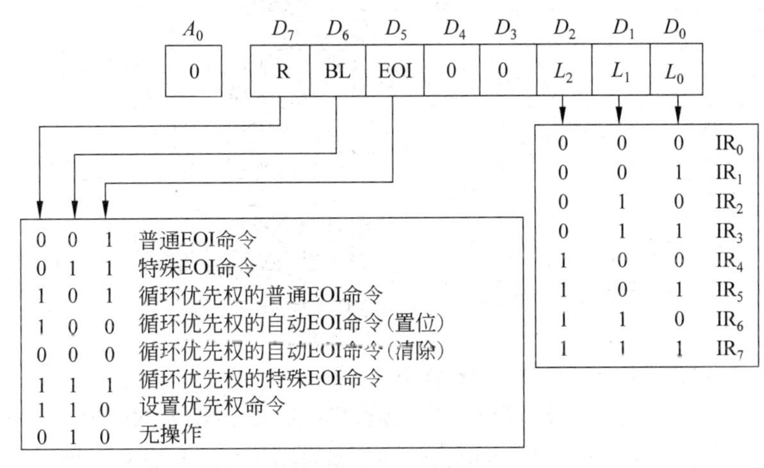


图 6-40 8259A 的 $OCW_2$

其中，$D_4$、$D_3$ 位恒定为 0，是 $OCW_2$ 的特征位。R、BL、EOI 三位组成 7 种不同的操作命令，用于改变 8259A 的工作方式。

R：用于表示优先级是否采用循环方式。

BL：用于确定是否需要使用 $L_2$、$L_1$、$L_0$ 明确中断源。

EOI：用于指示 $OCW_2$ 是否作为自动中断结束命令。

$L_2$、$L_1$、$L_0$：当 BL=1 时，三位的编码指定中断源。

R、BL、EOI 共有 8 种不同的组合形式，其中有 7 种是相应的控制命令，分别介绍如下：

001：普通 EOI 命令，由中断服务程序发出的命令，标志中断结束。它适用于完全嵌套方式，在中断服务程序结束时，用于清除 ISR 中最后被置位的相应位。显然，只有在 $ICW_4$ 中的 AEOI=0 时，才需要在中断服务子程序中向 8259A 发普通的 EOI 命令。

011：特殊 EOI 命令，使一个特定的中断请求被复位。由 $L_2$、$L_1$、$L_0$ 位指出 ISR 寄存器中需要被复位的位。

101：循环优先权的普通 EOI 命令，与普通 EOI 命令相似。它在复位中断状态寄存器之后循环优先权，由此命令复位的中断的优先权变为最低。

100 和 000：循环优先权的自动 EOI 命令置位或清除，选择具有循环优先权的自动 EOI 方式或清除。

111：循环优先权的特殊 EOI 命令，功能与特殊 EOI 命令相同，除了它选择循环优先权外。

110：设置优先权命令，利用 $L_2$、$L_1$、$L_0$ 位明确指出中断优先级最低的中断源。

(3) $OCW_3$

设定查询方式、特殊屏蔽方式、寄存器读取方式。必须写入相应 8259A 芯片的偶地址端口，其格式如图 6-41 所示。

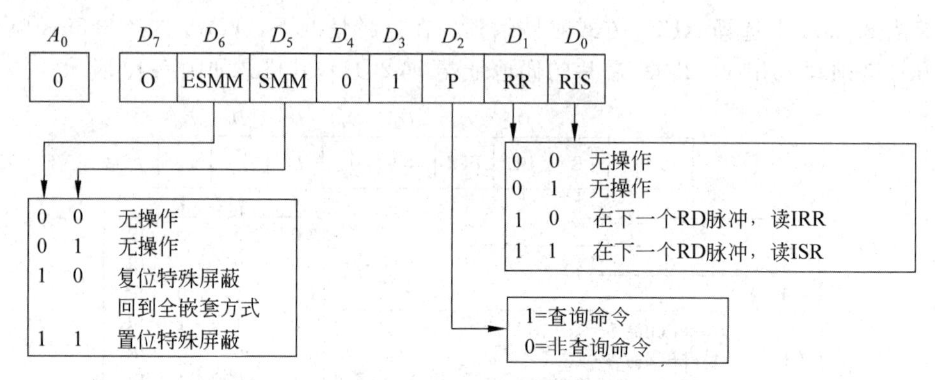


图 6-41　8259A 的 $OCW_3$

$D_4 \sim D_3$：恒定为 01，是 $OCW_3$ 的特征位。

$D_6 \sim D_5$：决定 8259A 是否为设置特殊屏蔽模式命令，若 $D_6$、$D_5$ 为 11，则为设置特殊屏蔽模式命令；若 $D_6$、$D_5$ 为 10，则为撤消特殊屏蔽模式、返回普通屏蔽模式命令。

特殊屏蔽方式不仅允许高优先级的中断，也允许低优先级的中断。如果特殊屏蔽方式与全嵌套方式配合使用，可动态地改变中断系统的优先级结构。例如，在执行中断服务程序的某一部分中要求禁止较低级的中断请求，但在执行中断服务程序的另一部分中又允许较低优先级别的中断请求。复位特殊屏蔽方式则回到未设置特殊屏蔽方式时的优先级方式。

## 6.6.5　8259A 的工作方式

8259A 有多种工作方式，下面分别介绍。

### 1. 全嵌套方式

这是一种最普通的工作方式。8259A 在初始化工作完成后若未设定其他的工作方式，就自动进入全嵌套方式，这种方式的特点如下。

(1) 中断请求的优先级固定，其顺序是 $IR_0$ 最高，逐次减小，$IR_7$ 最低。

(2) 中断服务寄存器 ISR 保存优先权电路确定的优先级状态，相应位置“1”，并且一直保持这个服务“记录”状态，直到 CPU 发出中断结束命令为止。

(3) 在 ISR 置位期间，不再响应同级及较低级的中断请求，而高级的中断请求（如果 CPU 开放中断）仍能够得到中断服务。

(4) $IR_7 \sim IR_0$ 的中断请求输入可分别由中断屏蔽寄存 IMR 的 $D_7 \sim D_0$ 的相应位屏蔽与允许，对某一位的屏蔽与允许操作不影响其他位的中断请求操作。

全嵌套工作方式由 $ICW_4$ 的 $D_4=0$ 确定。

### 2. 循环优先级方式

循环优先级方式是8259A管理优先级相同的设备时采用的中断管理方式，它包括两种：自动循环优先级方式和特殊循环优先级方式。

(1) 自动循环

各设备优先级相同，受服务的机会均等。如果同时有多个中断源申请中断，则按中断类型号由小到大排序。当某一个设备受到服务之后，它的优先级就自动地排到最后。自动循环优先级方式由 $OCW_2$ 的 R=1、SL=0 确定。

(2) 特殊循环

特殊循环优先级方式与自动循环优先级方式的不同之处在于：在自动循环优先级方式中，某一设备在被服务之后被确定为最低优先权；而在特殊循环优先级方式中，是通过编程确定某一设备为最低优先级。如 $IR_5$ 被指定为最低优先级，则 $IR_6$ 的优先级最高。

特殊循环优先级方式由 $OCW_2$ 的 R=1、BL=1 确定，而 $L_2$、$L_1$、$L_0$ 用于指定最低优先级的二进制编码。一般来说，在命令控制字中，凡是采用"$L_2$、$L_1$、$L_0$"的都有"特殊"的含义。

### 3. 特殊屏蔽方式

8259A的每个中断请求输入信号都可由中断屏蔽寄存器IMR的相应位进行屏蔽。IMR寄存器由操作命令 $OCW_1$ 进行设置。对中断请求输入信号的屏蔽方式一般有两种：正常屏蔽方式和特殊屏蔽方式。

在正常屏蔽方式中，每一个屏蔽位对应一个中断请求输入信号，屏蔽某一个中断请求输入信号对其他请求信号没有影响。未被屏蔽的中断请求输入信号仍然按照设定的优先级顺序工作，而且保证当某一级中断请求被响应服务时，同级和低级的中断请求将被禁止，如果CPU允许中断，则高级的中断请求还会被响应，实现中断嵌套。

当设定了特殊屏蔽方式后，IMR中为"1"的位仍然屏蔽相应的中断请求输入信号，但所有未被屏蔽的位被全部开放，无论优先级别是低还是高，都可以申请中断，并且都可能得到CPU的响应并为之服务，也就是说，这种方式抛弃了同级或低级中断被禁止的原则，任何级别的未被屏蔽的中断请求都会得到响应，所以，可以有选择地设定IMR的状态，开启需要的中断输入。

特殊屏蔽方式由 $OCW_3$ 的ESMM和SMM确定，设置时ESMM=1、SMM=1，复位时ESMM=1、SMM=0。

### 4. 程序查询方式

程序查询方式是不使用中断，用软件寻找中断源并为之服务的工作方式。在这种方式下，8259A不向CPU发送INT信号（实际上是8259A的INT信号不连到CPU的INTR信号上），或者CPU关闭自己的中断允许触发器，使IF=0，禁止中断输入。申请中断的优先级不是由8259A提供的中断类型码而是由CPU发出查询命令得到的。

查询时，CPU先向8259A发出查询命令，8259A接到查询命令后，就把下一个IN指令(对偶地址端口的读指令)产生的$\overline{RD}$脉冲作为中断响应信号,此时,若有中断请求信号,则在ISR中相应位置"1",并把该优先级送上数据总线。在$\overline{RD}$期间8259A送上数据总线供CPU读取查询的代码格式为

| $D_7$ | $D_6$ | $D_5$ | $D_4$ | $D_3$ | $D_2$ | $D_1$ | $D_0$ |
|---|---|---|---|---|---|---|---|
| I | — | — | — | — | $W_2$ | $W_1$ | $W_0$ |

其中,I是中断请求标志,I=1表示有中断请求,此时$W_2$、$W_1$、$W_0$有效,表示申请服务的最高中断优先级。I=0表示没有中断请求,此$W_2$、$W_1$、$W_0$无效。例如读入的查询代码是83H,则表示有中断请求,申请中断的优先级输入是$IR_3$。

在查询方式下,CPU不执行中断响应总线周期,不读取中断向量表,8259A能自动提供最高优先级中断请求信号的二进制代码,供CPU查询。该方式使用方便,可扩充中断优先级数目,扩充数目超过64级以上(此时不是中断级联方式,而是一般的端口连接。在查询时,只涉及8259A端口地址。显然,在查询方式下,能够扩展的8259A的数目仅限于系统的I/O空间容量)。

查询方式由$OCW_3$的P=1确定。

### 5. 中断结束方式

所谓中断结束方式是指中断处理过程结束的方法。这里的"结束"不是指中断服务程序的结束,中断服务程序的结束用IRET指令就可完成,这里的"结束"是指如何和何时使8259A中的ISR中的相应位清"0"。ISR中某位为"1",表示CPU正在为之服务;某位为"0"表示CPU已经停止(结束)为之服务。

8259A的中断结束方式有两种:命令中断结束方式(EOI)和自动中断结束方式(AEOI)。

(1) 自动结束

在自动中断结束(AEOI)方式下,8259A自动在最后一个$\overline{INTA}$中断响应脉冲的后沿将中断服务寄存器ISR中的相应位清"0"。这种方式的过程是:中断请求,CPU响应,发第一个$\overline{INTA}$,ISR相应位置"1",CPU发第二个$\overline{INTA}$,8259A提供中断类型码,ISR相应位清"0",结束。显然,ISR的相应置"1"位在CPU中断响应周期内自生自灭,因此在ISR中不会有两个或两个以上的置"1"位。

自动中断结束方式(AEOI)的应用场合一般是8259A单片系统,或不需要嵌套的多级中断系统。AEOI方式只能用于主片8259A,不能用于从片8259A。

自动中断结束方式由$ICW_4$的AEOI=1确定。

(2) 命令结束

命令中断结束方式(EOI)是在中断服务程序返回之前,向8259A发中断结束命令(EOI),使ISR中的相应位清"0"。它包括两种情况:

① 非特殊EOI命令:全嵌套方式下的中断结束命令称为非特殊EOI命令,该命令能自动把当前ISR中的最高优先级的那一位清"0"。

非特殊EOI命令是由$OCW_2$的R=0、SL=0、EOI=1确定的。

② 特殊 EOI 命令：非全嵌套方式下的中断结束命令称为特殊 EOI 命令。在非全嵌套方式下，由于无法确定最后响应的是哪一级中断(非全嵌套方式各中断源没有固定的优先级别，因此也就不知道谁高谁低)，所以应向 8259A 发出特殊 EOI 命令，即指定哪一级中断返回，使其 ISR 中的相应位清“0”。

特殊 EOI 命令是由 $OCW_2$ 的 R＝0、SL＝1、EOI＝1 确定的，由 $L_2$、$L_1$、$L_0$ 指定 ISR 中要复位的相应位的二进制编码。

### 6. 读 8259A 状态

8259A 有 3 个状态寄存器 IRR、ISR 和 IMR。

(1) 读 IRR。先发出 $OCW_3$ 命令(使 RR＝1、RIS＝0，地址 $A_0$＝0)，在下一个$\overline{RD}$脉冲时可读出 IRR，其中包含尚未被响应的中断源情况。

(2) 读 ISR。先发出 $OCW_3$ 命令(使 RR＝1、RIS＝1，地址 $A_0$＝0)，在下一个$\overline{RD}$脉冲时可读出 ISR，其中包含正在服务的中断源情况，也可看中断嵌套情况。

(3) 读 IMR。不必先发 $OCW_3$，只要读奇地址端口($A_0$＝1)，则可读出 IMR，其中包含设置的中断屏蔽情况。

### 7. 特殊的全嵌套方式

该方式适用于多片级联，且必须将优先级保存在各从片 8259A 中的大系统。该方式与普通的全嵌套方式工作情况基本相同，区别在于以下两点：

(1) 当某从片的一个中断请求被 CPU 响应后，该从片的中断仍未被禁止(即没有被屏蔽)，即该从片中的高级中断仍可提出申请(全嵌套方式中这样的中断是被屏蔽的，因为这种中断对从片而言后者是高级中断，可以嵌套，但对主片而言，由于它们来自于同一个从片，故中断优先级相同，而在全嵌套方式中，同级和低级中断是被禁止的)。

(2) 在某个中断源退出中断服务程序之前，CPU 要用软件检查它是否是这个从片中的唯一中断。检查办法是：送一个非特殊中断结束命令(EOI)给这个从片，然后读它的 ISR，检查是否为 0，若为 0 则唯一，即只有这一个中断在被服务，没有嵌套；若不为 0 则不唯一，说明还有其他的中断在被服务，该中断是嵌套在其他中断里的。只有唯一时，才能把另一个非特殊 EOI 命令送至主片，结束此从片的中断。否则，如果过早地结束主片的工作记载而从片尚有未处理完的嵌套中断，整个系统的中断嵌套环境就会混乱。

特殊的全嵌套方式由 $ICW_4$ 的 SFNM＝1 确定。

全嵌套方式、自动中断结束方式、中断请求触发方式、缓冲器方式、特殊的全嵌套方式、级联方式等是由初始化命令字 ICW 设定的，而循环优先级方式、特殊屏蔽方式、查询方式、命令中断结束方式、读 8259A 状态等是由操作命令字 OCW 设定的。

## 6.6.6 8259A 的应用举例

**【例 6-7】** 在某 8088 系统中扩展一个中断控制器 8259A，其端口地址为 8CH 和

8DH。中断源的中断请求线连到 $IR_7$ 输入线上，边沿触发方式，$IR_7$ 的中断类型码为 77H，其他条件保持 8259A 的复位设置状态。要求：

（1）写出 8259A 的初始化程序。

（2）写出中断类型码为 77H 的中断向量设置程序。

由于只使用一片 8259A，初始化程序只需要写入 $ICW_1$、$ICW_2$ 和 $ICW_4$，不需写入 $ICW_3$，注意必须按规定的顺序写入。

$ICW_1$ 命令字。单片、边沿触发、需要 $ICW_4$，故为 00010011B＝13H，写入偶地址（8CH）。

$ICW_2$ 命令字。$IR_7$ 的中断类型码为 77H，即可作为 $ICW_2$ 命令字写入，写入奇地址（8DH）。

$ICW_4$ 命令字。8088 CPU、正常全嵌套方式、自动 EOI 结束、非缓冲方式，故为 00000011B＝03H，写入奇地址（8DH）。

$OCW_1$ 命令字。系统只使用了 $IR_7$，为防止干扰，产生错误动作，应将 $IR_0$～$IR_6$ 屏蔽掉，屏蔽字为 01111111B＝7FH，写入奇地址（8DH）。

初始化程序段为

```
CLI
MOV  AL,13H              ;ICW1
OUT  8CH,AL
MOV  AL,70H              ;ICW2
OUT  8DH,AL
MOV  AL,03H              ;ICW4
OUT  8DH,AL
MOV  AL,7FH              ;OCW1
OUT  8DH,AL
STI
```

中断类型码 77H 的中断向量设置程序

假设中断服务程序名为 INTP，该符号地址包含段值属性和段内偏移量属性，将这二者分别存入中断向量表，中断类型码 77H 的中断向量地址为 77H×4＝1DCH，即占用 1DCH～1DFH 四个单元，其中 1DEH～1DFH 存放 INTP 的段地址，1DCH～1DDH 存放 INTP 的段内偏移量。

用串指令完成中断向量的设置，程序如下：

```
CLI
MOV  AX,0
MOV  ES,AX               ;中断向量表段地址
MOV  DI,1DCH             ;中断向量表偏移地址
MOV  AX,OFFSET INTP      ;中断服务程序偏移地址
CLD
STOSW
MOV  AX,SEG INTP         ;中断服务程序段地址
```

```
STOSW
STI
```

**【例 6-8】** IBM PC 中,只有一个 8259A,可接收外部 8 级中断。在 I/O 地址中,分配 8259A 的端口地址为 20H 和 21H,初始化为边沿触发、缓冲连接、中断结束采用 EOI 命令、中断优先级采用完全嵌套方式,8 级中断源的中断类型分别为 08H～0FH,初始化程序为

```
MOV  DX,20H
MOV  AL,00010011B          ;上升沿,单片,设置 ICW4
OUT  DX,AL                 ;写入 ICW1
MOV  DX,21H
MOV  AL,08H                ;中断类型码 08H～0FH
OUT  DX,AL                 ;写入 ICW2
MOV  AL,00001101B          ;全嵌套,带缓冲,非自动结束
OUT  DX,AL                 ;写入 ICW4
XOR  AL,AL
OUT  DX,AL                 ;写入 OCW1
…
STI
…
```

在中断处理程序中,向 8259A 发出中断结束命令(普通 EOI 命令)的程序段为

```
MOV  AL,20H
OUT  20H,AL
```

# 练　习　题

1. 什么是接口? 其作用是什么?

2. 输入/输出接口电路有哪些寄存器,各自的作用是什么?

3. 什么叫端口? I/O 端口的编址方式有哪几种? 各有何特点?

4. CPU 和外设之间的数据传送方式有哪几种? 无条件传送方式通常用在哪些场合?

5. 相对于程序查询传送方式,中断方式有什么优点? 和 DMA 方式比较,中断传送方式又有什么不足之处?

6. 为什么 74LS244 只能作为输入接口? 为什么 74LS273 只能作为输出接口?

7. 利用 74LS244 作为输入接口(端口号为 2710H)输入 4 个开关 $K_0 \sim K_3$ 的状态;利用 74LS273 作为输出接口(端口号为 2711H)连接一个 7 段 LED 显示器。完成下列要求:

(1) 利用 74LS138 译码器设计地址译码电路,画出芯片与 8088 系统总线的连接图。参考答案:如图 6-1 所示。

(2) 编写程序段，实现功能：读入 4 个开关的状态，并在 7 段 LED 显示器上显示出来，如开关的编码信息为 0 时，7 段 LED 显示器上显示 0，当开关状态改变为 FH 时，7 段 LED 显示器上显示 F，以此类推。

8. 什么是中断？常见的中断源有哪几类？

9. 简述微型计算机系统的中断处理过程。

10. 8086/8088 CPU 一共可处理多少级中断？中断向量和中断向量表的含义是什么？

11. 简述 8086/8088 CPU 的非屏蔽中断和可屏蔽中断有哪些不同之处？CPU 响应可屏蔽中断的条件是什么？

12. 已知 8086 系统中采用单片 8259A 控制中断，中断类型码为 24H，中断源请求线与 8259A 的 $IR_4$ 相连，计算中断向量表的入口地址。如果中断服务程序入口段基址为 2A00H，偏移地址为 0310H，则对应该中断源的中断向量表的内容是什么？

13. 已知对应于中断类型码为 18H 的中断服务程序存放在 1020H：6314H 开始的内存区域中，求对应于 18H 类型码的中断向量存放位置和内容。

14. 在编写程序时，为什么通常总要用 STI 和 CLI 中断指令设置中断允许标志？8259A 的中断屏蔽寄存器 IMR 和中断允许标志 IF 有什么区别？

15. 8259A 仅有两个端口地址，它们如何识别 ICW 命令和 OCW 命令？

# 第7章

# 可编程接口芯片

微型计算机通过接口电路与外设交换信息。随着微型计算机的发展,接口电路早已集成化,出现了许多可编程接口芯片。这些芯片通常被设计成具有多项功能或多种工作方式,用户可以通过编程选择自己所需的功能或工作方式,如通用可编程外围接口芯片8255A。在微型计算机系统中,这些芯片可能不再单独出现,而是集成在一个接口芯片集中,但是编程是兼容的。现在,这些芯片还常用在单片机或嵌入式系统中。

## 7.1 可编程外围设备接口

8255A可编程外围设备接口(Programmable Peripheral Interface,PPI)是一种通用的可编程并行I/O接口器件。它可以作为Intel系列微处理器或其他系列微处理器的接口器件,可以将任何与TTL兼容的I/O设备与微处理器连接。在与主频不高于8MHz的微处理器一起工作时,不需要插入等待周期。它有24个可编程I/O引脚,分为两组,每组12个,可以以3种不同的操作方式工作。它的每个I/O引脚可以提供2.5mA的吸入电流,可以为达林顿管提供最大4mA的驱动电流。8255A通常用作键盘和打印机端口。它的价格低廉,使用方便,得到了广泛的应用。

### 7.1.1 8255A的功能结构

#### 1. 8255A的内部结构

8255A的内部结构框如图7-1所示,包含了数据总线缓冲器,端口A、B、C,A组和B组控制部件以及读/写控制逻辑四个部分。

(1) 数据总线缓冲器

这是一个三态8位双向数据缓冲器,$D_7 \sim D_0$与系统数据总线相连,负责与CPU进行数据交换。CPU通过执行输入/输出指令对8255A写入或读出数据、控制字和状态字。

(2) 读/写控制逻辑

读/写控制逻辑接收来自CPU的地址信息和控制信息,通过接收片选信号$\overline{CS}$、地址信号$A_1$和$A_0$以及复位信号RESET、控制信号$\overline{WR}$和$\overline{RD}$,控制8255A的操作过程。

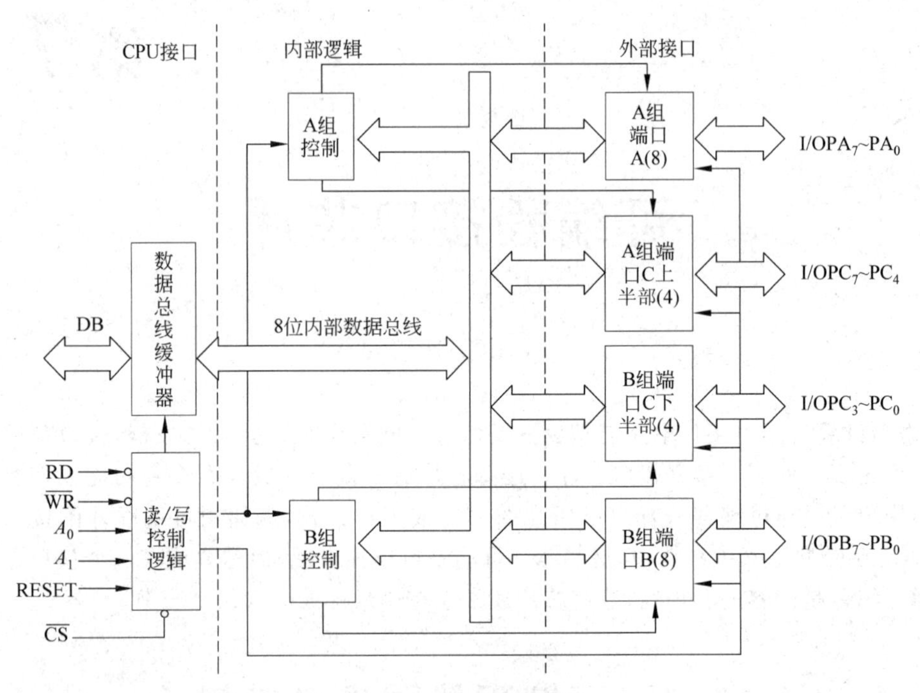


图 7-1　8255A 内部结构框图

(3) A 组控制和 B 组控制

这两组控制逻辑电路接收来自 CPU 的控制字,控制两组端口的工作方式及读/写操作。A 组控制端口 A 和端口 C 的高 4 位,B 组控制端口 B 和端口 C 的低 4 位。

(4) 端口 A、B、C

8255A 有 3 个 8 位数据输入/输出端口:端口 A、端口 B 和端口 C,分别简称为 A 口、B 口和 C 口。它们对外的引线分别是 $PA_7 \sim PA_0$、$PB_7 \sim PB_0$ 和 $PC_7 \sim PC_0$。C 口可分成两个 4 位的端口:C 口高 4 位($PC_7 \sim PC_4$)和 C 口低 4 位($PC_3 \sim PC_0$)。三个端口按组编程,都可以通过编程设定为数据输入端口或输出端口。

端口 A 和端口 B 都有一个 8 位数据输入锁存器和一个 8 位数据输出锁存/缓冲器。端口 C 有一个 8 位数据输入缓冲器和一个 8 位数据输出锁存/缓冲器。端口 C 可以按位操作。端口 A、B 和 C 都可以作为数据输入/输出端口。还可以将 A 口与 B 口作为数据输入/输出端口,C 口作为握手联络信号,负责输出控制信息或输入状态信息。

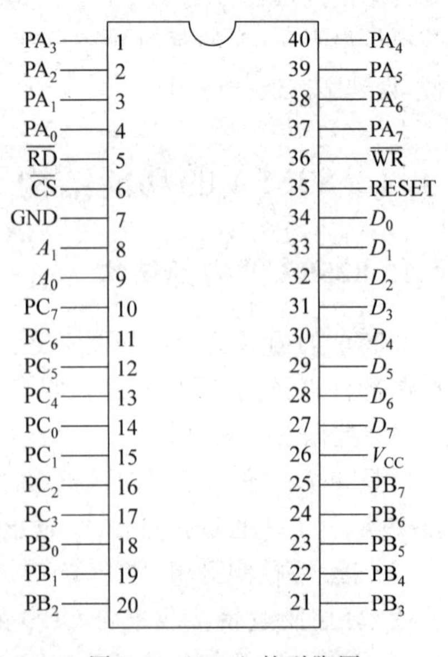


图 7-2　8255A 的引脚图

## 2. 外部引脚

8255A 采用 40 脚双列直插式封装,单一+5V 供电。它的引脚功能如图 7-2 所示。

RESET：复位信号，高电平有效。当 RESET 信号有效时，所有内部寄存器都被清零，同时 3 个数据端口被自动设置为输入口。

$D_7 \sim D_0$：8 位双向数据线，与计算机系统的 8 位数据总线相连。

$\overline{RD}$：读信号，低电平有效。

$\overline{WR}$：写信号，低电平有效。

$\overline{CS}$：片选信号，低电平有效。

$A_1$、$A_0$：端口地址信号。

表 7-1 说明端口地址分配情况。

**表 7-1　8255A 的 I/O 端口地址**

| $A_1$ | $A_0$ | 功　能 | $A_1$ | $A_0$ | 功　能 |
|---|---|---|---|---|---|
| 0 | 0 | 端口 A | 1 | 0 | 端口 C |
| 0 | 1 | 端口 B | 1 | 1 | 控制端口 |

$PA_7 \sim PA_0$，端口 A 的 8 根输入/输出线。

$PB_7 \sim PB_0$，端口 B 的 8 根输入/输出线。

$PC_7 \sim PC_0$，端口 C 的 8 根输入/输出线。

## 7.1.2　8255A 的工作方式

8255A 有三种工作方式。方式 0：基本输入/输出方式；方式 1：选通输入/输出方式；方式 2：双向传输方式。8255A 通过设置方式控制字选择工作方式。

### 1. 方式 0

方式 0 为基本输入/输出方式。A 组、B 组都可以工作在方式 0 下。A 组工作在方式 0 下，端口 A 可以设定为输入也可以设定为输出，C 口的高四位可以设定为输入也可以设定为输出。B 组的用法和 A 组一样。这样，3 个端口都可以工作在方式 0，都可以作为一个 8 位的数据输入口或输出口，C 口还可以作为两个 4 位的输入/输出口。在实际的应用中，8255A 可以按照 4 个端口使用，可构成 16 种不同的输入/输出组合方式。

方式 0 是一种简单的输入/输出方式，没有规定固定的应答联络信号，最适合无条件数据传输方式。8255A 工作在方式 0 时，外设应该是简单外设，例如可以是开关、继电器、LED 灯等，这些外设随时可以接收数据，随时可以被读出数据。CPU 通过 8255A 与这样的外设交换信息时，既不需要查询外设的状态也不需要发送控制信号。

方式 0 也可以用于查询工作方式，这时常将 C 口的高 4 位(或低 4 位)定义为输入，输入外设状态；C 口的低 4 位(或高 4 位)定义为输出，输出控制信号。A 口和 B 口作为数据输入/输出口和外设相连。

### 2. 方式 1

方式 1 也称为选通输入/输出方式。A 组、B 组都可以工作在方式 1 下可以作为数据输入或输出口，输入/输出均具有锁存功能。这时，C 口提供数据输入/输出的选通控制信号，这些握手联络信号由 C 口的固定位提供。下面以“方式 1 输入”和“方式 1 输出”两种情况为例介绍方式 1 的工作过程。

(1) 方式 1 输入

当端口 A、B 均工作在方式 1 输入时，其功能结构如图 7-3 所示。C 口的 $PC_3$、$PC_4$ 和 $PC_5$ 引脚作为 A 口输入数据的联络信号，而 $PC_0$、$PC_1$ 和 $PC_2$ 引脚则作为 B 口的联络信号。C 口剩下的 $PC_6$、$PC_7$ 仍然可以传输数据。选通控制信号的定义如图 7-4 所示。

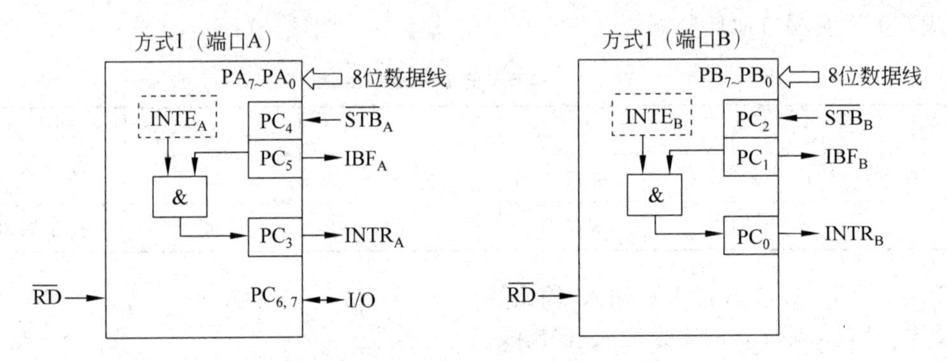


图 7-3　方式 1 输入握手信号

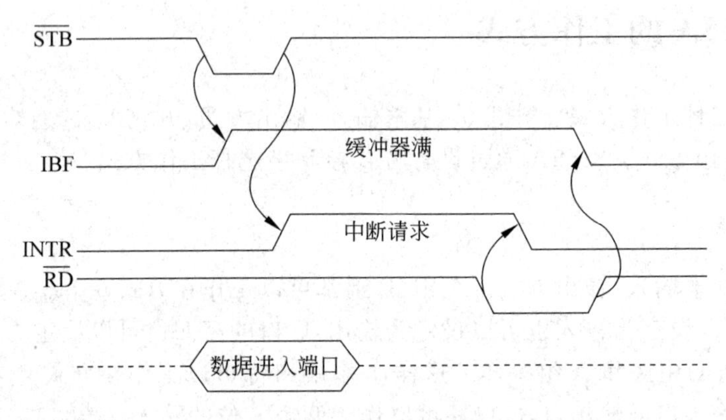


图 7-4　方式 1 输入时序

$\overline{STB}$：输入选通信号，低电平有效。它是由外设提供给 8255A 的输入信号，8255A 利用它接收外设送来的一个 8 位数据。

IBF：输入缓冲器满信号，高电平有效，是 8255A 送给外设的信号，用以通知外部设备数据已接收。当 IBF 为高电平时，表示外设的数据已进入 8255A 的输入缓冲器，但还未被 CPU 取走，8255A 不能接收新数据；当 IBF 为低电平时，说明 CPU 已取走数据，输入缓冲器为空，允许外设传送新数据。IBF 信号是在$\overline{STB}$有效期间变为高电平，在读信号$\overline{RD}$的上升沿变为低电平。

INTR：中断请求信号，高电平有效。8255A 用它向 CPU 发出中断请求。当$\overline{STB}$信号为逻辑 1、IBF 为逻辑 1 且 INTE(中断允许)也为逻辑 1 时，INTR 信号被置成高电平。也就是说，当选通信号结束，输入缓冲器满，并且端口处于中断允许状态(INTE=1)时,8255A 的 INTR 端被置为高电平,向 CPU 发出中断请求信号。当 CPU 响应中断取走数据时,读信号$\overline{RD}$的下降沿将 INTR 置为低电平。

INTE:中断允许,它既不是输入也不是输出。端口 A 用 $PC_4$ 置位/复位控制,端口 B 用 $PC_2$ 置位/复位控制。只有当 $PC_4$ 或 $PC_2$ 置位,才允许对应的端口送出中断请求。

以端口 A 为例,在允许中断情况下,方式 1 输入数据的工作过程如下:

① CPU 通过执行 OUT 指令写"方式选择控制字"到 8255A,设定端口 A 为"方式 1 输入",然后置位 $PC_4=1$,于是 $INTE_A=1$,端口 A 处于中断允许状态。

② 当外设的选通信号$\overline{STB}_A$ 有效时,外设的数据装入端口 A 的输入数据缓冲器,$IBF_A=1$。

③ 这时 $INTE_A=1$、$IBF_A=1$、$\overline{STB}_A=1$,所以 $INTR_A$ 由 0 变 1,端口 A 向 CPU 发出中断请求信号 $INTR_A$。

④ CPU 响应中断,进入中断服务程序,通过执行 IN 指令从 A 口输入数据。$\overline{RD}$的下降沿使 $INTR_A=0$,清除中断请求,$\overline{RD}$的上升沿使 $IBF_A=0$,此时端口 A 又可以接收外设送来的新数据了。

(2) 方式 1 输出

当端口 A、B 均工作在方式 1 输出时,其功能结构如图 7-5 所示。$PC_3$、$PC_6$ 和 $PC_7$ 引脚作为端口 A 的数据输出联络信号,而 $PC_0$、$PC_1$ 和 $PC_2$ 引脚作为端口 B 的联络信号。C 口剩下的 $PC_4$、$PC_5$ 可以用作数据传输。选通控制信号的定义如图 7-6 所示。

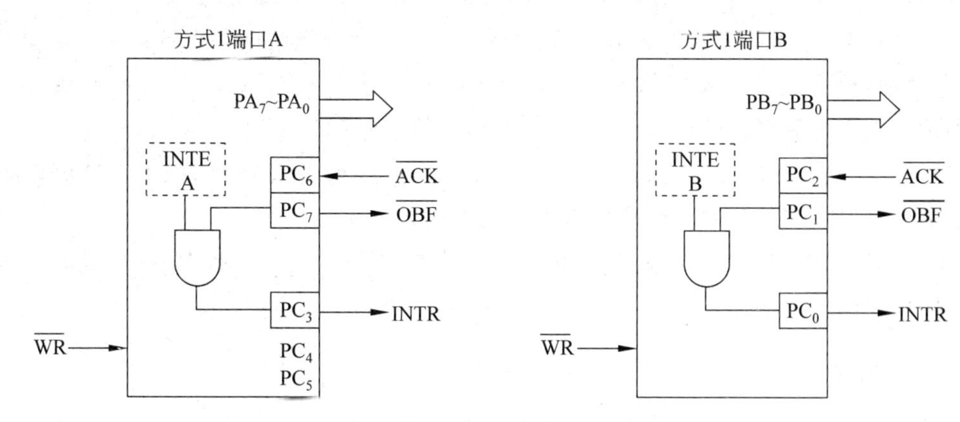

图 7-5 方式 1 输出握手信号

$\overline{OBF}$:输出缓冲器满信号,低电平有效。表示 8255A 的输出口有数据,通知外设取数据。它由$\overline{WR}$信号的上升沿置成低电平,而由$\overline{ACK}$信号的低电平使其恢复为高电平。

$\overline{ACK}$:外设响应信号,低电平有效。当其有效时,表明外设已经把数据取走。它是$\overline{OBF}$信号的应答信号。

INTR:中断请求信号,高电平有效。INTR 是当$\overline{ACK}$、$\overline{OBF}$、INTE 都为逻辑 1 时才

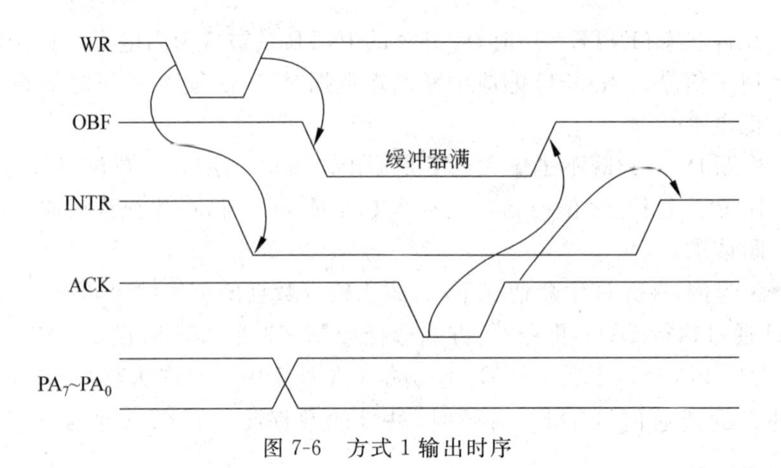


图 7-6　方式 1 输出时序

被置成高电平,由$\overline{WR}$的下降沿使其变为低电平。

INTE:中断允许。它既不是输入也不是输出,$INTE_A$由$PC_6$的置位/复位控制。置位$PC_6$,端口 A 处于中断允许状态;复位$PC_6$,端口 A 处于中断禁止状态。$INTE_B$由$PC_2$的置位/复位控制,置位$PC_2$,端口 B 处于中断允许状态;复位$PC_2$,端口 B 处于中断禁止状态。

以端口 A 为例,在允许中断情况下方式 1 输出的工作过程如下:

① 设定端口 A 的工作方式为“方式 1 输出”,然后置位$PC_6$,端口 A 处于中断允许状态。由于此时 CPU 还未向端口 A 写入数据,因此$\overline{OBF_A}=1$且外设响应信号$\overline{ACK_A}=1$。在此种条件下,$INTR_A$输出端由 0 变 1,端口 A 向 CPU 发出中断请求信号。

② CPU 响应端口 A 的中断请求,通过执行 OUT 指令将数据写入端口 A。在$\overline{WR}$信号的下降沿,$INTR_A$信号变成低电平,同时$\overline{OBF_A}=0$,表明 CPU 已经把数据送至指定端口,外设可以取走数据。外设取走数据后,发出应答信号$\overline{ACK_A}=0$。

③ $\overline{ACK_A}$信号使$\overline{OBF_A}=1$,$INTR_A$输出端由 0 变 1,端口 A 再次向 CPU 发出中断请求,要求 CPU 输出新的数据,从而又开始一次新的数据输出过程。

在实际应用中,方式 1 下端口 A 和端口 B 也可以一个定义为输入,另一个定义为输出,工作过程同上。

### 3. 方式 2

方式 2 也叫做双向传输方式,三个端口中只有端口 A 可以工作于方式 2。当端口 A 工作于方式 2 时,联络信号的定义如图 7-7 所示。外设通过 8 位数据线向 CPU 发送数据,也可以接收 CPU 的数据。端口 C 的$PC_7$~$PC_3$用于提供相应的握手联络信号,配合端口 A 工作。此时端口 B 可以工作于方式 0 或方式 1,如果端口 B 工作于方式 0,端口 C 的$PC_2$~$PC_0$可用作基本的输入/输出;如果端口 B 工作于方式 1,端口 C 的$PC_2$~$PC_0$用作端口 B 的握手联络信号。

与方式 2 输出有关的握手联络信号如下:

$\overline{OBF_A}$:端口 A 输出缓冲器满信号,低电平有效,表示 CPU 已经将一个数据写入

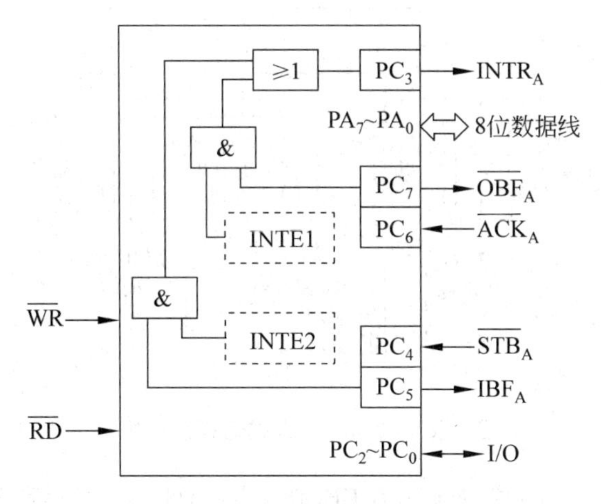


图 7-7　方式 2 下握手信号定义

8255A 的端口 A,通知外设取走数据。

$\overline{ACK}_A$:外设对$\overline{OBF}_A$信号的应答,低电平有效,表示外设已经收到端口 A 的数据。

INTE1:输出中断允许信号。当 INTE1 为 1 时,允许 8255A 通过 $INTR_A$ 向 CPU 发出中断请求信号;当 INTE1 为 0 时,则屏蔽了该中断请求信号。INTE1 的状态由 $PC_6$ 通过位操作控制字设定。

与方式 2 输入有关的握手联络信号如下:

$\overline{STB}_A$:端口 A 选通输入信号,低电平有效。当它有效时,端口 A 接收外设送来的一个 8 位数据。

$IBF_A$:端口 A 输入缓冲器满信号,高电平有效。当 $IBF_A=1$ 时,表明外设的数据已进入输入缓冲器,在 CPU 未取走数据前,此信号始终为高电平,阻止输入设备送来新的数据;当 $IBF_A=0$ 时,外设可以将一个新的数据送入端口 A。

INTE2:输入中断允许信号。由 $PC_4$ 通过位操作控制字设定。

方式 2 是一种双向传输工作方式。如果一个并行外设既可以作为输入设备,又可以作为输出设备,并且输入/输出动作不会同时进行,这个外设就可以利用 8255A 的端口作为设备接口,进行数据传输。

## 7.1.3　8255A 的控制字

8255A 有两种控制字,一个是方式选择控制字,另一个是针对 C 口的位操作控制字。

### 1. 方式选择控制字

方式选择控制字设定 8255A 的工作方式。8255A 有 3 种基本工作方式,A 组可以工作在 3 种工作方式中的任何一种,B 组只能工作在方式 0 或方式 1。方式选择控制字由 8 位二进制数构成,每位的定义如图 7-8 所示。$D_7$ 位规定为 1,作为该控制字的标志位。$D_6 \sim D_3$ 用于控制 A 组的工作方式和输入/输出,而 $D_2 \sim D_0$ 用于控制 B 组工作方式和输入/输出。

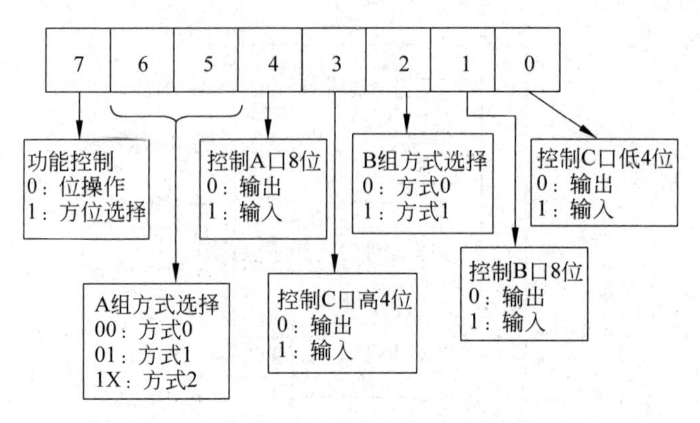


图 7-8　8255A 的方式选择控制字

**【例 7-1】** 设 8255A 的端口地址为 FBC0～FBC3H，A 口设置方式 0 输入，B 口设置方式 0 输出，C 口高 4 位设置方式 0 输出，C 口低 4 位设置方式 0 输入。

控制字为 10010001B。

8255A 初始化程序为

```
MOV   DX, 0FBC3H
MOV   AL, 91H
OUT   DX, AL
```

## 2. 位操作控制字

位操作控制字只对端口 C 的指定位进行置位/复位操作，其他位保持不变。位操作控制字定义如图 7-9 所示。

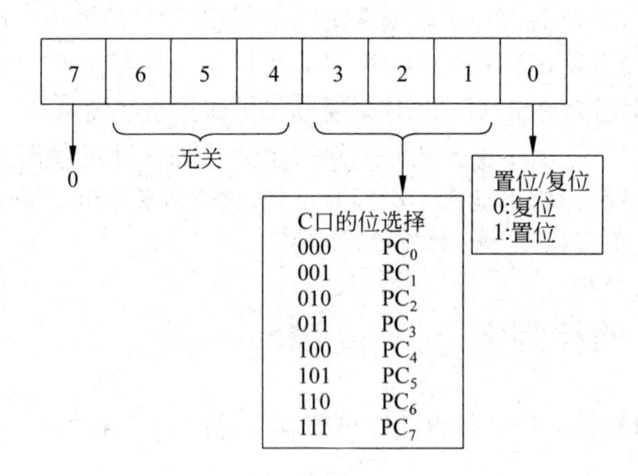


图 7-9　位操作控制字定义

**【例 7-2】** 设 8255A 的端口地址为 FBC0～FBC3H，A 口设置方式 0 输出，B 口设置方式 0 输入，C 口高 4 位设置方式 0 输出，C 口低 4 位设置方式 0 输入，利用 C 口 $PC_5$ 产生连续的方波信号，信号的高、低电平宽度可调用延时子程序 DELAY 实现。

控制字为 10000011B。

8255A 初始化程序为

```
        MOV   DX, 0FBC3H
        MOV   AL, 83H
        OUT   DX, AL
FB :    MOV   AL, 0BH
        OUT   DX, AL            ;PC5 置位
        CALL DELAY              ;维持高电平
        MOV   AL, 0AH
        OUT   DX, AL            ;PC5=0
        CALL DELAY              ;维持低电平
        JMP   FB                ;连续输出方波信号
```

### 3. 状态字

8255A 的状态字为查询方式提供了状态标志位，如输入缓冲器满 IBF 信号，输出缓冲器满信号等。当 8255A 的端口 A 和端口 B 工作在方式 1 或端口 A 工作在方式 2 时，通过读取端口 C 的内容，可以检查端口 A 和端口 B 的状态。例如，当端口 A 工作于方式 2 时，若有中断请求发生，CPU 还要通过查询状态字确定具体的中断源，如 IBFA 位为 1 表示端口 A 有输入中断请求；$\overline{OBF}_A$ 位为 1 表示端口 A 有输出中断请求。

当 8255A 的端口 A 和端口 B 均工作在方式 1 输入时，从端口 C 读入 8 位数据，每位的含义如图 7-10(a)所示；当 8255A 的端口 A 和端口 B 均工作在方式 1 输出时，从端口 C 读入 8 位数据，每位的含义如图 7-10(b)所示；当 8255A 的端口 A 工作在方式 2 时，从端口 C 读入 8 位数据，每位的含义如图 7-10(c)所示。

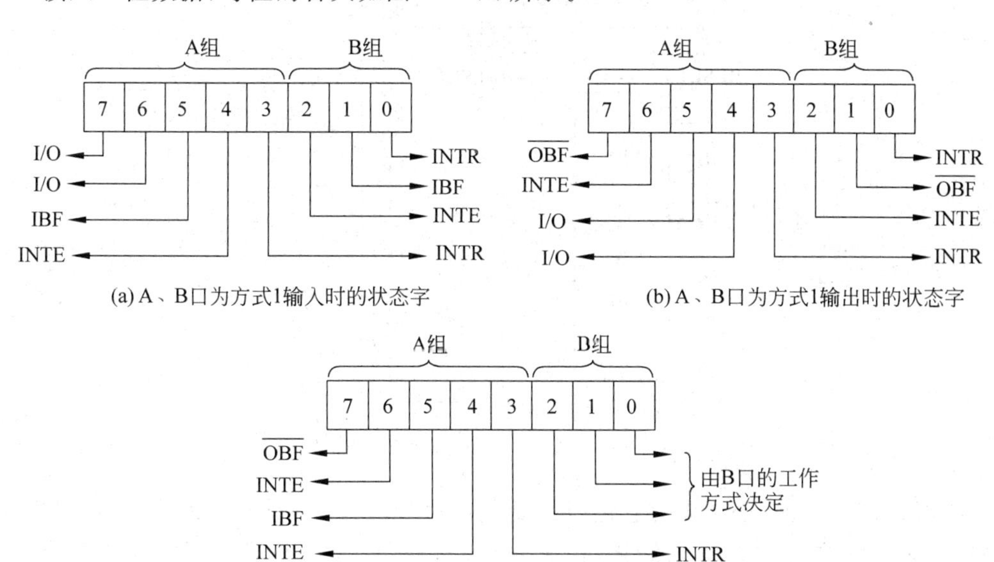


图 7-10 状态字在不同情况下的定义

需要注意的是，端口C状态字各位含义与相应的外部引脚信号并不完全相同，如方式1输入状态字中的$D_4$和$D_2$表示$INTE_A$和$INTE_B$，而这两位的外部引脚信号分别是$\overline{STB}_A$和$\overline{STB}_B$。$INTE_A$和$INTE_B$是一种内部控制信号，它通过位操作控制字设定，一经设定就会在状态字中反映出来。方式1输入状态字中的$D_7$和$D_6$位、方式1输出状态字中的$D_5$和$D_4$位分别标为I/O，是指这些位可用于基本的数据输入/输出。

## 7.1.4 8255A与微处理器的连接

图7-11是8255A与计算机系统的连接方法。8255A的$D_7 \sim D_0$分别与系统总线的$D_7 \sim D_0$相连，$\overline{RD}$、$\overline{WR}$分别与系统总线的$\overline{RD}$、$\overline{WR}$信号或者$\overline{IOR}$和$\overline{IOW}$信号相连，$A_1$、$A_0$分别与系统地址线$A_1$、$A_0$相连，$\overline{CS}$由系统地址总线$A_2 \sim A_{15}$译码生成。在PC中，8255A的I/O端口地址为60H～63H和端口378H～37BH。端口60H～63H用于键盘、扬声器和定时器，端口378H～37BH用于并行打印机(LPT1)端口。

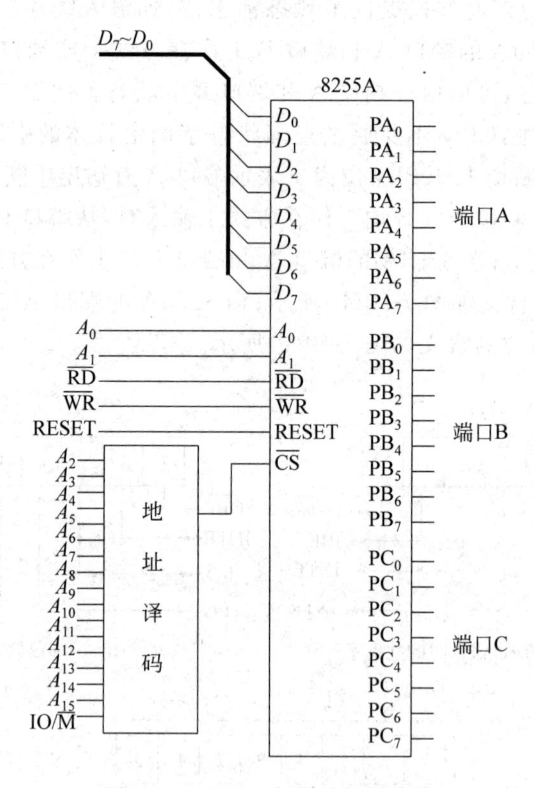


图7-11　8255A与微处理器连接

使用8255A之前，必须先对它进行初始化，设定端口的工作方式和输入/输出方向。例如，对图7-11中的8255A初始化，要求设置8255A的A组和B组都为方式0，端口C的高4位作输出，低4位作输入。初始化程序段如下：

```
MOV  DX, PORT-C              ;8255A的控制口地址送DX
MOV  AL, 10000001B           ;方式选择控制字送入AL
```

```
OUT  DX, AL                     ;写入控制口,完成初始化
```

### 7.1.5 方式0操作举例

8255A工作在方式0时,8255A相当于一个经过缓冲的输入接口,或者相当于一个具有锁存能力的输出接口,与第6.1.4节介绍的基本输入/输出接口功能相同。常见的应用有:控制LED7段码显示器、LCD显示器、步进电机、作为矩阵键盘接口等。

#### 1. 8255A控制步进电机

步进电机是数字设备,是将脉冲信号转换为角位移的一种机电一体化器件,涉及机械、电机、计算机等多方面的知识,广泛应用在打印机、磁盘驱动器、机器人等各种控制领域。图7-12是一个四相步进电机工作原理示意图,采用单极性直流电源供电,只要对步进电机的各相绕组(线圈)按合适的时序通电,就能使电机转动。步进电机在360°内旋转时是不连续的。每当电机绕组接收一个电脉冲,转子就转过一个相应的步距角。普通的、便宜的步进电机大约每步移动15°,高精度的电机每步移动1°。角位移的大小与脉冲数成正比,电机转速与脉冲频率成正比。步进电机的转速应由慢到快逐步加速。电机绕组的通电顺序控制电机的转向,当通电时序为AB→BC→CD→DA时为正转,通电时序为DA→CD→BC→AB时为反转。

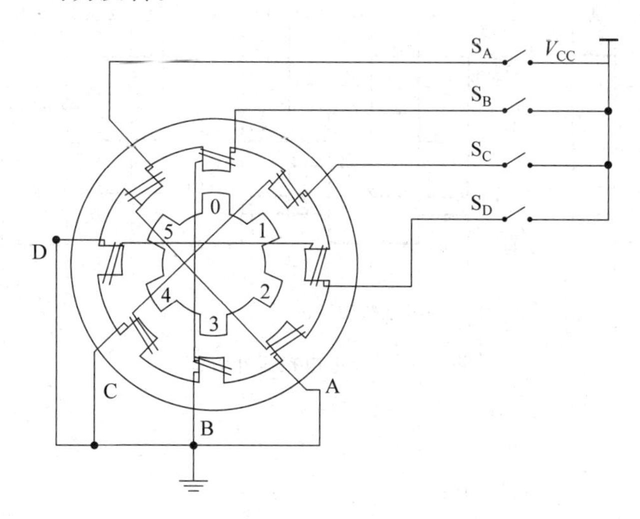


图7-12 步进电机工作原理示意图

图7-13中的四相步进电机通过NPN达林顿管给每个线圈提供大电流驱动。8255A的$PA_0$驱动步进电机的A项,$PA_1$驱动B项,$PA_2$驱动C项,$PA_3$驱动D项。电机驱动方式可以采用单四拍(A→B→C→D→A)、双四拍(AB→BC→CD→DA→AB)或单、双八拍(A→AB→B→BC→C→CD→D→DA→A)方式,如图7-13所示。单四拍方式控制简单,但是转动力矩小,震动和噪音比较大,所以很少采用。单、双八拍方式转动力矩大且控制精度高。

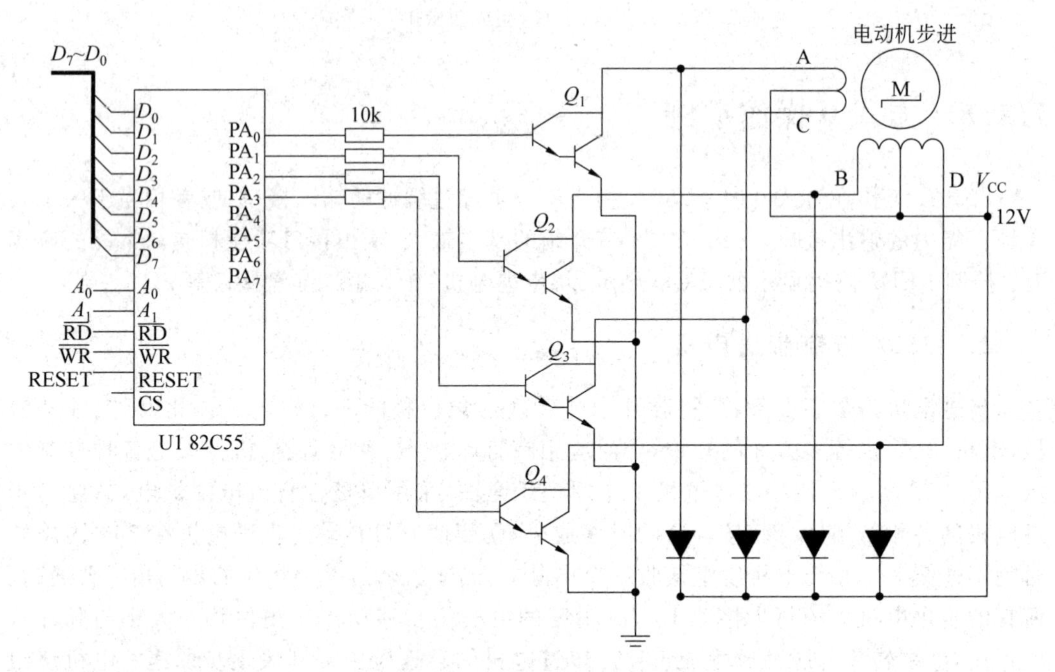


图 7-13　8255A 控制步进电机

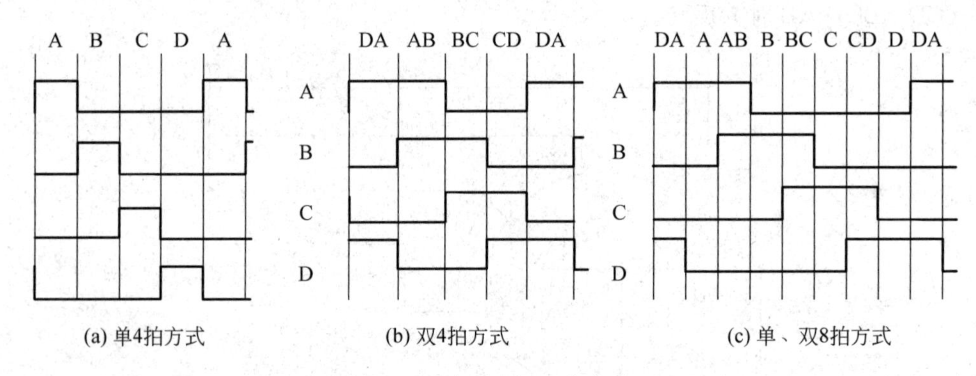


图 7-14　步进电机工作方式

**【例 7-3】**

```
;控制步进电机工作的汇编语言程序
        mode    equ 082h          ;8255A 控制字
        PortA   equ 08000h        ;端口 A 的地址
        contrl  equ 08003h        ;控制端口地址

        Astep   equ 01h           ;A 项
        Bstep   equ 02h           ;B 项
        Cstep   equ 04h           ;C 项
        Dstep   equ 08h           ;D 项
```

```
data    segment
dly_c   dw 0                ;延时常数
data    ends

code    segment
        assume cs: code, ds: data
start   proc near
mov     ax, data
mov     ds, ax
mov     dx, contrl          ;8255A控制口地址
mov     al, mode            ;8255A方式控制字 82H
out     dx, al              ;8255A初始化
mov     dx, PortA           ;端口 A 地址
mov     al,0
out     dx,al               ;端口 A 输出 0,步进电机停止转动
mov     dly_c,1000h
jmp     step4               ;或者 step8、step41

;单/双八拍工作方式
step8:
mov     dx, PortA
mov     al,Astep
out     dx,al
call    delay
mov     al,Astep+Bstep
out     dx,al
call    delay
mov     al,Bstep
out     dx,al
call    delay
mov     al,Bstep+Cstep
out     dx,al
call    delay
mov     al,Cstep
out     dx,al
call    delay
mov     al,Cstep+Dstep
out     dx,al
call    delay
mov     al,Dstep
out     dx,al
call    delay
mov     al,Dstep+Astep
```

```
        out     dx,al
        call    delay
        mov     ax, dly_c
        dec     ah                      ;提高转速
        cmp     ax, 100h
        jne     nn1                     ;最快速度
        inc     ah                      ;恒速运转
nn1:    mov     dly_c,ax
        jmp     step8

        ;双四拍工作方式
        step4:
        mov     dx, PortA
        mov     al,Astep+Bstep
        out     dx,al
        call    delay
        mov     al,Bstep+Cstep
        out     dx,al
        call    delay
        mov     al,Cstep+Dstep
        out     dx,al
        call    delay
        mov     al,Dstep+Astep
        out     dx,al
        call    delay

        mov     ax, dly_c
        dec     ah                      ;提高转速
        cmp     ax, 200h                ;最快速度
        jne     nn2
        inc     ah                      ;恒速运转
nn2:    mov     dly_c,ax
        jmp     step4

        ;单四拍工作方式
        step41:
        mov     dx, PortA
        mov     al,Dstep
        out     dx,al
        call    delay
        mov     al,Cstep
        out     dx,al
        call    delay
```

```
        mov     al,Bstep
        out     dx,al
        call    delay
        mov     al,Astep
        out     dx,al
        call    delay

        mov     ax, dly_c
        dec     ah                      ;提高转速
        cmp     ax, 300h                ;最快速度
        jne     nn3
        inc     ah                      ;恒速运转
nn3:    mov     dly_c,ax
        jmp     step41
        start   endp

        delay   proc near
                push cx
        mov     cx, dly_c
        dd1:
                ;nop
                loop dd1
                pop   cx
                ret
        delay   endp
        code    ends
        end     start
```

;控制步进电机工作的C语言程序

```
#define mode8255 0x82
/* 8255工作方式,PA、PC输出,PB输入 */
#define contrl 0x8003
/* 步进电机控制脉冲从8255的PA端口输出 */
#define PortA 0x8000
/* ABCD各脉冲对应的输出位 */
#define Astep 0x01
#define Bstep 0x02
#define Cstep 0x04
#define Dstep 0x08

extern unsigned char IN(unsigned int port);
extern void OUT(unsigned int port, unsigned char v);

unsigned char dly_c;
```

```
void delay()
{
    unsigned char tt,cc;

    cc=dly_c;
    do{
        tt=0x40;
        do {
        }while(--tt);
      }while(--cc);
  }

  void main()
  {
    unsigned char mode;

    OUT(contrl,mode8255);
    mode=2;
    OUT(PortA,0);
    dly_c=0x10;

      /*单/双八拍工作方式 */
    if(mode==1)
    while(1)
    {
        OUT(PortA,Astep);
        delay();
        OUT(PortA,Astep+Bstep);
        delay();
        OUT(PortA,Bstep);
        delay();
        OUT(PortA,Bstep+Cstep);
        delay();
        OUT(PortA,Cstep);
        delay();
        OUT(PortA,Cstep+Dstep);
        delay();
        OUT(PortA,Dstep);
        delay();
        OUT(PortA,Dstep+Astep);
        delay();

        if(dly_c>2) dly_c--;
```

```
    };

    /* 双四拍工作方式 */
    if(mode==2)
    while(1)
    {
        OUT(PortA,Astep+Bstep);
        delay();
        OUT(PortA,Bstep+Cstep);
        delay();
        OUT(PortA,Cstep+Dstep);
        delay();
        OUT(PortA,Dstep+Astep);
        delay();

        if(dly_c>3) dly_c--;
    };

    /* 单四拍工作方式 */
    if(mode==3)
    while(1)
    {
        OUT(PortA,Dstep);
        delay();
        OUT(PortA,Cstep);
        delay();
        OUT(PortA,Bstep);
        delay();
        OUT(PortA,Astep);
        delay();

        if(dly_c>4) dly_c--;
    }

    while(1);
}
```

## 2. 键盘矩阵接口

利用 8255A 可以很方便地连接线性键盘和矩阵键盘。8255A 中 3 个端口的 24 根线，每根线接一个按键，就构成 24 个按键的线性键盘。读取 3 个端口的数据，逐位检测就可以确定哪一个键被按下。图 7-15 是 8 个按键的线性键盘，端口地址为 88H～8BH。按键数量不多时可以采用线性键盘,按键数量太多,识别按键需要的时间太长,容易引起按键丢失。

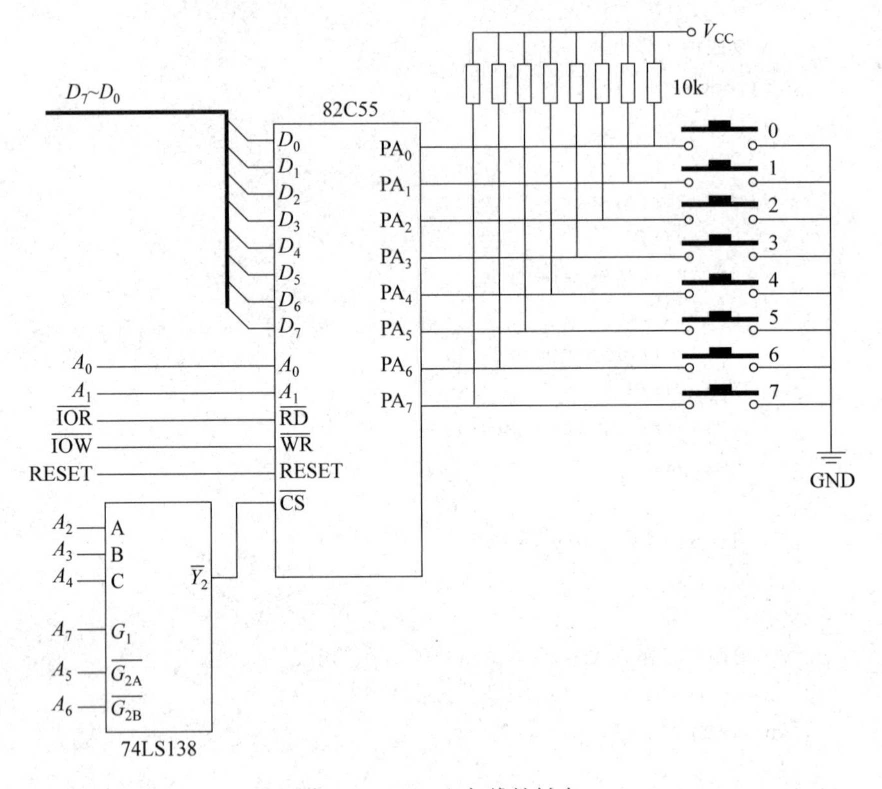


图 7-15　8255A 与线性键盘

按键数量大的键盘通常采用矩阵结构。利用一个 8255A 的 A 口和 C 口的高 4 位作为行线,B 口和 C 口的低 4 位作为列线,构成 12×12 的矩阵键盘。下面以机械式开关构成的 16 个按键的键盘为例,讨论 8255A 键盘接口的工作原理,这种原理对采用其他类型的开关键盘也是适用的。

图 7-16 是一个包含 16 个按键的小键盘矩阵。设 8255A 的端口地址为 50H～53H。端口 C 的 $PC_7$～$PC_4$ 控制 4 行,对应行号为 3、2、1、0。列线连到 $PC_3$～$PC_0$,对应列号为 3、2、1、0。每列通过一个 10kΩ 的上拉电阻与 5V 相连,使得各列在没有键按下时保持高电平。

识别键盘上哪个键被按下的过程称为键盘扫描。键盘扫描有两种方法:行扫描法和反转法。

(1) 行扫描法

假设图 7-16 中第 2 行第 1 列的 9 键(2,1)闭合,其余断开,行扫描的过程如下:$PC_7$～$PC_4$ 先输出 0000 到键盘的 4 根行线。由于 9 键闭合,因而从 $PC_3$～$PC_0$ 输入的代码是 1101,由此得知有键闭合,且闭合键在第 1 列上,但不知道在第 1 列的哪一行。接下来进行逐行扫描以确定是哪一行。$PC_7$～$PC_4$ 先发出 1110 以扫描第 0 行,此时列输入为 1111,表示按键不在第 0 行;第二次输出 1101,扫描第 1 行,列输入仍为 1111,表示被按键不在第 1 行;第三次输出 1011,列输入为 1101,表示按键在第 2 行。这样得到一组输出/输入代码 1011(出)和 1101(入),通过它可以确定按键的位置,因而称之为键的位置码

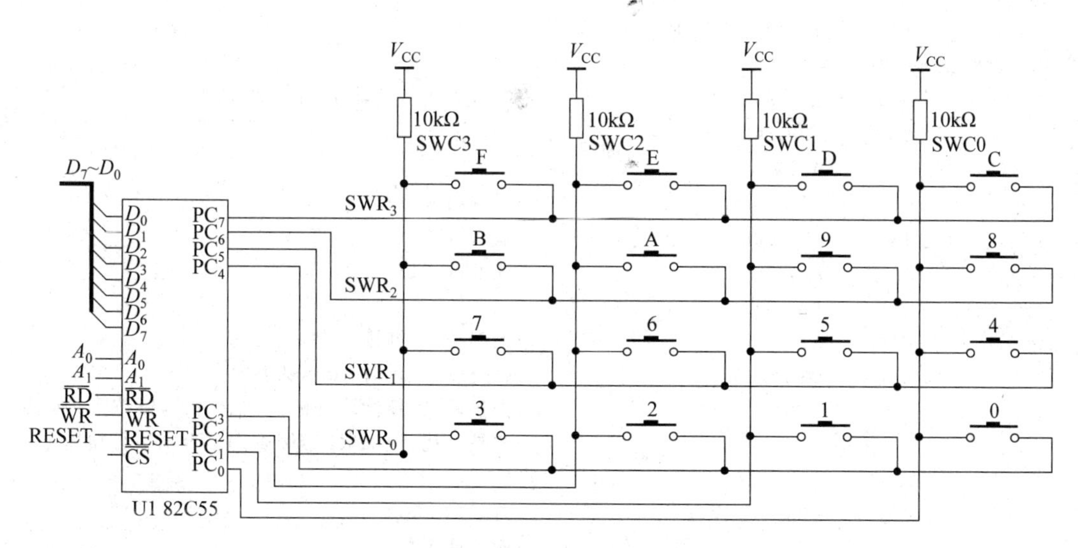


图 7-16　8255A 与矩阵键盘

（键码）。

键码是由行码和列码组合而成的一个字节数据，4 位行码占据键码的高 4 位，4 位列码占据键码的低 4 位。例如 B 键的行码为 1011，列码为 0111，B 键的位置码为 10110111。键码不同于键值（0～F），要想获得键值还需要用软件进行转换，可以借助于查表或其他方法实现。表 7-2 是 4×4 键盘的键码表。

**表 7-2　4×4 键盘键码表**

| | | | | |
|---|---|---|---|---|
| 第 3 行 | F<br>77 | E<br>7B | D<br>7D | C<br>7E |
| 第 2 行 | B<br>B7 | A<br>BB | 9<br>BD | 8<br>BE |
| 第 1 行 | 7<br>D7 | 6<br>DB | 5<br>DD | 4<br>DE |
| 第 0 行 | 3<br>E7 | 2<br>EB | 1<br>ED | 0<br>EE |
| | 第 3 列 | 第 2 列 | 第 1 列 | 第 0 列 |

**【例 7-4】**

```
;4×4 键盘矩阵扫描汇编语言程序
COLS    EQU 4
ROWS    EQU 4
PORTC   EQU  52H
DATA    SEGMENT
TABLE   DB 0EEH,0EDH,0EBH,0E7H  ;第 0 行各个键的位置码
        DB 0DEH,0DDH,0DBH,0D7H  ;第 1 行各个键的位置码
        DB 0BEH,0BDH,0BBH,0B7H  ;第 2 行各个键的位置码
        DB 7EH,7DH,7BH,77H      ;第 3 行各个键的位置码
DATA    ENDS
```

```
        ;获取按键的位置码子程序 getkey
GETKEY  PROC    NEAR
        MOV     AL, 81H                 ;端口 C 高 4 位输出,低 4 位输入
        OUT     53H, AL
    X1: MOV     AL,0
        OUT     52H, AL                 ;行输出 0000
        IN      AL, 52H                 ;输入低 4 位
        AND     AL, 0FH                 ;提取低 4 位
        CMP     AL, 0FH
        JZ      X1                      ;无键按下,继续查询
        CALL    DELAY20ms               ;有键按下,延时 20ms 去抖动
                                        ;去抖后,重新读取列的值,如果没有键按下,则刚
                                        ;才是干扰,返回 X1 继续查询。否则逐行扫描
        MOV     AL,0
        OUT     52H, AL                 ;行输出 0000
        IN      AL, 52H                 ;输入低 4 位
        AND     AL, 0FH                 ;提取低 4 位
        CMP     AL, 0FH
        JZ      X1                      ;无键按下转移到 X1,刚才是干扰
        MOV     BL, AL                  ;确认有键按下,逐行扫描
        MOV     CX, ROWS                ;设置扫描行数: 4
        MOV     AH, 11111110B           ;设置行扫描初值,首先扫描第 0 行
    X2: MOV     AL, AH                  ;传递行扫描值
        ROL     AL,4
        OUT     52H, AL                 ;扫描第 0 行(PC4)
        IN      AL, 52H
        AND     AL, 0FH
        CMP     AL, 0FH
        JNZ     X3                      ;找到按键所在的行,保存行值
        ROL     AH,1
        LOOP    X2
        MOV     AH, 80H                 ;4 行都扫描完,没有键按下,80H 作为标志
                                        ;该指令的设置,主要考虑到程序的健壮性,
                                        ;使程序可以在任何情况下都能执行
        JMP     XEND
                                      ;AH 的低 4 位是键的行码,AL 中的低 4 位是键的列码
X3:     AND     AH,0FH
        SHL     AH,4
        MOV     AL, BL
        OR      AL, AH                  ;行码列码组成一个字节
XEND:   NOP
        RET                             ;返回 AL,键码
GETKEY  ENDP
;查表确定键值子程序 KEY-NUM,入口参数 AL
KEY-NUMPROC     NEAR
        MOV     CL,0
```

```
        MOV     BX,OFFSET  TABLE
X4:     CMP     AL,[BX]
        JZ      X5
        INC     CL
        INC     BX
        CMP     CL, 16
        JNZ     X4
        MOV     AH,0FFH                      ;没有在表中找到对应的键值,可能出现
                                             ;多个键被同时按下的情况,FFH 作为标志
        JMP     XEND0
X5:     MOV     AH, CL
XEND0:  NOP
        RET
KEY-NUM   ENDP
```

以上给出的是获取按键位置码子程序 GETKEY 和查表获得键值子程序 KEY-NUM,键盘扫描主程序通过调用这两个子程序完成键盘识别,请自行编写。

需要特别指出的是,在按键识别主程序中,调用 KEY-NUM 子程序之后,必须等待按键释放,确认按键释放之后,一次按键识别过程才正式结束。在 8255A 工作过程中,如果以一个很高的速度(超过 30kHz)改变端口输出的数据,设备将产生无线电干扰。应该在端口输出数据之后,给一个短暂的延时,使数据改变的速度控制在 30kHz 之内。

计算机系统工作时,并不是经常有按键,因此,在以行扫描方式识别按键的程序中,CPU 经常处于空扫描状态。为了提高 CPU 效率,8255A 可以采用中断方式工作。

行扫描法识别按键要逐行扫描查询,当按下的键在最后一行,需要经过多次扫描才能获得键值。反转法识别按键,只要经过两个步骤即可获得键值。反转法的基本原理如图 7-17 所示。

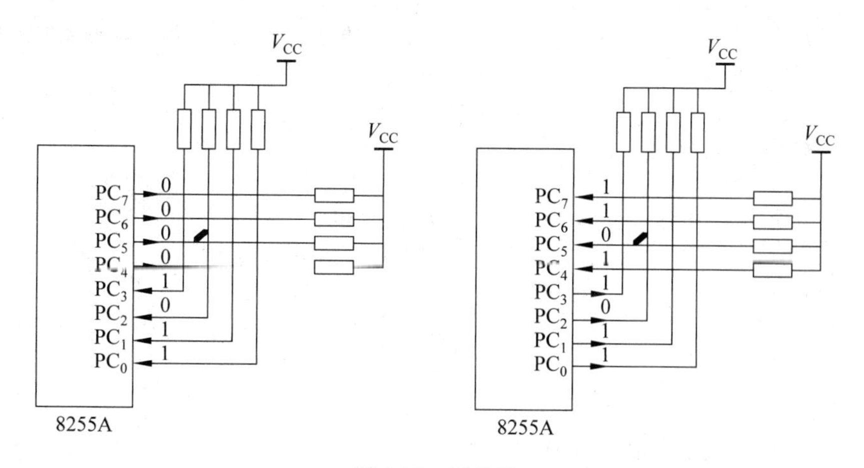


图 7-17　反转法

(2) 反转法

在键盘扫描过程中,端口的输入/输出状态要反转,所以称为反转法。步骤如下:

① 将 $PC_7 \sim PC_4$ 设定为输出,$PC_3 \sim PC_0$ 设定为输入。然后 $PC_7 \sim PC_4$ 输出全 0,从

$PC_3 \sim PC_0$ 读入列值，若读入的数据有一位为0，表明该列有键按下，保存列值。

② 将 $PC_7 \sim PC_4$ 设定为输入，$PC_3 \sim PC_0$ 设定为输出。把保存的列值从 $PC_3 \sim PC_0$ 输出，从 $PC_7 \sim PC_4$ 读入行值，读入的数据必有一位为0，保存行值。将行值和列值组合在一起，用查表的方法得到按键的键值。

例如，若第1行第2列的键按下，则第一步中读取的列值为1011B，第二步中读取的行值为1101B，二者组合得到该键的行列值为11011011B。

**【例 7-5】**

```
;反转法键盘矩阵按键识别汇编语言程序
;设 8255A 的端口地址为 50H、51H、52H、53H

TABLE   DB   0EEH,0EDH,0EBH,0E7H        ;第 0 行各个键的位置码
        DB   0DEH,0DDH,0DBH,0D7H        ;第 1 行各个键的位置码
        DB   0BEH,0BDH,0BBH,0B7H        ;第 2 行各个键的位置码
        DB   7EH,7DH,7BH,77H            ;第 3 行各个键的位置码

GETKEY  PROC   NEAR                     ;获取键码汇编语言子程序
START:  MOV  AL,10000001B               ;方式 0,C 口高 4 位输出,低 4 位输入
        OUT  53H,AL
        MOV  AL,0                       ;PC7～PC4 输出全 0
        OUT  52H,AL
WAIT1:  IN   AL, 52H                    ;读入列值 PC3～PC0
        AND  AL,0FH                     ;取低 4 位
        CMP  AL,0FH
        JZ   WALT1                      ;无键按下,继续扫描
        MOV  AH,AL                      ;保存列值
        MOV  AL,10001000B               ;反转: 方式 0,C 口高 4 位输入,低 4 位输出
        OUT  53H,AL
        MOV  AL,AH
        OUT  52H,AL
        IN   AL, 52H
        AND  AL,0F0H                    ;取高 4 位
        OR   AL,AH                      ;行值和列值组合在一起
XEND:   NOP
        RET                             ;返回 AL,键码
GETKEY  ENDP
```

### 7.1.6 方式1选通输入操作

方式1可以使端口A或端口B作为锁存输入设备工作。即端口A或者端口B工作在方式1下，并且设定为输入，它允许外部数据被存储在端口中，等待微处理器读取。这时端口C不能传送数据而是作为握手(联络、控制)信号，辅助端口A或端口B实现数据

输入。CPU 可以以查询方式或中断方式接收 8255A 的端口数据。

在单片机或嵌入式系统中，为了减少键盘与数字系统的连接，常将键盘按键进行编码输出。组合逻辑中将某个输入信号的开关状态以数码的形式输出，此电路即为编码器(encoder)。键盘编码器就是将按键以数码的形式输出。图 7-18 中的键盘模块是一个典型选通输入设备，它含有识别按键的键盘编码器。当一个按键被按下时，键盘编码器去除按键的抖动，输出按键的 ASCII 编码的键代码，同时提供一个选通信号 $\overline{DAV}$(data available)。图 7-19 是一个常见的键盘模块。

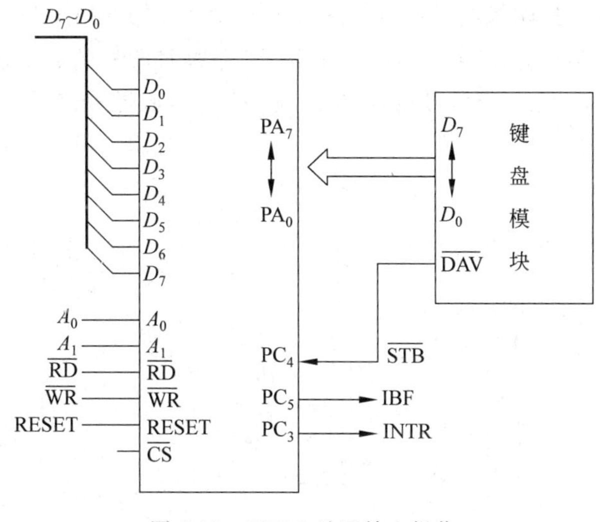


图 7-18　8255A 选通输入操作

图 7-19　键盘模块

图 7-18 中，键盘模块的数据线与端口 A 的引脚连接，$\overline{DAV}$ 与端口 A 的 $\overline{STB}$ 连接。当键盘模块上有键按下时，$\overline{DAV}$ 被激活并维持 1.0μs。8255A 利用 $\overline{STB}$ 脉冲信号从端口 A 的引脚上捕获数据。$PC_5$ 为输入缓冲器满信号。可以使用查询或中断方式读取键值。

**【例 7-6】**

```
;通过 8255A 接收键盘模块的键值
;设置 8255A 的 A 组工作在方式 1,端口 A 做输入。控制字为 10110000B
;查询方式读取键盘编码,并从 AL 中返回其 ASCII 码键值
BIT5        EQU  20H
PORTA       EQU  50H            ;端口 A 的地址
PORTC       EQU  52H            ;端口 B 的地址
READ        PROC NEAR
            MOV  AL, 0B0H
            OUT  53H, AL        ;初始化 8255
  L1:       IN   AL, PORTC
            TEST AL, BIT5       ;测试 PC5
            JZ   L1
            IN   AL, PORTA      ;AL 中返回键值
            RET
```

```
READ        ENDP
```

### 7.1.7 方式1选通输出操作

8255A 常作为并行 I/O 接口与打印机连接，以选通输出的方式输出数据给打印机。例如，利用端口 B 与打印机相连，将内存缓冲区 BUFF 中的 2K 个字符打印输出。

图 7-20 是 8255A 与打印机的连接原理图。打印机是标准打印机，因此 8255A 应该提供标准并行打印接口的握手信号。打印机的 $D_7 \sim D_0$ 数据线与端口 B 的 8 根 I/O 线连接；打印机的 $\overline{ACK}$ 信号与 8255A 的 $\overline{ACK}$ 连接；$\overline{DS}$(Data Strobe)信号是打印机的数据选通信号，8255A 没有数据输出选通信号，因此 $\overline{DS}$ 信号接到 $PC_4$（或 $PC_5$）上，通过置位复位/操作产生数据选通信号。

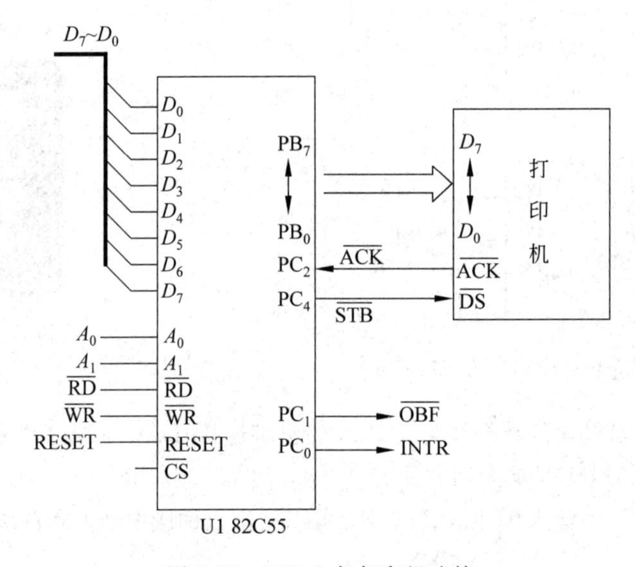


图 7-20 8255A 与打印机连接

8255A 的 B 组工作在方式 1，端口 B 作输出，$PC_2$ 为 $\overline{ACK}$ 信号，输入，低电平有效。$PC_1$ 为 $\overline{OBF}$ 信号，输出。$PC_0$ 为中断请求信号。

CPU 的工作过程为首先测试 $\overline{OBF}$ 是否为高电平，若是 0，继续等待；若是 1，表明打印机已经接收数据，CPU 发送下一个数据到端口 B，并发送 $\overline{DS}$ 信号（设置 $PC_4$ 为 0 并延时 1.0μs，再设置 $PC_4$ 为 1）。图 7-21 为数据输出时序图。

**【例 7-7】**

```
;设 8255A 的端口地址为 FBC0H ～FBC3H
PRINT  PROC  NEAR
START: MOV   AX, SEG BUFF
       MOV   DS, AX
       MOV   SI, OFFSET BUFF
       MOV   CX, 2048
```

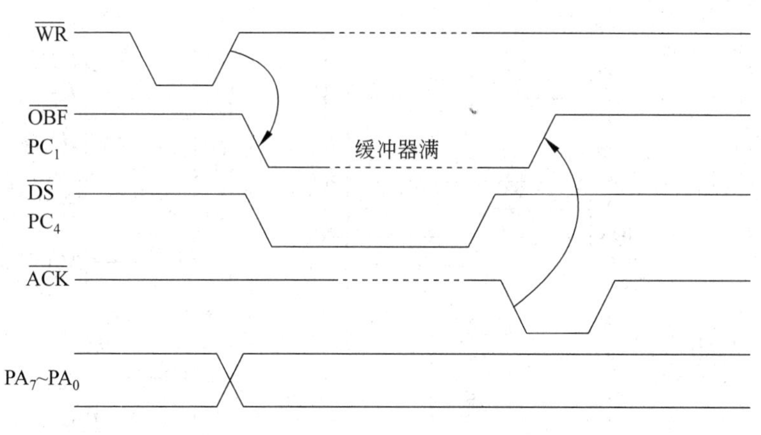


图 7-21　8255A 选通输出时序

```
        MOV    DX, 0FBC3H
        ;82C55 的 B 组工作在方式 1,端口 B 作输出,C 口高 4 位方式 0 输出
        MOV    AL, 84H
        OUT    DX, AL                ;初始化 8255A
        MOV    AL, 09H
        OUT    DX, AL                ;使 PC4 置位,使选通无效
WAIT:   MOV    DX, 0FBC2H
        IN     AL, DX                ;输入端口的状态
        TEST   AL, 02H               ;检测OBF是否为 1
        JZ     WAIT                  ;为 0,忙则等待
        MOV    DX, 0FBC1H
        MOV    AL,[SI]
        OUT    DX, AL                ;从端口 B 输出数据
        MOV    DX, 0FBC3H
        MOV    AL, 08H
        OUT    DX, AL                ;发DS信号
        NOP
        NOP
        MOV    AL,  09H
        OUT    DX, AL                ;DS信号为高电平
        INC    SI                    ;修改指针,指向下一个字符
        LOOP   WAIT
DONE:   MOV    AH, 4CH
        INT    21H
        RET
PRINT   ENDP
```

**【例 7-8】** 例 7-7 中 CPU 采用查询方式输出数据。图 7-22 中采用中断方式将 BUFF 开始的缓冲区中的 2K 个字符从 8255A 的端口 A 输出到打印机。

分析：用 $PC_4$ 作为输出给打印机的选通信号，$PC_6$ 接收打印机的 $\overline{ACK}$ 应答信号，8255A 的中断请求信号（$PC_3$）接至系统中断控制器 8259A 的 $IR_3$，如图 7-21 所示。

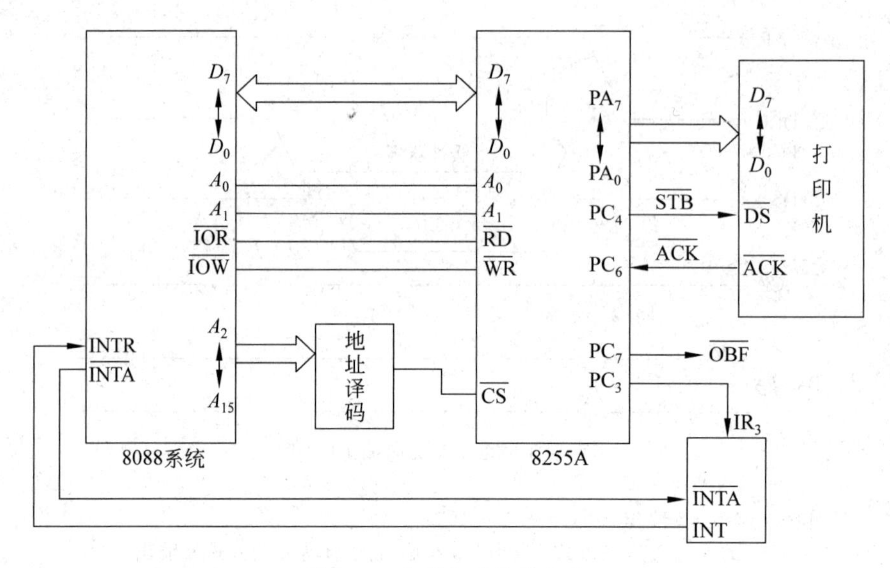


图 7-22　中断方式接线方法

8255A 的控制字为 1010XXX0。

$PC_4$ 置位：00001001，即 09H。

$PC_4$ 复位：00001000，即 08H。

$PC_6$ 置位：00001101，即 0DH，允许 8255A 的 A 口输出中断。

设 8255A 的 4 个端口地址分别为 50H，51H，52H，53H。

假设 8259A 初始化时送 $ICW_2$ 为 08H，则 8255A 的端口 A 中断类型码是 0BH，此中断类型码对应的中断向量应放到中断向量表从 2CH 开始的 4 个单元中。

主程序：

```
MAIN:   MOV   AL,0A0H
        OUT   53H,AL                ;设置 8255A 的控制字
        MOV   AL,09H                ;使选通无效
        OUT   53H,AL
        XOR   AX,AX
        MOV   DS,AX
        MOV   AX,OFFSET  ROUTINTR
        MOV   WORD PTR [002CH],AX
        MOV   AX,SEG  ROUTINTR
        MOV   WORD PTR [002EH],AX   ;送中断向量
        MOV   AL,0DH
        OUT   53H,AL                ;使 8255A 的 A 口输出允许中断
        MOV   DI,OFFSET  BUFF       ;设置地址指针
        MOV   CX,2048               ;设置计数器初值
        MOV   AL,[DI]
        OUT   50H,AL                ;输出一个字符
        INC   DI
        MOV   AL,08H
```

```
        OUT  53H,AL             ;产生选通
        NOP
        NOP
        INC  AL
        OUT  53H,AL             ;撤消选通
        STI                     ;开中断
NEXT:   HLT                     ;等待中断
        LOOP NEXT               ;修改计数器的值,指向下一个要输出的字符
        HLT
```

中断服务程序如下：

```
    INTS PROC  FAR
ROUTINTR:MOV   AL,[DI]
         OUT   50H,AL           ;从A口输出一个字符
         MOV   AL,0EH
         OUT   53H,AL           ;产生选通
         INC   AL
         MOV   53H,AL           ;撤消选通
         INC   DI               ;修改地址指针
         IRET                   ;中断返回
    INTS ENDP
```

# 7.2 可编程定时器/计数器8253

在实际应用中,经常需要定时或延时控制及计数,如日历、时钟、动态随机存储器的定时刷新、测控系统中的定时采样和控制、事件计数器以及电机速度和方向控制等。可以采用软件定时或者硬件定时。软件定时的定时时间不精确;硬件定时可以自行搭建电路,如用555芯片和R、C电路构成单稳延时电路。这种方式若要修改延时时间,则必须改变电路参数(如R值或C值),调整起来很不方便,且精度不高。硬件定时还可以采用可编程定时器/计数器集成芯片,如8253、8254,这些芯片通过编程可以灵活方便地设定定时时间或计数值,而且在定时或计数过程中与CPU并行工作。

可编程定时器/计数器芯片工作原理是对脉冲信号计数。如果是对周期恒定的脉冲信号计数,计数值就恒定地对应于一定的时间,可以作为定时器使用;如果计数的脉冲信号周期不稳定或不确定,即为计数器。

定时器/计数器从计数方式上可以分为加法计数器和减法计数器。每收到一个输入脉冲就加1,加到预先设定的计数值时,产生一个定时信号,这种定时器/计数器称为加法计数器。每收到一个输入脉冲就减1,预先设定的计数值减为0时,产生一个定时信号,这种定时器/计数器称为减法计数器。可编程定时器/计数器芯片8253是一个减法计数器。

## 7.2.1 8253的功能结构

Intel 8253是Intel公司生产的一种外围电路芯片，可以通过编程设定不同的工作方式，满足各种不同的定时需求。如图7-23所示，8253含有三个功能完全独立的16位减法计数器。每个计数器都有一个脉冲信号输入端CLK、门控信号输入端GATE和一个脉冲信号输出端OUT。每个计数器都可以采用二进制或十进制计数(BCD码)。每个计数器的输入脉冲信号频率最高允许为5MHz。每个计数器有6种工作方式，可以通过编程设定。

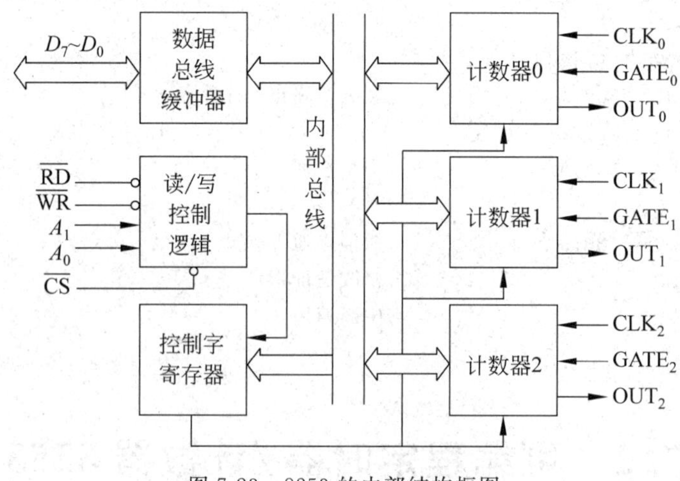


图7-23 8253的内部结构框图

(1) 数据总线缓冲器，负责实现8253与系统数据总线的连接，用以传送控制字、计数值。

(2) 读/写控制逻辑，接收CPU发来的地址信号、控制信号，与片选信号一起控制8253的读/写操作。8253有4个内部寄存器，用来对计数器编程。$A_1$和$A_0$两根地址输入信号用来选择这4个寄存器中的一个。

(3) 控制字寄存器，每个计数器都有控制字，控制计数器的工作方式、计数初值的写入方法和使用的计数制。控制字寄存器只能写入不能读出。

(4) 计数器0，计数器1，计数器2。这是三个功能完全独立、结构完全相同的计数器。每个计数器都含有一个16位的计数初值寄存器、一个计数执行单元和一个输出锁存器，如图7-24所示。计数器初始化时，计数初值被写入初值寄存器。计数执行单元开始工作时，CLK端送来的第一个脉冲信号下降沿使计数初值从初值寄存器进入到计数执行单元。之后，计数执行单元开始对CLK端的输入脉冲进行减1计数，减到0时，OUT端输出特定脉冲信号，整个过程可以重复进行。计数初值也称为时间常数。

计数器对输入脉冲信号的下降沿计数。在一些工作方式中，门控信号可以控制计数器启动或停止。以时钟信号为计数脉冲的计数器，可以作为定时器使用，时钟信号是它的

初值寄存器
计数执行单元
输出锁存器
CLK
GATE
OUT

图 7-24　计数器

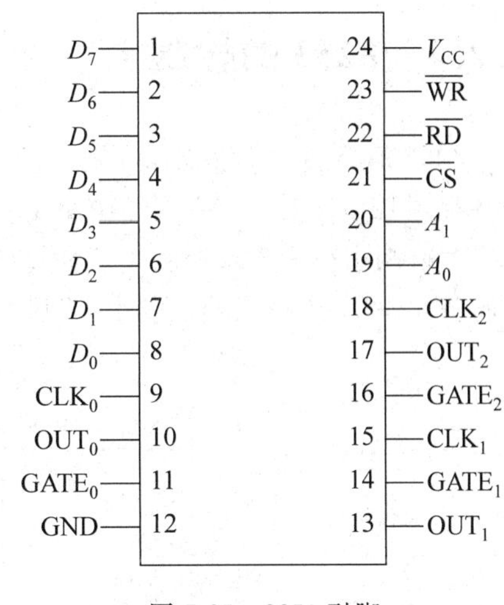


图 7-25　8253 引脚

时间基准。

### 7.2.2　8253 的外部引脚

8253 芯片具有 24 个引脚，双列直插式封装，单一＋5V 电源供电，所有输入、输出电平都与 TTL 电平兼容。如图 7-25 所示，各个引脚的功能如下：

$D_0 \sim D_7$：8 位双向三态数据线引脚，可与系统数据线直接连接，用以传送计数值、控制字信息。

$\overline{RD}$：读控制信号，低电平有效，常与系统的 $\overline{IOR}$ 相连。

$\overline{WR}$：写控制信号，低电平有效，常与系统的 $\overline{IOW}$ 相连。

$\overline{CS}$：片选信号，低电平有效。

$A_1$、$A_0$：地址信号，用以选择 8253 芯片内的端口寄存器。8253 芯片有 4 个端口寄存器，参见表 7-3。

**表 7-3　8253 的 I/O 端口地址**

| $A_1$ | $A_0$ | 功　能 | $A_1$ | $A_0$ | 功　能 |
|---|---|---|---|---|---|
| 0 | 0 | 计数器 0 | 1 | 0 | 计数器 2 |
| 0 | 1 | 计数器 1 | 1 | 1 | 控制寄存器 |

CLK：计数器的计数脉冲输入或定时时钟信号输入引脚。用作定时器时，该输入常与微处理器系统总线控制器的 PCLK 信号相连。它是定时器的定时源和时间基准。

GATE：计数器的门控信号输入引脚，在某些方式下控制计数器的启动、停止。

OUT：定时时间到或计数停止时得到的脉冲信号输出引脚。

## 7.2.3 8253的控制字

8253有6种计数方式，可采用两种数制计数，16位计数初值可以采用3种方法写入，这些都由控制字控制。所以，在使用8253之前，必须向8253控制寄存器写入控制字，通常也把控制字称为方式控制字。在计数器计数过程中，如果要读取计数器的当前值，也需要先向8253写一个适当的控制字，再进行读/写操作。8253控制字的含义如图7-26所示。

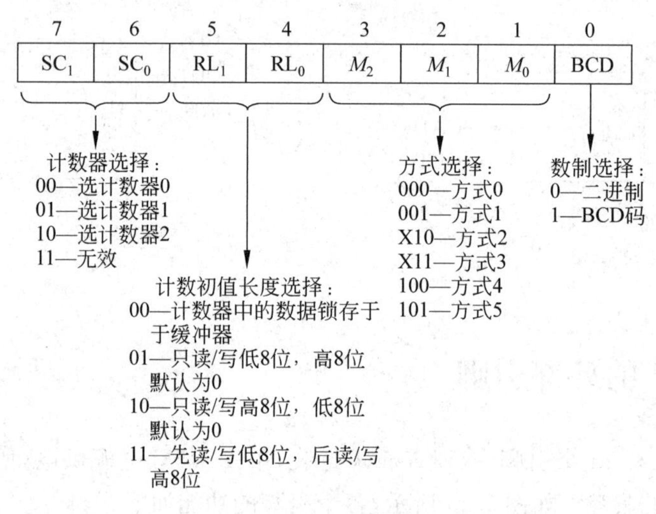


图7-26 8253控制字

CPU与8253之间一次只能交换一个字节，而8253的计数初值是16位的二进制数，因此，$D_5D_4$用于选择计数初值的写入方法和计数过程中CPU读取计数值的方法。当$D_5D_4=00$时，计数值锁存到输出锁存器中，这个动作不影响计数执行单元计数。之后，CPU可以读取计数值。当$D_5D_4=01$时，只需读/写入计数初值的低8位，高8位自动为0。当$D_5D_4=10$时，只需读/写入计数初值的高8位，低8位自动为0。当$D_5D_4=11$时，需要读/写16位计数初值，而且必须先读/写计数初值的低8位，再读/写入高8位。如果在计数器工作的过程中重新编程计数值，写入计数初值低8位以后，计数器停止工作，写入计数初值高8位以后，计数器开始按照新的计数值工作。

在计数器工作过程中，当8253收到控制字$D_5D_4=00$时，计数器的当前值就被锁存到16位的输出锁存器中，此时计数器照常计数，但输出锁存器的值不再变化，待CPU将输出锁存器中的计数值读走后，输出锁存器的内容又开始随着计数器变化。CPU读取计数值的方法是：先读/写低8位，再读/写高8位。

二进制计数的计数范围为0000～65536，0为最大计数初值，代表65536；十进制计数的计数范围为0000～10000，0为最大计数初值，代表10000。十进制计数的计数初值以BCD码的形式写入计数器。

**【例7-9】** 设8253的端口地址为40H～43H，设置计数器0工作在方式0，二进制计数，计数初值为1000。设置计数器1工作在方式2，BCD码计数，计数初值800。

计数器 0 的控制字为 00110000B。

计数器 1 的控制字为 01110101B。

```
;初始化计数器 0
MOV  AL, 30H       ;计数器 0,方式 0,二进制计数
OUT  43H, AL
MOV  AX, 1000      ;写入计数初值
OUT  40H, AL       ;写入低 8 位
MOV  AL, AH
OUT  40H, AL       ;写入高 8 位,计数器 0 启动计数
;初始化计数器 1
MOV  AL, 75H       ;计数器,方式 2,BCD 计数
OUT  43H , AL
MOV  AX, 800H      ;写入计数初值(BCD 数)
OUT  41H, AL       ;写入低 8 位
MOV  AL, AH
OUT  41H, AL       ;写入高 8 位,计数器 1 启动计数
```

本例中,计数器 0 工作在方式 0 对脉冲计数,计划接收 1000 个脉冲,精确的计数初值应该是 999。第一个脉冲被 8253 用于将计数初值从初值寄存器装入计数执行单元了,所以实际只有 999 个脉冲用于计数。

### 7.2.4 8253 的工作方式

8253 计数器有 6 种工作方式。在不同的工作方式下,计数的启动过程不同,OUT 端的输出波形不同,计数结束后能不能自动重复计数、GATE 的控制作用以及更新计数初值带来的影响也不相同。8253 的三个计数器,可以通过编程分别选择不同的工作方式。

计数器启动计数,可以通过 CPU 执行输出指令启动,称为软启动;也可以由 GATE 端外部信号的上升沿触发,称为硬启动。方式 0、2、3、4 采用软启动,方式 1、2、3、5 采用硬启动,方式 2、3 两种启动方式都可用。

#### 1. 方式 0——计数结束中断

这是一种软件启动并且不能自动重复的计数方式。写入方式 0 控制字 CW(Control Word)后,其输出端 OUT 立即变低,写入计数初值后的第一个 CLK 下降沿,计数初值进入计数执行单元,从下一个 CLK 下降沿开始计数。计数期间 OUT 端输出一直保持低电平,当计数值减为 0 时,OUT 端变为高电平,并且一直保持到重新计数。图 7-27 显示在方式 0 下,计数初值为 4 时 OUT 端获得的波形。

方式 0 允许计数器用作事件计数器。计数时间到时 OUT 端的输出信号常用作中断请求信号。GATE 必须为逻辑 1,计数器才会在写入计数初值后开始计数。在计数过程中 GATE 如果变为逻辑 0,则计数器停止计数,直到 GATE 变为逻辑 1,计数器才继续计数。

#### 2. 方式 1——可重复触发的单脉冲发生器

这是一种硬件启动并且不自动重复的计数方式。在写入方式 1 的控制字后,OUT 端

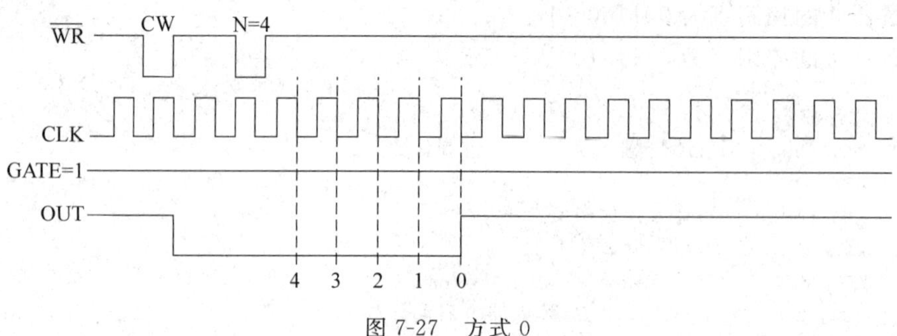


图 7-27　方式 0

输出高电平，写入计数初值后并不启动计数过程，需要等待 GATE 信号变为高电平才启动计数。一旦启动计数，OUT 端立即变为逻辑 0，直至计数器减到 0 才输出逻辑 1。其低电平的时间为计数初值 $N$ 乘以 CLK 的周期 $T_{CLK}$，即方式 1 中 OUT 端产生一个宽度为 $N \times T_{CLK}$ 的负脉冲，如图 7-28 所示。

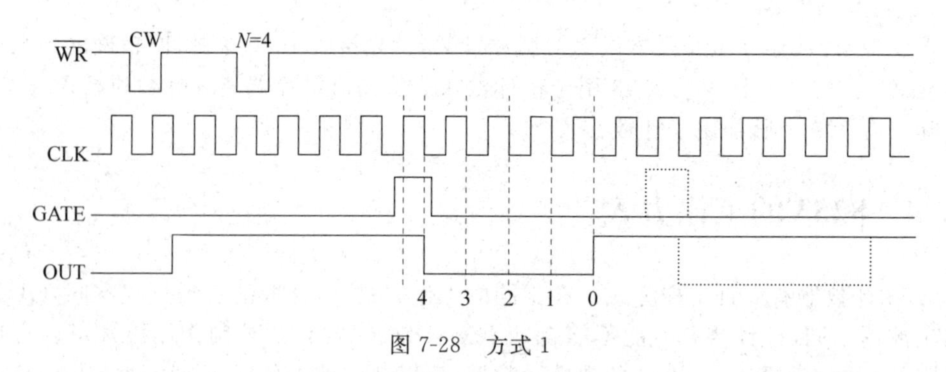


图 7-28　方式 1

计数器在每个时钟脉冲的上升沿，采样门控信号 GATE。因此，在实际应用中，门控信号的脉冲应具有一定的宽度。计数过程一旦启动，GATE 即使变成低电平也不影响计数过程。一次计数结束后，若 GATE 再来一个正脉冲，计数过程就重复一次。

如果计数过程中，GATE 端又来一个正脉冲，则计数初值重新装入计数执行单元，并开始计数，OUT 端的低电平不变，两次的计数合在一起，输出的负脉冲宽度便加宽了。在计数过程中若写入新的计数初值，则新的计数初值只是写到初值寄存器中，并不会立即影响当前计数过程，要等到下一个有效的 GATE 启动信号，计数器才按照新的计数初值工作。

### 3. 方式 2——频率发生器

计数器在 OUT 端产生一系列连续的脉冲信号，脉冲宽度为一个时钟脉冲的宽度。这种方式既可以采用软件启动，也可以采用硬件启动，而且能够自动重复计数。若 GATE＝1，则写入计数初值 $N$ 后启动计数；若 GATE＝0 为低电平，则 GATE 信号变为高电平时启动计数。

写入控制字后，OUT 端变高电平，如果这时 GATE＝1，则写入计数初值后，计数器开始计数；当计数值减到 1 时，OUT 端降为低电平，再经过一个 CLK 信号，计数器减为 0，OUT 端输出高电平。紧接着计数器从初值寄存器重新装入计数初值自动开始新一轮计数，因此在 OUT 端得到一个连续的脉冲信号，脉冲信号的周期为 $N \times T_{CLK}$，其中低电平的宽度为 1 个 $T_{CLK}$，如图 7-29 所示。

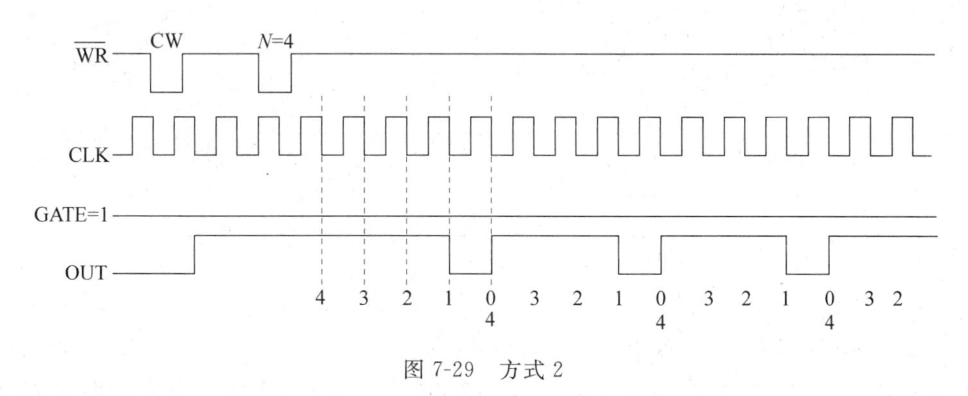


图 7-29　方式 2

OUT 端脉冲周期为：$T_{OUT} = N \times T_{CLK}$。

脉冲频率：$F_{OUT} = F_{CLK}/N$。

输出脉冲频率是输入脉冲频率的 $1/N$，因此，$N$ 也常称为分频系数。

在计数过程中 GATE 信号应该保持为高电平，若 GATE=0，则计数中止；在 GATE 变为高电平后，计数器又被置入初值重新计数。在计数过程中，若写入新的计数初值，也只是写入初值寄存器中，不影响当前计数过程。本次计数结束后，下一周期开始时使用新的初值。

**【例 7-10】** 设 8253 的端口地址为 40H～43H，用计数器 2 作频率发生器，二进制计数，输入脉冲信号为 2M，计数初值为 800，输出脉冲信号的频率是多少？编程初始化计数器。

控制字为 10110100B=B4H。

输出脉冲信号的频率为 $F_{OUT} = F_{CLK}/N = 2 \times 10^6/800 = 2500\text{Hz}$。

初始化指令序列

```
MOV  AL, 0B4H
OUT  43H, AL          ;控制字送入控制寄存器
MOV  AX, 800
OUT  42H, AL          ;计数初值低 8 位送入计数器 2
MOV  AL, AH
OUT  42H, AL          ;计数初值高 8 位送入计数器 2,计数器启动
```

## 4. 方式 3——方波发生器

方式 3 也有两种启动方式，也能自动重复计数，但其 OUT 端输出的波形不是负脉冲，而是方波，如图 7-30 所示。在计数过程中，当计数值减到 $N/2$ 时，OUT 端变为低电平，直到计数器减为 0，OUT 端又变回到高电平，紧接着计数器开始新一轮计数。于是在 OUT 端得到连续的方波信号，信号周期为 $N \times T_{CLK}$。

如果 $N$ 为偶数，则输出高、低电平的时间相同，都是计数值的一半。如果 $N$ 为奇数，

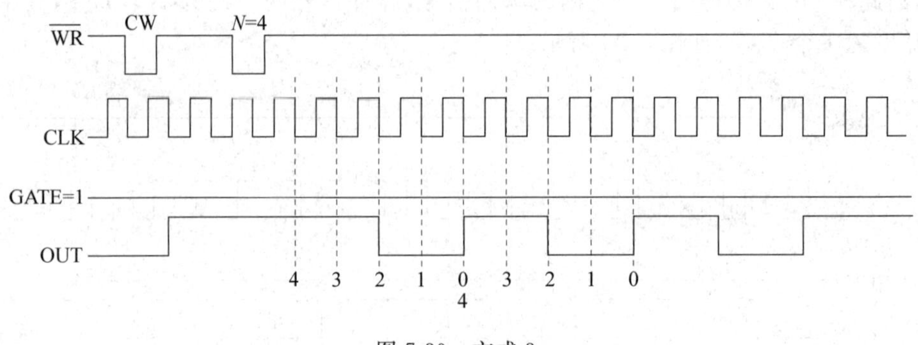


图 7-30　方式 3

则输出高电平的时间比输出低电平的时间长一个 $T_{CLK}$。

在计数过程中，应保持 GATE＝1。若 GATE＝0，停止计数。在计数过程中对计数器写入新的计数初值，如果此时 GATE＝1，当前的计数过程不受影响，从下一个计数周期开始按新的初值计数。如果 GATE＝0，则在门控信号 GATE 有效后，按新的初值开始计数。

**【例 7-11】** 设 8253 的端口地址为 FCF8H～FCFBH，利用计数器 1 作方波发生器，给定 $CLK_1$ 为 2MHz，要求产生频率为 1kHz 的方波，BCD 码计数。编程初始化 8253。

计数器 1 工作在方式 3：01110111B。

分频系数：$N=F_{CLK}/F_{OUT}=2\times10^6/1000=2000$，转换为 BCD 数：2000H。

程序设计如下：

```
MOV  DX, 0FCFBH
MOV  AL,01110111B
OUT  DX,AL
MOV  DX, 0FCF9H
MOV  AX,2000H          ;BCD码计数初值
OUT  DX,AL             ;写入计数初值低字节
MOV  AL,AH
OUT  DX,AL             ;写入计数初值高字节,计数器启动
```

### 5. 方式 4——软件触发选通

这种方式在 OUT 端产生单个脉冲。脉冲里高电平的时间是 $N$ 个时钟周期，低电平的时间是一个时钟周期。这种方式采用软件启动，不能自动重复的计数。

在写入控制字后，OUT 端输出电平高。装入计数初值后，立即开始计数。当计数值减为 0 时，OUT 端输出一个宽度等于一个时钟周期的负脉冲，计数器停止计数。计数过程中应保持 GATE＝1，若出现 GATE＝0，则立即中止计数，待恢复 GATE＝1 后，又继续原来的计数过程直至结束，如图 7-31 所示。

### 6. 方式 5——硬件触发选通

硬件触发的单脉冲方式，不自动重复的计数。当采用该方式工作时，GATE 信号的

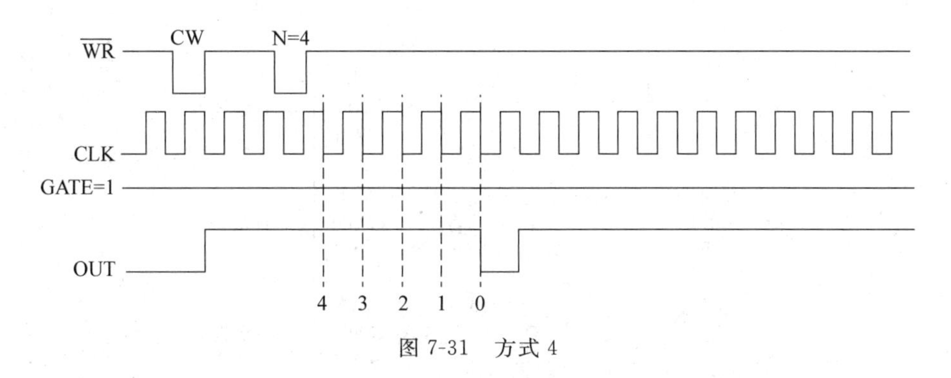

图 7-31　方式 4

高电平启动计数器开始计数，此时 OUT 端一直保持高电平，当计数结束时，输出一个宽度等于一个时钟周期的负脉冲。

计数过程中 GATE 变为低电平不影响计数。如果计数过程中 GATE 信号又产生了上跳变，则不论计数是否完成，计数器重新置入初值，重新开始计数。在计数过程中向计数器写入新初值，只写入初值寄存器中，不影响当前计数，待 GATE 信号有效重新启动之后才使用新的计数初值计数。方式 5 的波形如图 7-32 所示。

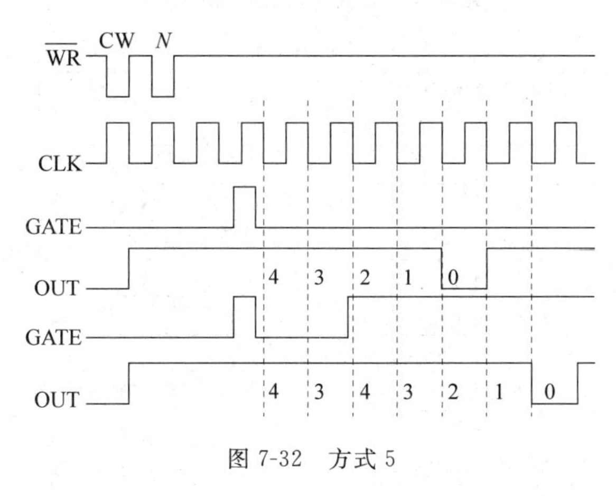

图 7-32　方式 5

## 7.2.5　8253 的应用

图 7-33 是 8253 与计算机系统的连接方法。8253 的 $D_7 \sim D_0$ 分别与系统总线的 $D_7 \sim D_0$ 相连，$\overline{RD}$、$\overline{WR}$分别与系统总线的$\overline{RD}$、$\overline{WR}$信号或者$\overline{IOR}$和$\overline{IOW}$信号相连，$A_1$、$A_0$ 分别与系统地址线 $A_1$、$A_0$ 相连，$\overline{CS}$由系统地址总线 $A_2 \sim A_{15}$ 译码生成。在 PC 中，8253 的 I/O 端口地址为 40H～43H。

8253 编程主要设置两方面的内容，一是写入控制字，二是写入计数初值。控制字写入 8253 的控制寄存器。控制字中带有计数器的识别码，3 个控制字可以连续写入控制寄存器，不会引起错误，然后再写入各个计数器的计数初值。也可以对一个计数器设置完成之后再设置另一个。8253 编程方法如图 7-34 所示。

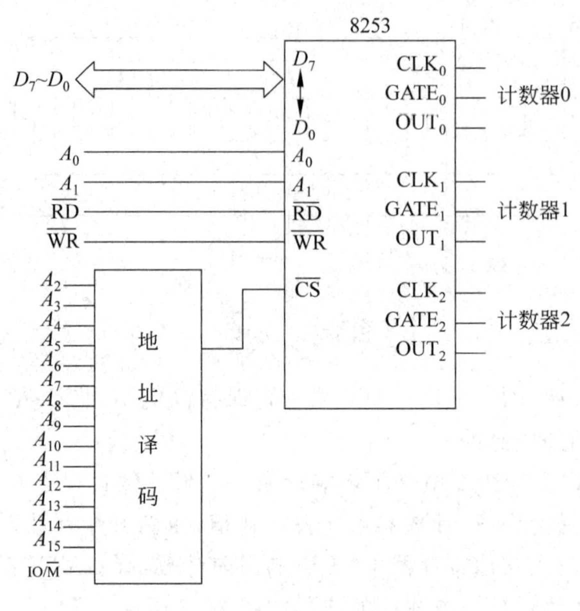


图 7-33　8253 与微处理器的连接

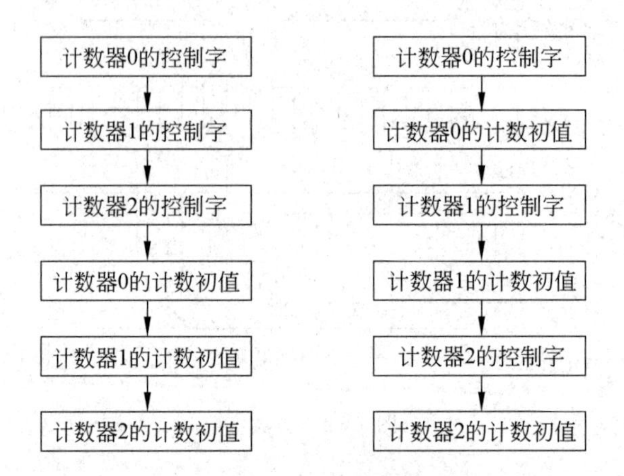


图 7-34　8253 编程方法

写入计数初值时注意两个问题：一是计数初值应写入相应的计数器中，不可混乱；二是要符合控制字的要求。8253 计数器的预设值是 0000H。若控制字规定计数初值只写低 8 位，则高 8 位自动置 0；若控制字规定只写高 8 位，则低 8 位自动置 0。如果控制字设定计数初值的高、低字节都要写入，则应该先写低 8 位，后写高 8 位。

由于 8253 的计数值是 16 位的，所以计数器中的计数值要分两次读取。因为读取的是瞬时值，所以在读取计数值之前，要用锁存命令字将计数值锁存在输出锁存器中，然后分两次读出，先读低字节，后读高字节。锁存计数值读取完成之后，自动解锁。

**【例 7-12】**　设 8253 端口地址为 F8H～FBH，若要读计数器 1 的计数值，编程如下。

```
MOV  AL, 40H       ;
OUT  0FBH, AL      ;写入控制字，锁存计数值
```

```
IN    AL, 0F9H          ;取低 8 位
MOV   BL, AL
IN    AL, 0F9H          ;取高 8 位
MOV   AH, AL
MOV   AL, BL            ;AX 中含有计数值
```

**【例 7-13】** 8253 与计算机系统的连接如图 7-35 所示，3 个计数器使用情况如下。

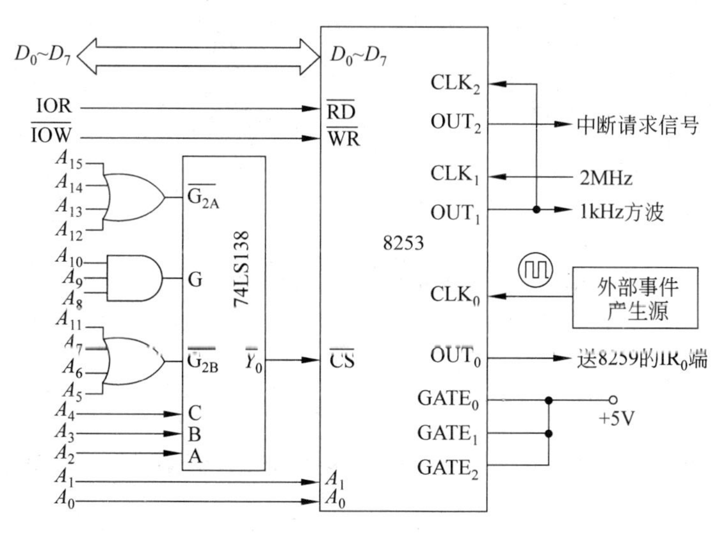


图 7-35　8253 定时器/计数器应用

$CNT_0$：对外部事件计数，BCD 计数，计满 1000 次向 CPU 发出中断请求。

$CNT_1$：产生 1kHz 的方波。

$CNT_2$：作为定时器，定时时间为 1s。

根据图 7-35 可知 8253 的端口地址为 0700H～0703H。根据系统要求，计数器 0 应设置为方式 0，计数初值为 1000，BCD 计数，控制字应为 00110001B。

计数器 1 应设置为方式 3，$CLK_1$ 的输入时钟脉冲频率为 2MHz，输出脉冲频率为 1kHz 的方波，脉冲周期为 1ms。因此计数器 1 的计数初值 N＝2MHz / 1kHz＝2000，控制字应为 01110110B。

计数器 2 设置为方式 3，1s 产生一次定时信号，其输入时钟频率为 1kHz，计数初值应为 1000，控制字应为 10110110B。

```
;8253 初始化汇编语言程序
8253-INIT PROC   NEAR
START:     ;初始化计数器 0
           MOV   DX, 703H
           MOV   AL, 31H
           OUT   DX, AL            ;计数器 0 工作在方式 0
           MOV   DX, 700H
           MOV   AX, 1000H
           OUT   DX, AL
```

```
        MOV  AL, AH
        OUT  DX, AL         ;计数器 0 置初值,开始计数
        ;初始化计数器 1
        MOV  DX, 703H
        MOV  AL, 76H
        OUT  DX, AL         ;计数器 1 工作在方式 3
        MOV  DX, 701H
        MOV  AX, 2000
        OUT  DX, AL
        MOV  AL, AH
        OUT  DX, AL         ;计数器 1 置初值,开始产生方波
        ;初始化计数器 2
        MOV  DX, 703H
        MOV  AL, 0B6H
        OUT  DX, AL         ;计数器 2 工作在方式 0
        MOV  DX, 702H
        MOV  AX, 1000
        OUT  DX, AL
        MOV  AL, AH
        OUT  DX, AL         ;计数器 2 置初值,开始产生周期为 1s 的方波
        RET
  8253-INIT  ENDP

  ;读出计数器 0 的计数值
READ0  PROC  NEAR           ;使用 AX BX
     MOV  DX, 0703H
     MOV  AL, 00000000B     ; 锁存计数值
     OUT  DX, AL
     MOV  DX, 0700H
     IN   AL, DX            ; 读入计数值低 8 位
     MOV  BL, AL
     IN   AL, DX            ; 读入计数值高 8 位
     MOV  AH, AL
     MOV  AL, BL            ;返回 AX
     RET
READ0  ENDP
```

**【例 7-14】** 如图 7-36 所示为 IBM PC/XT 中的定时器/计数器芯片 8253,端口地址为 40H～43H,完成以下工作:

(1) 产生一个基本定时器中断,其发生频率为 18.2Hz。

(2) 刷新 DRAM 存储系统。

(3) 为内部扬声器和其他设备提供定时源。

计数器 0($CNT_0$)工作在方式 3,$GATE_0$ 固定为高电平,$OUT_0$ 作为中断请求信号接至 8259A,中断向量为 8。该时钟信号常用于定时程序或事件,如电子时钟。

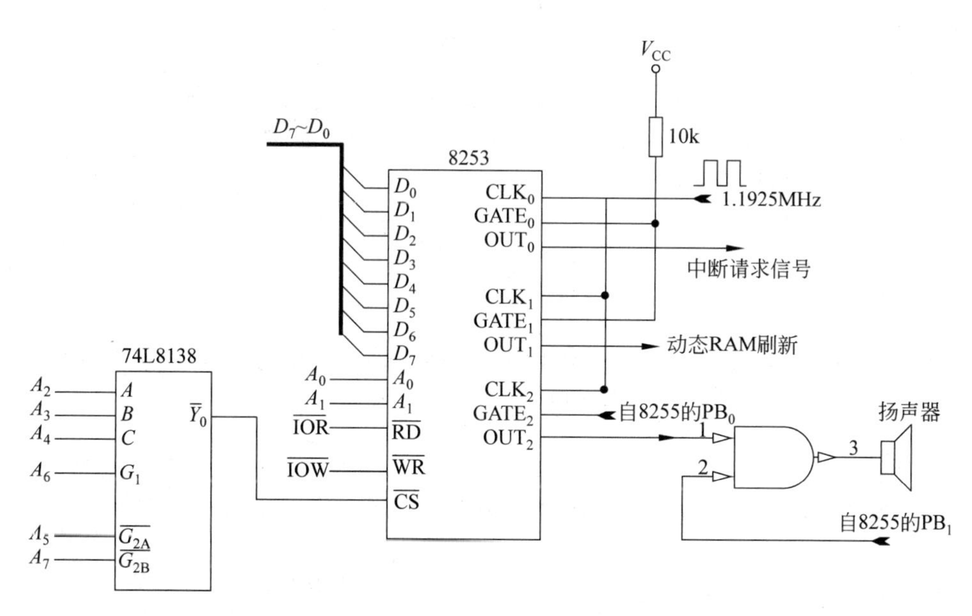


图 7-36　PC 中 8253 连接图

计数器 1 工作在方式 2，$GATE_1$ 固定为高电平，$OUT_1$ 的输出作为定时（约 15μs）信号，用于刷新动态 RAM。在 2ms 内可以有 132 次刷新（128 次是系统的最低要求）。

计数器 2 工作在方式 3，时间常数为 1331，作为扬声器的音频信号源，$GATE_2$ 由 8255A 的 $PB_0$ 控制，$OUT_2$ 与 8255A 的 $PB_1$ 相与，这样利用 8255A 的 $PB_0$、$PB_1$ 同时为高电平的时间控制扬声器发长音还是发短音。

三个计数器的输入时钟频率一样，为 $F=4.77\text{MHz}/4=1.1925\text{MHz}$。

8253 的端口地址为 40H～43H，8253 编程如下：

计数器 0 用于定时中断：

```
MOV   AL, 00110110B          ;计数器 0 控制字
OUT   43H, AL
MOV   AL, 0                  ;计数初值为 0000,即为最大值 65536
OUT   40H, AL
OUT   40H, AL
```

计数器 1 用于动态 RAM 的刷新：

```
MOV   AL, 01010100B          ;计数器 1 控制字
OUT   43H, AL
MOV   AL, 18                 ;计数初值为 18
OUT   41H, AL
```

计数器 2 用于产生约 900Hz 的方波送至扬声器发声，声响子程序为 BEEP，入口参数为 BL，入口地址为 FFA08H：

```
BEEP  PROC  NEAR
```

```
        MOV   AL, 10110110B       ;计数器 2 控制字
        OUT   43H, AL
        MOV   AX, 1331            ;计数初值为 1331
        OUT   42H, AL
        MOV   AL, AH
        OUT   42H, AL
        IN    AL, 61H             ;读 8255A 端口 B
        MOV   AH, AL              ;暂存于 AH
        OR    AL, 03H
        OUT   61H, AL             ;输出至 8255 的 B 端口,启动计数 2 并使扬声器发声
        SUB   CX, CX              ;延时
    G7: LOOP  G7
        MOV   BH, 0
        DEC   BX                  ;BL 的值为控制长短声,BL=6(长),BL=1(短)
        JNZ   G7
        MOV   AL, AH              ;恢复 8255A 端口 B 的值,停止发声
        OUT   61H, AL
        RET
BEEP    ENDP
```

# 7.3 串行通信接口

## 7.3.1 串行通信基本概念

数据通信的基本方式可分为两种:并行通信与串行通信。并行通信是指利用多根数据传输线将一个数据的各位同时传送,传输速度快,适用于短距离通信。串行通信是指利用一根数据传输线将数据一位位地顺序传送,通信线路简单,适用于远距离通信。串行通信方式分为同步串行通信和异步串行通信两种。

### 1. 同步串行通信

同步串行通信是将若干个字符组成一个数据块(帧)进行传输,字符间无间隔。同步串行通信要求发送端和接收端的时钟信号保持严格同步。同步通信帧格式由同步字符、数据和校验码组成。其中同步字符位于帧开头,用于确认数据的开始;数据在同步字符之后;校验码通常为 1 到 2 个,是接收端收到的字符序列正确性校验的依据。同步通信有多种数据格式,常用的格式如图 7-37 所示。

图 7-37 中除数据外其余部分均为 8 位。单同步格式,每传送一帧数据插入一个同步字符。接收端检测出一个完整的同步字符后,就可以连续接收数据,一帧数据接收结束进行校验。双同步格式,利用 2 个同步字符进行通信同步。SDLC 格式(同步数据链路控制)中规定,所有信息传输必须以一个标志字符(01111110)开始,且以同一个字符结束。

图 7-37 常用的同步通信格式

接收端可以通过搜索"01111110"辨别帧的开头和结束，以此建立帧同步。地址符是与之通信的次站地址。

## 2. 异步串行通信

异步串行通信将一个字符作为一个独立的信息单元(帧)进行通信，字符内位和位的间隔时间固定，字符与字符之间的间隔时间不固定。在相同的波特率下，发送端和接收端的时钟不需要保持同步，发送端和接收端可以使用各自的时钟控制数据的发送和接收。

异步串行通信中的数据常以字符或者字节为单位组成帧进行传送。如图 7-38 所示，一帧包含起始位、数据位、奇偶校验位和停止位。

图 7-38 异步串行通信帧格式

异步通信在不发送数据时，数据信号线呈现高电平状态，称为空闲状态(又称为 MARK 状态)。当数据发送时，首先发送起始位，低电平，也称为 SPACE 状态，之后依次发送数据的每一位，按照先低位后高位的顺序逐位发送，每个帧的数据位数可以在 5～8 位之间。数据位的后面是一位奇偶校验位，也可以没有。最后传送的是停止位，停止位为高电平，一般可以选择 1 位、1.5 位或 2 位。

异步通信每传送一个字符，就需要增加约 20%的附加信息(起始位、奇偶校验位和停止位)，明显降低了数据传送的效率。但是，由于异步通信方式实现容易、可靠，对时钟要求低，因此广泛应用于各种通信系统中。

图 7-39 是采用 1 位起始位、1 位奇校验和 1 位停止位，发送 7 位数据 0111001 的帧格式示例。

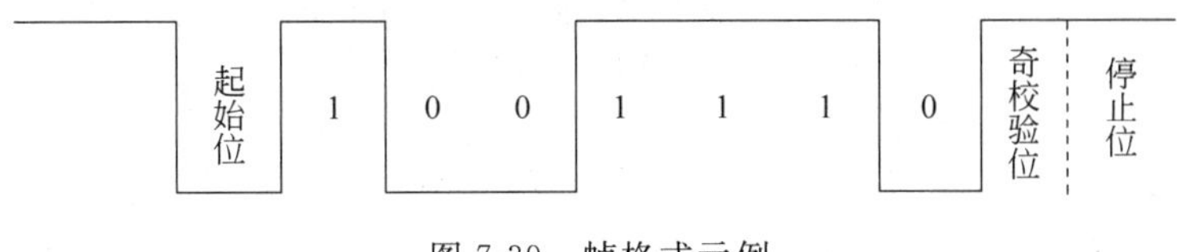


图 7-39 帧格式示例

### 3. 数据传送方式

数据传送方式有三种：单工、半双工和全双工方式。

(1) 单工方式

只允许数据按照一个方向传送，一方只能发送，另一方只能接收。

(2) 半双工方式

数据可以从 A 端发送，B 端接收，也可以从 B 端发送，A 端接收，但不能同时进行。通信双方可以轮流地进行发送和接收。

(3) 全双工方式

允许通信双方同时进行发送和接收。A 端发送的同时也可以接收，B 端接收的同时也可以发送。全双工方式需要两根传输线，如图 7-40 所示。在计算机串行通信中主要使用半双工和全双工方式。

| 接收器 | | 接收器 |
|---|---|---|
| 发送器 | | 发送器 |

图 7-40　全双工通信

### 4. 信号传输方式

(1) 基带传输方式

在传输线上直接传输数字信号，要求传输线的频带较宽，适于近距离通信。

(2) 频带传输方式

传输经过调制的模拟信号。在长距离通信时，发送方要用调制器把数字信号转换成模拟信号，接收方则用解调器将接收到的模拟信号再转换成数字信号，这就是信号的调制解调。

实现调制和解调任务的装置称为调制解调器(Modem)。采用频带传输时，通信双方各接一个调制解调器，将数字信号寄载在模拟信号(载波)上加以传输。因此，这种传输方式也称为载波传输方式。这时的通信线路可以是电话交换网，也可以是专用线。

常用的调制方式有三种：调幅、调频和调相，如图 7-41 所示。

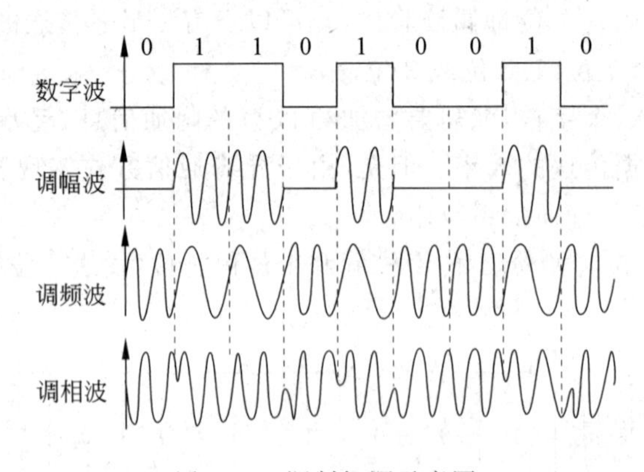


图 7-41　调制解调示意图

- 调频是把数字“1”与“0”调制成两个频率不同的模拟信号。
- 调幅是把数字“1”与“0”调制成不同幅度的模拟信号，频率保持不变。

• 调相是把数字“1”与“0”调制成不同相位的模拟信号，频率和幅度保持不变。

### 5. 串行通信系统

图 7-42 展示出了一个完整的串行通信系统，可以分为数据传输线路、数据通信设备和数据终端设备三个部分。

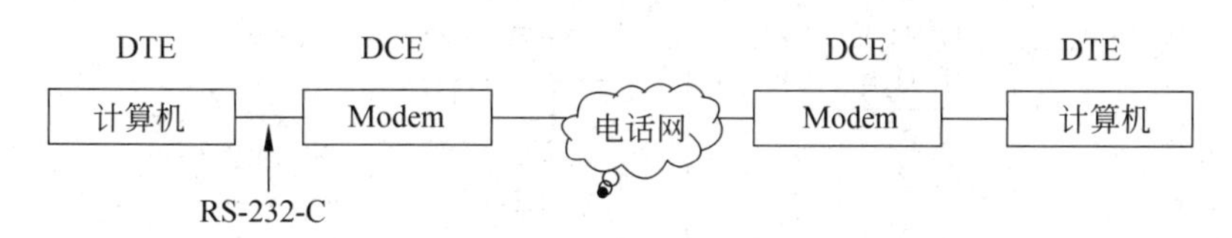


图 7-42 串行通信系统

(1) 数据传输线路，分专用线路和交换线路；可以是模拟信道，也可以是数字信道；可以是有线信道，也可以是无线信道。

(2) 数据通信设备(Data Communication Equipment，DCE)，DCE 代表调制解调器及其他为数据终端和通信线路之间提供变换和编码功能的设备，如交换机、路由器。由数据通信设备、终端传输控制器 TCE 和通信控制器 CCU 组成数据链路。数据在数据链路上传输时需要按链路传输控制规程进行传输控制。

(3) 数据终端设备(Data Terminal Equipment，DTE)，可以是各种类型的计算机，也可以是一般终端或智能终端，如打印机、传真机、电话机、自动出纳机、智能家电等。

为了使不同厂家的产品能够互换或互连，DTE 与 DCE 之间的接口在插接方式、引线分配、电气特性及应答关系上均应符合统一的标准和规范，最被人们熟悉的串行通信技术标准是 EIA-232、EIA-422 和 EIA-485，也就是 RS-232、RS-422 和 RS-485。

## 7.3.2 可编程串行接口芯片 8251A

8251A 是通用同步/异步收发器 USART(Universal Synchronous/Asynchronous Receiver/Transmitter)，可以作为串行接口的核心芯片。主要性能有：

(1) 可用于同步传送和异步传送。

(2) 可以控制调制解调器。

(3) 同步传送的波特率范围为 0～64KB/s，异步传送的波特率范围为 0～19.2KB/s。

(4) 全双工、双缓冲器发送和接收。

(5) 具有奇偶、溢出和帧错误等检测电路。

(6) 全部输入/输出与 TTL 电平兼容。

### 1. 8251A 的内部结构

8251A 的结构框图如图 7-43 所示，引脚如图 7-44 所示。其内部包括数据总线缓冲器、读/写控制逻辑、Modem 控制电路、发送器、接收器以及控制电路几个部分。接收器接收 RXD 脚上的串行数据并按规定的格式把它转换成并行数据，存放在接收数据缓冲器中。发送器接收 CPU 送来的并行数据，按照规定的格式装配数据，然后由 TXD 引脚发送。Modem 控制电路有 4 个引脚信号用于调制解调器控制。调制解调器将串行数据的 TTL 电平转换为可以通过电话系统传输的音频信号，或者反过来。读/写控制逻辑对 CPU 输出的控制信号进行译码以实现读/写功能。

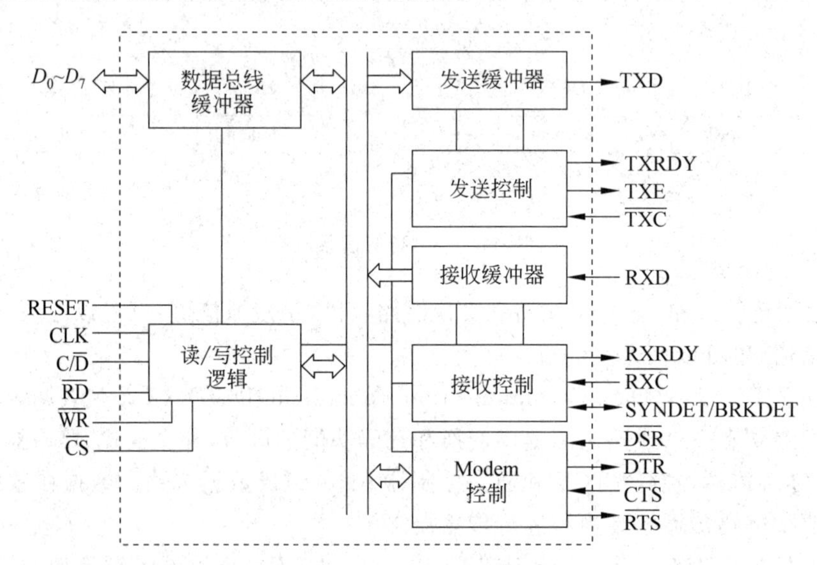


图 7-43　8251A 内部结构图

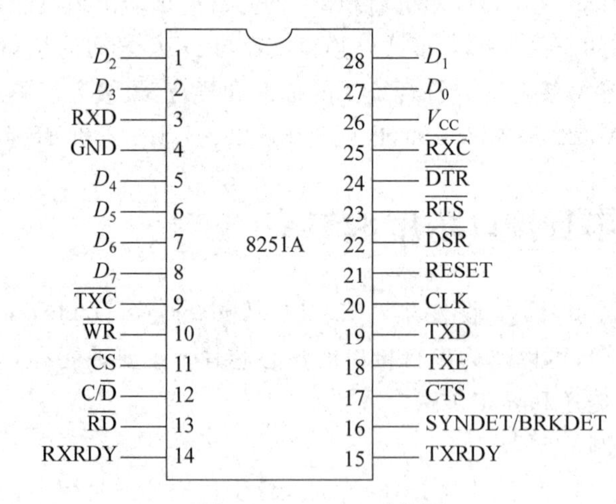


图 7-44　8251A 引脚图

### 2. 引脚功能

$D_7 \sim D_0$：数据总线。用于传送数据、控制字和状态字。

$\overline{CS}$：片选信号，低电平有效。用于选通 8251A。

$C/\overline{D}$：控制/数据信号。若 $C/\overline{D}$ 为高电平，则 CPU 对 8251A 写控制字或读状态字。若 $C/\overline{D}$ 为低电平，则 CPU 对 8251A 读/写数据。通常，将该端与地址线的最低位相接。于是，8251A 就占有两个端口地址，偶地址为数据口地址，而奇地址为控制口地址。

$\overline{RD}$、$\overline{WR}$：读、写信号，低电平有效。

CLK：时钟输入信号，用于内部装置定时。为了保证电路工作可靠，CLK 的频率必须大于接收/发送数据位速率的 30 倍。

RESET：复位信号，高电平有效。常与系统复位线相连，使其与系统同时复位。

$\overline{DTR}$(Data Terminal Ready)：数据终端准备好信号，输出，低电平有效。

$\overline{DSR}$(Data Set Ready)：数据装置准备好信号，输入，低电平有效。

$\overline{RTS}$(Request To Send)：请求发送信号，输出，低电平有效。

$\overline{CTS}$(Clear To Send)：清除发送，输入，低电平有效。当有效时，表示 Modem 或外设允许 8251A 发送数据。

TXD：发送数据。在$\overline{TXC}$的下降沿，把装配好的数据逐位发送。

TXRDY：发送器准备好状态信号，高电平有效。

TXE：发送缓冲器空，高电平有效。

$\overline{TXC}$：发送时钟输入端，用于控制数据发送速率。在异步方式下，该频率可以是波特率的 1、16 或 64 倍；在同步方式下，该频率与波特率相同。

RXD：接收数据线。在接收时钟$\overline{RXC}$的上升沿采样 RXD 信号，按规定检查相关字符或相关位后，经串/并转换送入接收缓冲器。

RXRDY：接收器准备好，高电平有效。

$\overline{RXC}$：接收时钟输入端。在异步方式下，该频率可以是波特率的 1、16 或 64 倍；在同步方式下，该频率与波特率相同。在实际应用中，通常$\overline{TXC}$与$\overline{RXC}$连接在一起，共用一个时钟源。

SYNDET/BRKDET：同步和间断检测。此信号只用于同步方式，既可工作在输入状态，也可工作在输出状态。当 8251A 工作在内同步情况时，SYNDET 作为输出端，如果 8251A 检测到了所要求的同步字符，则 SYNDET 输出高电平，用来表明 8251A 当前已经达到同步。在双同步字符情况下，SYNDET 信号会在第二个同步字符的最后一位被检测到后，表明已经达到同步。当 8251A 工作在外同步情况时，SYNDET 作为输入端，这个输入端上的一个正跳变会使 8251A 在$\overline{RXC}$的下一个下降沿时开始装配字符，这种情况下，SYNDET 的高电平状态最少要维持一个$\overline{RXC}$周期，以便遇上$\overline{RXC}$的下一个下降沿。

### 3. 8251A 的控制字

8251A 有两个控制字，一个是方式选择控制字，另一个是操作命令控制字。方式选择控制字在 8251A 复位之后写入，操作命令控制字在方式选择控制字之后的任何时间均可写入。

(1) 方式选择控制字(模式字)，如图 7-45 所示。

$D_1$、$D_0$：用以确定是工作在同步方式还是异步方式。在异步方式时 $D_1$、$D_0$ 有三种组合用以选择波特率因子。如果发送时钟信号(TXC)频率为 19.2kHz，波特率因子选择 1，则数据发送波特率(TXC)为 19.2kbps；如果波特率因子选择 16，则数据发送波特率为 1200bps；如果波特率因子选择 64，则数据发送波特率为 300bps。接收同理。

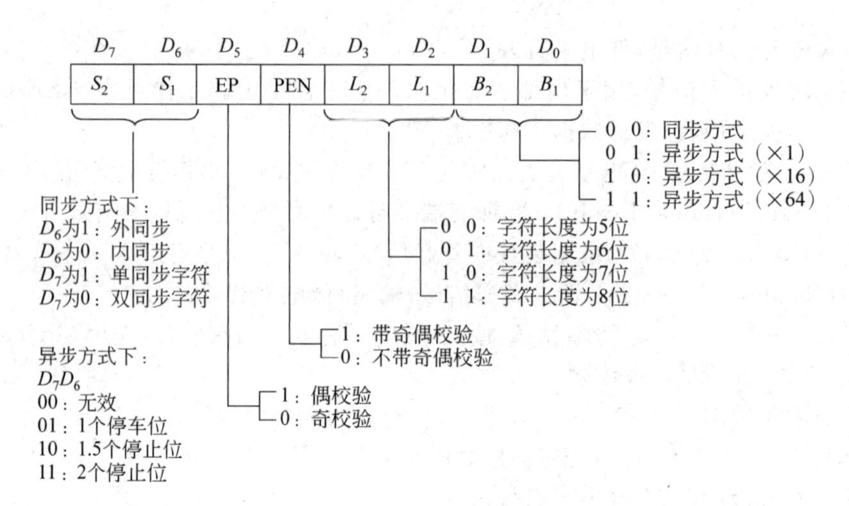


图 7-45　8251A 模式字

$D_3$、$D_2$：确定每个字符的位数，字符长度可在 5～8 位间选择。

$D_4$：确定是否要奇偶校验位。

$D_5$：当决定要校验位后，表示是奇校验还是偶校验的方式。

$D_7$、$D_6$：与 $D_1$、$D_0$ 的设置有关。若 $D_1D_0 \neq 00$（异步方式），该两位表示选择停止位的个数。若 $D_1D_0=00$（同步方式），用以确定是内同步还是外同步，以及同步字符的个数。

(2) 操作命令控制字(控制字)，如图 7-46 所示。

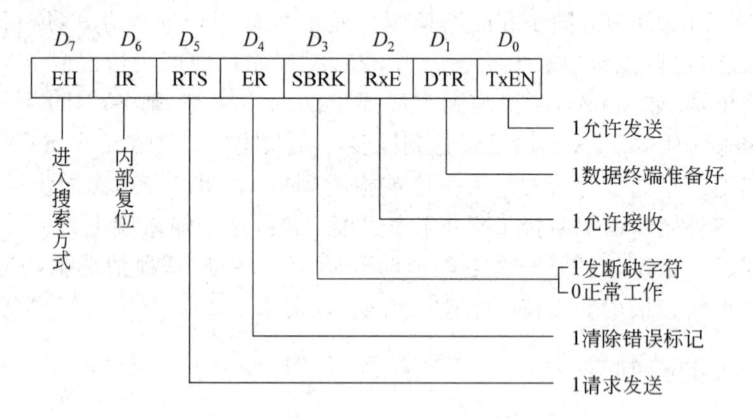


图 7-46　8251A 控制字

$D_0$：发送允许位。$D_0=1$，允许发送器发送数据，否则禁止。

$D_1$：数据终端准备就绪位。$D_1=1$，将使 8251A 的引脚$\overline{DTR}$输出为低电平，有效。$D_1=0$，置$\overline{DTR}$无效。

$D_2$：接收允许位。当写入"1"时，允许接收器接收数据，否则禁止。可使 $D_0$、$D_2$ 两位同时为"1"有效，既允许发送又允许接收。

$D_3$：终止字符控制位。当 $D_3=1$ 时，强迫 TXD 为低电平，输出连续的空白字符。当 $D_3=0$ 时，正常操作。

$D_4$：错误标志复位控制。该位置“1”将清除状态寄存器中所有的出错指示位。

$D_5$：请求发送位。$D_5=1$ 时，强迫$\overline{RTS}$输出低电平，置发送请求$\overline{RTS}$有效。$D_5=0$ 时，置$\overline{RTS}$无效。

$D_6$：内部复位。当 $D_6=1$ 时，与 RESET 的作用一样，使 8251A 从接收/发送数据或命令控制操作转为等待设置方式选择控制字状态。

$D_7$：搜索同步字符方式控制。只用在同步模式，当 $D_7=1$ 时，8251A 便会对同步字符进行检测。当 $D_7=0$ 时，不检测同步字符。

(3) 状态字

8251A 设有状态寄存器，CPU 通过读取控制端口获得状态寄存器的内容。状态字的格式如图 7-47 所示。CPU 可在任意时刻通过 IN 指令将 8251A 内部状态寄存器的内容(即状态字)读入 CPU，以判断 8251A 当前的工作状态。

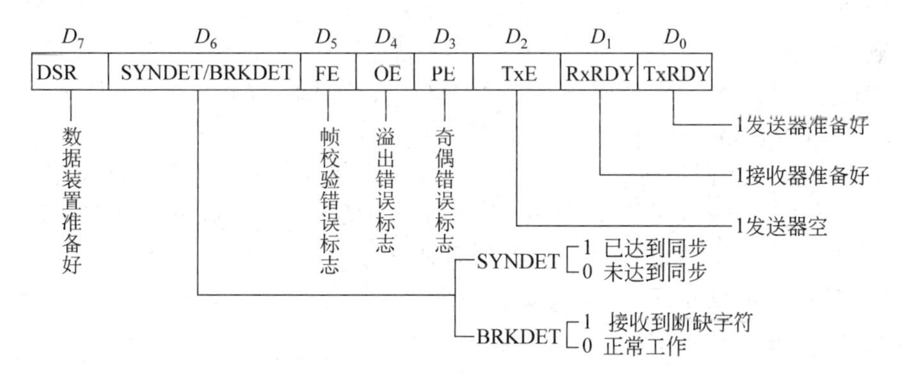


图 7-47 8251A 状态字

$D_0$：当 $D_0=1$ 时，表示当前数据输出缓冲器空。这里 TXRDY 状态与引脚 TXRDY 有区别。状态位 TXRDY 只要数据输出缓冲器空就置位；而引脚 TXRDY 要满足三个条件时才置位(即满足$\overline{CTS}=0$、TXRDY 状态位为 1 和 TXEN=1)。当 CPU 向 8251A 输出一个字符以后，状态位 TXRDY 会自动清 0。

$D_1$：当 $D_1=1$ 时，表示当前数据输入缓冲器满。当 CPU 从 8251A 取入一个字符以后，状态位 RXRDY 会自动清 0。

$D_2$、$D_6$：这两位与同名引脚的状态完全相同，可供 CPU 查询。

$D_3$、$D_4$、$D_5$：分别为奇偶错误标志位、溢出错误标志位、帧错误标志位。

PE=1 表示当前产生了奇偶错。

OE=1 表示当前产生了溢出错，CPU 还未将上一个字符取走，下一个字符又来到了 RXD 端，8251A 继续接收下一个字符，结果使上一个字符丢失。

FE=1 表示未检测到停止位，只对异步方式有效。

以上三种错误都不终止 8251A 的工作，但允许用命令控制字中的 ER 位复位。

$D_7$：数据装置准备好，当 $D_7=1$ 时，表示外设或调制解调器已经准备好发送数据，8251A 的$\overline{DSR}$端输入为低电平。

### 4. 8251A 工作过程简述

8251A 可以以异步或同步通信方式工作。

在异步通信方式中，发送与接收的过程不相同。当 8251A 工作在异步发送方式下时，CPU 首先必须通过命令控制字将其设置为允许发送(TxEN=1)，之后检测 TxRDY 状态位，当 TxRDY=1 时，CPU 就把数据输出到 8251A 的数据端口，8251A 就按照方式控制字的设置要求装配数据并发送出去。

当 8251A 工作在异步接收方式下时，CPU 首先必须通过命令控制字将其设置为允许接收(RxEN=1)，之后 8251A 监测 RXD 信号。没有信息时，RXD 信号为高电平。当检测到低电平时，8251A 先假定它是起始位，启动内部计数器，如果波特率因子是 16(接收时钟频率是数据传送波特率的 16 倍)，内部计数器计数到第 8 个时钟脉冲时，再次采样 RXD 信号，如果还是低电平则表示一个起始位的到来。此后，每隔 16 个接收时钟脉冲采样一次 RXD 线，并送至串/并转换寄存器，进而去除停止位，进行奇偶校验。如果接收的数据正确无误，8251A 发送 RXRDY 信号表明一个字符的接收和转换已经完成。

CPU 检测 RxRDY 状态位，当 RxRDY=1 时，CPU 就可以从 8251A 的数据端口读取接收到的数据。

同步通信方式。8251A 的同步通信数据格式有单同步、双同步和外同步 3 种格式，不支持 SDLC/HDLC 格式的同步通信。

在 8251A 设置为同步通信方式后，接下来的第一个命令控制字的 EH 位应设为 1，使 8251A 进入检测同步字符的操作状态。采用内同步的单同步接收方式是在允许接收后，8251A 监测 RXD 信号，每接收到一个数据就把它与同步字符(同步字符由程序设定，常用 16H)相比较。如果相同，表示接收方与发送方已经同步，接收方使 SYNDET 信号输出高电平。如果不相同则接收下一个数据并与同步字符相比较。采用双同步字符方式接收数据时，需要比较两个同步字符。8251A 确认同步之后，开始接收 RXD 线上的数据并把它送至接收数据缓冲器，同时使 RXRDY 信号为高电平。CPU 检测 RxRDY 状态位，当 RxRDY=1 时，CPU 就可以从 8251A 的数据端口读取接收到的数据。

同步发送数据时，首先发送 1 或 2 个同步字符，随后发送若干数据。不管是同步发送还是异步发送，CPU 输出一个数据之后，应该等待一段时间，以使 8251A 完成发送操作。

## 5. 8251A 初始化流程

当硬件复位或者通过软件编程对 8251A 复位后，需要对 8251A 进行初始化编程。8251A 的方式控制字、命令控制字、同步字符和状态字都使用控制端口，为此，向 8251A 写入控制字的顺序非常重要。对 8251A 初始化流程如图 7-48 所示。

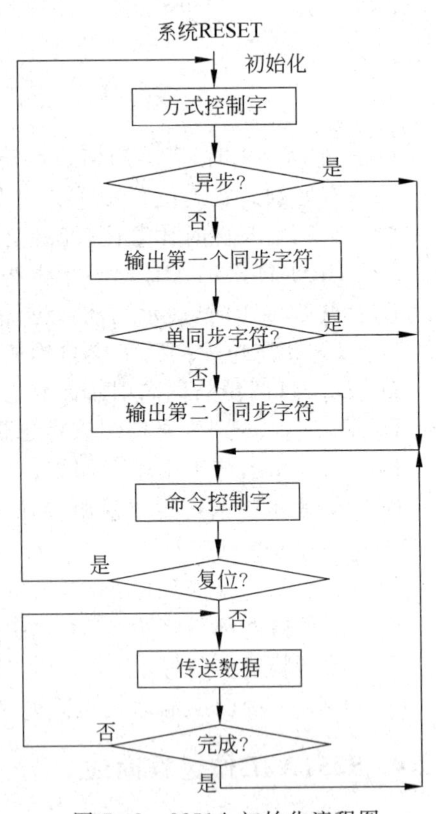


图 7-48　8251A 初始化流程图

8251A 初始化编程首先设置方式选择控制字，由此确定 8251A 的工作方式（异步/同步）、字符长度、奇偶校验、同步字符或停止位等基本设置。如果设置为同步方式，接下来必须指出是单同步字符还是双同步字符，并将同步字符送入 8251A。随后写入命令控制字，接下来便可以发送/接收数据。

在设置方式选择控制字之后，如果是异步方式，接下来应该写入命令控制字。如果命令控制字中 IR 为 0，则进入数据传送阶段。当数据传送完毕，8251A 可以重新写入命令控制字，设置 8251A 的下一步操作。若命令控制字中 IR 位为 1，8251A 立即进行内部复位，这时 8251A 回到原始状态，必须对 8251A 重新进行方式控制字和命令控制字的设置。

方式选择控制字必须紧跟在复位之后设置。复位可能是由 RESET 信号引起（系统复位）或由命令控制字引起。

(1) 异步通信方式下的初始化程序举例。

**【例 7-15】** 设 8251A 工作在异步模式，波特率系数（因子）为 16，7 个数据位/字符，偶校验，2 个停止位，并清除出错标志、允许发送、接收数据。设控制端口地址为 E1H，数据端口地址为 E0H。

方式选择控制字为 11111010B，即 FAH。

命令控制字为 00110111B，即 37H。

初始化程序如下：

```
MOV  AL, 0FAH        ;送方式控制字
OUT  0E1H, AL        ;异步方式,7 位/字符,偶校验,2 个停止位
MOV  AL, 37H         ;送命令控制字,清出错标志,使发送、接收允许
OUT  0E1H, AL
```

(2) 同步通信方式下的初始化程序举例。

**【例 7-16】** 设控制端口地址为 51H，采用内同步方式，2 个同步字符（设同步字符为 16H），偶校验，7 位数据位。

方式控制字为 00111000B，即 38H

命令控制字为 10010111B，即 97H。它使 8251A 对同步字符进行检索，同时使状态寄存器中的 3 个出错标志复位；此外，使 8251A 的发送器和接收器启动；控制字还通知 8251A，CPU 当前已经准备好进行数据传输。

初始化程序如下：

```
MOV  AL, 38H         ;设置方式控制字,同步方式,2 个同步字符,
OUT  51H, AL         ;7 个数据位,偶校验
MOV  AL, 16H
OUT  51H, AL         ;送下一个同步字符 16H
OUT  51H, AL         ;送第二个同步字符
MOV  AL, 97H         ;设置控制字,使发送器和接收器启动
OUT  51H, AL
```

## 6. 8251A 与 CPU 连接

8251A 与计算机系统总线的连接如图 7-49 所示。

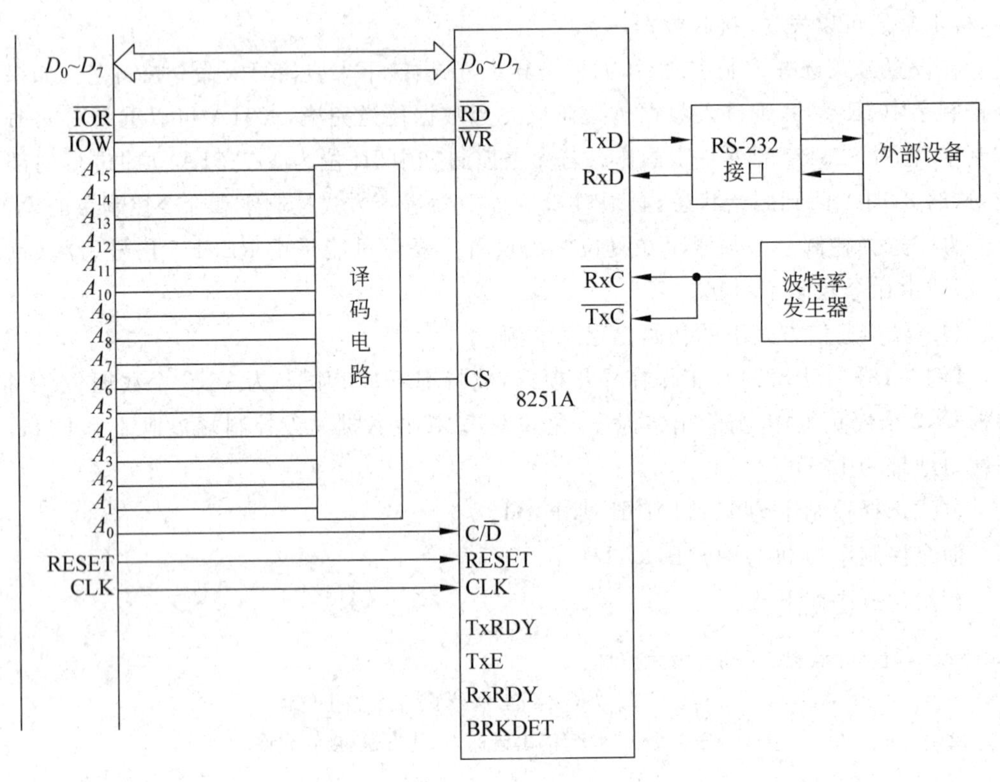


图 7-49 8251A 的应用

(1) 8251A 与系统总线连接。

8251A 的$\overline{RD}$、$\overline{WR}$、CLK 和 RESET 信号直接与系统$\overline{IOR}$、$\overline{IOW}$、CLK 和 RESET 的引脚相连,8251A 的数据线 $D_7$～$D_0$ 与系统的低 8 位数据总线相连,C/$\overline{D}$ 与系统地址总线的 $A_0$ 位相连,系统地址线的 $A_1$～$A_{15}$ 经过译码接到 8251A 的片选信号引脚。在 PC 中,常见的串行通信端口为 COM1 和 COM2,COM1 的端口地址为 3F8H～3FFH,COM2 端口地址为 2F8H～2FFH。

TxRDY、TE、RxRDY 和 BRKDET 都是 8251A 的输出信号,均为串行通信时的收发联络信号。在查询方式时,它们被用作状态信号;在中断方式时,TxRDY 和 RxRDY 可作为向 CPU 发送或接收数据的中断请求信号。

(2) 8251A 与外部设备连接。

RxD 用于接收外设送来的串行数据,TxD 用于向外设发送串行数据。发送时钟输入端和接收时钟输入端连接在一起,由波特率发生器为它们提供所需要的时钟脉冲信号。

8251A 发送数据或者接收数据,信号电平是标准 TTL 电平,传输距离不能超过 3m。

若想进行远距离通信，需要将 TTL 电平进行转换。如果要实现单机之间(点到点)通信，常常将 TTL 电平的 TxD 信号转换为 RS-232 电平发送数据。接收数据时，则把 RS-232 电平的 RxD 信号转换为 TTL 电平。实现这种变换的集成电路芯片有很多，如 MC1488、SN75150 芯片可完成 TTL 电平到 RS-232C 电平的转换，而 MC1489、SN75154 可实现 RS-232C 电平到 TTL 电平的转换。MAX232 芯片可完成 TTL↔EIA 双向电平转换。

通过 RS-232C 接口进行通信，通信距离不超过 15m。更远距离的通信需要在 RS-232C 的后面再加一级辅助通信设备，这个设备与远距离通信使用的传输线有关，有很多种，如调制解调器。这里不再介绍。

### 7. 8251A 应用举例

**【例 7-17】** 利用 8251A 实现双机通信。

利用 2 片 8251A 通过 RS-232-C 实现 2 台 80×86 微型计算机之间的串行通信，采用查询方式控制传输过程，系统连接示意图如图 7-50 所示。通信双方通信格式规定为异步方式，8 位数据，1 位停止位，偶校验，波特率因子 16。

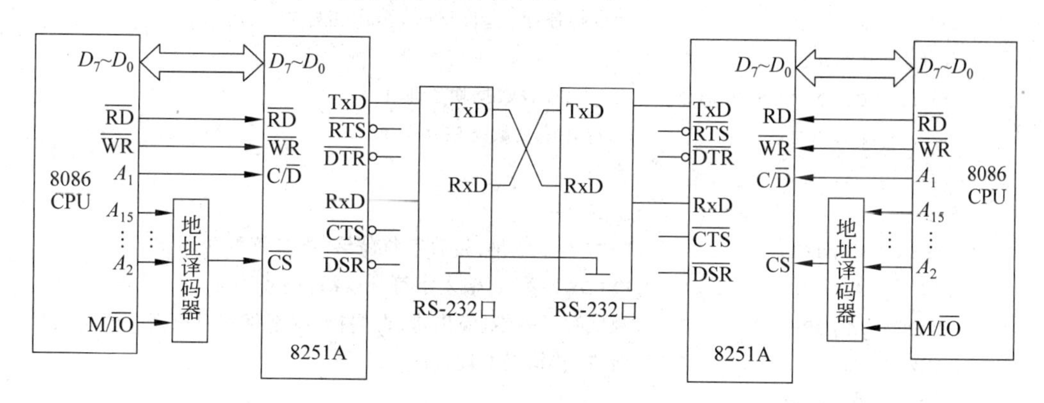


图 7-50 计算机之间的串行通信

发送端 CPU 每查询到 TxRDY 有效，就向 8251A 输出一个字节数据。接收端 CPU 每查询到 RxRDY 有效，就从 8251A 输入一个字节数据，一直进行到全部数据传送完毕为止。

```
;发送端程序设计,PORTC 为 8251A 控制端口,PORTD 为 8251A 数据端口
      MOV    DX,PORTC
      MOV    AL,7EH              ;方式选择控制字
      OUT    DX,AL
      MOV    AL,11H              ;命令控制字,发送允许,清出错标志
      OUT    DX,AL
      MOV    SI,OFFSET BUFF1     ;BUFF1 发送数据块首地址
      MOV    CX,NUM              ;NUM 发送数据块字节数
X1:   MOV    DX,PORTC
```

```
    IN    AL,DX              ;读状态字
    TEST  AL,01H             ;查询 TXRDY=1？
    JZ    X1                 ;上一个数据未发送完,等待
    MOV   DX,PORTD
    MOV   AL,[SI]            ;取下一个要发送的数据
    OUT   DX,AL              ;向 8251A 输出一个字节数据
    PUSH  CX
    MOV   CX,0FFFH           ;延时等待发送结束,延时时间按照实际情况调整
    LOOP  $
    POP   CX
    INC   SI                 ;修改地址指针
    LOOP  X1                 ;未传输完,循环
    ……
    ;接收端程序设计
    MOV   DX,PORTC
    MOV   AL,7EH             ;方式选择控制字
    OUT   DX,AL
    MOV   AL,14H             ;命令控制字,允许接收,清出错标志
    OUT   DX,AL
    MOV   DI,OFFSET BUFF2    ;BUFF2 接收数据块首地址
    MOV   CX,NUM-R           ;NUM-R 接收数据块字节数
Y1: MOV   DX,PORTC
    IN    AL,DX              ;读状态字
    TEST  AL,02H             ;RXRDY=1？是,接收字符就绪,准备读取并存储
    JZ    Y1                 ;RXRDY 不为 1,输入字符未就绪,循环等待
    TEST  AL,38H             ;测试有无帧错、溢出错、奇偶错(状态字相应位为 1 表明出错)
    JNZ   Y2                 ;出错,转错误处理程序
    MOV   DX,PORTD
    IN    AL,DX              ;读取一个字节数据
    MOV   [DI],AL            ;保存数据
    INC   DI                 ;修改地址指针
    LOOP  Y1                 ;未传输完,循环
    ……                       ;结束处理
Y2: ……                       ;错误处理程序
```

# 练 习 题

1. 8255A 有几个数据输入/输出端口,各有什么特点？

2. 8255A 有几种工作方式？如何工作？

3. 若 8255A 的端口 A 定义为方式 0,输入；端口 B 定义为方式 1,输出；端口 C 的上

半部定义为方式 0，输出。试编写初始化程序(端口地址为 80H～83H)。

4. 如图 7-51 所示，8255 的 A 口、C 口均工作在方式 0 下。以 8255 的 PA 口作为输出口，控制 8 个单色 LED 灯；PC 口作为输入口，连接 8 个开关 K0～K7，根据开关状态，请说明：(1)8255 的端口地址和方式控制字；(2)编程控制：检测开关的状态，如果 K0～K7 全闭合，PA0～PA7 控制的灯亮，否则 PA0～PA7 控制的灯灭。

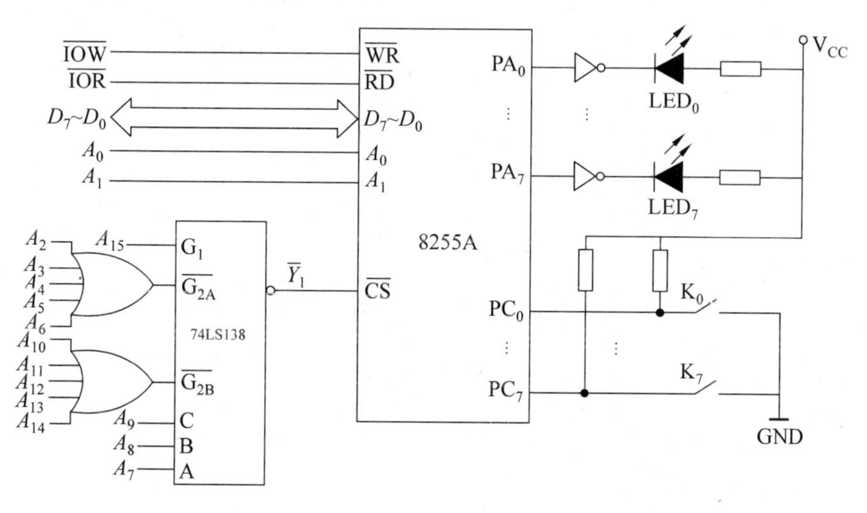


图 7-51　8255A 应用

5. 定时/计数器芯片 8253 有几个独立的计数器？共有几种工作方式？

6. 某系统中 8253 芯片端口地址为 FFF0H～FFF3H。计数器 0 工作在方式 2，CLK0＝2MHz，要求 OUT0 输出 1kHz 的脉冲；计数器 1 工作在方式 0，对外部事件计数，每计满 100 个向 CPU 发出中断请求。试写出 8253 的初始化程序。

7. 利用 8253 产生时钟基准信号，现有频率为 2MHz 的时钟脉冲信号，要求 $OUT_0$ 提供毫秒级脉冲信号(1000Hz)，$OUT_1$ 提供秒级脉冲信号(1Hz)，$OUT_2$ 输出的脉冲信号周期为 60s，完成 8253 初始化程序。

8. 什么是同步串行通信？什么是异步串行通信？它们的数据通信格式有什么特点？

9. 8251A 异步串行通信方式的初始化流程是什么？

10. 8251A 采用异步通信方式，控制端口地址为 202H，设定字符为 7 位数据，1 位偶校验，2 位停止位，波特率因子为 16，发送/接收波特率为 9600bps，请说明发送/接收时钟频率应该是多少？请编程初始化 8251A。

11. 如图 7-52 所示，8251A 采用异步通信方式，控制端口地址为 3FAH，数据端口地址为 3F8H，发送时钟和接收时钟均由 8253 计数器 2 提供，8253 的端口地址为 3F4H～3F7H。请初始化 8253 和 8251A，并发送 BUFF 单元中的数据，发送波特率为 2400bps。

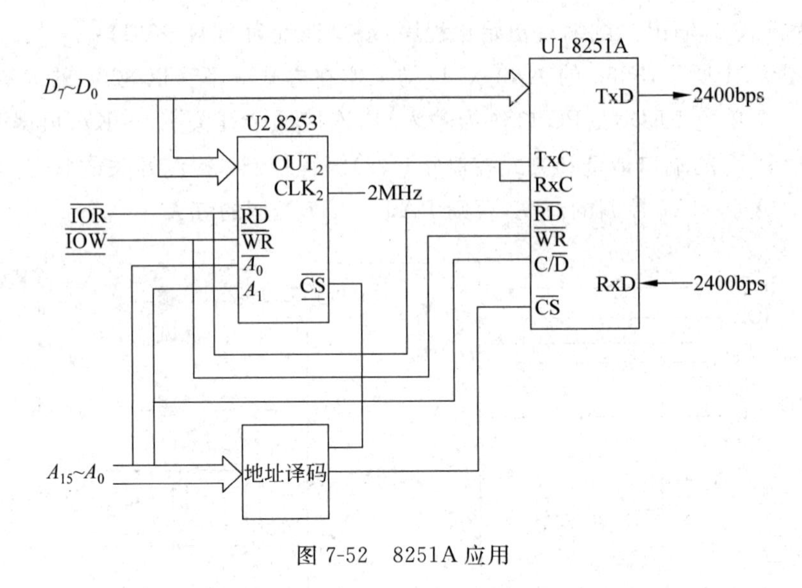


图 7-52　8251A 应用

# 第8章

# 数/模转换及模/数转换技术

在计算机过程控制和数据采集系统中,需要测量和控制的对象通常是随时间在一定范围内连续变化的物理量,如温度、速度、位移、流量、压力、电压及电流等,通常称这些物理量为模拟量。而计算机只能识别离散的数字量信息,为了让计算机能够处理和接收模拟量,必须将模拟量转换为数字量。模/数(Analog to Digital,A/D)转换是将输入的模拟量转换为数字量;数/模(Digital to Analog,D/A)转换是将计算机处理的数字量转换为能够驱动模拟执行机构的模拟量。一般将实现 A/D 转换的电路称为 A/D 转换器(简称 ADC)。将实现 D/A 转换的电路称为 D/A 转换器(简称 DAC)。

A/D 和 D/A 技术除了在工业控制方面的应用,还广泛用于通信、雷达、遥控遥测、医疗器件、生物工程等诸多领域。在实际生活中,小到冰箱、音响,大到摩托车、汽车等,A/D 和 D/A 系统无处不在。如图 8-1 所示为汽车发动机启动工作的情况,发动机被启动机带动运转,当转速低于某值时,ECU(汽车电脑)识别出发动机处于启动状态,根据转速传感器、凸轮轴位置传感器、节流阀位置传感器、冷却液温度传感器、进气温度传感器等提供的信号,以及 ECU 中存储的最佳控制参数,计算出启动喷油量、点火角度和怠速直流电机的位置,并驱动喷油器和点火动力组件动作,使节气门处于启动位置,保证发动机顺利启动。发动机启动后,当转速超过某值时,则启动状态结束。

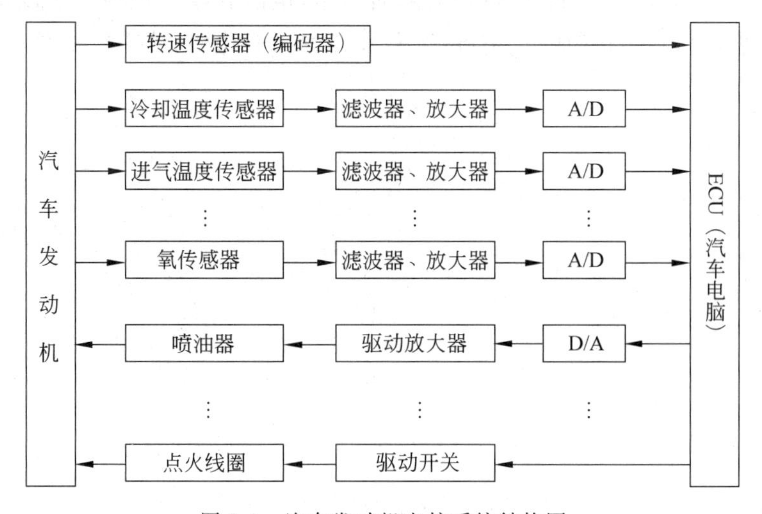


图 8-1 汽车发动机电控系统结构图

所以，就计算机而言，外部物理世界的变量大多是模拟量，要对这些变量进行分析处理和控制，就存在着大量的模拟量输入/输出过程。所以A/D、D/A转换器已成为计算机接口技术中最常用的芯片之一，A/D、D/A接口成为计算机应用系统中使用最为广泛的一类接口。

# 8.1 数/模转换器

## 8.1.1 数/模转换原理

D/A转换是把数字量信号转换为相应的模拟量信号的过程，数字量由二进制位组成，每个二进制位的权为$2^i$，只要将这些位按权大小转换成相应的模拟量，然后根据叠加原理将这些模拟量相加，总和就是与数字量成正比的模拟量。通常D/A转换器将数字量转换为电流，再经运算放大器将电流转换为电压(一般转换后的模拟信号都是以电压的形式输出)。

D/A转换器主要由电阻网络和运算放大器组成，典型的电阻网络有加权电阻网络和$R$-$2R$ T型电阻网络。加权电阻网络目前已很少使用，下面简单介绍一下T型电阻网络的工作原理。

T型电阻网由三部分组成：(1)由二进制数控制的开关组；(2)$R$-$2R$电阻网络；(3)由运算放大器构成的电流-电压转换电路。

电路中使用的电阻有两种，一种是$R$，另一种是$2R$，阻值通常在100～1000Ω之间，整个电路是由相同的电路环节组成的。每一节电路有两个电阻和一个开关，这一节电路就相当于二进制数的一位，每一节电路的开关由二进制数位控制。因为电阻是按T型结构连接的，所以称为T型电阻网。

如图8-2所示，$V_{REF}$是一个精度很高的标准电源。一个支路中，如果开关倒向左边，支路中的电阻就接到真正的地，如果开关倒向右边，电阻就接到虚地。所以，不管开关倒向哪一边，都可以认为是接“地”。不过，只有开关倒向右边时，才能给运算放大器输入端提供电流。

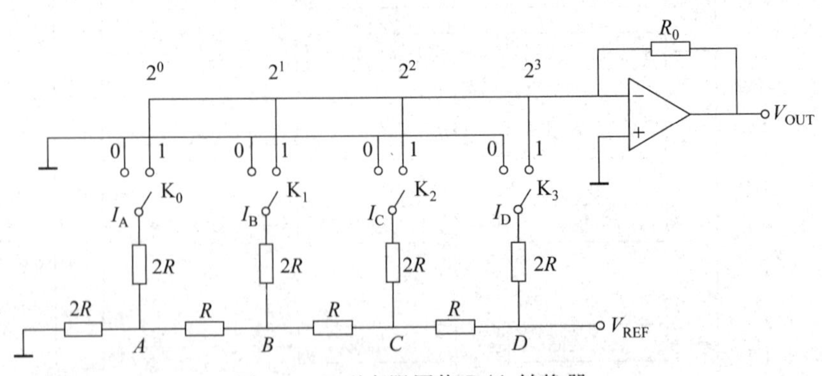


图8-2 T型电阻网络D/A转换器

由 $R$、$2R$ 电阻组成的 T 型电阻网络节点 $D$、$C$、$B$、$A$ 向左看，都是两个 $2R$ 电阻并联结构，各支路的电流 $I_D$、$I_C$、$I_B$、$I_A$ 值分别为

$$\frac{1}{2}\frac{V_{REF}}{R}、\quad \frac{1}{4}\frac{V_{REF}}{R}、\quad \frac{1}{8}\frac{V_{REF}}{R}、\quad \frac{1}{16}\frac{V_{REF}}{R}$$

它实现了按不同的“权”值产生不同的电流，这些电流叠加之后由运算放大器输出不同的电压。

当开关 $K_0$、$K_1$、$K_2$、$K_3$ 都倒向右边，相当于输入二进制数 1111 时，运算放大器得到的最大输入电流为

$$\begin{aligned} I &= \frac{V_{REF}}{2R} + \frac{V_{REF}}{4R} + \frac{V_{REF}}{8R} + \frac{V_{REF}}{16R} \\ &= \frac{V_{REF}}{2R}\left(1 + \frac{1}{2} + \frac{1}{4} + \frac{1}{8}\right) \\ &= \frac{V_{REF}}{2R}\left(\frac{1}{2^0} + \frac{1}{2^1} + \frac{1}{2^2} + \frac{1}{2^3}\right) \end{aligned}$$

相应的运算放大器的输出电压为

$$V_{OUT} = -I \cdot R_0 = -\frac{V_{REF}}{2R} \times R_0\left(\frac{1}{2^0} + \frac{1}{2^1} + \frac{1}{2^2} + \frac{1}{2^3}\right)$$

由上式可见，输出电压除了和输入的二进制数有关外，还和运算放大器的反馈电阻 $R_0$、标准电源 $V_{REF}$ 有关。

当开关 $K_0$、$K_1$、$K_2$、$K_3$ 都倒向左边，相当于输入二进制数 0000 时，运算放大器得到的输入电流为 0，输出电压也为 0。

由此可以看出，电阻网络会有 16 种不同电流流入运算放大器，相应的运算放大器输出 16 种不同的电压，从而将数字量的变化转换成模拟量的变化。这就是 D/A 转换的基本原理。

D/A 转换器的转换精度与基准电压 $V_{REF}$ 和权电阻的精度以及数字量的位数有关，所以要求 $V_{REF}$ 为一个高精度的标准电压，同时数字量的位数越多，转换的精度就越高。由于这种网络中只有两种阻值，生产工艺上比较简单，精度容易保证，所以得到广泛的应用。

## 8.1.2 D/A 转换器的性能参数

### 1. 分辨率

分辨率是指输入数字量的最低有效位(LSB)发生变化时，所对应的输出模拟量(常为电压)的变化量。它反映了输出模拟量的最小变化值。

分辨率与输入数字量的位数有确定的关系，

$$分辨率 = FS/(2^n - 1)$$

其中，$FS$ 表示满量程输入值，$n$ 为二进制位数。

例如，对于 5V 的满量程，采用 8 位的 DAC 时，分辨率为 5V/255=19.6mV。

通常用二进制数的位数表示 D/A 转换器的分辨率，如 8 位、10 位、12 位等，位数越

多，分辨率越高。

### 2. 转换精度

D/A 转换器的精度可分为绝对精度和相对精度，表明 D/A 转换的精确程度，一般用误差大小表示。

绝对精度是指实际的输出值与理论值之间的差距。它是由 D/A 转换器零点调整、增益误差、噪声和非线性误差等引起的。

相对精度是指绝对精度与满量程（用 *FS* 表示）的百分比。例如，一个 D/A 转换器的绝对精度为±10mV，*FS* 为 5V，则相对精度为±0.2%。

### 3. 建立时间

建立时间也可以叫做转换时间，是描述 D/A 转换速率快慢的一个重要参数，一般所指的建立时间是指输入数字量变化后，输出模拟量稳定到相应数值范围内（稳定值±ε）所经历的时间。

D/A 转换器中的电阻网络、模拟开关以及驱动电路均非理想电阻性器件，各种寄生参量及开关电路的延迟响应特性均会造成有限的转换速率，从而使转换器产生过渡过程。实际建立时间的长短不仅与转换器本身的转换速率有关，还与数字量变化的大小有关。输入数字从全 0 变到全 1 时，建立时间最长，称为满量程变化的建立时间。一般手册上给出的都是满量程变化的建立时间。

根据建立时间的长短，D/A 转换器分成以下几挡：

超高速　<100ns
较高速　100ns～1μs
高　速　1～10μs
中　速　10～100μs
低　速　≥100μs

### 4. 线性误差

D/A 转换器的理想特性为线性阶梯波（趋近一条直线），但实际上有误差，模拟输出偏离理想输出的最大值称为线性误差。

## 8.1.3 DAC 0832 及其接口电路

D/A 转换器种类非常多，常用的有 8 位、10 位、12 位、16 位等。从输出形式上有电流输出和电压输出。下面以 DAC 0832 为例，说明 D/A 转换器的应用。

DAC 0832 是美国国家半导体公司（National Semiconductor，NS）推出的 8 位 D/A 转换器。单电源＋5～＋15V 供电，电流型输出，建立时间 1μs，线性误差 0.2%*FS*（*FS* 为满量程），外接参考电压－10～＋10V，可采用双缓冲、单缓冲或直接输入三种工作方式，数字输入与 TTL 兼容，是 8 位 D/A 转换器中比较常用的芯片。

### 1. DAC 0832 内部结构

如图 8-3 所示，DAC 0832 由 8 位输入寄存器、8 位 DAC 寄存器和 8 位 D/A 转换电路组成。输入寄存器和 DAC 寄存器作为双缓冲寄存器。当 LE=1 时，寄存器的输出随输入变化；当 LE=0 时，数据锁存在寄存器中，输出不随输入变化。

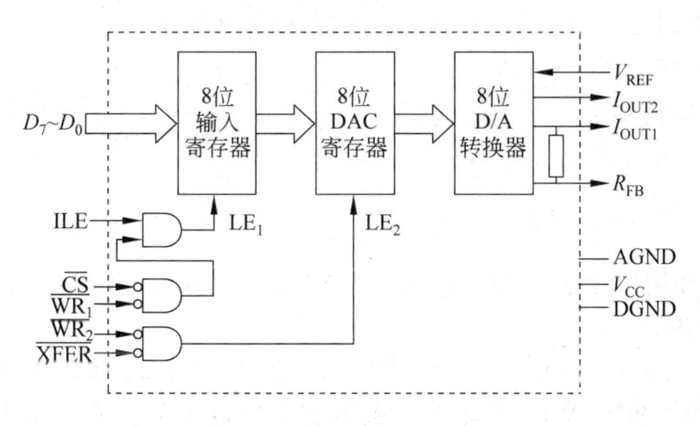


图 8-3　DAC 0832 内部结构

8 位输入寄存器受控于控制信号 ILE、$\overline{CS}$、$\overline{WR_1}$，当 ILE=1，$\overline{CS}$=0，$\overline{WR_1}$=0 时，该寄存器被选中，允许接收数据线上的信息。当 $LE_1$ 无效时，输入寄存器锁存输出的数据，输出不再随输入变化。

8 位 DAC 寄存器受控于$\overline{WR_2}$和$\overline{XFER}$信号，当$\overline{WR_2}$=0，$\overline{XFER}$=0 时，8 位 DAC 寄存器输出 8 位输入寄存器的内容并锁存，数据进入 D/A 转换器开始转换。不论 DAC 寄存器输出的数据是否变化，D/A 转换器都不停地转换并输出，就是说 D/A 转换器的输出是无法被禁止的，因为无论如何，DAC 寄存器都会有一种数据组合，而这种数据组合将直接进行数字量至模拟量的转换，并直接输出。所以在控制系统的应用中，应在系统初始化时就将 DAC 0832 设置一个安全状态，以避免执行机构的误操作。

由以上介绍可以看出，DAC 0832 内部包括两级锁存器，第一级是 8 位的数据输入寄存器，由控制信号 ILE、$\overline{CS}$和$\overline{WR_1}$控制，第二级是 8 位的 DAC 寄存器，由控制信号$\overline{WR_2}$和$\overline{XFER}$控制。故 DAC 0832 在使用时可以采用三种方式：直通方式、单缓冲方式或双缓冲方式。

### 2. DAC 0832 引脚功能

DAC 0832 采用 20 引脚的双列直插式封装。引脚功能如下：

$D_7 \sim D_0$：8 位数据输入。

ILE：输入寄存器允许信号，高电平有效。

$\overline{CS}$：片选信号，低电平有效。

$\overline{WR_1}$：输入寄存器写信号，低电平有效。

$\overline{WR_2}$：DAC 寄存器的写选通信号。

$\overline{XFER}$：传送控制信号，低电平有效。

$V_{REF}$：参考电压，接至内部 $R-2R$ T 型电阻网络，要求电压要非常稳定，电压范围为 $-10\sim+10V$。

$I_{OUT1}$：电流输出端 1，其值随 DAC 内容线性变化。当 DAC 寄存器的内容全为 1 时，输出电流最大；为全 0 时，输出电流为 0。

$I_{OUT2}$：电流输出端 2。$I_{OUT1}+I_{OUT2}=$常数。

$R_{FB}$：反馈电阻。由于片内已具有反馈电阻，故可以与外接运算放大器输出端短接。

$V_{CC}$：电源电压，$+5\sim+15V$。

AGND：模拟信号地。

DGND：数字信号地。

### 3. DAC 0832 接口电路

DAC 0832 使用非常方便，可以采用三种方式：直通方式、单缓冲方式或双缓冲方式。

(1) 直通工作方式

这种方式就是使 $LE_1=LE_2=1$，数据可以通过输入寄存器和 DAC 寄存器直接进入 D/A 转换器，即$\overline{CS}$、$\overline{WR_1}$、$\overline{WR_2}$及$\overline{XFER}$引脚都直接接到数字地，ILE 接+5V。这种方式 DAC 0832 始终处于 D/A 转换状态。

这种工作方式下 DAC 0832 不能直接与 CPU 的数据总线相连，故很少采用。

(2) 单缓冲工作方式

这种方式是使两个寄存器（输入寄存器和 DAC 寄存器）中的一个始终处于直通，即 $LE_1=1$ 或 $LE_2=1$，另外一个寄存器处于受控状态。

在不要求多路 D/A 同时输出时，可以采用单缓冲方式，此时只需一次写操作，就开始转换，可以提高 D/A 的数据吞吐量。

**【例 8-1】** 如图 8-4 所示，设 DAC 0832 端口地址为 port1，待转换数据在数据段的 3000H 单元中，完成转换的程序如下：

```
MOV  AL,[3000H]        ;取数据
MOV  DX,port1          ;取端口地址送入 DX
OUT  DX,AL             ;输出数据 D/A 转换
HLT
```

(3) 双缓冲工作方式

这种方式是使两个寄存器均处于受控状态，这种工作方式适合于多模拟信号同时输出的应用场合。

双缓冲工作方式下，CPU 要对 DAC 0832 进行两步操作：①将数据写入输入寄存器；②将输入寄存器的内容写入 DAC 寄存器。

这种工作方式好处就是数据接收和启动转换可以同步进行，在 D/A 转换的同时，可以接收下一个数据，提高了 D/A 转换的速度。

**【例 8-2】** 如图 8-5 所示，设 DAC 0832 输入寄存器端口地址为 port1，DAC 寄存器端口地址为 port2，待转换数据在数据段 3000H 单元中，完成转换的程序。

由于在这种工作方式下要求先使数据锁存在输入寄存器，再使输入寄存器的内容（数

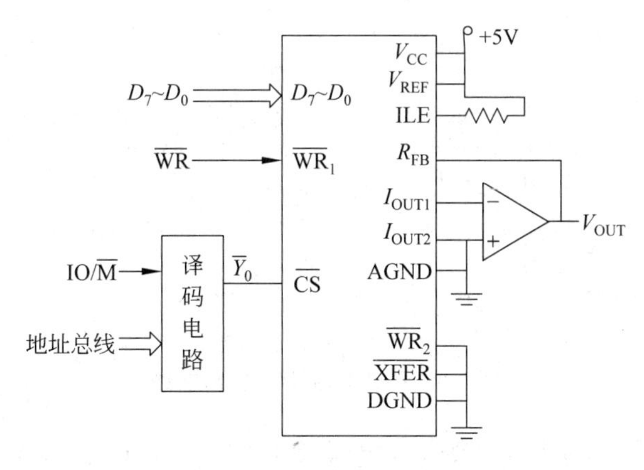


图 8-4 DAC 0832 单缓冲方式下的电路连接

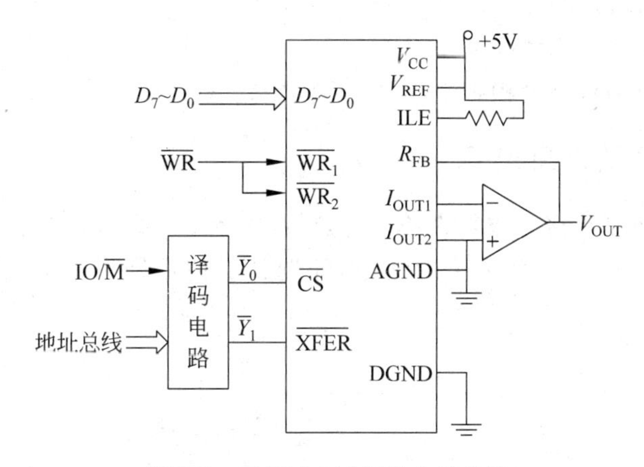


图 8-5 双缓冲方式下的电路连接

据)进入 DAC 寄存器进行 D/A 转换,故程序中需要两条 OUT 指令。程序如下:

```
MOV  AL,[3000H]         ;取数据
MOV  DX,port1           ;输入锁存器端口地址送入 DX
OUT  DX,AL              ;数据送入输入寄存器
MOV  DX,port2           ;DAC 寄存器端口地址送入 DX
OUT  DX,AL              ;数据送入 DAC 寄存器并启动 D/A 转换
HLT
```

#### 4. DAC 0832 的电压输出电路

DAC 0832 为电流输出型的 D/A 转换器,要获得电压输出,需要外加转换电路。图 8-6 为两级运算放大器组成的模拟输出电压。

图中$V_A=-\frac{V_{REF}}{2^8}N$,$N$ 为送入 DAC 0832 的 8 位二进制数。这是 DAC 0832 常规连接的电压输出,$V_A$输出为单极性模拟电压,电压范围是 0~−5V。

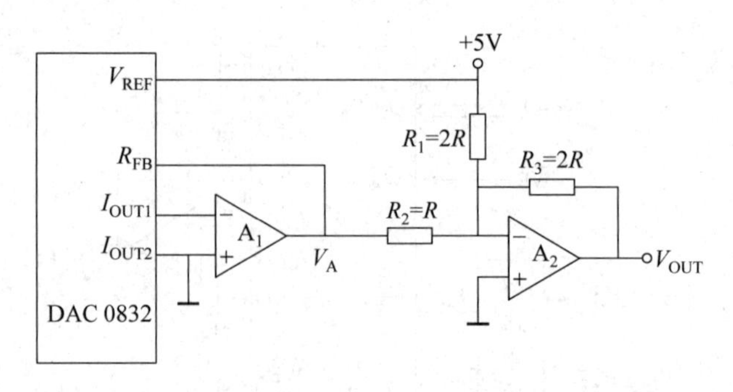


图 8-6 D/A 转换器的输出电路

如果参考电压 $V_{REF}$ 为 +5V，则 $V_{OUT}=(N-128)\times 39(mV)$，此时

若 $N$=00H，$V_{OUT}=-5V$。

若 $N$=80H，$V_{OUT}=0V$。

若 $N$=FFH，$V_{OUT}=4.96V\approx+5V$。

可见，$V_{OUT}$ 输出为双极性模拟电压，电压范围是 −5～+5V。

### 5. DAC 0832 的常见连接

DAC 0832 的典型连接是单极性单缓冲连接，如图 8-7 所示。图中 DAC 0832 的端口地址为 80H～83H，这是 4 个重叠的地址，任选其一使用即可。下面使用 80H 做端口地址。

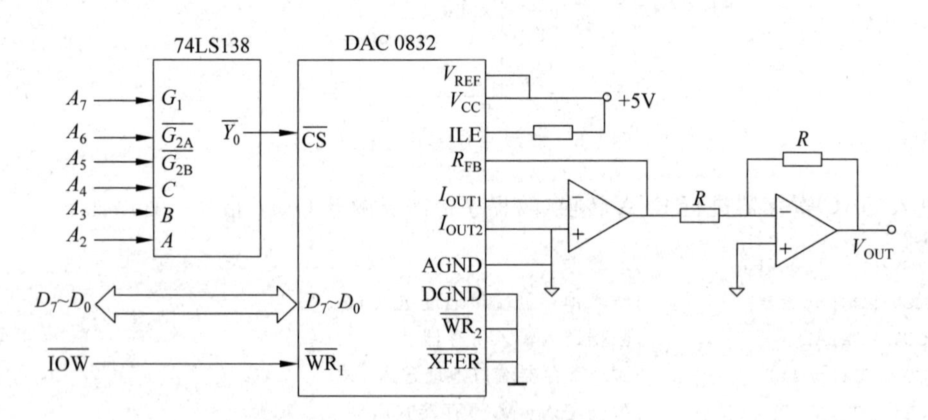


图 8-7 DAC 0832 单缓冲接口

**【例 8-3】** 利用 DAC 0832 输出单极性模拟量电压。

将从 2000H 开始的 50 个字节单元数据依次送到 DAC 0832 输出，每个数据输出间隔时间为 1ms，可调用 D1ms 延时 1ms 子程序。

输出程序编制如下：

```
X1: MOV  SI,2000H
    MOV  CX,50
X2: MOV  AL,[SI]
```

```
        INC  SI
        OUT  80H,AL
        CALL D1ms
        LOOP X2
        HLT
```

### 8.1.4 实例

DAC 0832 单缓冲方式应用非常广泛，不仅可以对现场执行机构进行控制，还可以用于产生多种周期可调、幅值可变的智能信号(如锯齿波、三角波、方波、正弦波等)，可作为信号源使用。假设 DAC 0832 的端口地址为 200H。

```
        ;锯齿波程序
        MOV  DX,200H           ;端口地址送至 DX
        MOV  AL,0              ;赋初值
NEXT1:  OUT  DX,AL             ;输出数字量送入 D/A 转换器
        INC  AL                ;数字量加 1
        CALL DELAY             ;调用延时子程序
        JMP  NEXT1             ;循环

        ;三角波程序
        MOV  DX,200H           ;端口地址送至 DX
NEXT0:  MOV  CX,0FFH           ;赋循环次数
        MOV  AL,0              ;赋初值
NEXT1:  OUT  DX,AL             ;输出数字量送入 D/A 转换器
        INC  AL                ;数字量加 1
        CALL DELAY             ;调用延时子程序
        LOOP NEXT1             ;循环
        MOV  CX,0FFH           ;赋循环次数
NEXT2:  DEC  AL                ;数字量减 1
        OUT  DX, AL            ;输出数字量送 D/A 转换器
        CALL DELAY             ;调用延时子程序
        LOOP NEXT2             ;循环
        JMP  NEXT0             ;达到最低重新循环
        ;方波程序
        MOV  DX,200H           ;端口地址送至 DX
NEXT:   MOV  AL,0              ;赋初值(低电平)
        OUT  DX,AL             ;输出数字量送 D/A 转换器
        CALL DELAY             ;延时
        MOV  AL,0FFH           ;赋初值(高电平)
        OUT  DX,AL             ;输出数字量送入 D/A 转换器
        CALL DELAY             ;延时
        JMP  NEXT              ;循环
```

# 8.2 模/数转换器

A/D 转换器是将连续变化的模拟信号转换为数字信号,以便于计算机进行处理。和D/A 转换器一样,A/D 转换器是计算机应用系统中的一种重要接口。A/D 转换的方法较多,有计数式、逐次逼近式、双积分式以及并行比较式/串行比较式等。

## 8.2.1 A/D 转换原理

A/D 转换技术比较多,但只有少数几种技术能以单片集成的形式实现。常用的 A/D 转换的方法有 3 种:计数式、逐次逼近式和双积分式。计数式最简单,但转换速度很低。逐次逼近式 A/D 转换的速度较高,而且价格适中,是微型机应用系统中最常用的外围接口电路。双积分式 A/D 转换精度高,抗干扰能力强,但速度低,一般应用在要求精度高而速度不高的场合,例如仪器仪表等。A/D 转换的基本过程如下。

模拟量是时间上和幅值上都连续的一种信号。为了把一个连续变化的模拟信号转变成对应的数字信号,就必须首先对模拟信号进行采样。采样的过程一般是:先使用一个采集电路,按等距离时间间隔,对模拟信号进行采集,然后用保持电路将采集来的信号电平保持一段时间,以便模数转换器正确地将其转换成对应的数字量。

模拟量经过采样后得到的信号是时间上离散、幅值上连续的信号,即离散信号。计算机对这种离散信号还不能处理,计算机只能处理数字量,所以还必须把离散信号在幅值上也进一步离散化,这一过程就是量化。量化就是把输入模拟信号的变化范围划分成若干等份,用一组连续的数字量表示每一等份。采样值最接近哪一等份就用哪一个数字量表示。这样,所有的采样值经过"量化"后,就化为对应的数字量,成为整数值。

量化过程会产生误差,这种误差是量化过程中的固有误差,最大偏差等于量化单位 R 的一半。这种误差不可能消除,只能降低,当量化单位取得越小时,误差越小。

量化后的信号是时间上和幅值上都离散的数字量,可以直接送到计算机中进行处理。

## 8.2.2 A/D 转换器性能参数

### 1. 分辨力

A/D 转换器的分辨力就是分辨率,是指引起输出二进制数字量最低有效位变动一个数码时,输入模拟量的最小变化量。如 A/D 转换器的二进制位数为 $n$,输入电压满量程(亦可称为输入范围)为 $FS$,则:

$$分辨率 = FS/(2^n - 1)$$

很显然,位数越多,则量化增量越小,量化误差越小,分辨力也就越高。常用的有 8 位、10 位、12 位、16 位、24 位、32 位等。

例如,某 A/D 转换器输入模拟电压的变化范围为 0~+5V,转换器为 8 位,那么分辨率就是 19.6mV(5V/255≈19.6mV)。

### 2. 转换精度

转换精度是指 A/D 转换器输出的数字量所对应的实际输入电压值与理论上产生该数字量的应有输入电压之差,它反映了实际 A/D 转换器与理想 A/D 转换器的差别,常用误差表示。产生误差的因素很多,主要是量化误差和器件误差。

量化误差是由于具有某种分辨力的转换器在量化过程中由于采用了四舍五入的方法,因此最大量化误差应为分辨力数值的 1/2 。可见,A/D 转换器数字转换的精度由最大量化误差决定。实际上,许多转换器末位数字并不可靠,实际精度还要低一些。

器件误差是由于器件制造精度、温度漂移等造成的,可以通过提高产品质量降低。

### 3. 转换时间

转换时间是指完成一次转换所用的时间,即从发出转换控制信号开始,直到输出端得到稳定的数字输出为止所用的时间,通常为微秒级。一般约定,转换时间大于 1ms 的为低速,1ms~1μs 的为中速,小于 1μs 的为高速,小于 1ns 的为超高速。转换时间的倒数称为转换速率。例如 ADC 0809 的转换时间为 100μs,则转换速率为每秒 1 万次。

## 8.2.3 ADC 0809

A/D 转换器种类繁多,美国 NS 公司、TI 公司、MAXIM 公司都有产品,仅美国 AD 公司的产品就有几十个系列,近百种型号。本节以 ADC 0809 为例,介绍 A/D 转换芯片。

ADC 0809 是美国 NS 公司生产的 CMOS 组件,8 路输入单片 A/D 转换器,可直接与 CPU 总线连接,使用非常广泛。

### 1. ADC 0809 主要特性

8 位分辨率,电压输入为 0~+5V,转换时间为 100μs(640kHz 条件),时钟频率为 100~1280kHz,标准时钟为 640kHz,无漏码,单一电源+5V,8 路单端模拟量输入通道,参考电压+5V,总的不可调误差±1LSB,温度范围为-40~+85℃,功耗 15mW,不需进行零点校准和满量程调整,可锁存的三态输出,输出与 TTL 兼容。

### 2. ADC 0809 内部结构

ADC 0809 内部结构如图 8-8 所示,由三个部分组成,即 8 路模拟开关及地址锁存与译码、8 位 A/D 转换器,还有三态输出锁存缓冲器。

ADC 0809 内部没有模拟输入信号采样保持器,处理快速信号时应外加。

ADC 0809 包含有 8 个标准的模拟开关,8 个输入模拟量可以通过引线 $IN_7$-$IN_0$ 输入。多路开关的状态由三位地址信号译码控制,某一时刻只能有一路模拟信号进行 A/D 转换。地址信号与通道选择的对应关系如表 8-1 所示。

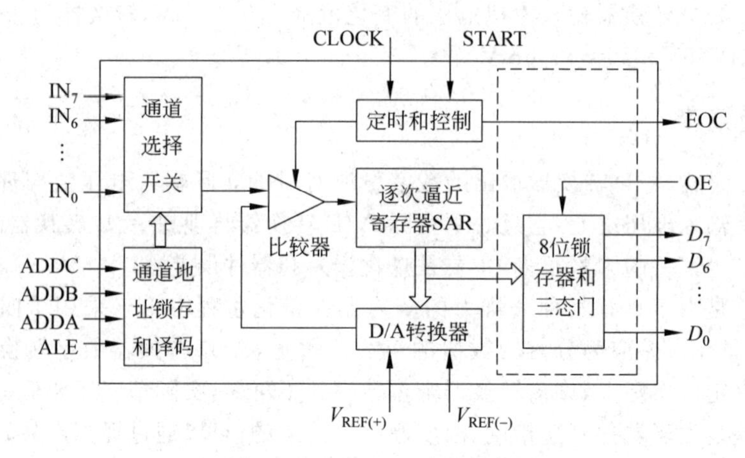


图 8-8　ADC 0809 内部结构

**表 8-1　8 路模拟输入通道与地址选择**

| 地址 ADDR | | | 模拟量输入通道 |
|---|---|---|---|
| ADDC | ADDB | ADDA | |
| 0 | 0 | 0 | $IN_0$ |
| 0 | 0 | 1 | $IN_1$ |
| 0 | 1 | 0 | $IN_2$ |
| 0 | 1 | 1 | $IN_3$ |
| 1 | 0 | 0 | $IN_4$ |
| 1 | 0 | 1 | $IN_5$ |
| 1 | 1 | 0 | $IN_6$ |
| 1 | 1 | 1 | $IN_7$ |

### 3. ADC 0809 引脚功能

$IN_7 \sim IN_0$：8 路模拟量输入线。

$D_7 \sim D_0$：8 位数字量输出线。

ADDC～ADDA：3 位地址线，用来选通 8 路模拟通道中的一路。

ALE：地址锁存允许，在 ALE 的上升沿，ADDC、ADDB、ADDA 三位地址信号被锁存到地址锁存器。

START：启动信号，正脉冲有效。地址锁存后，在该引脚加一正脉冲，该脉冲的上升沿使所有内部寄存器清零，其中包括使逐次逼近寄存器复位，从下降沿开始进行 A/D 转换。如果正在进行转换时，接到新的启动信号，则原来的转换进程被中止。

CLOCK：时钟信号，输入。其时钟频率范围是 100～1280kHz，标准时钟为 640kHz，此时转换时间为 100μs。据测量，当时钟频率为 500kHz 时，转换时间为 128μs；当时钟频率为 1MHz 时，转换时间为 66μs。

EOC：转换结束信号，输出。当该信号为低电平时，表明 ADC 0809 已准备开始转换，或正在转换进行之中，不能提供一个有效的稳定数据。在 START 的上升沿清零 ADC 0809 内部寄存器，准备开始转换时，EOC 变为低电平。在 START 的下降沿启动 A/D 转换器开始转换以后，此时 EOC 仍为低电平。当转换结束后，转换数据已锁存到输出锁存器时，EOC 变为高电平。当 EOC 变为高电平时，表示转换已经结束，A/D 转换器可提供有效数据。EOC 可作为被查询的状态信号，亦可用于申请中断。ADC 0809 转换一次共需 64 个时钟周期（CLOCK 周期）。ADC 0809 的工作时序如图 8-9 所示。

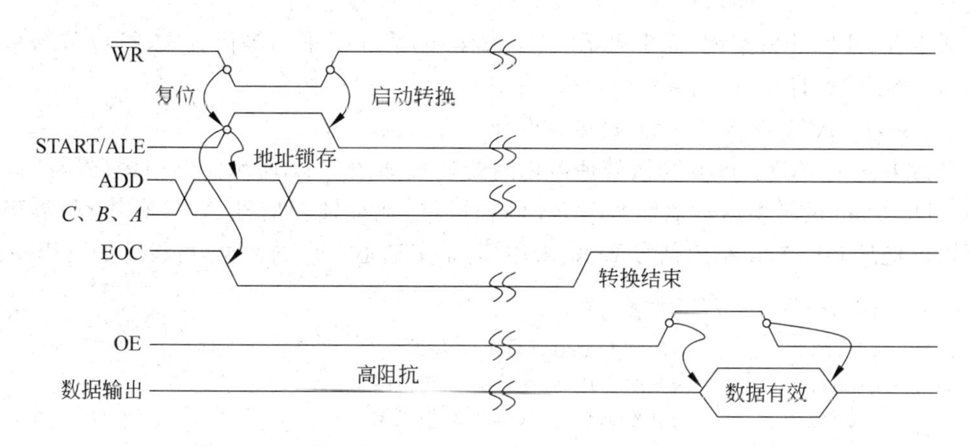


图 8-9　ADC 0809 工作时序

OE：输出允许，输入。当 OE 为高电平时打开输出三态缓冲器，使转换后的数据进入数据总线。

$V_{REF(+)}$、$V_{REF(-)}$：基准电压输入。一般应用情况下，$V_{REF(+)}$ 接 +5V，而 $V_{REF(-)}$ 与 GND 相连。

$V_{CC}$：电源电压，接+5V。

GND：地信号。

ADC 0809 的模拟量输入是单极性的，范围为 0～+5V，若实际模拟输入信号是双极性的，例如为 −5～+5V，则需要设计极性转换电路，图 8-10 所示为常用的极性转换电路，若信号源的内阻小，可采用图 8-10(a)电路。若信号源的内阻大，可采用图 8-10(b)电路。

### 4. ADC 0809 与 CPU 的接口方法

A/D 转换器与 CPU 的数据传送控制方式通常有 3 种：等待方式、查询方式、中断方式。

(1) 等待方式

等待方式又称定时采样方式或无条件传送方式，这种方式是在向 A/D 转换器发出启动指令（脉冲）后，进行软件延时（等待），此延时时间取决于 A/D 转换器完成 A/D 转换所

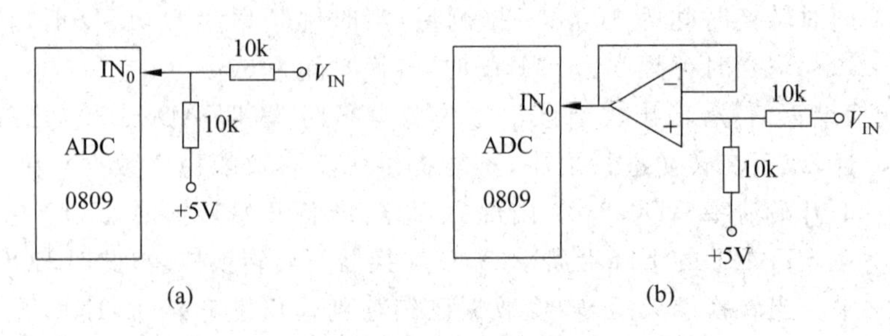

图 8-10 ADC 0809 常用的极性转换输入电路

需要的时间(如 ADC 0809 在 640kHz 时为 100$\mu$s),经过延时后才可读入 A/D 转换数据。在这种方式中,有时为了确保转换完成,不得不把延时时间适当延长,因此,查询方式转换速度慢,但对硬件接口要求较低,可视系统 CPU 紧张程度选用。

通常在 CPU 非常空闲(无事可干,只等采样)的情况下采用等待方式,可以节约系统成本,减小硬件设计量,提高系统可靠性。

**【例 8-4】** ADC 0809 等待方式接口设计。

等待方式下,ADC 0809 与微处理器之间的连接如图 8-11 所示。图中译码器的输出作为 ADC 0809 的转换启动地址 START(同时通道地址锁存信号 ALE 有效)和数字量数据输出地址 OE,转换结束信号 EOC 未用,若采集通道 $IN_0$ 的数据,可设计如下程序:

```
MOV    AL,00H          ;设置通道号 0
OUT    84H,AL          ;启动 0 通道进行 A/D 转换
CALL   DELAY100        ;延时 100μs,等待 A/D 转换结束
IN     AL,84H          ;转换结束,读入 A/D 转换结果
```

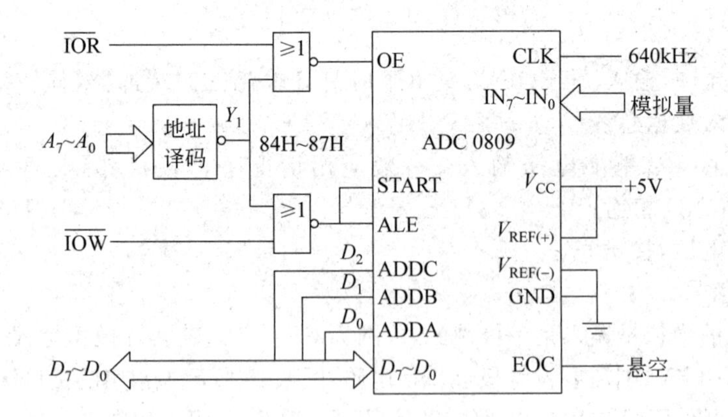

图 8-11 ADC 0809 与微处理器之间的等待方式连接

(2) 查询方式

所谓程序查询方式,就是先选通模拟量输入通道,发出启动 A/D 转换的信号,然后查看 EOC 状态,若 EOC=1,则表示 A/D 转换已结束,可以读入数据;若 EOC=0,则说明 A/D 转换器正在转换过程中,应继续查询,直到 EOC=1 为止。

**【例 8-5】** ADC 0809 查询方式接口设计。

ADC 0809 与微处理器之间的查询方式连接如图 8-12 所示，利用该接口电路，采用查询方式，对现场 8 路模拟量输入信号循环采集一次，其数据存入数据缓冲区中，程序设计如下：

```
DATA      SEGMENT
COUNT     DB     00H                ;采样次数
NUMBER    DB     00H                ;通道号
ADCBUF    DB     8 DUP(?)           ;采样数据缓冲区
DATA      ENDS
ADCC      EQU    84H                ;A/D 控制口地址
ADCS      EQU    88H                ;A/D 状态口地址
CODE      SEGMENT
          ASSUME  CS: CODE,DS: DATA
START:    MOV    AX,DATA
          MOV    DS,AX
          MOV    BX,OFFSET ADCBUF   ;设置 A/D 缓冲区
          MOV    CL,COUNT           ;设置采样次数
          MOV    DL,NUMBER          ;设置通道号
X3:       MOV    AL,DL
          OUT    ADCC,AL            ;启动 ADC 0809 相应通道
X1:       IN     AL,ADCS            ;读取状态口
          TEST   AL,80H             ;析取 EOC
          JNZ    X1                 ;EOC≠0,ADC 0809 未开始转换,等待
X2:       IN     AL,ADCS
          TEST   AL,80H
          JZ     X2                 ;EOC≠1,ADC 0809 未转换完成,等待
          IN     AL,ADCC            ;读数据
          MOV    [BX],AL
          INC    BX                 ;指向下一个数据缓冲单元
          INC    DL                 ;指向下一个通道
          INC    CL                 ;采样次数加 1
          CMP    CL,08H
          JNZ    X3
          MOV    AX,4C00H
          INT    21H
CODE      ENDS
          END    START
```

这种方法程序设计比较简单，且可靠性比较高，但实时性差，把 CPU 的大量时间都消耗在“查询”上了(比等待方式速度快)。因此，这种方法只用在实时性要求不高，或者控制回路比较少的控制系统。而大多数控制系统对于这点时间是允许的，因此，这种方法也是用得最多的一种方式。

(3) 中断方式

在前两种方式中，无论 CPU 暂停与否，实际上对控制过程来说都是处于等待状态，等待 A/D 转换结束后再读入数据，因此速度慢，为了发挥计算机的效率，有时采用中断方

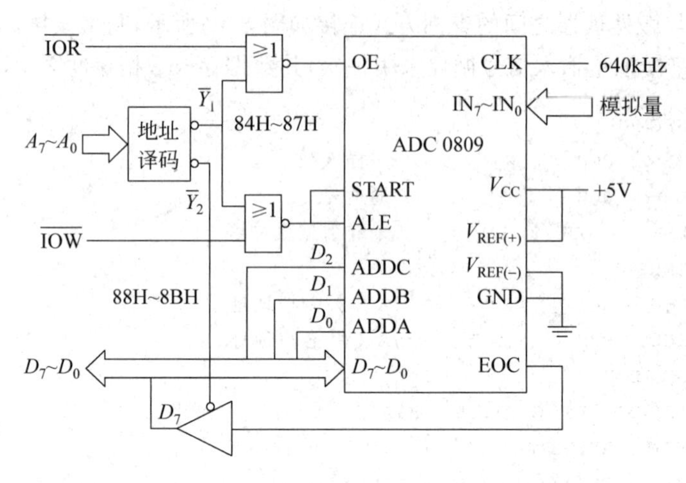


图 8-12　ADC 0809 与微处理器之间的查询方式连接

式。在中断方式中,CPU 启动 A/D 转换后,即可转而处理其他事情,比如继续执行主程序的其他任务。一旦 A/D 转换结束,则由 A/D 转换器发出转换结束信号,这一信号作为中断请求信号发给 CPU,CPU 响应中断后,便读入数据。这样,在整个系统中,CPU 与 A/D 转换器是并行工作的,提高了系统的工作效率。

中断方式不需花费等待时间,但若中断后,保护现场、恢复现场等一系列操作过于繁琐,所占用的时间和 A/D 转换的时间相当,则中断方式就失去了它的优越性。

对于 ADC 0809,除非它正处于 A/D 转换过程中,否则它的 EOC 就为高电平。而对于有些 CPU 来说,高电平意味着申请中断(比如 8086 CPU 的 INTR),为了保证 ADC 0809 的确是在转换完成后产生一次中断,而且仅仅是产生一次中断,应重新设计一个中断逻辑电路。当然,如果系统中没有其他的中断源,也可以只用软件的方法解决这个问题,其方法是:先启动 ADC 0809,延迟一小段时间后开中断,然后执行其他程序,当 CPU 响应中断后,系统自动关中断,在下一次启动前不再开放,以保证每一次 A/D 转换后只响应一次,下一次 A/D 转换依此循环。

# 练　习　题

1. D/A 转换器绝对误差是什么?相对误差是什么?

2. 如果一个 8 位 D/A 转换器的满量程(对应于数字量 255)为 10V,分别确定模拟量为 2.0V 和 8.0V 所对应的数字量是多少?

3. 一个 12 位 D/A 转换器,输出满量程电压为 5V,那么其分辨率是多少?

4. DAC 0832 D/A 转换器分哪几部分?可以工作在哪几种工作模式下?

5. 设 A/D 转换器分别为 8 位、10 位、12 位,满量程输入电压为 5V,那么它们的分辨率分别是多少?最大量化误差分别是多少?

6. 通过 8255A 芯片连接 ADC 0809 与 8088 系统,试画出连接图并编写采样程序。

# 第9章

# 总线技术

## 9.1 总线规范

每一种微处理器(CPU)都要与一定数量的部件和外设相连接,但如果将各部件和每一种外设都分别用一组线路与CPU直接连接,那么连线将会错综复杂,甚至难以实现。常用一组线路配置以适当的接口电路与各部件和外设连接,这组共用的连接线路被称为总线。总线是各种信号线的集合,是计算机各部件之间传输数据、地址和控制信息的公共通道。采用标准总线可以简化系统设计、简化系统结构、提高系统可靠性、易于系统的扩充和更新等。

随着微型计算机的发展,总线的结构也在不断地发展变化。

每个总线标准都有详细的规范说明文档,用大量的文字及图表描述。主要包括以下几个部分:

(1) 机械结构规范:规定模块尺寸、总线插头、边沿连接器等的规格。

(2) 功能结构规范:引脚名称与功能,以及其相互作用的协议,是总线的核心。通常包括如下内容:

- 数据线、地址线、读/写控制逻辑线、时钟线及电源线、地线等。
- 中断机制。
- 总线主控仲裁。
- 应用逻辑,如握手、复位、自启动、休眠等信号线。

(3) 电气规范:规定信号逻辑电平、负载能力及最大额定值、动态转换时间等。

## 9.2 总线的分类及其优点

在微型计算机系统中,总线无处不在,种类繁多,这些总线可以从不同的层次和角度进行分类。

### 9.2.1 按总线的功能分类

从信息功能上划分,总线分为数据总线(Data Bus)、地址总线(Address Bus)和控制总线(Control Bus)。

### 1. 数据总线

数据总线(DB)用于传送数据信息,一般为双向传输。它既可以把 CPU 的数据传送到存储器或输入/输出接口等其他部件,也可以将其他部件的数据传送到 CPU。数据总线的宽度是微型计算机的一个重要指标,一般与微处理器的字长相一致。例如 Intel 8086 微处理器字长 16 位,其数据总线宽度也是 16 位;Intel 80386 的数据总线宽度为 32 位。

### 2. 地址总线

地址总线(AB)是专门用来传送地址信息的。由于地址只能从 CPU 传向存储器或输入/输出端口,所以地址总线总是单向的,这与数据总线不同。地址总线的位数决定了 CPU 可直接寻址的内存或输入/输出接口空间大小。例如 Intel 8086/8088 微处理器为 20 位地址线,内存可寻址空间为 $2^{20}$(1MB),输入/输出端口空间为 $2^{16}$(64KB)。

### 3. 控制总线

控制总线(CB)用于传送控制信号和时序信号。例如有的信号在微处理器对外部存储器进行操作时,要先通过控制总线发出读/写信号、片选信号和中断响应信号等;也有的信号是其他部件传给 CPU 的,比如中断请求信号、复位信号、总线请求信号等。因此,总线信号从总体上讲,其传送方向是双向的,但具体某一信号,其信息走向都是单向的。控制总线的位数要根据系统的实际控制需要而定,实际上控制总线的具体情况主要取决于 CPU。

## 9.2.2 按总线的层次结构分类

从层次结构上划分,总线分为 CPU 总线、系统总线和外部总线。

(1) CPU 总线,也称为前端总线。它包括地址线、数据线和控制线,用来连接 CPU 与存储器、CPU 与 I/O 接口、CPU 与控制芯片组等芯片的信息传输,也用于系统中多个微处理器之间的连接。

(2) 系统总线,也称为 I/O 通道总线。包括地址线、数据线和控制线,用来连接扩充插槽上的各扩充板卡,是主机系统与外围设备之间的通信通道。系统总线有多种统一标准,以适用于各种系统。常见的系统总线标准有:ISA 总线、EISA 总线、PCI 总线等。

(3) 外部总线。它是用来连接外部设备接口的总线,包括地址线、数据线和控制线,实际上就是外设的接口标准。例如,目前微型计算机上流行的接口标准有:IDE(EIDE)、SATA、RS232 和 USB 等。

其中,CPU 总线、外部总线在系统板上,不同的系统采用不同的芯片组,这些总线不完全相同,也不存在互换性问题。而系统总线是与 I/O 扩充插槽相连的,I/O 插槽中可插入各式各样的扩充板卡,作为各种外设的适配器与外设连接。系统总线必须有统一的标准,以便按照这些标准设计各类适配卡。此外,总线还可以根据相对 CPU 位置分为片内总线和片外总线等。

### 9.2.3　总线设计优点

(1) 模块结构方式便于系统的扩充和升级。

(2) 采用模块结构方式可以简化系统设计。

(3) 模块化总线设计可以降低成本,同时便于诊断和维修。

(4) 按标准设计出的总线产品具有很好的兼容性。即产品是面向整个行业而非单一的系统。

## 9.3　总线的性能指标和数据传输及仲裁

### 9.3.1　总线的性能指标

#### 1. 总线的带宽(总线数据传输速率)

总线的带宽指的是单位时间内总线上传送的数据量,即每秒钟传送多少字节(最大稳态数据传输率)。单位是字节/秒(B/s)或兆字节/秒(MB/s)。与总线密切相关的两个因素是总线的位宽和总线的工作频率。

#### 2. 总线的位宽

总线的位宽指的是总线能同时传送的二进制数据的位数,或数据总线的位数,即8位、16位、32位、64位等总线宽度的概念。总线的位宽越宽,每秒钟数据传输率越大,总线的带宽越宽。

#### 3. 总线的工作频率

总线的工作频率也称总线的时钟频率,以MHz为单位。工作频率越高,总线工作速度越快,总线带宽越宽。

总线带宽、总线位宽、总线的工作频率之间的关系.

总线的带宽=总线的工作频率×(总线的位宽/8)

### 9.3.2　总线的数据传输过程

总线上的设备有两种:主设备和从设备。主设备是能够发起总线传输的设备,即可以通过总线进行数据传送。从设备是只能响应总线传输的设备,即只能按主设备的要求工作,接收传送来的数据。

总线操作的特点:任意时刻,总线上只能允许一对设备(主设备和从设备)进行信息交换。当有多个设备要使用总线时,只能按各设备的优先等级,在总线时间上分时方式使用。

一般来说，总线上完成一次数据传输要经历五个阶段：

**总线请求**：要使用总线的主设备向总线仲裁机构提出占有总线控制权的申请。

**总线仲裁**：总线仲裁机构判别确定后，把下一个总线传输周期的总线控制权授给申请者。

**寻址阶段**：获得总线控制权的主设备，通过地址总线发出本次要访问的从设备的地址及相关命令。通过译码使被访问的从设备被选中，从而开始启动工作。

**数据传送**：实现主设备与从设备进行数据交换。

**结束阶段**：主、从设备的有关信息均从总线上撤除，让出总线，以便其他设备能继续使用总线。

对于仅有一个主设备的简单系统，就无须申请、分配和撤除了，总线使用权始终归它占有。对于包含中断、DMA 控制或多处理器的系统，还要有某种分配管理机构参与。

总线传输需要解决的问题：

- 总线传输同步。为使信息正确传输，需要对总线通信进行定时，根据定时方式的不同，分为同步定时、异步定时、半同步定时等三种数据传送方式。
- 总线仲裁控制。总线上任意时刻只能有一个总线主设备控制总线，为了避免多个设备同时占用总线的矛盾，要有总线仲裁机构判别。
- 纠错处理。数据传送过程可能产生错误，因此速度较高的总线通常需要一定的错误检测电路及总线信号发现或纠正出现的错误。错误检测方法：奇偶校验法、循环冗余校验(CRC)码的错误校验等方式。
- 总线驱动。计算机系统中通常采用三态总线驱动器，但驱动能力是有限的，故在扩充外设接口时要注意。

所以，总线的基本功能为数据传送，总线仲裁，纠错处理及总线驱动。

下面主要讲述总线数据传送及总线仲裁。

## 9.3.3 总线数据传送

数据在总线上传送时，为了确保传送的可靠性，传送过程必须有定时信号控制，定时信号就是使主设备和从设备之间的操作同步，传输正确。总线定时协议有三种类型：同步定时方式、异步定时方式、半同步定时方式。

### 1. 同步定时方式

总线上的所有设备共用同一时钟脉冲进行操作过程的同步控制。发送和接收信号都在固定时刻发出。如图 9-1 所示，主设备在数据准备好信号 READY 的控制下将数据发出，从设备在接收信号 ACK 的控制下接收数据。

特点：

(1) 用公共的时钟信号进行同步，具有较高的传输率(吞吐量大)。

(2) 同步定时不需应答信号。

(3) 适用于总线长度较短，各设备存取时间比较接近的情况。

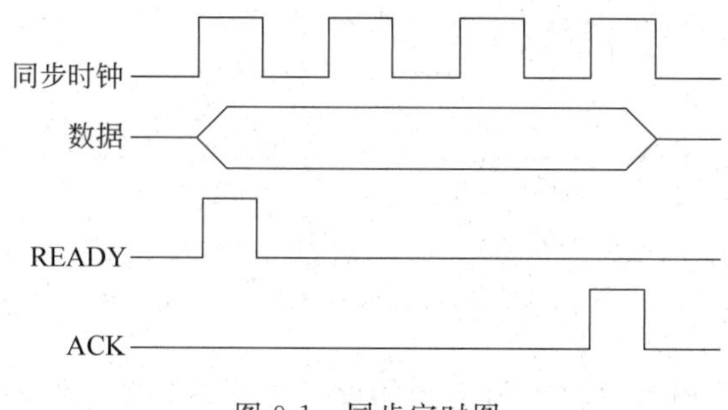

图 9-1　同步定时图

缺点：源部件无法知道目的部件是否已收到数据，目的部件无法知道源部件的数据是否已真正送到总线上。

## 2. 异步定时方式

异步定时方式允许总线上的各部件有各自的时钟，在部件之间进行通信时没有公共的时间标准，而是在发送数据的同时靠在源部件和目的部件之间来回传送控制信号实现。这些控制信号的传送要有相当可观的延时时间。异步定时方式可分为不互锁、半互锁和全互锁三种类型，如图 9-2 所示。

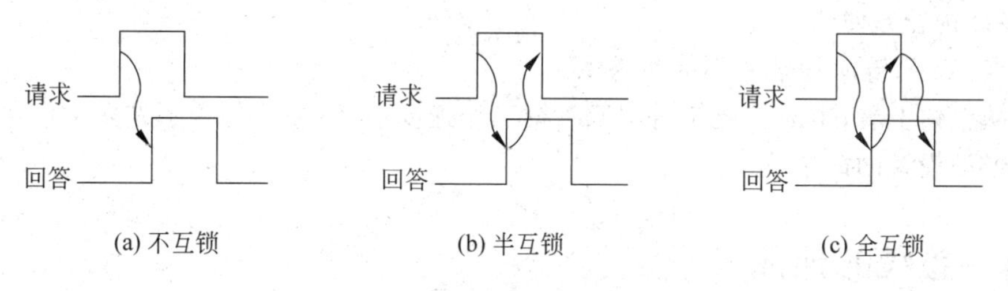

图 9-2　异步定时类型图

(1) 不互锁方式。主设备发出请求信号后，不等待接到从设备的回答信号，而是经过一段时间，确认从设备已收到请求信号后，便撤销其请求信号；从设备接到请求信号后，在条件允许时发出回答信号，并且经过一段时间，确认主设备已收到回答信号后，自动撤销回答信号，可见通信双方并无互锁关系。

(2) 半互锁方式。主设备发出请求信号，待接到从设备的回答信号后再撤销其请求信号，存在着简单的互锁关系；而从设备发出回答信号后，不等待主设备回答，在一段时间后便撤销其回答信号，无互锁关系，故称半互锁方式。

(3) 全互锁方式。主设备发出请求信号，待从设备回答后再撤销其请求信号；从设备发出回答信号，待主设备获知后，再撤销其回答信号，故称全互锁方式。

如图 9-3 所示，以全互锁方式为例说明异步定时方式，发送设备将数据放在总线上，延迟 $t$ 时间后发出 READY 信号，通知对方数据已在总线上。接收设备以 READY 信号作为选通脉冲接收数据，并发出 ACK 作回答，表示数据已接收，发送设备收到 ACK 信号后可以撤除数据和 READY 信号，以便进行下一次传送。

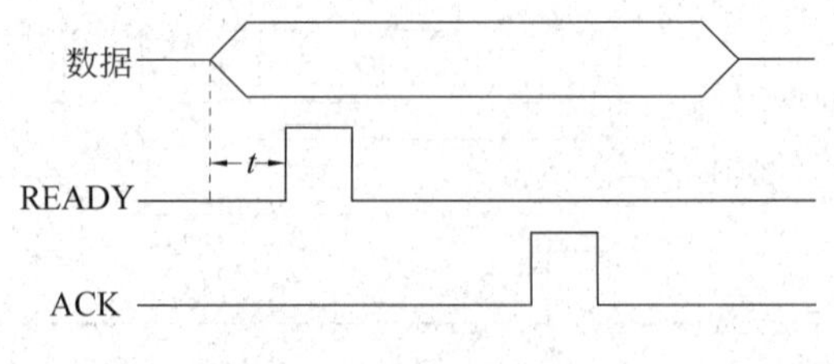


图 9-3　全互锁异步同步定时图

特点：异步定时适用于存取时间不同的设备之间的通信，对总线的长度也没有严格的要求。

缺点：延迟较长。

#### 3. 半同步定时方式

半同步总线定时方式是利用时钟脉冲的边沿判断某一信号的状态，或控制某一信号的产生和消失，使传输操作与时钟同步。每个动作只能在固定时钟确定的一定时刻发生。它不像同步定时方式那样传输周期固定，但间隔时间必须是时钟周期的整数倍，信号的出现、采样与结束仍以公共时钟为基准。ISA 总线采用此定时方法。

特点：定时方式简单，但系统内各设备在统一的系统时钟控制下同步工作，可靠性较高，同步结构较方便。

缺点：对系统时钟频率不能要求太高。

故从整体上看，半同步通信适用于系统工作速度不高，但又包含了许多工作速度差异较大的各类设备的简单系统。

### 9.3.4　总线的仲裁

随着应用的发展，尤其是工业控制、科学计算的需求，多个主设备共享总线的情况越来越多，这对总线技术提出了新的要求。根据这类系统的特点，需要解决各个主设备之间资源争用等问题，这使得总线的复杂性大为增加。

总线仲裁也叫总线判优。由于总线为多个设备所共享，在总线上某一时刻只能有一个总线主控设备控制总线，为了避免多个设备同时发送信息到总线的冲突，必须要有一个总线仲裁机构，对总线的使用进行合理的分配和管理。

总线上的设备间通信时，首先应发出请求信号。在某一时刻可能有多个设备同时请求使用总线，总线仲裁控制机构根据一定的判优原则，决定先由哪个设备使用总线。按照总线仲裁电路的位置不同，仲裁方式分为集中式仲裁和分布式仲裁两类。

#### 1. 集中式仲裁

集中式仲裁主要有三种方式，即链式查询方式、计数器查询方式、独立请求方式。

(1) 链式查询方式

如图 9-4 所示，链式查询方式需要有以下三根控制线。

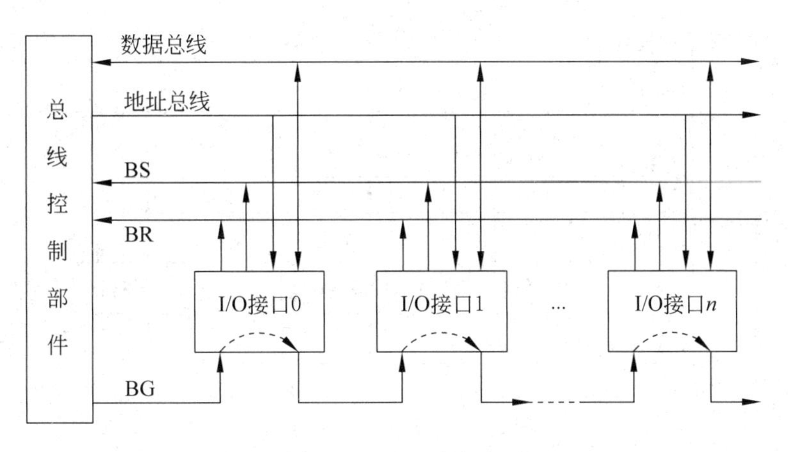


图 9-4　链式查询方式图

总线请求信号 BR：此信号有效时，表示至少有一个外设请求使用总线。

总线忙信号 BS：此信号有效时，表示总线正被某外设使用。

总线应答信号 BG：此信号有效时，表示总线控制部件响应了外设的总线请求。

链式查询方式的基本原则是，总线设备要求使用总线时，通过 BR 线发出总线请求，总线控制器接到 BR 信号后，发出总线应答信号 BG，BG 是串行地从一个 I/O 接口送到下一个 I/O 接口。如果 BG 到达的接口无总线请求，则继续往下查询；如果 BG 到达的接口有总线请求，BG 信号就不再往下传，意味着该接口获得了总线使用权，并建立总线忙 BS 信号，表示它占用了总线。

可见在查询链中，离总线控制部件最近的设备具有最高的优先级。

链式查询方式的特点：

只用很少几根线就能按一定优先次序实现总线仲裁，很容易扩充设备。但此方式对询问链的电路故障很敏感，如果第 $i$ 个设备的接口中有关链的电路有故障，那么第 $i$ 个以后的设备都不能进行工作。查询链的优先级是固定的，如果优先级较高的设备出现频繁的请求时，优先级较低的设备可能长期不能使用总线。

(2) 计数器查询方式

如图 9-5 所示，计数器查询方式的原理是：总线上的任一设备要求使用总线时，通过 BR 线发出总线请求。总线控制器接到请求信号后，在 BS 线为 0 的情况下让计数器开始计数，计数值通过一组地址线发向各设备。每个设备接口都有一个设备地址判别电路，当地址线上的计数值与请求使用总线的设备地址相一致时，该设备置 BS 线为 1，获得了总线使用权，此时中止计数查询。

计数器查询方式的特点：

计数可以从 0 开始，此时设备的优先次序是固定的；计数也可以从终止点开始，即是一种循环方法，此时设备使用总线的优先级相等；计数器的初始值还可由程序设置，故优先次序可以改变。此外，对电路故障不如链式查询方式敏感，但增加了主控制线（设备地址）数，控制也较复杂。

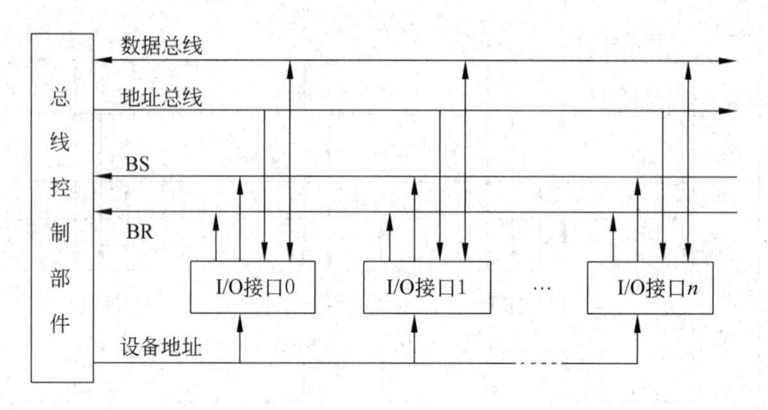


图 9-5　计数器查询方式图

(3) 独立请求方式

独立请求方式原理如图 9-6 所示。每一个共享总线的设备均有一对总线请求线 $BR_i$ 和总线应答线 $BG_i$。当设备要求使用总线时，便发出该设备的请求信号 $BR_i$。总线控制部件中的排队电路决定首先响应哪个设备的请求，给设备以允许信号 $BG_i$。

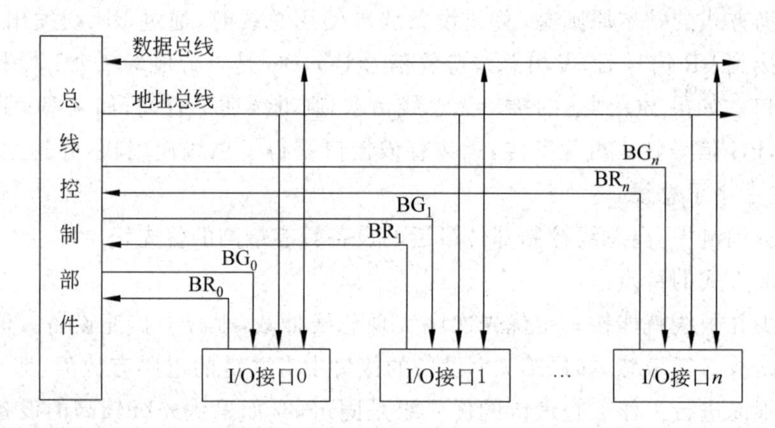


图 9-6　独立请求方式图

独立请求方式的特点：

响应时间快，确定优先响应的设备所花费的时间少，不用一个设备接一个设备地查询。其次，对优先次序的控制相当灵活，可以预先固定也可以通过程序改变优先次序；还可以用屏蔽某个请求的办法，不响应来自无效设备的请求。但独立请求方式控制线数量多，总线控制更复杂。

链式查询中仅用两根线确定总线使用权属于哪个设备，在计数查询中大致用 $\log_2 n$ 根线，其中 $n$ 是允许接纳的最大设备数，而独立请求方式需采用 $2n$ 根线。

## 2. 分布式仲裁

分布式仲裁不需要中央仲裁器，每个主设备都有自己的仲裁号和仲裁器。

仲裁过程：当它们有总线请求时，把它们唯一的仲裁号发送到共享的仲裁总线上，每个仲裁器将仲裁总线上得到的号与自己的号进行比较。如果仲裁总线上的号比自己的号大，则它的总线请求不予响应，并撤销它的仲裁号。最后，获胜者的仲裁号保留在仲裁总线上。

显然，分布式仲裁是以优先级仲裁策略为基础。

# 9.4 典型总线

## 9.4.1 PC/XT总线

主要用在早期IBM PC/XT计算机的底板上，共有8个插槽，常称为IBM PC总线或PC/XT总线，62个引脚，按功能可分为8位数据总线、20位地址总线、23根控制/状态线、11根辅助线和电源线。它有62根“金手指”引脚，引脚间隔为2.54mm。这62根引脚分成A、B两列，引脚编号为$A_1 \sim A_{31}$和$B_1 \sim B_{31}$。

## 9.4.2 ISA总线

ISA(Industrial Standard Architecture)总线标准是IBM公司1984年为推出PC/AT而建立的系统总线标准，所以也叫AT总线。它是对XT总线的扩展，以适应8/16位数据总线要求。它保持原来PC/XT总线的62个引脚，以便使8位适配器板可以继续在AT的插槽上使用，同时为使数据总线扩展到16位，地址总线扩展到24位，又增加了一个扩展的36引脚插槽。如图9-7所示。

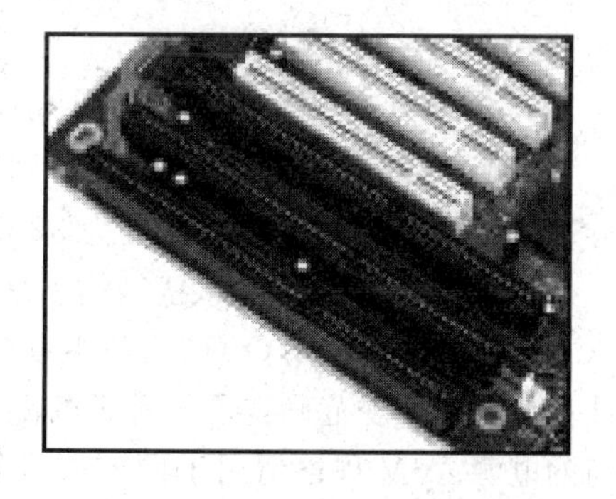

图9-7 ISA总线

ISA总线扩展插槽由两部分组成，一部分有62引脚，其信号分布及名称与PC/XT总线的扩展槽基本相同，仅有很小的差异。另一部分是AT的添加部分，由36引脚组成。这36个引脚分成C、D两列，引脚编号为$C_1 \sim C_{18}$和$D_1 \sim D_{18}$。

ISA总线允许多个CPU共享系统资源。由于兼容性好，它在20世纪80年代是最广泛采用的系统总线，不过它的弱点也是显而易见的，比如传输速率过低、CPU占用率高、占用硬件中断资源等。

ISA总线的主要性能指标如下：

- I/O地址空间0100H～03FFH。
- 24位地址线可直接寻址的内存容量为16MB。
- 8/16位数据线。
- 数据传输率是16MB/s，最高时钟频率为8MHz。

- 15 级中断。
- 7 个 DMA 通道功能。
- 开放式总线结构，允许多个 CPU 共享系统资源。

### 9.4.3 EISA 总线

EISA(Extended Industy Standard Architecture，扩展工业标准结构)总线是 1988 年由 Compaq 等 9 家公司联合推出的总线标准。它使用 8MHz 的时钟频率，但总线提供的 DMA(直接存储器访问)速度可达 33Mb/s。EISA 总线的输入/输出(I/O)总线和微处理总线是分离的，因此 I/O 总线可保持低时钟速率以支持 ISA 卡，而微处理器总线则可以高速率运行。EISA 微型计算机可以向多个用户提供高速磁盘输出。

EISA 总线的信号可分为地址总线和数据总线组、数据传送控制组、总线仲裁信号组及其他功能总线组。

EISA 总线是全 32 位的，所以这种设计可处理比 ISA 总线更多的引脚。连结器是一个两层槽设计，既能接受 ISA 卡，又能接受 EISA 卡。顶层与 ISA 卡相连，低层则与 EISA 卡相连。尽管 EISA 总线保持与 ISA 兼容的 8MHz 时钟频率，但它们支持一种突发式数据传送方法，可以以三倍于 ISA 总线的速率传送数据。大型网络服务器的设计大多选用 EISA 总线。

### 9.4.4 PCI 总线

PCI 总线是 1991 年由 Intel 公司联合 IBM、Compaq、DEC、Apple 等公司推出的支持 33MHz 的时钟频率，数据宽度为 32 位，可扩展到 64 位总线标准。

由于 PCI 在传统的总线结构上多加了一层，因此 PCI 总线通常又被称为夹层总线。PCI 旁路了标准的 I/O 总线，使用系统总线提高总线时钟速率，获取 CPU 数据通道的全部优势。PCI 规范确定了 3 种板的配置，每一种都为一类特定的系统类型而设计，配有专门的电源。5V 规格适用于固定式计算机系统，3.3V 规格适用于便携式机器，通用规格适用于能在两种系统中工作的主板和板卡。

PCI 总线的另一个重要特性是 PCI 已经成为 Intel 即插即用(PnP)规范的典范，意味着 PCI 卡上不存在跳线和开关等硬件设置，而代之以软件配置。

如图 9-8 所示为 PCI 总线的体系结构，CPU 总线与 PCI 总线是由 PCI 桥接器相连的，PCI 总线上可挂接高速设备，如图形加速器(显卡)、EIDE 硬盘等设备，PCI 总线和 ISA/EISA 总线之间也是通过 PCI-ISA/EISA 桥接器相连，ISA/EISA 总线上挂接传统的设备，兼容原有设备。此外，还可通过 PCI-PCI 桥接器连接下一级 PCI 总线，从而连接更多的设备。

PCI 总线的主要特点和性能指标：

- 支持 10 台外设。
- 数据总线宽度 32b(5V)/64b(3.3V)。

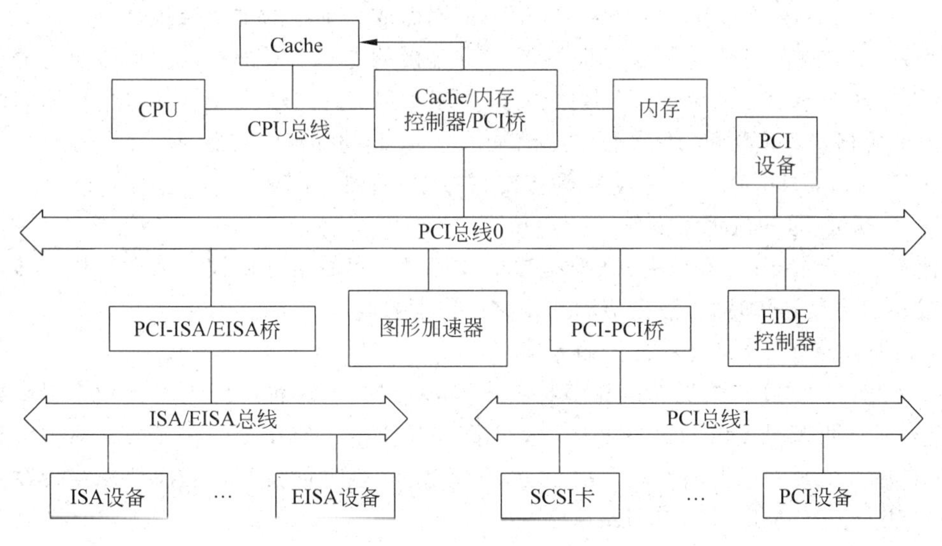


图 9-8　PCI 总线系统结构图

- 总线时钟频率 33MHz/66MHz，最高数据传输率可达 528MB/s。
- 时钟同步方式。
- 与 CPU 及时钟频率无关。
- 能自动识别外设(即插即用功能 PnP)。
- 总线操作与处理器和存储器子系统操作并行。
- 具有隐含的中央仲裁系统。
- 采用多路复用方式(地址线和数据线)，减少了引脚数。
- 支持 64 位寻址，完全的多总线主控能力。
- 提供地址和数据的奇偶校验。

### 9.4.5　AGP 总线

AGP(Accelerated Graphics Port)即加速图形端口。它是一种为了提高视频带宽而设计的总线规范。它支持的 AGP 插槽可以插入符合该规范的 AGP 显示插卡。其视频信号的传输速率可以从 PCI 的 132MB/s 提高到 266MB/s(×1 模式)。严格意义上讲，AGP 不能称为总线，因为它是点对点连接，即连接控制芯片和 AGP 显示卡。

PCI 总线在 3D 应用中的局限主要表现在 3D 图形描绘中。存储在 PCI 显示卡显示内存中的不仅有影像数据，还有纹理数据(Texture Data)、$Z$ 轴的距离数据及 Alpha 变换数据等，特别是纹理数据的信息量非常大。如果要描绘细致的 3D 图形，就要求显存容量很大；再加上必须采用较快速的显存，最终造成显示卡价格高昂。所以，厂商们都期望既能增加纹理数据的存储能力，又能降低产品的成本。一个有效的办法就是将纹理数据从显示内存移到主内存，以便减少显示内存的容量，从而降低显示卡的成本。例如，显示 1024×768×16 位真彩色的 3D 图形时，纹理数据的传输速度需要 200MB/s 以上，但目前的 PCI 总线最高数据传输速度仅为 133MB/s，因而成为系统的主要瓶颈。

AGP 在主内存与显示卡之间提供了一条直接的通道。使得 3D 图形数据越过 PCI 总线，直接送入显示子系统。这样就能突破由于 PCI 总线形成的系统瓶颈，从而实现了以相对低价格达到高性能 3D 图形的描绘功能。AGP 的性能特点如下。

AGP 以 66MHz PCI v2.1 规范为基础，在这个基础上扩充了以下主要功能：

- 数据读/写的流水线操作

流水线(pipelining)操作是 AGP 提供的仅针对主存的增强协议。由于采用了流水线操作减少了内存等待时间，数据传输速度有了很大提高。

- 具有 2X、4X、8X 的数据传输频率

AGP 使用了 32 位数据总线和多时钟技术的 66MHz 时钟。因为时钟频率提高到了 66MHz，所以带宽是 PCI 总线的两倍，达到了 266MB/s。AGP 2X、AGP 4X、AGP 8X 允许 AGP 在一个时钟周期内传输 2 次、4 次、8 次数据(多时钟技术)，从而使总线带宽达到了 533MB/s、1066MB/s、2133MB/s。

- 直接内存执行 DIME

AGP 允许 3D 纹理数据不存入拥挤的帧缓冲区(即图形控制器内存)，而将其存入系统内存，从而让出帧缓冲区和带宽供其他功能使用。这种允许显示卡直接操作主存的技术称为 DIME(Direct Memory Excite)。应该说明的是，虽然 AGP 把纹理数据存入主存，但并没有完全取代显示卡的显示缓存，AGP 主存只是对缓存的扩大和补充。

- 地址信号与数据信号分离

采用多路信号分离技术，并通过使用边带寻址总线提高随机内存访问的速度。

- 并行操作

允许在 CPU 访问系统 RAM 的同时，AGP 显示卡访问 AGP 内存，显示带宽也不与其他设备共享，进一步提高了系统性能。

## 9.4.6 MCA 总线

微通道体系结构(Micro Channel Architecture，MCA)总线是 IBM 为帮助解决快速微处理器和相对慢的工业标准系统结构(ISA)总线之间的差异而开发的。虽然 MCA 总线不接受 ISA 型的主板，但它们提供的 32 位接口却比 ISA 更快，也可以更好地适应 80386 和 80486 微处理器的要求。

MCA 总线采用单总线设计，通过使用多路复用器处理存储器和输入/输出(I/O)接口的传输。多路复用器将总线分成多个不同的通道，每个通道可以处理不同的处理需求。这种设计没有多总线设计快，但在大多数情况下，却可以满足中等大小网络的服务器要求。如果在服务器上运行微处理器集中式应用程序，选择一个超级服务器也许是明智的，因为它具有超级吞吐率和多处理器能力。

MAC 受专利和许可协议保护，这限制了它发展为一种标准。另外，IBM 还对 MCA 施加了一些限制，以防止和它的小型计算机系统竞争。因此，许多厂商使用了扩展工业标准体系结构(EISA)或开发专用的总线标准。

## 9.4.7 IEEE 488总线

IEEE 488是一种并行的外部总线，它以机架层叠式智能仪器为主要器件，构成开放式的积木测试系统，是工业上应用最广泛的通信总线之一。

利用IEEE 488总线将微型计算机和其他若干设备连接在一起，可以采用串行连接，也可以采用星形连接。IEEE 488总线各引脚信号分为三类：数据线、联络信号线和控制线。

在IEEE 488系统中的每一个设备可按如下三种方式工作。

- “听者”方式：从数据总线上接收数据，一个系统在同一时刻，可以有两个以上的“听者”在工作。可以充当“听者”功能的设备有：微型计算机、打印机、绘图仪等。
- “讲者”方式：向数据总线发送数据，一个系统可以有两个以上的“讲者”，但任一时刻只能有一个“讲者”在工作。具有“讲者”功能的设备有：微型计算机、数字电压表、频谱分析仪等。
- “控制者”方式：是一种向其他设备发布命令的方式。

在IEEE 488总线上的各种设备可以具备不同的功能。有的设备(如微型计算机)可以同时具有“控制者”、“听者”、“讲者”三种功能；有的设备只具有收、发功能；而有的设备只具有接收功能，如打印机。在某一时刻系统只能有一个控制者，而在进行数据传送时，某一时刻只能有一个发送器发送数据，允许多个接收器接收数据，也就是可以进行一对多的数据传送。总线上最多可连接15台设备，设备间最大传输距离为20m，信号传输速度一般为500Kb/s，最大传输速度为1Mb/s。

## 9.4.8 CAN总线

CAN(Controller Area Network)总线是一种现场总线技术，它是一种架构开放、广播式的新一代网络通信协议，称为控制器局域网现场总线。CAN总线原本是德国Bosch公司为汽车市场所开发的，推出之初是用于汽车内部测量和执行部件之间的数据通信，例如汽车刹车防抱死系统、安全气囊等。由于汽车总线和对现场总线的需求有许多相似之处，所以能够以较低的成本、较高的实时处理能力在强电磁干扰环境下可靠地工作。因此CAN总线可广泛应用于离散控制领域中的过程监测和控制，特别是工业自动化的底层监控，以解决控制与测试之间的可靠和实时数据交换。

### 1. CAN总线的工作原理

当CAN总线上的一个节点(站)发送数据时，它以报文形式广播给网络中的所有节点。对每个节点来说，无论数据是否是发给自己的，都对其进行接收。每组报文开头的11位字符为标识符，定义了报文的优先级，这种报文格式称为面向内容的编址方案。在同一系统中标识符是唯一的，不可能有两个站发送具有相同标识符的报文。当几个站同时竞争总线读取时，这种配置非常重要。

当一个站要向其他站发送数据时，该站的CPU将要发送的数据和自己的标识符传送给本站的 CAN 芯片，并处于准备状态；当它收到总线分配时，转为发送报文状态。CAN 芯片将数据根据协议组织成一定的报文格式发出，这时网上的其他站处于接收状态。每个处于接收状态的站对接收到的报文进行检测，判断这些报文是否是发给自己的，以确定是否接收它。

由于 CAN 总线是一种面向内容的编址方案，因此很容易建立高水准的控制系统并灵活地进行配置。用户可以很容易地在 CAN 总线中加进一些新站而无须在硬件或软件上进行修改。当所提供的新站是纯数据接收设备时，数据传输协议不要求独立的部分有物理目的地址。它允许分布过程同步化，即总线上控制器需要测量数据时，可由网上获得，而无须每个控制器都有自己独立的传感器。

### 2. CAN 总线基本特点

- 废除了传统的站地址编码，代之以对数据通信数据块进行编码，可以多主方式工作。
- 采用非破坏性仲裁技术，当两个节点同时向网络上传送数据时，优先级低的节点主动停止数据发送，而优先级高的节点可不受影响地继续传输数据，有效避免了总线冲突。
- 采用短帧结构，每一帧的有效字节数为 8 个（CAN 技术规范 2.0A），数据传输时间短，受干扰的概率低，重新发送的时间短。
- 每帧数据都有 CRC 校验及其他检错措施，保证了数据传输的高可靠性，适于在高干扰环境中使用。
- 节点在错误严重的情况下，具有自动关闭总线的功能，切断它与总线的联系，以使总线上其他操作不受影响。
- 可以点对点、一点对多点（成组）及全局广播集中方式传送和接收数据。
- 直接通信距离最远可达 10km/5Kb/s，通信速率最高可达 1Mb/s/40m。
- 采用不归零码（Non Return to Zero，NRZ）编码/解码方式，并采用位填充（插入）技术。

总之，基于 CAN 总线的数据通信具有突出的可靠性、实时性和灵活性。CAN 作为现场设备级的通信总线，和其他总线相比，具有很高的可靠性和性能价格比，其总线规范已经成为国际标准（ISO），被公认为最有前途的总线之一。目前，CAN 接口芯片的生产厂家众多，协议开放，价格低廉，使用简单，CAN 总线可广泛应用于工业测量和控制领域。

## 练　习　题

1. 总线规范的基本内容是什么？

2. 根据在微型计算机系统的不同层次上的总线分类，按总线功能分类，三大总线是什么？

3．采用标准总线结构的优点是什么？

4．在总线上完成一次数据传输一般要经历哪几个阶段？

5．总线数据传输的方式通常有哪几种？分别是如何实现总线控制的？各有什么特点？

6．集中式仲裁主要有哪几种方式？

7．PCI 总线的主要特点和性能指标是什么？

8．CAN 总线的基本特点是什么？

# 8086/8088 CPU 指令表

| 助记符<br>形式指令 | 功　能 | 操作数 | 时钟周期 | 字节数 | 标志位 |
|---|---|---|---|---|---|
| | | | | | O D I R S Z A P C |
| MOV　dst，src | (dst)←(src) | mem,ac<br>ac,mem<br>reg,reg<br>reg,mem<br>mem,reg<br>reg,data<br>mem,data<br>segreg,reg<br>reg,segreg<br>segreg,mem<br>mem,segreg | 10<br>10<br>2<br>8+EA<br>9+EA<br>4<br>10+EA<br>2<br>2<br>8+EA<br>9+EA | 3<br>3<br>2<br>2~4<br>2~4<br>2~3<br>3~6<br>2<br>2<br>2~4<br>2~4 | — — — — — — — — — |
| PUSH　src | SP←SP−2<br>(SP+1, SP)←(src) | reg<br>segreg<br>mem | 11<br>10<br>16+EA | 1<br>1<br>2~4 | — — — — — — — — — |
| POP　dst | (dst)←(SP+1, SP)<br>SP←SP+2 | reg<br>segreg<br>mem | 8<br>8<br>17+EA | 1<br>1<br>2~4 | — — — — — — — — — |
| XCHG<br>opr1,opr2 | (opr1) ↔ (opr2) | reg ,ac<br>reg,mem<br>reg,reg | 3<br>17+EA<br>4 | 1<br>2~4<br>2 | — — — — — — — — — |
| IN　ac,port<br>IN　ac,DX | ac←(port)<br>ac←(DX) | | 10<br>8 | 2<br>1 | — — — — — — — — — |
| OUT　port,ac<br>OUT　DX,ac | (port)←ac<br>(DX)←ac | | 10<br>8 | 2<br>1 | — — — — — — — — — |
| XLAT | AL←(BX+AL) | | 11 | 1 | — — — — — — — — — |
| LEA　reg,src | (reg)←src | reg,mem | 2+EA | 2~4 | — — — — — — — — — |
| LDS　reg,src | (reg)←(src)<br>(DS)←(src+2) | reg,mem | 16+EA | 2~4 | — — — — — — — — — |

续表

| 助记符<br>形式指令 | 功 能 | 操作数 | 时钟周期 | 字节数 | 标志位<br>O D I R S Z A P C |
|---|---|---|---|---|---|
| LES reg,src | (reg)←src<br>(ES)←(src+2) | reg,mem | 16+EA | 2~4 | — — — — — — — — — |
| LAHF | AH←PSW 低字节 | | 4 | 1 | — — — — — — — — — |
| SAHF | PSW 低字节←AH | | 4 | 1 | — — — — r r r r r |
| PUSHF | SP←SP−2<br>(SP+1, SP)←PSW | | 10 | 1 | — — — — — — — — — |
| POPF | PSW←(SP+1,SP)<br>SP←SP+2 | | 8 | 1 | r r r r r r r r r |
| ADD dst,src | (dst)←(src)+(dst) | reg,reg<br>reg,mem<br>mem,reg<br>reg,data<br>mem,data<br>ac,data | 3<br>9+EA<br>16+EA<br>4<br>17+EA<br>4 | 2<br>2~4<br>2~4<br>3~4<br>3~6<br>2~3 | x — — — x x x x x |
| ADC dst,src | (dst)←(src)+(dst)+CF | reg,reg<br>reg,mem<br>mem,reg<br>reg,data<br>mem,data<br>ac,data | 3<br>9+EA<br>16+EA<br>4<br>17+EA<br>4 | 2<br>2~4<br>2~4<br>3~4<br>3~6<br>2~3 | x — — — x x x x x |
| SUB dst,src | (dst)←(dst)−(src) | reg,reg<br>reg,mem<br>mem,reg<br>ac,data<br>reg,data<br>mem,data | 3<br>9+EA<br>16+EA<br>4<br>4<br>17+EA | 2<br>2~4<br>2~4<br>2~3<br>3~4<br>3~6 | x — — — x x x x x |
| SBB dst,src | (dst)←(dst)−(src)−CF | reg,reg<br>reg,mem<br>mem,reg<br>ac,data<br>reg,data<br>mem,data | 3<br>9+EA<br>16+EA<br>4<br>4<br>17+EA | 2<br>2~4<br>2~4<br>2~3<br>3~4<br>3~6 | x — — — x x x x x |
| NEG opr | (opr)←0−(opr) | reg<br>mem | 3<br>16+EA | 2<br>2~4 | x — — — x x x x x |
| CMP opr1,opr2 | (opr1)−(opr2) | reg,reg<br>reg,mem<br>mem,reg<br>reg,data<br>mem,data<br>ac,data | 3<br>9+EA<br>9+EA<br>4<br>10+EA<br>4 | 2<br>2~4<br>2~4<br>3~4<br>3~6<br>2~3 | x — — — x x x x x |

续表

| 助记符形式指令 | 功　能 | 操作数 | 时钟周期 | 字节数 | 标志位 O D I R S Z A P C |
|---|---|---|---|---|---|
| INC　opr | (opr)←(opr)+1 | reg<br>mem | 2～3<br>15+EA | 1～2<br>2～4 | x — — — x x x x — |
| DEC　opr | (opr)←(opr)−1 | reg<br>mem | 2～3<br>15+EA | 1～2<br>2～4 | x — — — x x x x — |
| MUL　src | AX←AL×(src)<br>DX,AX←AL×(src) | 8位 reg<br>8位 mem<br>16位 reg<br>16位 mem | 70～77<br>(76～83)+EA<br>118～133<br>(124～139)+EA | 2<br>2～4<br>2<br>2～4 | x — — — u u u u x |
| IMUL src | AX←AL×(src)<br>DX,AX←AL×(src) | 8位 reg<br>8位 mem<br>16位 reg<br>16位 mem | 80～98<br>(86～104)+EA<br>128～154<br>(134～160)+EA | 2<br>2～4<br>2<br>2～4 | x — — — u u u u x |
| DIV src | AL←AX/(src)的商<br>AH←AX/(src)余数<br>AX←DX,AX/(src)的商<br>DX←DX,AX/(src)余数 | 8位 reg<br>8位 mem<br>16位 reg<br>16位 mem | 80～90<br>(86～96)+EA<br>144～162<br>(150～168)+EA | 2<br>2～4<br>2<br>2～4 | u — — — u u u u u |
| IDIV src | AL←AX/(src)的商<br>AH←AX/(src)余数<br>AX←DX,AX/(src)的商<br>DX←DX,AX/(src)余数 | 8位 reg<br>8位 mem<br>16位 reg<br>16位 mem | 101～102<br>(107～118)+EA<br>165～184<br>(171～190)+EA | 2<br>2～4<br>2<br>2～4 | u — — — u u u u u |
| DAA | AL←将 AL 中的和调整为压缩的 BCD 码 | | 4 | 1 | u — — — x x x x x |
| DAS | AL←将 AL 中的差调整为压缩的 BCD 码 | | 4 | 1 | u — — — x x x x x |
| AAA | AL←将 AL 中的和调整为非压缩 BCD 码<br>AH←(AH)+调整产生的进位值 | | 4 | 1 | u — — — u u x u x |
| AAS | AL←将 AL 中的差调整为非压缩 BCD 码<br>AH←AH−调整产生的借位值 | | 4 | 1 | u — — — u u x u x |

续表

| 助记符<br>形式指令 | 功　能 | 操作数 | 时钟周期 | 字节数 | 标志位 |
|---|---|---|---|---|---|
| | | | | | O D I R S Z A P C |
| AAM | AX←将 AH 中的积调整为非压缩 BCD 码 | | 83 | 2 | u — — — x x u x u |
| AAD | AL←10×AH+AL<br>AH←0<br>除法非压缩 BCD 码调整 | | 60 | 2 | u — — — x x u x u |
| AND　dst,src | (dst)←(dst)∧(src) | reg,reg<br>reg,mem<br>mem,reg<br>reg,data<br>mem,data<br>ac,data | 3<br>9+EA<br>16+EA<br>4<br>17+EA<br>4 | 2<br>2～4<br>2～4<br>3～4<br>3～6<br>2～3 | 0 — — — x x u x 0 |
| OR　dst,src | (dst)←(dst)∨(src) | reg,reg<br>reg,mem<br>mem,reg<br>reg,data<br>mem,data<br>ac,data | 3<br>9+EA<br>16+EA<br>4<br>17+EA<br>4 | 2<br>2～4<br>2～4<br>3～4<br>3～6<br>2～3 | 0 — — — x x u x 0 |
| NOT　opr | (opr)←$\overline{(opr)}$ | reg<br>mem | 3<br>16+EA | 2<br>2～4 | — — — — — — — — — |
| XOR dst. src | (dst)←(dst)⊕(src) | reg,reg<br>reg,mem<br>mem,reg<br>ac,data<br>reg,data<br>mem,data | 3<br>9+EA<br>16+EA<br>4<br>4<br>17+EA | 2<br>2～4<br>2～4<br>2～3<br>3～4<br>3～6 | 0 — — — x x u x 0 |
| TEST<br>opr1,opr2 | (opr1)∧(opr2) | reg,reg<br>reg,mem<br>ac,data<br>reg,data<br>mem,data | 3<br>9+EA<br>4<br>5<br>11+EA | 2<br>2～4<br>2～3<br>3～4<br>3～6 | 0 — — — x x u x 0 |
| SHL　opr,1<br><br>SHL opr,CL | 逻辑左移 | reg<br>mem<br>reg<br>mem | 2<br>15+EA<br>8+4/位<br>20+EA+4/位 | 2<br>2～4<br>2<br>2～4 | x — — — x x u x x |
| SAL　opr,1<br><br>SAL　opr,CL | 算术左移 | reg<br>mem<br>reg<br>mem | 2<br>15+EA<br>8+4/位<br>20+EA+4/位 | 2<br>2～4<br>2<br>2～4 | x — — — x x u x x |

续表

| 助记符形式指令 | 功　能 | 操作数 | 时钟周期 | 字节数 | 标志位 O D I R S Z A P C |
|---|---|---|---|---|---|
| SHR　opr,1<br>SHR　opr,CL | 逻辑右移 | reg<br>mem<br>reg<br>mem | 2<br>15+EA<br>8+4/位<br>20+EA+4/位 | 2<br>2～4<br>2<br>2～4 | x — — — x x u x x |
| SAR　opr,1<br>SAR　pr,CL | 算术右移 | reg<br>mem<br>reg<br>mem | 2<br>15+EA<br>8+4/位<br>20+EA+4/位 | 2<br>2～4<br>2<br>2～4 | x — — — x x u x x |
| ROL　opr,1<br>ROL　opr,CL | 循环左移 | reg<br>mem<br>reg<br>mem | 2<br>15+EA<br>8+4/位<br>20+EA+4/位 | 2<br>2～4<br>2<br>2～4 | x — — — — — — — x |
| ROR　opr,1<br>ROR　opr,CL | 循环右移 | reg<br>mem<br>reg<br>mem | 2<br>15+EA<br>8+4/位<br>20+EA+4/位 | 2<br>2～4<br>2<br>2～4 | x — — — — — — — x |
| RCL　opr,1<br>RCL　opr,CL | 带进位循环左移 | reg<br>mem<br>reg<br>mem | 2<br>15+EA<br>8+4/位<br>20+EA+4/位 | 2<br>2～4<br>2<br>2～4 | x — — — — — — — x |
| RCR　opr,1<br>RCR　opr,CL | 带进位循环右移 | reg<br>mem<br>reg<br>mem | 2<br>15+EA<br>8+4/位<br>20+EA+4/位 | 2<br>2～4<br>2<br>2～4 | x — — — — — — — x |
| MOVSB<br>MOVSW | (DI)←(SI)<br>SI←SI±1 或 2<br>DI←DI±1 或 2 | | 不重复：18<br>重　复：9 +<br>17/rep | 1 | — — — — — — — — — |
| STOSB<br>STOSW | (DI)←AC<br>DI←DI±1 或 2 | | 不重复：11<br>重　复：9 +<br>10/rep | 1 | — — — — — — — — — |
| LODSB<br>LODSW | (AC)←(SI)<br>SI←SI±1 或 2 | | 不重复：12<br>重　复：9 +<br>13/rep | 1 | — — — — — — — — — |
| REP 串指令 | CX=0 退出重复<br>否则 CX←CX－1 且继续执行串指令 | | 2 | 1 | — — — — — — — — — |
| CMPSB<br>CMPSW | (SI)－(DI)<br>SI←SI±1 或 2<br>DI←DI±1 或 2 | | 不重复：22<br>重　复：9 +<br>22/rep | 1 | x — — — x x x x x |

续表

| 助记符<br>形式指令 | 功 能 | 操作数 | 时钟周期 | 字节数 | 标志位<br>O D I R S Z A P C |
|---|---|---|---|---|---|
| SCASB<br>SCASW | (AC)−(DI)<br>DI←DI±1 或 2 | | 不重复：15<br>重 复： 9 +<br>15/rep | 1 | x — — — x x x x x |
| REPE 串指令<br>REPZ 串指令 | CX=0 或 ZF=0 退出重复；否则 CX←CX−1 且继续执行串指令 | | 2 | 1 | — — — — — — — — — — |
| REPNE 串指令<br>REPNZ 串指令 | CX=0 或 ZF=1 退出重复；否则 CX←CX−1 且继续执行串指令 | | 2 | 1 | — — — — — — — — — — |
| JMP short opr<br>JMP near ptr opr<br>JMP far ptr opr<br>JMP word ptr opr | 无条件转移 | <br><br><br><br>reg<br>mem | 15<br>15<br>15<br>11<br>18+EA<br>24+EA | 2<br>3<br>5<br>2<br>2～4<br>2～4 | — — — — — — — — — — |
| JZ/JE opr | ZF=1 时转移 | | 16/4 | 2 | — — — — — — — — — — |
| JNZ/JNE opr | ZF=0 时转移 | | 16/4 | 2 | — — — — — — — — — — |
| JS opr | SF=1 时转移 | | 16/4 | 2 | — — — — — — — — — — |
| JNS opr | SF=0 时转移 | | 16/4 | 2 | — — — — — — — — — — |
| JO opr | OF=1 时转移 | | 16/4 | 2 | — — — — — — — — — — |
| JNO opr | OF=0 时转移 | | 16/4 | 2 | — — — — — — — — — — |
| JP/JPE opr | PF=1 时转移 | | 16/4 | 2 | — — — — — — — — — — |
| JNP/JPO opr | PF=0 时转移 | | 16/4 | 2 | — — — — — — — — — — |
| JC/JB/JNAE opr | CF=1 时转移 | | 16/4 | 2 | — — — — — — — — — — |
| JNC/JNB/<br>JAE opr | CF=0 时转移 | | 16/4 | 2 | — — — — — — — — — — |
| JBE/JNA opr | CF∨ZF=1 时转移 | | 16/4 | 2 | — — — — — — — — — — |
| JNBE/JA opr | CF∨ZF=0 时转移 | | 16/4 | 2 | — — — — — — — — — — |
| JL/JNGE opr | SF⊕OF=1 时转移 | | 16/4 | 2 | — — — — — — — — — — |
| JNL/JGE opr | SF⊕OF=0 时转移 | | 16/4 | 2 | — — — — — — — — — — |
| JLE/JNC opr | (SF⊕OF)∨ZF=1 时转移 | | 16/4 | 2 | — — — — — — — — — — |
| JNLE/JG opr | (SF⊕OF)∨ZF=0 时转移 | | 16/4 | 2 | — — — — — — — — — — |
| JCXZ opr | CX=0 时转移 | | 18/6 | 2 | — — — — — — — — — — |
| LOOP opr | CX≠0 时转移 | | 17/5 | 2 | — — — — — — — — — — |

续表

| 助记符<br>形式指令 | 功 能 | 操作数 | 时钟周期 | 字节数 | 标志位<br>O D I R S Z A P C |
|---|---|---|---|---|---|
| CALL dst | 段内直接 SP←SP－2<br>(SP＋1，SP)←IP<br>IP←IP＋$D_{16}$ | | 19 | 3 | — — — — — — — — — |
| | 段内间接 SP←SP－2<br>(SP＋1，SP)←IP IP←EA | reg<br>mem | 16<br>21＋EA | 2<br>2～4 | |
| | 段间直接 SP←SP－2<br>(SP＋1，SP)←CS<br>SP←SP－2<br>(SP＋1，SP)←IP<br>IP←转向偏移地址<br>CS←转向段地址 | | 28 | 5 | |
| | 段间间接 SP←SP－2<br>(SP＋1，SP)←CS<br>SP←SP－2<br>(SP＋1，SP)←IP<br>IP←(EA) CS←(EA＋2) | | 37＋EA | 2～4 | |
| RET | 段内 IP←(SP＋1，SP)<br>SP←SP＋2 | | 16 | 1 | — — — — — — — — — |
| | 段间 IP←(SP＋1，SP)<br>SP←SP＋2<br>CS←(SP＋1，SP)<br>SP←SP＋2 | | 24 | 1 | |
| RET 表达式 | 段内 IP←(SP＋1，SP)<br>SP←SP＋2 SP←SP＋$D_{16}$ | | 20 | 3 | |
| | 段间 IP←(SP＋1，SP)<br>SP←SP＋2<br>CS←(SP＋1，SP)<br>SP←SP＋2 SP←SP＋$D_{16}$ | | 23 | 3 | |
| LOOPZ opr 或<br>LOOPE opr | ZF＝1 且 CX≠0 时转移 | | 18/6 | 2 | — — — — — — — — — |
| LOOPNZ opr 或<br>LOOPNE opr | ZF＝0 且 CX≠0 时转移 | | 19/5 | 2 | — — — — — — — — — |
| INT 类型号<br>INT(类型号＝3) | SP←SP－2<br>(SP＋1，SP)←PSW<br>SP←SP－2<br>(SP＋1，SP)←CS<br>SP←SP－2<br>(SP＋1，SP)←IP<br>IP←(类型号×4)<br>CS←(类型号×4＋2) | 类型号≠3<br>类型号＝3 | 52<br>51 | 1<br>2 | — — 0 0 — — — — — |

续表

| 助记符<br>形式指令 | 功　能 | 操作数 | 时钟周期 | 字节数 | 标志位 | | | | | | | | |
|---|---|---|---|---|---|---|---|---|---|---|---|---|---|
| | | | | | O | D | I | R | S | Z | A | P | C |
| INTO | OF=1时,SP←SP−2<br>(SP+1, SP)←PSW<br>SP←SP−2<br>(SP+1, SP)←CS<br>SP←SP−2<br>(SP+1,SP)←IP<br>IP←(10H)<br>CS←(12H) | | 53(OF=1)<br>4(OF=0) | 1 | — | — | 0 | 0 | — | — | — | — | — |
| IRET | IP←(SP+1,SP)<br>SP←SP+2<br>CS←(SP+1,SP)<br>SP←SP+2<br>PSW←(SP+1,SP)<br>SP←SP+2 | | 24 | 1 | r | r | r | r | r | r | r | r | r |
| CBW | AL符号扩展到AH | | 2 | 1 | — | — | — | — | — | — | — | — | — |
| CWD | AX符号扩展到DX | | 5 | 1 | — | — | — | — | — | — | — | — | — |
| CLC | 进位位置0 | | 2 | 1 | — | — | — | — | — | — | — | — | — |
| CMC | 进位位求反 | | 2 | 1 | — | — | — | — | — | — | — | — | — |
| STC | 进位位置1 | | 2 | 1 | — | — | — | — | — | — | — | — | — |
| CLD | 方向标志置0 | | 2 | 1 | — | 0 | — | — | — | — | — | — | — |
| STD | 方向标志置1 | | 2 | 1 | — | 1 | — | — | — | — | — | — | — |
| CLI | 中断标志置0 | | 2 | 1 | — | — | 0 | — | — | — | — | — | — |
| STI | 中断标志置1 | | 2 | 1 | — | — | 1 | — | — | — | — | — | — |
| NOP | 无操作 | | 3 | 1 | — | — | — | — | — | — | — | — | — |
| HLT | 停机 | | 2 | 1 | — | — | — | — | — | — | — | — | — |
| WAIT | 等待 | | 3或更多 | 1 | — | — | — | — | — | — | — | — | — |
| ESC　mem | 换码 | | 8+EA | 2～4 | — | — | — | — | — | — | — | — | — |
| LOCK | 封锁 | | 2 | 1 | — | — | — | — | — | — | — | — | — |
| Sergreg: | 段前缀 | | 2 | 1 | — | — | — | — | — | — | — | — | — |

说明：0：置0;1：置1;x：根据结果设置;—：不影响;u：无定义;r：恢复原先保存的值。

# 附录B

# DOS 功能调用

| AH | 功　能 | 调 用 参 数 | 返 回 参 数 |
| --- | --- | --- | --- |
| 00 | 程序终止(同 INT　20H) | CS=程序段前缀 | |
| 01 | 键盘输入并回显 | | AL=输入字符 |
| 02 | 显示输出 | DL=输出字符 | |
| 03 | 异步通信输入 | | AL=输入字符 |
| 04 | 异步通信输出 | DL=输出数据 | |
| 05 | 打印机输出 | DL=输出字符 | |
| 06 | 直接控制台 I/O | DL=FF(输入)<br>DL=字符(输出) | AL=输入字符 |
| 07 | 键盘输入(无回显) | | AL=输入字符 |
| 08 | 键盘输入(无回显)<br>检测 Ctrl-Break | | AL=输入字符 |
| 09 | 显示字符串 | DS: DX=串地址<br>'$'结束字符串 | |
| 0A | 键盘输入到缓冲区 | DS: DX=缓冲区首地址<br>(DS: DX)=缓冲区最大字符数 | (DS: DX+1)=实际输入的字符数 |
| 0B | 检验键盘状态 | | AL=00 有输入，AL=FF 无输入 |
| 0C | 清除输入缓冲区并<br>请求指定的输入功能 | AL=输入功能号<br>(1,6,7,8,A) | |
| 0D | 磁盘复位 | | 清除文件缓冲区 |
| 0E | 指定当前默认<br>的磁盘驱动器 | DL=驱动器号<br>0=A,1=B,… | AL=驱动器数 |
| 0F | 打开文件 | DS: DX=FCB 首地址 | AL=00 文件找到<br>AL=FF 文件未找到 |
| 10 | 关闭文件 | DS: DX=FCB 首地址 | AL=00 目录修改成功<br>AL=FF 目录中未找到文件 |
| 11 | 查找第一个目录项 | DS: DX=FCB 首地址 | AL=00 找到<br>AL=FF 未找到 |

续表

| AH | 功 能 | 调 用 参 数 | 返 回 参 数 |
| --- | --- | --- | --- |
| 12 | 查找下一个目录项 | DS：DX=FCB 首地址<br>(文件名中带 * 或?) | AL=00 找到<br>AL=FF 未找到 |
| 13 | 删除文件 | DS：DX=FCB 首地址 | AL=00 删除成功<br>AL=FF 未找到 |
| 14 | 顺序读 | DS：DX=FCB 首地址 | AL=00 读成功<br>AL=01 文件结束，记录中无数据<br>AL=02 DTA 空间不够<br>AL=03 文件结束，记录不完整 |
| 15 | 顺序写 | DS：DX=FCB 首地址 | AL=00 写成功<br>AL=01 盘满<br>AL=02 DTA 空间不够 |
| 16 | 建文件 | DS：DX=FCB 首地址 | AL=00 建立成功<br>AL=FF 无磁盘空间 |
| 17 | 文件改名 | DS：DX=FCB 首地址<br>(DS：DX+1)=旧文件名<br>(DS：DX+17)=新文件名 | AL=00 成功<br>AL=FF 未成功 |
| 19 | 取当前默认磁盘驱动器 | | AL=默认磁盘驱动器号<br>0=A，1=B，… |
| 1A | 置 DTA 地址 | DS：DX=DTA 地址 | |
| 1B | 取默认驱动器 FAT 信息 | | AL=每簇的扇区数<br>DS：BX=FAT 标识字节<br>CX=物理扇区的大小<br>DX=默认驱动器的簇数 |
| 1C | 取任一驱动器 FAT 信息 | DL=驱动器号 | 同上 |
| 21 | 随机读 | DS：DX=FCB 首地址 | AL=00 读成功<br>AL=01 文件结束<br>AL=02 缓冲区溢出<br>AL=03 缓冲区不满 |
| 22 | 随机写 | DS：DX=FCB 首地址 | AL=00 写成功<br>AL=01 盘满<br>AL=02 缓冲区溢出 |
| 23 | 测定文件大小 | DS：DX=FCB 首地址 | AL=00 成功，文件长度填入 FCB<br>AL=FF 未找到 |
| 24 | 设置随机记录号 | DS：DX=FCB 首地址 | |
| 25 | 设置中断向量 | DS：DX=中断向量<br>AL=中断类型号 | |
| 26 | 建立程序段前缀 | DX=新的程序段的段前缀 | |

续表

| AH | 功　能 | 调 用 参 数 | 返 回 参 数 |
| --- | --- | --- | --- |
| 27 | 随机分块读 | DS：DX＝FCB首地址<br>CX＝记录数 | AL＝00 读成功<br>AL＝01 文件结束<br>AL＝02 缓冲区太小，传输结束<br>AL＝03 缓冲区不满<br>CX＝读取的记录数 |
| 28 | 随机分块写 | DS：DX＝FCB首地址<br>CX＝记录数 | AL＝00 写成功<br>AL＝01 盘满<br>AL＝02 缓冲区溢出 |
| 29 | 分析文件名 | ES：DI＝FCB首地址<br>DS：DI＝ASCII字符串<br>AL＝控制分析标志 | AL＝标准文件<br>AL＝01 多义文件<br>AL＝FF 非法文件 |
| 2A | 取日期 | | CX＝年<br>DH：DL＝月：日(二进制) |
| 2B | 设置日期 | CX：DH：DL＝年：月：日 | AL＝00 成功<br>AL＝FF 无效 |
| 2C | 取时间 | | CH：CL＝时：分<br>DH：DL＝秒：1/100秒 |
| 2D | 设置时间 | CH：CL＝时：分<br>DH：DL＝秒：1/100秒 | AL＝00 成功<br>AL＝FF 无效 |
| 2E | 置磁盘自动读写标志 | AL＝00 关闭标志<br>AL＝01 打开标志 | |
| 2F | 取磁盘缓冲区的首址 | | ES：BX＝缓冲区首址 |
| 30 | 取DOS版本号 | | AH 发行号<br>AL＝版号 |
| 31 | 结束并驻留 | AL＝返回码<br>DX＝驻留区大小 | |
| 33 | Ctrl-Break检测 | AL＝00 取状态<br>AL＝01 置状态(DL)<br>DL＝00 关闭检测<br>DL＝01 打开检测 | DL＝00 关闭Ctrl-Break检测<br>DL＝01 打开Ctrl-Break检测 |
| 35 | 取中断向量 | AL-中断类型号 | ES：BX＝中断向量 |
| 36 | 取空闲磁盘空间 | DL＝驱动器号<br>0＝默认<br>1＝A<br>2＝B | 成功：AX＝每簇扇区号<br>BX＝有效扇区<br>CX＝每扇区字节数<br>DX＝总簇数<br>失败：AX＝FFFF |
| 38 | 置/取国家信息 | DS：DX＝信息区首地址 | BX＝国家码(国际电话前缀码)<br>AX＝错误码 |
| 39 | 建立子目录(MKDIR) | DS：DX＝ASCII字符串地址 | AX＝错误码 |
| 3A | 删除子目录(RMDIR) | DS：DX＝ASCII字符串地址 | AX＝错误码 |

续表

| AH | 功　能 | 调用参数 | 返回参数 |
|---|---|---|---|
| 3B | 改变当前目录(CHDIR) | DS：DX=ASCII 字符串地址 | AX=错误码 |
| 3C | 建立文件 | DS：DX=ASCII 字符串地址<br>CX=文件属性 | 成功：AX=文件代号<br>失败：AX=错误码 |
| 3D | 打开文件 | DS：DX=ASCII 字符串地址<br>AL=00 读<br>AL=01 写<br>AL=02 读/写 | 失败：AX=错误码 |
| 3E | 关闭文件 | BX=文件号 | 失败：AX=错误码 |
| 3F | 读文件或设备 | DS：DX=数据缓冲区地址<br>BX=文件代号<br>CX=读取的字节数 | 读成功：<br>AX=实际读入的字节数<br>AX=0 已到文件尾<br>读出错：AX=错误码 |
| 41 | 删除文件 | DS：DX=ASCII 字符串地址 | 成功：AX=00<br>出错：AX=错误码(2,5) |
| 42 | 移动文件指针 | BX=文件代号<br>CX：DX=位移量<br>AL=移动方式(0,1,2) | 成功：DX：AX=新指针位置<br>出错：AX=错误码 |
| 43 | 置/取文件属性 | DS：DX=ASCII 字符串地址<br>AL=0 取文件属性<br>AL=1 置文件属性<br>CX=文件属性 | 成功：CX=文件属性<br>失败：AX=错误码 |
| 44 | 设备文件 I/O 控制 | BX=文件代号<br>AL=0 取状态<br>AL=1 置状态<br>AL=2 读数据<br>AL=3 写数据<br>AL=6 取输入状态<br>AL=7 取输出状态 | DX=设备信息 |
| 45 | 复制文件代号 | BX=文件代号 1 | 成功：AX=文件代号 2<br>失败：AX=错误码 |
| 46 | 人工复制文件代号 | BX=文件代号 1<br>CX=文件代号 2 | 失败：AX=错误码 |
| 47 | 取当前目录路径名 | DL=驱动器号<br>DS：DI=ASCII 字符串地址 | (DS：DI)=ASCII 字符串 |
| 48 | 分配内存空间 | BX=申请内存容量 | 成功：AX=分配内存首址<br>失败：AX=错误码 |
| 49 | 释放内存空间 | ES=内存起始段地址 | 失败：AX=错误码 |
| 4A | 调整已分配的存储块 | ES=原内存起始地址 | 失败：BX=最大可用空间 |

续表

| AH | 功　能 | 调 用 参 数 | 返 回 参 数 |
| --- | --- | --- | --- |
| 4B | 装配/执行程序 | DS：DX=ASCII 字符地址<br>ES：BX=参数区处地址<br>AL=0 装入执行<br>AL=3 装入不执行 | 失败：AX=错误码 |
| 4C | 带返回码结束 | AL=返回码 | |
| 4D | 取返回代码 | | AX=返回代码 |
| 4E | 查找第一个匹配文件 | DS：DX=ASCII 字符串地址<br>CX=属性 | AX=出错代码(02,18) |
| 4F | 查找下一个匹配文件 | DS：DX=ASCII 字符串地址<br>（文件名中带？或 * ） | AX=出错代码(18) |
| 54 | 取盘自动读写标志 | | AL=当前标志值 |
| 56 | 文件改名 | DS：DX=ASCII 字符串(旧)<br>ES：DI=ASCII 字符串(新) | AX=出错代码(03,05,17) |
| 57 | 置/取文件日期和时间 | BX=文件代号<br>AL=0 读取<br>AL=1 设置(DX：CX) | DX：CX=日期和时间<br>失败：AX=错误码 |
| 58 | 取/置分配策略码 | AL=0 取码<br>AL=1 置码(BX)<br>BX=策略码 | 成功：AX=策略码<br>失败：AX=错误码 |
| 59 | 取扩充错误码 | | AX=扩充错误码<br>BH=错误类型<br>BL=建议的操作<br>CH=错误场所 |
| 5A | 建立临时文件 | CX=文件属性<br>DS：DX=ASCII 字符串地址 | 成功：AX=文件代号<br>失败：AX=错误码 |
| 5B | 建立新文件 | CX=文件属性<br>DS：DX=ASCII 字符串地址 | 成功：AX=文件代号<br>失败：AX=错误码 |
| 5C | 控制文件存取 | AL=00 封锁<br>AL=01 开启<br>BX=文件代号<br>CX：DX=文件位移<br>SI：DI=文件长度 | |
| 62 | 取程序段前缀地址 | | BX=PSP 地址 |

# 附录C

# IBM PC/XT 机中断矢量号配置

| 地 址 | 矢量号 | 中 断 名 称 | 地 址 | 矢量号 | 中 断 名 称 |
|---|---|---|---|---|---|
| 0～3 | 0 | 除以零 | 60～63 | 18 | 常驻 BASIC 入口 |
| 4～7 | 1 | 单步 | 64～67 | 19 | 引导程序入口 |
| 8～B | 2 | 不可屏蔽 | 68～6B | 1A | 时间调用 |
| C～F | 3 | 断点 | 6C～6F | 1B | 键盘 Ctrl-Break 控制 |
| 10～13 | 4 | 溢出 | 70～73 | 1C | 定时器报时 |
| 14～17 | 5 | 打印屏幕 | 74～77 | 1D | 显示器参数表 |
| 18～1B | 6 | 保留 | 78～7B | 1E | 软盘参数表 |
| 1D～1F | 7 | 保留 | 7C～7F | 1F | 字符点阵结构参数表 |
| 20～23 | 8 | 定时器 | 80～83 | 20 | 程序结束，返回 DOS |
| 24～27 | 9 | 键盘 | 84～87 | 21 | 系统功能调用 |
| 28～2B | A | 保留 | 88～8B | 22 | 结束地址 |
| 2C～2F | B | 串行口 2 | 8C～8F | 23 | Ctrl-Break 退出地址 |
| 30～33 | C | 串行口 1 | 90～93 | 24 | 标准错误出口地址 |
| 34～37 | D | 硬盘 | 94～97 | 25 | 绝对磁盘读 |
| 38～3B | E | 软盘 | 98～9B | 26 | 绝对磁盘写 |
| 3C～3F | F | 打印机 | 9C～9F | 27 | 程序结束，驻留内存 |
| 40～43 | 10 | 视频显示 I/O 调用 | A0～FF | 28～3F | 为 DOS 保留 |
| 44～47 | 11 | 设备配置检查调用 | 100～17F | 40～5F | 保留 |
| 48～4B | 12 | 存储器容量检查调用 | 180～19F | 60～67 | 为用户软中断保留 |
| 4C～4F | 13 | 软盘/硬盘 I/O 调用 | 1A0～1FF | 68～7F | 不用 |
| 50～53 | 14 | 通信 I/O 调用 | 200～217 | 80～85 | BASIC 使用 |
| 54～57 | 15 | 盒式磁带 I/O 调用 | 218～3C3 | 86～F0 | BASIC 运行时，用于解释 |
| 58～5B | 16 | 键盘 I/O 调用 | 3C4～3FF | F1～FF | 不用 |
| 5C～5F | 17 | 打印机 I/O 调用 | | | |

# 参考文献


[1] 秦贵和．微型计算机原理与汇编语言程序设计．北京：科学出版社，2012.

[2] 赵宏伟．微型计算机原理与汇编语言程序设计．北京：科学出版社，2012.

[3] 冯博琴．微型计算机原理与接口技术．北京：清华大学出版社，2002.

[4] 赵雁南，温冬婵，杨泽红．微型计算机系统与接口．北京：清华大学出版社，2005.

[5] 李继灿．微型计算机技术及应用．北京：清华大学出版社，2003.

[6] 艾德才，等．微机原理与接口技术．北京：清华大学出版社，2005.

[7] 田艾平，王力生，卜艳萍．微型计算机技术．北京：清华大学出版社，2005.

[8] 孙力娟，等．微型计算机原理与接口技术．北京：清华大学出版社，2007.

[9] Barry B. Brey. Intel 微处理器．8 版，金惠华，艾明晶，尚利宏，等译．北京：机械工业出版社，2010.

[10] 周明德．微型计算机系统原理及应用．北京：清华大学出版社，2000.